Klaus Eichler
und 10 Mitautoren

Spezialtiefbau

Spezialtiefbau

Erkundung und Ausführung – Technik und Umwelt – Methoden und Auswirkungen – Baustoffe und Verfahren

Dr. techn. Klaus Eichler

Dipl.-Ing. Frank Berndt
Dipl.-Ing. Steffan Binde
Dipl.-Ing. Gebhard Dausch
Dipl.-Ing. Ulrich Höhne
Prof. Dipl.-Ing. Jens Hölterhoff
Dr. rer. nat. Dietrich Koch
Dipl.-Ing. Michael Kollnberger
GF Dipl.-Ing. Peter Müller
Dipl.-Geol. Klaus Smettan
Dipl.-Ing. Jörg Uhlendahl

5., neu bearbeitete Auflage

Kontakt & Studium
Band 566
Herausgeber: Prof. Dr.-Ing. Dr h.c. Wilfried J. Bartz
Dipl.-Ing. Hans-Joachim Mesenholl

Bibliografische Information Der Deutschen Bibliothek

Die Deutsche Bibliothek verzeichnet diese Publikation
in der Deutschen Nationalbibliografie;
detaillierte bibliografische Daten sind im Internet über
http://www.dnb.de abrufbar.

Bibliographic Information published by Die Deutsche Bibliothek

Die Deutsche Bibliothek lists this publication
in the Deutsche Nationalbibliografie;
detailed bibliographic data are available on the internet at
http://www.dnb.de

ISBN 978-3-8169-3431-8

5., neu bearbeitete Auflage 2018
4., neu bearbeitete Auflage 2016
3., neu bearbeitete Auflage 2009
2., neu bearbeitete und erweiterte Auflage 2002
1. Auflage 1999

Bei der Erstellung des Buches wurde mit großer Sorgfalt vorgegangen; trotzdem lassen sich Fehler nie vollständig ausschließen. Verlag und Autoren können für fehlerhafte Angaben und deren Folgen weder eine juristische Verantwortung noch irgendeine Haftung übernehmen.
Für Verbesserungsvorschläge und Hinweise auf Fehler sind Verlag und Autoren dankbar.

Tel.: +49 (0)7071-97556-0, Fax: +49 (0)7071-9797-11
E-Mail: expert@expertverlag.de, www.expertverlag.de

Printed in Germany
Covergestaltung: r² - röger & röttenbacher, büro für gestaltung, Leonberg /
Ludwig-Kirn Layout, Ludwigsburg

Herausgeber-Vorwort

Bei der Bewältigung der Zukunftsaufgaben kommt der beruflichen Weiterbildung eine Schlüsselstellung zu. Im Zuge des technischen Fortschritts und angesichts der zunehmenden Konkurrenz müssen wir nicht nur ständig neue Erkenntnisse aufnehmen, sondern auch Anregungen schneller als die Wettbewerber zu marktfähigen Produkten entwickeln.

Erstausbildung oder Studium genügen nicht mehr – lebenslanges Lernen ist gefordert! Berufliche und persönliche Weiterbildung ist eine Investition in die Zukunft:

- Sie dient dazu, Fachkenntnisse zu erweitern und auf den neuesten Stand zu bringen
- sie entwickelt die Fähigkeit, wissenschaftliche Ergebnisse in praktische Problemlösungen umzusetzen
- sie fördert die Persönlichkeitsentwicklung und die Teamfähigkeit.

Diese Ziele lassen sich am besten durch die Teilnahme an Seminaren und durch das Studium geeigneter Fachbücher erreichen.

Die Fachbuchreihe *Kontakt & Studium* wird in Zusammenarbeit zwischen der Technischen Akademie Esslingen und dem expert verlag herausgegeben.

Mit über 700 Themenbänden, verfasst von über 2.800 Experten, erfüllt sie nicht nur eine seminarbegleitende Funktion. Ihre eigenständige Bedeutung als eines der kompetentesten und umfangreichsten deutschsprachigen technischen Nachschlagewerke für Studium und Praxis wird von der Fachpresse und der großen Leserschaft gleichermaßen bestätigt. Herausgeber und Verlag freuen sich über weitere kritisch-konstruktive Anregungen aus dem Leserkreis.

Möge dieser Themenband vielen Interessenten helfen und nutzen.

Dipl.-Ing.Hans-Joachim Mesenholl

Vorwort

Lange ist es her, genau gesagt 20 Jahre seit Erscheinen der 1. Auflage, dass wir – das Autorenteam und ich – zur Überzeugung gelangt waren, unser Fachwissen und den Inhalt des Lehrgangs „Spezialtiefbau“ auf Basis „Grundlagenwissen und praktische Ausführungserfahrungen“ schriftlich festzuhalten und somit jungen Kollegen (-innen), Quereinsteigern(-innen) und Interessierten einfach und anschaulich zugänglich zu machen.

Die wesentlichen Bestandteile des Spezialtiefbaus sind geblieben, Maschinen- und Verfahrenstechniken haben sich weiterentwickelt, ebenso Bindemittel und Baumaterialien, neue Anwendungsgebiete wurden erschlossen und vielerorts konnten interessante Baumaßnahmen nur mit Hilfe des Spezialtiefbaus realisiert werden.

Aber auch eine Veränderung in der öffentlichen Wahrnehmung unseres Tuns und Handelns hat stattgefunden. Ablehnung und Proteste gegen geplante Großprojekte sind vielerorts an der Tagesordnung, Diskussionen oft unsachlich und emotional geprägt. Ohne dies weiter werten zu wollen müssen aber auch wir als Techniker, Ingenieure und Spezialtiefbauer erkennen, dass auch wir im Zusammenwirken mit den Planern und ausschreibenden bzw. Auftrag gebenden Stellen in entsprechenden Foren für die Notwendigkeit der Baumaßnahme „werben“ und letztlich das Projekt „verkaufen“ müssen. Dabei geht es auch um Transparenz im Hinblick auf Ökonomie, Ökologie und Nachhaltigkeit. Letztlich ist es unsere Aufgabe, Aufgaben der Gegenwart im Interesse unserer Nachkommen mit Verantwortung bereits auch heute anzugehen und nicht bestimmte Problemfelder einfach zeitlich auszusitzen und den nächsten Generationen zu überlassen.

In dieser nunmehr 5. Auflage wird der einstige Grundgedanke vorangegangener Auflagen fortgeführt, d.h. Grundlagenwissen und praktische Erfahrungen aus der Welt des Spezialtiefbaus in einem Buch zu vereinen und der interessierten Fachwelt praxisbezogen und anschaulich zugänglich zu machen. Bekannte Themen wurden – bis auf wenige Ausnahmen – überarbeitet oder komplett neu geschrieben; auch die Themenwahl wurde aktualisiert. An dieser Stelle gilt mein besonderer Dank allen Autoren und Co-Autoren, durch deren Mitarbeit es erst möglich wurde, dieses wieder zu erreichen.

Jettingen, im Oktober 2018 Klaus Eichler

Inhaltsverzeichnis

Vorwort

1 Baugrubensicherung / Anforderungen und Herstellung

M.Kollnberger

1.1 Vorwort

Die Begrenztheit an Grund und Boden sowie die fortschreitende Verstädterung machen den Baugrund in zunehmendem Maße teuer. Dieser Umstand verlangt vor dem Hintergrund eines marktwirtschaftlich orientierten Handelns nach einem kostenbewußten Umgang mit dieser Ressource, was konsequenterweise den Bau in die Tiefe – und somit „Tiefbau" – bedeutet.

Als eigenständiges Element des Tiefbaus hat sich der sog. „Spezialtiefbau" entwickelt; als wesentliches Subsystem dessen ist die „Baugrubensicherung" zu nennen.

Um die oben konstatierte Begrenztheit an Grund und Boden und die daraus konsequent abgeleitete Notwendigkeit einer Baugrubensicherung zu unterstreichen, seien beispielhaft die folgenden typischen innerstädtischen Bauvorhaben genannt:

- Eine Untergrundbahn soll unter einer bestehenden Verkehrsanbindung und im unmittelbaren Einflußbereich von Gebäuden gebaut werden.
- Es ist der Bau einer Wohnanlage mit mehrstöckiger Tiefgarage vorgesehen.
- Es soll der Bau eines Wohn- und Geschäftshauses mit mehrstöckiger Unterkellerung zur Ausführung kommen.
- Ver- bzw. Entsorgungsanlagen müssen unterirdisch verlegt werden.

Diese beispielhaft genannten Bauvorhaben sind allesamt im innerstädtischen Bereich nicht denkbar, sollten die Baugruben und die umstehenden Gebäude und sonstigen Anlagen nicht adäquat gesichert werden.

1.2 Die Baugrubensicherung

1.2.1 Einleitung

Es gibt verschiedene Möglichkeiten, eine Baugrube zu sichern; entsprechend den unterschiedlichen Anforderungen an diese Sicherungen kommen jedoch immer wieder die gleichen Grundsysteme – auch in vielfältigen Kombinationen –

zur Ausführung. Diese Grundsysteme vorzustellen, ist die Absicht der nachfolgenden Betrachtungen. Ergänzende Rückhaltesysteme von Wasser und Boden – z.B. Böschungen, Dichtungen wie Schmalwände oder Sohlen – werden dabei nicht gesondert abgehandelt. Desweiteren werden die betr. Systeme in diesem Beitrag auch einer eher vergleichenden Analyse unterworfen; detaillierte Einzeldarstellungen sind den weiteren Fachbeiträgen zu entnehmen.

Ein wesentliches Merkmal der Sicherungssysteme ist die Zuordnung dieser hinsichtlich ihres Verformungs- und Bewegungsverhaltens im Baugrund. Denn es ist sicherlich relevant, ob die Baugrubensicherung die Sicherung eines sog. „setzungsempfindlichen“ Mediums darstellen soll, also keine oder nur geringe Verformungen und Bewegungen des zu stützenden Baugrundes und evtl. dahinter befindlicher Bauwerke zulässig sind, oder ob die Sicherung diesbezüglich untergeordneter Natur ist. Es wird unterschieden zwischen einer „weichen“ und eben einer „nicht weichen“ Verbauart.

Auch die Beschaffenheit des Baugrundes selber ist ein wesentliches Kriterium bei der Wahl des optimalen Baugrubensicherungssystems. Sollte der Boden für eine gewisse Höhe und Zeit ungesichert und standfest stehen bleiben, ist das optimale System der Baugrubensicherung sicherlich ein anderes als das der Sicherung eines weichen oder gar breiigen, oder auch rolligen Bodens. Diesbezüglich ist als wesentliches Kriterium auch das Vorhandensein von Grundwasser zu nennen. Auch sind Kriterien wie die Möglichkeit der Mitverwendung des zu sichernden benachbarten Grund und Bodens – dieser nämlich meist nicht im Grundbesitz des Bauherrn – zu nennen.

Ein weiterer Gesichtspunkt ist, ob die Baugrubensicherung von dauerhafter Natur sein soll oder ob diese nur vorübergehend gebraucht wird. Sollte die Baugrubensicherung als späterer Bestandteil des Bauwerks genutzt werden, muß diese sicherlich anders beschaffen sein, als wenn die Sicherung nur während der Bauphase erforderlich ist und ggf. auch wieder „rückgebaut“ werden soll. Es wird daher unterschieden zwischen einer „permanenten“ und einer „temporären“ Baugrubensicherung.

Aber auch sind lokal gegebene Einschränkungen, wie z.B. die Zugänglichkeit der Baustelle – also die Möglichkeit einer optimalen Verkehrsanbindung –, zulässige Emissionen – also die zulässigen Obergrenzen an Lärm, Abgasen,... –, etc. sicherlich von Relevanz hinsichtlich der Auswahl der Herstellung und somit auch des optimalen Sicherungssystemes selber.

Als wesentliche Grundlagen der Auswahl einer optimalen Baugrubensicherung können an dieser Stelle also zusammenfassend festgehalten werden:

- Der Möglichkeit und Zulässigkeit von Verformungen und Bewegungen der Baugrubensicherung sowie des Grund und Bodens inkl. möglicher Bauwerke dahinter muß Rechnung getragen werden.

- Die Beschaffenheit des zu sichernden Grund und Bodens sowie die Grundwasserverhältnisse sind bei der Wahl des optimalen Baugrubensicherungssystems zu berücksichtigen.
- Es ist zu fixieren, ob die Baugrubensicherung von dauerhafter Natur sein soll und wie diese dann in das spätere Bauwerk integriert werden soll, oder ob nur während der Bauzeit ein Sicherungssystem gebraucht wird.
- Das System der Baugrubensicherung muß den ortsspezifischen Anforderungen – diese im wesentlichen hinsichtlich des Prozesses der Herstellung – Genüge leisten.

1.2.2 Vorstellung der Systeme

Nachdem nun die wesentlichen Auswahlkriterien selber feststehen, können auf der Grundlage dieser die eigentlichen Baugrubensicherungssysteme vorgestellt und analysiert werden.

Es kommen dabei – wie bereits erwähnt – nur die wesentlichen Grundsysteme der Baugrubensicherung bzw. die wesentlichen Merkmale dieser zur Erläuterung; in der Praxis werden auch Kombinationen und Variationen dieser als weitere Möglichkeiten zur Sicherung von Geländesprüngen verwendet. Dabei ist die Reihenfolge der Vorstellung der Grundsysteme so gewählt, daß auf bereits dargestellte Sachverhalte aufgebaut wird; zum vollen Verständnis des Systems empfiehlt sich also die Studie der nachfolgenden Beiträge im Zusammenhang.

1.2.2.1 Trägerverbau

1.2.2.1.1 Einleitung

Als klassisches Verbausystem ist der Trägerverbau zu nennen; in Abwandlungen genannt: „Berliner Verbau“, „Hamburger Verbau“, „Heidelberger Verbau“, „Essener Verbau“ .... aber auch „Kopenhagener Verbau“, wobei der zuerst genannte Berliner Verbau, welcher erstmals beim Bau der Berliner Untergrundbahn um die Jahrhundertwende eingesetzt wurde, sich als Sammelbegriff für diese Variante der Baugrubensicherung eingebürgert hat.

1.2.2.1.2 Beschreibung

In den klassischen Grundformen handelt es sich dabei um ein entweder „freistehendes“, „ausgesteiftes“ oder „rückverankertes“ Trägersystem, welches zwischen, vor oder hinter den Verbauträgern „ausgefacht“ wird.

Die Verbauträger – meist HEB- bzw.][-Profile entsprechend der statischen Erfordernis, diese gerammt, gerüttelt, meistens jedoch in Bohrlöcher gesetzt – stützen den zu sichernden Geländesprung. Diese Träger werden, soweit die

„Fußeinbindung" – also die Einbindung des Trägers unterhalb der Baugrubensohle – als rückhaltendes Element allein nicht ausreichend ist, zusätzlich entweder in die Baugrube hinein ausgesteift oder in den hinter der Baugrubensicherung anstehenden Boden rückverankert.

Sollte die Baugrube ausgesteift werden, kommen ggf. Rundhölzer, meist jedoch Stahlprofile, aber auch massive Stahlbetonkonstruktionen zum Ansatz.

Falls Rückverankerungen erforderlich werden sollten, bestehen diese heute im wesentlichen aus zugelassenen Einstab- bzw. Litzenankern, wobei je nach Gestaltung der Verbauträger eine Rückverankerung des Trägers direkt möglich ist oder aber eine zusätzliche „Vergurtung" angebracht werden muß. Als Vergurtungselemente kommen dann im wesentlichen gängige Träger- oder Spundwandprofile zur Ausführung.

Als Ausfachung zwischen den Verbauträgern werden Holzbohlen, Spundbohlen, Kombinationen aus diesen, aber auch bewehrter oder unbewehrter Stahlbeton bzw. Spritzbeton eingesetzt.

Unter dem Gesichtspunkt der Erdstatik ist im wesentlichen maßgebend der Nachweis des ausreichenden Erdwiderstands sowie der erforderlichen Sicherheit gegen „Geländebruch" bzw. der „Standsicherheit in der tiefen Gleitfuge". Die Elemente des Tragsystems selber sind entsprechend den anerkannten Regeln des Stahl-, bzw. Stahlbeton-, bzw. des Holzbaus zu bemessen.

1.2.2.1.3 Lasten und Verformungen

Entsprechend der üblichen Ausführung, nämlich der Verwendung von „elastischen" Stahlträgern, wird der Trägerverbau als weiche Verbauart eingestuft; d.h. diese Baugrubensicherung kann die zu erwartenden Lasten zum Großteil nur über eine Verformung der Tragelemente aufnehmen. Zur Sicherung von Geländesprüngen neben hohen Lasten bzw. setzungsempfindlichen Bauwerken ist diese Art der Baugrubensicherung also nicht geeignet.

Eine wesentliche Einschränkung der Verformung kann durch die Rückverankerung oder Aussteifung der Baugrubensicherung erzielt werden; aus statischen, aber auch aus wirtschaftlichen Gesichtspunkten ist eine solche in den meisten Fällen ab einer Verbautiefe von ca. 3 Metern vertretbar.

1.2.2.1.4 Baugrund und Wasser

Entsprechend dem zuerst beschriebenen Herstellungsmerkmal kann eine solche Variante der Baugrubensicherung nur ausgeführt werden, wenn der anstehende Boden bohrbar bzw. ramm- oder rüttelbar ist. Ist mit Hindernissen im Boden zu rechnen, kann hierbei bestenfalls gebohrt werden; der zusätzliche Einsatz eines Meißels ist ggf. erforderlich. Stehen weiche Bodenschichten und ggf. Grundwasser an, muß „verrohrt“ gebohrt werden; die Bohrwerkzeuge selber sind dabei ebenso den Bodenverhältnissen anzupassen.

Ist eine Aussteifung nur möglich, wenn es die für den Rohbau erforderlichen räumlichen Bedingungen in der Baugrube zulassen, so sind betreffend eine evtl. Rückverankerung – abgesehen von den bereits oben genannten Kriterien der Bohrbarkeit des Baugrundes – auch Einschränkungen im Baugrund selber relevant: Anker können nur gesetzt werden, wenn Hindernisse – im innerstädtischen Bereich vor allem Leitungen und Kanäle im Straßenbereich – nicht vorhanden sind; da aber das Vorhandensein von Sparten eine weniger nachgiebige Baugrubensicherung erforderlich macht, ist der Einsatz von Erdankern trotzdem ggf. unumgänglich und daher eine entsprechende Anordnung dieser Anker und eine Ausführung des Rückhaltesystems erforderlich.

Bezüglich der Anker im Zusammenhang mit dem Baugrund ist aber auch die Grunddienstbarkeit des Nachbargrundstückes zu nennen: Vor allem in Städten, wo eine entsprechende Nachfrage besteht, lassen es sich Privatleute, aber auch die öffentliche Hand teuer bezahlen, einen Anker an die statisch notwendige Stelle zu setzen.

Wesentliche Einschränkungen und somit Kosten entstehen aber auch im Zusammenhang mit einer Eigenschaft des Baugrunds, welche überhaupt nichts mit Bodenmechanik und Grundbau zu tun hat; gemeint ist die Notwendigkeit der sog. „Kampfmittelsuche“. Vor allem in Berlin ist dieser Umstand ein wesentlicher Kostenfaktor, und es ist nicht zuletzt deshalb die ausgesteifte Baugrube wieder interessant geworden.

Da die Baugrubensicherung durch einen Trägerverbau auch durch die Notwendigkeit der Ausfachung zwischen den Verbauträgern gekennzeichnet ist, besteht darin eine weitere wesentliche Einschränkung betreffend den zu sichernden Baugrund: Der Boden sollte zumindest vorübergehend für eine gewisse Höhe standfest sein, damit die Ausfachungsarbeiten in einem wirtschaftlich zu vertretenden Rahmen ausgeführt werden können.

Das System ist mit einer Holzausfachung nicht zur Rückhaltung von Grundwasser oberhalb der Baugrubensohle geeignet; andere Ausfachungssysteme – wie z.B. „Kanaldielen und Brustriegel“ – machen eine solche bedingt und eingeschränkt möglich. Oft sind dann jedoch zusätzliche Maßnahmen – wie z.B. das Injizieren des Baugrundes im Trägerbereich – erforderlich.

1.2.2.1.5 Dauer des Einsatzes und Beständigkeit

Betreffend die Beständigkeit dieser Art der Baugrubensicherungsmaßnahme ist ein wesentliches Kriterium die Beständigkeit der Ausfachung der Verbauträger: Eine Holzausfachung kann nur vorübergehenden Zwecken dienen; ein solches

System ist also als temporär einzustufen. Sollte die Baugrubensicherung permanent benötigt werden, muß daher ein entsprechendes Material – meistens Spritzbeton – gewählt werden.

Sollte die Sicherung der Baugrube rückverankert werden müssen, sind ggf. auch entsprechende Rückverankerungssysteme zu wählen; ab einer Standzeit von üblicherweise zwei Jahren müssen zu permanenten Zwecken geeignete Baugrubenanker eingesetzt werden. Der wesentliche Unterschied zu einer temporären Rückverankerung besteht dabei aus zusätzlichen Maßnahmen, welche das Zugglied und den Ankerkopf gegen Korrosion schützen.

Üblicherweise wird der Trägerverbau zu temporären Zwecken eingesetzt.

1.2.2.1.6 Anforderungen an den Herstellungsprozeß

Selbstverständlich muß für das Bohrgerät ausreichend Platz zum Arbeiten vorhanden sein. In diesem Zusammenhang sind aber nicht nur die Abmessungen des Gerätes im Grundriß relevant; es ist auch die dritte Dimension – also die Höhe des Bohrgerätes – und das evtl. Vorhandensein von entsprechenden Hindernissen – z.B. Stromkabeln – zu berücksichtigen.

Neben dem Platz muß auch die Tragfähigkeit des Bodens gewährleistet sein: Da die üblicherweise verwendeten Bohrgeräte mindestens ein Gewicht von ca. 30 Tonnen haben, darf der Untergrund nicht zu nachgiebig sein; auch sind evtl. vorhandene Bebauungen im Untergrund – z.B. ehemalige und nicht verfüllte Keller, Bunker,... – zu berücksichtigen.

Da die heute gängigen Bohrgeräte im wesentlichen mit Verbrennungsmotoren und über eine entsprechende Hydraulik angetrieben werden, müssen unter dem Gesichtspunkt der Herstellung auch Eigenschaften hinsichtlich Abgase, Lärm,... berücksichtigt werden; im innerstädtischen Bereich sind nicht selten Obergrenzen gegeben, die einzuhalten sind.

1.2.2.1.7 Darstellungen im Bild

Bild 1.1:
holzausgefachter
Trägerverbau

Bild 1.2:
mit Spritzbeton
ausgefachter
Trägerverbau

1.2.2.2 Spundwand

1.2.2.2.1 Einleitung

Die Alternative zum oben beschriebenen Trägerverbau ist der Verbau mit „Spundbohlen“; insbesondere als einfaches Rückhaltesystem im Zusammenhang mit Grundwasser kommt dieses Verfahren oft zum Einsatz.

1.2.2.2.2 Beschreibung

Bezogen auf das Tragsystem ist der wesentliche Unterschied zum Trägerverbau die Verwendung nur eines Mediums, nämlich der Spundbohle; Träger und Ausfachung sind vereint in dieser. Die Spundbohlen werden mit einem entsprechenden Großgerät eingebaut und ergeben somit aneinandergereiht die Spundwand, wobei diese analog ebenso freistehend, ausgesteift oder rückverankert ausgeführt werden kann.

Die Spundwand – standardisierte Profile entsprechend der statischen Erfordernis – stützt den zu sichernden Geländesprung, wobei – wie beim Trägerverbau – soweit die Fußeinbindung als rückhaltendes Element allein nicht ausreichend ist, zusätzlich entweder in die Baugrube hinein ausgesteift oder in den hinter der Baugrubensicherung anstehenden Boden rückverankert wird. Der wesentliche Unterschied hinsichtlich der Fußeinbindung ist jedoch der, daß beim Trägerverbau nur ein einzelnes Element – nämlich der Träger – vom Erdreich am Fuß gehalten wird; beim Spundwandverbau ist es jedoch der vollflächige, unterhalb der Baugrubensohle in den Boden eingespannte Teil dieser Wand. Der Spundwandverbau aktiviert also den Boden als stützendes Element in einem höheren Maße als der Trägerverbau.

Als aussteifende oder rückverankernde Elemente kommen ggf. die gleichen wie beim Trägerverbau zum Ansatz; wobei jedoch die zusätzliche Vergurtung in den meisten Fällen erforderlich ist, weil der Spundwandverbau eben nicht über einzelne – also auch einzeln zu verankernde – Stützelemente wie der Trägerverbau verfügt.

Betreffend die Erdstatik sind die gleichen Nachweise wie beim Trägerverbau relevant. Auch das Tragsystem selber ist analog zu bemessen.

1.2.2.2.3 Lasten und Verformungen

Da Spundbohlen wie Verbauträger auch aus elastischem Stahl bestehen, wird die Spundwand dementsprechend auch als weiche Verbauart eingestuft; zur Sicherung von Geländesprüngen neben hohen Lasten bzw. setzungsempfindlichen Bauwerken ist diese Art der Baugrubensicherung also ebenso nicht geeignet.

Auch beim Spundwandverbau kann eine wesentliche Einschränkung der Verformung durch die Rückverankerung oder Aussteifung der Baugrubensicherung erzielt werden; aus statischen, aber auch aus wirtschaftlichen Gesichtspunkten ist eine solche in den meisten Fällen ab einer Verbautiefe von ebenso ca. 3 Metern vertretbar.

1.2.2.2.4 Baugrund und Wasser

Entsprechend der Einschränkung beim Trägerverbau kann eine solche Variante der Baugrubensicherung auch nur ausgeführt werden, wenn der anstehende Boden ramm- bzw. rüttelbar ist. Ist mit Hindernissen im Boden zu rechnen, kann dieses Verfahren nur angewendet werden, wenn vorgebohrt wird und evtl. Hindernisse beseitigt werden. Selbstverständlich sind weiche Bodenschichten und ggf. Grundwasser daher die wesentlichen Einsatzgebiete dieser Alternative zum Trägerverbau.

Hinsichtlich einer evtl. erforderlichen Aussteifung oder Rückverankerung gelten die gleichen Einschränkungen wie beim Trägerverbau.

Hinsichtlich der Wasserdichtigkeit besteht der wesentliche Unterschied des Spundwandverbaus zum Trägerverbau: Während der Trägerverbau nicht als wasserdicht einzustufen ist, sind „im Schloß sitzende" Spundbohlen durchaus in der Lage, Wasser zurückzuhalten. Sollten dabei keine zusätzlichen Maßnahmen, wie die Verwendung einer Dichtmasse, zum Einsatz kommen, können trotzdem Feinanteile im Boden nach einer gewissen Zeit eine Abdichtung der Spundwand im Schloß bewirken.

Insbesondere im Zusammenhang mit einer möglichen Einbindung der Spundwand in eine wasserundurchlässige Bodenschicht oder eine injizierte Sohle, ist mit diesem Verfahren eine einfache und preiswerte wasserdichte Baugrubensicherung machbar.

1.2.2.2.5 Dauer des Einsatzes und Beständigkeit

Hinsichtlich der Beständigkeit dieser Art der Baugrubensicherungsmaßnahme ist die des verwendeten Stahls relevant; es liegt auf der Hand, daß eine solche Baugrubensicherung daher beständiger ist als z.B. ein holzausgefachter Trägerverbau.

Betreffend die Rückverankerung dieser Baugrubensicherung sind die gleichen Kriterien wie bei dem Trägerverbau relevant.

Üblicherweise wird die Spundwand in Böden mit Grundwasser und zu temporären Zwecken eingesetzt; insbesondere im norddeutschen Raum wird diese Art der Baugrubensicherung aber auch zu permanenten Zwecken im Hafenbau verwendet.

1.2.2.2.6 Anforderungen an den Herstellungsprozeß

Analog zum Trägerverbau muß auch beim Spundwandverbau ausreichend Platz für das einzusetzende Gerät zum Arbeiten vorhanden sein; auch ist die Tragfähigkeit des Bodens zu berücksichtigen.

Das gleiche gilt für die Emissionen; jedoch mit einem wesentlichen weiteren Kriterium: Wird beim Trägerverbau meistens gebohrt, bzw. werden die Träger gesetzt, so wird beim Spundwandverbau meistens gerammt oder gerüttelt. Insbesondere die Eigenfrequenz von in der Nähe befindlichen Gebäuden ist also zu berücksichtigen. Moderne Vibrationsrammen besitzen daher auch entsprechende Einrichtungen, welche ein Anfahren des Gerätes ohne die Notwendigkeit des Durchfahrens der niedrigeren Frequenzbereiche ermöglichen.

1.2.2.2.7 Darstellungen im Bild

Bild 1.3: Spundwandverbau

Bild 1.1: Spundwandverbau

1.2.2.3 Pfahlwand

1.2.2.3.1 Einleitung

Die am meisten verwendete „massive" Baugrubensicherung ist die Pfahlwand, wobei mit der Verwendung von Beton als wesentlichem Baumaterial hiermit der entscheidende Schritt zur möglichen Mitverwendung der Baugrubensicherung als späterer Gebäudeteil vollzogen wird.

1.2.2.3.2 Beschreibung

Bezüglich der Grundlagen des Tragsystems ist der Pfahl mit dem Träger des Trägerverbaus zu vergleichen; analog kommt auch das gleiche Gerät – ggf. in größerer Abmessung und entsprechend leistungsfähiger – zum Einsatz. Ein wesentliches Unterscheidungsmerkmal zum Trägerverbau ist jedoch die Möglichkeit der Variation des „Trägerabstands", in diesem Fall also des Pfahlabstandes: Pfähle können zum einen „aufgelöst" – also in einem vorher statisch ermittelten Abstand – und ggf. unter der Verwendung einer Ausfachung verwendet werden; entsprechend der statischen Erfordernis können diese auch „tangierend" – also sich berührend – oder „überschnitten" ausgeführt werden.

Analog zum Trägerverbau bzw. zur Spundwand kann auch die Pfahlwand freistehend, ausgesteift oder rückverankert ausgeführt werden.

Die Pfähle – diese aus Beton und Baustahl in der erforderlichen Güte und im Abstand sowie dem Durchmesser entsprechend der statischen Erfordernis – werden in gebohrten Löchern hergestellt; das so entstehende Tragsystem stützt den zu sichernden Geländesprung. Die Abstützung betreffend gelten die gleichen Kriterien wie beim Trägerverbau bzw. der Spundwand, wobei hier zwischen aufgelöster bzw. tangierender oder überschnittener Pfahlwand – analog der Unterscheidung zwischen Trägerverbau und Spundwandverbau – hinsichtlich der Einspannung im Fußbereich zu unterscheiden ist.

Sollte eine tangierende oder überschnittene Pfahlwand hergestellt werden, ist der Einsatz einer „Bohrschablone" – also einer Führung für die Bohrwerkzeuge, diese meistens in Ortbeton – erforderlich.

Als aussteifende oder rückverankernde Elemente kommen ggf. die gleichen wie beim Trägerverbau bzw. Spundwandverbau zum Ansatz; eine zusätzliche Vergurtung wird dann erforderlich, wenn eine Rückverankerung über die „Träger" direkt – in diesem Fall also die Pfähle – nicht möglich oder sinnvoll ist.

Sollte – im Fall der aufgelösten Pfahlwand – eine Ausfachung erforderlich werden, kommt meistens bewehrter oder unbewehrter Spritzbeton zum Einsatz.

Betreffend die erdstatischen Nachweise sind die gleichen wie beim Träger- bzw. Spundwandverbau relevant.

1.2.2.3.3 Lasten und Verformungen

Entsprechend der Verwendung von „biegesteifen“ Stahlbetonträgern wird die Pfahlwand als steife Verbauart eingestuft; d.h. diese Baugrubensicherung wird die zu erwartenden Lasten im wesentlichen ohne eine Verformung der Tragelemente aufnehmen. Hiermit wird jedoch nicht die Möglichkeit der Verschiebung des Tragelementes eingeschränkt; d.h. der Pfahl ist nach wie vor in der Lage sich als ganzes – obwohl unverformbar – im Baugrund zu bewegen. Und trotzdem – dieses wie nachfolgend beschrieben – ist dieses System zur Sicherung von Geländesprüngen neben hohen Lasten bzw. setzungsempfindlichen Bauwerken geeignet.

Eine wesentliche Einschränkung der oben beschriebenen Bewegungen der Tragelemente im Baugrund kann durch eine Rückverankerung oder Aussteifung der Baugrubensicherung erzielt werden; aus diesem Grund, aber auch aus statischen und wirtschaftlichen Gesichtspunkten ist eine solche in den meisten Fällen ab einer Verbautiefe von ca. 4 – 5 Metern vertretbar.

1.2.2.3.4 Baugrund und Wasser

Entsprechend dem oben beschriebenen Herstellungsmerkmal kann eine solche Variante der Baugrubensicherung nur ausgeführt werden, wenn der anstehende Boden bohrbar ist. Bezüglich Hindernisse im Baugrund gelten daher auch die gleichen Kriterien wie beim gebohrten Trägerverbau.

Auch bezüglich einer evtl. erforderlichen zusätzlichen Stützung – also Rückverankerung oder Aussteifung – gelten die bereits genannten einschränkenden Bedingungen.

Auch ist bezüglich einer evtl. erforderlichen Ausfachung analog auf die Boden- bzw. Grundwasserbedingungen hinzuweisen: Insbesondere im Zusammenhang mit der bei der aufgelösten Pfahlwand bevorzugten Spritzbetonausfachung muß festgestellt werden, daß eine solche nicht gegen „drückendes“ Grundwasser – also gegen Grundwasser, welches oberhalb der Baugrubensohle ansteht und die Tendenz hat, in die Baugrube hinein zu fließen – eingebaut werden kann.

Als überschnittene und in eine wasserdichte Bodenschicht oder injizierte Sohle einbindende Baugrubensicherung ist die Pfahlwand jedoch „die Lösung“ bei gegebener Aufgabenstellung.

1.2.2.3.5 Dauer des Einsatzes und Beständigkeit

Betreffend die Beständigkeit dieser Art der Baugrubensicherungsmaßnahme ist ein wesentliches Kriterium die bereits genannte Tatsache der Verwendung eines nicht verwitterbaren Baustoffes, nämlich Betons.

Betreffend die Rückverankerung dieser Baugrubensicherung sind die gleichen Kriterien wie bei dem Trägerverbau relevant.

Wie bereits herausgestellt, wird die Pfahlwand üblicherweise zu permanenten Zwecken eingesetzt.

1.2.2.3.6 Anforderungen an den Herstellungsprozeß

Es gelten im wesentlichen die gleichen einschränkenden Bedingungen wie beim Trägerverbau; als weiteres relevantes Kriterium ist ggf. die Zulässigkeit der Verwendung von Beton bzw. eines bestimmten Zements – dies meistens im Zusammenhang mit dessen Beständigkeit gegenüber dem Grundwasser und dem Boden – zu nennen.

1.2.2.3.7 Darstellungen im Bild

Bild 1.5: Pfahlwand

Bild 1.6: Pfahlwand

1.2.2.4 Schlitzwand

1.2.2.4.1 Einleitung

Wird die im vorigen Kapitel beschriebene Pfahlwand eher noch als Baugrubensicherung – d.h. erst in der Folge als Bestandteil des in der Baugrube zu errichtenden Bauwerks – verstanden, ist die Schlitzwand ohne Einschränkungen als möglicher vollwertiger Bestandteil dieses späteren Bauwerks anzusehen. Die im ersten Kapitel postulierte Notwendigkeit der Baugrubensicherung im innerstädtischen Bereich findet somit konsequent in der Anwendung eines grundsätzlich neuen Bauverfahrens seinen Niederschlag.

1.2.2.4.2 Beschreibung:

Bezüglich des Tragsystems ist die Schlitzwand mit der überschnittenen oder tangierenden Pfahlwand und somit auch mit der Spundwand gleichzustellen; sie hat darüber hinaus jedoch nicht nur die gleichen Materialeigenschaften wie eine konventionell hergestellte Betonwand des Bauwerks, sondern hat per se auch die gewünschten geometrischen Eigenschaften wie die mit entsprechender Schalung hergestellte Bauwerksaußenwand.

Die Schlitzwand wird aus Beton und Baustahl in einem Schlitz mit einer Breite entsprechend der statischen Erfordernis hergestellt; zum Einsatz kommen Großgeräte, welche die erforderlichen Öffnungen in den Baugrund „greifern“ oder „fräsen“. Der Einsatz einer Schablone für diese Werkzeuge ist erforderlich.

Ein deshalb wesentlicher Unterschied zu den bislang beschriebenen Baugrubensicherungssystemen ist die meistens gegebene Notwendigkeit der Stützung des Schlitzes durch eine entsprechende „Stützflüssigkeit“; der geförderte Boden muß daher vor der Deponie zusätzlich entsprechend gereinigt, bzw. die Stützflüssigkeit – meistens Bentonit der erforderlichen Güte – entsprechend wiederaufbereitet werden.

Betreffend die Abstützung der fertigen Wand – also die Ausführung als freistehend, ausgesteift oder rückverankert – gelten die gleichen Kriterien wie bei der Pfahlwand, Trägerverbau bzw. Spundwand, wobei betr. die Stützung im Fußbereich die Schlitzwand als durchgehend ausgebildetes Tragelement dementsprechend als voll gestützt anzusehen ist.

Sollte eine Aussteifung bzw. eine Rückverankerung erforderlich werden, muß eine entsprechende Vergurtung vorgesehen werden; hierbei besteht auch die Möglichkeit, diese durch eine entsprechende Verstärkung der Bewehrung der Schlitzwand im betreffenden Bereich auszubilden.

Zusätzliche Ausfachungsarbeiten im Zuge des Aushubes der Baugrube können systembedingt entfallen; da die Schlitzwand jedoch meistens als später sichtbarer Bestandteil des Bauwerks herangezogen werden soll, muß diese nicht nur gereinigt, sondern auch von Betonüberständen o.ä. befreit werden.

Betreffend die Erdstatik sind die gleichen Nachweise wie bei der Pfahlwand relevant; ein weiterer Nachweis – nämlich der Nachweis der ausreichenden Standsicherheit des suspensionsgestützten Schlitzes – kommt hinzu.

1.2.2.4.3 Lasten und Verformungen

Entsprechend der Verwendung von Stahlbeton, wird die Schlitzwand analog als steife Verbauart eingestuft; d.h. sie besitzt unter diesem Gesichtspunkt auch die gleichen Merkmale wie eine Pfahlwand.

Auch ist die Rückverankerung oder Aussteifung dieser Baugrubensicherung aus statischen, aber auch aus wirtschaftlichen Gesichtspunkten ab einer Verbautiefe von ca. 4 – 5 Metern vertretbar.

1.2.2.4.4 Baugrund und Wasser

Diese Art der Baugrubensicherung kann in allen Bodenarten ausgeführt werden, wobei die Beschaffenheit des zu bearbeitenden Bodens selbstverständlich

Einfluß auf die zu verwendenden Werkzeuge und Hilfsmittel und somit auch auf das Verfahren selber hat. Sollte der Boden zu hart, bzw. sollten Hindernisse gegeben sein, muß entsprechend schweres Werkzeug zum Einsatz kommen; es muß also ggf. gemeißelt werden. Sollte Grundwasser anstehen bzw. sollten die Bodenschichten nicht ausreichend standfest sein, muß eine Stützflüssigkeit verwendet werden.

Bezüglich einer evtl. erforderlichen zusätzlichen Stützung der Wand selber – also durch Rückverankerung oder Aussteifung – gelten auch die bereits genannten Bedingungen.

Als wasserdichter Bestandteil des späteren Bauwerks ist die Schlitzwand als Baugrubensicherung eine wichtige Ergänzung der konventionellen Bauverfahren des Hochbaus.

1.2.2.4.5 Dauer des Einsatzes und Beständigkeit

Hinsichtlich der Beständigkeit dieser Art der Baugrubensicherungsmaßnahme gilt gleiches wie für die Pfahlwand; auch betreffend die Rückverankerung dieser Baugrubensicherung sind die bereits genannten Kriterien relevant.

Wie bereits herausgestellt, wird die Schlitzwand üblicherweise zu permanenten Zwecken eingesetzt.

1.2.2.4.6 Anforderungen an den Herstellungsprozeß

Es gelten im wesentlichen die gleichen einschränkenden Bedingungen wie bei der Pfahlwand; hervorzuheben sind allerdings die meistens gigantischen Dimensionen der Geräte und Werkzeuge und die dementsprechenden Emissionen, bzw. mögliche Einschränkungen.

1.2.2.4.7 Darstellungen im Bild

Bild 1.7:
Schlitzwand

Bild 1.8:
Werkzeuge zur Herstellung einer Schlitzwand

1.2.2.5 *Unterfangung*

1.2.2.5.1 *Einleitung*

Sind die in den vorigen Kapiteln beschriebenen Baugrubensicherungen im wesentlichen als Stützungen des Bodenkörpers – wenn auch evtl. mit Gebäuden als lasterhöhenden Einflüssen – zu verstehen, ist die Unterfangung als direkte Sicherungsmaßnahme eines Bauwerks o.ä. anzusehen. Die Palette der Baugrubensicherungsmaßnahmen im innerstädtischen Bereich findet hiermit also eine ideale Ergänzung.

1.2.2.5.2 *Beschreibung*

Bezüglich des Tragsystems ist die Unterfangung nur unvollständig mit den bislang beschriebenen Systemen vergleichbar; am ehesten noch könnte man diese Art der Baugrubensicherung als massive Wand unter einem Gebäude beschreiben, welche auch hohe Vertikallasten in den tragfähigen Untergrund abtragen soll. Selbstverständlich ist ein solches System auch mit den bislang beschriebenen massiven Baugrubensicherungsmaßnahmen darstellbar; es ist z.B. möglich, Pfähle geneigt und somit auch unter einem Gebäude anzuordnen. Ich möchte aber in diesem Kapitel vor allem auf die Unterfangung als eine „unter einem Gebäude herzustellende“ Sicherung eingehen.

Nichts liegt hierbei näher, als die bereits vorhandene Gründung des Gebäudes – nämlich das Fundament – entsprechend zu verlängern bzw. zu vertiefen. Dabei ist im wesentlichen zu unterscheiden zwischen dem „händischen“ und dem maschinellen Vorgehen. Händisch bedeutet – wenngleich auch mit untergeordneter maschineller Unterstützung – eben das entsprechende Material von Hand einzubauen, während beim maschinelle Vorgehen eher die Verwendung eines entsprechenden Gerätes im Vordergrund steht.

Die sog. „Handunterfangung“ bedeutet die Öffnung von entsprechend dimensionierten Schlitzen unter dem betr. Fundament und den Ausbau dieser entweder mit gesetzten einzelnen Elementen – z.B. Steinen – oder z.B. mit ggf. bewehrtem Beton. Dabei dürfen diese Schlitze bestimmte Abmessungen nicht überschreiten; auch sind sie im sog. „Pilgerschrittverfahren“ herzustellen, d.h. der betr. offene Schlitz darf nicht unmittelbar an den zuletzt hergestellten Unterfangungskörper anschließen.

Maschinell werden Unterfangungskörper im sog. „Hochdruckinjektionsverfahren“, auch „Jet Grouting“ oder „Bodenbeton“ genannt, hergestellt, wobei durch die geeignete Kombination dieser Bezeichnungen klar wird, was damit gemeint ist: Unter hohem Druck wird eine Zementsuspension mit dem anstehenden Bodenmaterial vermengt; dieses, indem ein Gestänge auf die notwendige Tiefe in den Boden und unter das zu unterfangende Fundament niedergebracht und anschließend unter Rotation und Austritt der Suspension gezogen wird. Die Geometrie des Unterfangungskörpers wird also durch die Variation der Parameter, nämlich Tiefe und Anordnung des Gestänges, dessen Zieh- und Drehgeschwindigkeit sowie Austrittsmenge und -druck der Suspension gesteuert.

Allein aus der Beschreibung des Verfahrens ist zu schließen, daß dieses Verfahren nicht nur die erforderlichen Gerätschaften voraussetzt; auch muß die ausführende Firma ein hohes Maß an entsprechender Erfahrung besitzen. Auch die adäquate Überwachung der Arbeiten – also z.B. die parallele Durchführung von Bewegungsmessungen – muß gewährleistet sein.

Diese beiden Verfahren vergleichend, ist festzustellen, daß das zuerst beschriebene Verfahren relativ einfach ist; eben darin liegt aber auch eine Einschränkung: Indem nämlich tatsächliche Öffnungen unter einer zu erhaltenden Bausubstanz geschaffen werden müssen, sind ggf. weitere Maßnahmen, wie z.B. temporäre Stützungen oder Rückverankerungen, kleinere Baugrubensicherungen – nämlich der Schlitzöffnungen – oder ähnliches erforderlich. Unter entsprechenden Voraussetzungen also – Geräteausstattung und Eignung des ausführenden Unternehmens aber ebenso vorausgesetzt – ist somit dem zweiten Verfahren der Vorzug zu geben.

Betreffend die Abstützung der fertigen Unterfangung – also die Ausführung als freistehend, ausgesteift oder rückverankert – gelten die gleichen Kriterien wie bei der Schlitzwand, wobei festzustellen ist, daß die Unterfangung als am Kopf gestützt – nämlich durch das zu unterfangende Fundament – anzusehen ist. Auch die Vergurtung kann wie bei der Schlitzwand in der Unterfangung durch eine Verstärkung der Bewehrung im betr. Bereich ausgebildet sein; im Zusammenhang mit einer Unterfangung hergestellt im Hochdruckinjektionsverfahren kann es jedoch nur ein konventioneller Gurt oder der Einsatz entsprechender Ankerplatten sein.

Auch sind wie bei der Schlitzwand Nacharbeiten an der Wand im Zuge des Aushubes ggf. erforderlich.

An erdstatischen Nachweisen sind auch bei diesem Verfahren die bereits genannten relevant, wobei weitere, wie z.B. die Nachweise der ausreichenden Standsicherheiten gegen Gleiten, Grundbruch sowie der Zulässigkeit der Bodenpressungen, hinzukommen.

1.2.2.5.3 Lasten und Verformungen

Eine Unterfangung ist im wesentlichen als eine steife Baugrubensicherung zu verstehen; ein wesentlicher Einfluß auf Formbeständigkeit bzw. Unnachgiebigkeit der Wand ist hierbei jedoch in der abzutragenden Vertikallast zu sehen. Kriterien wie z.B. der Nachweis der ausreichenden Standsicherheit gegen Grundbruch machen daher meistens eine entsprechende Ausbildung des Unterfangungskörpers erforderlich.

Wichtig ist in diesem Zusammenhang auch die Gewährleistung einer Kraftschlüssigkeit zwischen Bauwerk und Unterfangung.

Eine zusätzliche Rückverankerung oder Aussteifung dieser Baugrubensicherung ist aus statischen, aber auch aus wirtschaftlichen Gesichtspunkten ab einer zu sichernden Höhe von ca. 4 – 5 Metern vertretbar.

1.2.2.5.4 Baugrund und Wasser

Diese Art der Baugrubensicherung kann in allen Bodenarten ausgeführt werden, wobei die Beschaffenheit des zu bearbeitenden Bodens selbstverständlich Einfluß auf das Verfahren selber hat. Sollte der Boden wenig standfest oder sollte gar Wasser beteiligt sein, ist die Handunterfangung sicherlich nicht ein geeignetes Verfahren; sollten diese Randbedingungen aber entsprechend gegeben sein, kann diese durchaus eine Alternative zu einer Hochdruckinjektion darstellen.

Bezüglich einer evtl. erforderlichen zusätzlichen Stützung der Unterfangung selber – also Rückverankerung oder Aussteifung – gelten auch die bereits genannten Bedingungen.

Als Sicherung der beteiligten Gebäude ist die Unterfangung ein wesentliches Element einer innerstädtischen Baugrubensicherung.

1.2.2.5.5 Dauer des Einsatzes und Beständigkeit

Hinsichtlich der Beständigkeit dieser Art der Baugrubensicherungsmaßnahme gilt gleiches wie für die Pfahlwand; auch betreffend die Rückverankerung dieser Baugrubensicherung sind die bereits genannten Kriterien relevant.

Die Unterfangung wird üblicherweise zu permanenten Zwecken eingesetzt.

1.2.2.5.6 Anforderungen an den Herstellungsprozeß

Betreffend den Herstellungsprozess ist zu unterscheiden zwischen der Handunterfangung und der maschinell ausgeführten:

Die Handunterfangung ist systembedingt wenigen einschränkenden Bedingungen unterworfen; sollten die Bodenverhältnisse eine solche Sicherung zulassen, steht diesem Verfahren nichts im Wege.

Die Unterfangung durch die Hochdruckinjektion setzt entsprechenden Platz für die aufwendige Baustelleneinrichtung voraus; auch muß die zu unterfangende Gebäudesubstanz diesem Verfahren letztlich standhalten.

1.2.2.5.7 Darstellungen im Bild

Bild 1.9:
Unterfangungen

Bild 1.10:
Unterfangungen

1.2.2.6 Bodenvernagelung

1.2.2.6.1 Einleitung

Sind die in den vorigen Kapiteln beschriebenen Baugrubensicherungen als Stützkörper im Boden zu verstehen, so ist die Bodenvernagelung letztlich eine Bodenverbesserung, welche den Boden selber in die Lage versetzt, die einwirkenden Kräfte aus Erddruck aufzunehmen.

1.2.2.6.2 Beschreibung

Bezüglich des Tragsystems stellt die Bodenvernagelung ein eigenständiges Systemen dar; am treffendsten ist dieses als „Schwergewichtswand bestehend aus dem anstehenden Boden“ beschreibbar.

Bei gegebener Aufgabenstellung – Baugrubentiefe und Lasten hinter der Baugrubensicherung – wird durch entsprechende Berechnung festgestellt, wie diese Stützwand – diese unter Verwendung des anstehenden Bodens als „Baumaterial“ – auszusehen hätte; systembedingt vorgegeben ist allerdings die Tatsache, daß diese ohne Dorn, aber mit Fußeinbindung hergestellt werden kann. Die Berechnungen sind im wesentlichen die gleichen, wie die, die bei der Berechnung der Standsicherheit einer Schwergewichtswand herangezogen werden. Es ist in diesem Zusammenhang auch die Rede von der „äußeren Standsicherheit“, welche ausreichend sein muß.

Die Ausbildung des Bodens als den so ermittelten monolithischen Block dieser Schwergewichtswand wird durch die Verwendung von Bodennägeln – dieses sind zugelassene Tragelemente – entsprechender Länge und Anordnung sowie einer Schale aus Spritzbeton auf dem Erdkörper gewährleistet. Hierbei wirken die Nägel zum einen als Tragglieder, welche die Scherkräfte in dem Bodenkörper aufzunehmen haben; zum zweiten stellen sie das Rückhaltesystem für die Spritzbetonschale dar. Die Spritzbetonschale ist im wesentlichen eine Erosionssicherung des Bodenkörpers. Diese Elemente des Systems verkörpern somit die „innere Standsicherheit“.

1.2.2.6.3 Lasten und Verformungen

Entsprechend der Beschreibung der Bodenvernagelung als Schwergewichtswand ist diese als streng statisches System zu verstehen; somit wird die Tragwirkung auch nicht – wie z.B. beim Spundwandverbau – teilweise über Verformungen aktiviert.

Das Vorhandensein von Lasten reduziert sich also auch auf die Ermittlung der erforderlichen Geometrie dieser Wand. Betreffend die innere Standsicherheit ist außer der Bemessung der Nägel und der Spritzbetonschale als wesentliches zusätzliches Kriterium die Ermittlung der Länge der Erdnägel zu nennen; diese wird zusätzlich zu der erforderlichen Berechnung im sog. „Ausziehversuch" nachgewiesen.

1.2.2.6.4 Baugrund und Wasser

Diese Art der Baugrubensicherung kann in allen Bodenarten ausgeführt werden, wobei die Beschaffenheit des zu bearbeitenden Bodens selbstverständlich Einfluß auf das Verfahren selber hat. Sollte der Boden wenig standfest sein, sind kleinere Aushubabschnitte und geringere Nagelabstände zu wählen; sollten diese Randbedingungen aber entsprechend gegeben sein, können diese Größen – im Rahmen der entsprechenden Vorschriften – optimiert werden.

Wasser darf zum Zeitpunkt der Herstellung der Wand nicht vorhanden sein; im Endzustand ist eine entsprechende Drainage denkbar. Es ist also ggf. eine Grundwasserabsenkung während der Bauzeit erforderlich.

Als Sicherung freizügig gestalteter Böschungen und Geländesprünge ist die Bodenvernagelung eine interessante Alternative zu den bisher vorgestellten Baugrubensicherungssystemen.

1.2.2.6.5 Dauer des Einsatzes und Beständigkeit

Eine Bodenvernagelung kann temporär oder permanent ausgeführt werden: Die permanente Bodenvernagelung besitzt einen zusätzlichen Schutz der Nägel und der dazugehörigen Köpfe sowie eine entsprechende Spritzbetonschale.

Die Bodenvernagelung wird üblicherweise zu permanenten Zwecken eingesetzt.

1.2.2.6.6 Anforderungen an den Herstellungsprozeß

Es kommen bei dieser Art der Baugrubensicherung nur kleinere Geräte wie Spritzbeton- bzw. Ankerbohrgeräte zum Einsatz. Dementsprechend gibt es diesbezüglich auch keine wesentlichen Einschränkungen.

1.2.2.6.7 Darstellungen im Bild

Bild 1.11: Bodenvernagelung

1.3 Zusammenfassung und Literaturhinweise

Die in dem vorigen Kapitel vorgestellten Baugrubensicherungssysteme stellen die gängigsten Methoden der Sicherungen von meistens innerstädtischen Baugruben dar. Auf der Grundlage der Anforderungen – auch betreffend den Herstellungsprozess – an diese stellt meistens nur eines dieser Systeme ein Optimum dar; die wesentlichen Anforderungen und Einschränkungen hinsichtlich des Herstellungsprozesses wurden genannt.

Zur weiteren Vertiefung der Materie mögen die nachfolgenden Beiträge dienen; wesentliche Erkenntnisse sind auch aus den nachfolgend genannten, weiteren Literaturquellen zu entnehmen:

- Beuth Verlag: DIN – Taschenbuch Nr. 36, „Erd- und Grundbau“
- Verlag Ernst & Sohn: EAB, „Empfehlungen des Arbeitskreises Baugruben“

2 Einsatz von Stahlspundwänden im Spezialtiefbau

F. Berndt

2.1. Über 100 Jahre Stahlspundwand – ein Bauteil im Wandel der Zeiten

Bei einer Vielzahl von Bauaufgaben ist die Stahlspundwandbauweise die einzig mögliche Lösung. Sie ist eine sichere und wirtschaftliche Konstruktionsmethode mit bewährten theoretischen Grundlagen für den Entwurf und die Berechnung. Ursprünglich für die Anwendung im Wasserbau entwickelt, fanden Stahlspundwände schnell ihre Verbreitung in nahezu allen Gebieten der Bauindustrie.

Stahlspundwände hatten ihren ersten Einsatz im Wasserbau, um Geländesprünge dauerhaft zu sichern. Auch dienten sie in Norddeutschland nicht nur dem Schutz vor Hochwasser sondern auch der Landgewinnung.

Bild 2.1: Erste noch erhaltene Uferwand in Hohentorshafen (Bremen)

Neben der technischen Weiterentwicklung der Profile verbesserten sich die Berechnungsverfahren und führten mit zunehmender Sicherheit zu einer Vielzahl von Einsatzgebieten, die vor Jahrzehnten noch undenkbar waren.

Von den Anforderungen der Praxis angetrieben, kam es zu einer Reihe von Entwicklungen um das Produkt Spundwand herum, die die Zuverlässigkeit der Bauweise erhöhten und völlig neue Einsatzbereiche eröffneten.

Während in den Anfangsjahren ausschließlich „schwarze", also unbehandelte Profile eingebaut wurden, werden heute, je nach Anforderung, Spundbohlen mit Korrosionsschutz, Verzinkung und Schloßdichtung eingesetzt. Dabei gibt es für all diese Themen Berechnungen, Verfahren und Vorschriften; sie sind anerkannte Regeln der Baukunst.

Bild 2.2: Proberammung AZ®20-800 – die derzeit breiteste Bohle der Welt

Parallel zu dieser Entwicklung entstand eine Reihe von technisch unterschiedlichen Verfahren zum Einbau von Spundwänden. Egal ob die unterschiedlichen Rammverfahren – von der Handramme über die Diesel- bis zur Schnellschlagramme – oder die Vibrations- oder Einpresstechnik, allen ist eines gemeinsam:

- Sie wurden der zunehmenden Breite und den größeren Gewichten der Profile angepasst.
- Die Verfahren orientierten sich zunehmend an den Anforderungen aus Umweltschutz und Lärmbelastungen.

Heute sind Stahlspundwände

- eigenständige Bauwerke,
- bilden Teile eines bleibenden Bauwerkes oder
- erfüllen als Bauhilfsmaßnahme zeitlich begrenzte Aufgaben.

Darüber hinaus sind sie geeignet, mehrere Funktionen in sich zu vereinen. So kann z B. eine Baugrubenspundwand so konstruiert werden, dass sie sowohl als vertikale Dichtung und verlorene Schalung als auch Auflager für die Ableitung von Vertikallasten wirkt.

Neben ihrem Einsatz als Uferwände an Wasserstraßen, Kaianlagen in Häfen, Widerlager bei Brücken, Rampen und Stützwände im Verkehrswegebau, als Stützwände im Grabenverbau sowie als Dichtungswände in Hochwasserschutzdeichen und Umschliessungswände für Deponien und Altlasten finden wir sie als Fertigteilelement im Spezialtiefbau vor allem als

– Umschließung von Baugruben im offenen oder Grundwasser,

– Fundament- und Kellerwand für Tiefgaragen sowie

– bei Grundwasserwannen und Tunnelbauten.

Bild 2.3: Baugrube Terminal 3 Flughafen Frankfurt am Main

Die Vorteile der Spundwandbauweise sind umfänglich und liegen in

- einer kurzen Bauzeit,
- der geringen Witterungsabhängigkeit,
- dem Mehrfacheinsatz des Materials,
- einer umfassenden örtlichen Anpassung an die vorhandenen baulichen Gegebenheiten bei permanenter Erweiterung und Veränderung des Bauwerks,
- ihrer wirtschaftlichen Entfernung,
- der Möglichkeit des vollen Recyclings sowie
- den Lärm- und/oder erschütterungsarmen und umweltschonenden Einbringverfahren.

Entscheidend geprägt wurde die Spundwandbauweise durch die Innovationskraft der Ingenieure des Bauwesens.

Langjährige Erfahrungen sowie neueste Entwicklungen haben dazu geführt, dass der Einsatz von Stahlspundwänden wirtschaftlich ist, sich den gegebenen Anforderungen anpassen lässt und damit aktueller denn je ist.

2.2 Historischer Exkurs

Was vor über einhundert Jahren mit Z-Profilen von 394 mm Breite begann, hat am 24.Juni 2015 im Maritimen Museum von Hamburg einen vorläufigen Höhepunkt erreicht: In historischem Ambiente wurden erstmals AZ® Profile von 800 mm Breite der Öffentlichkeit vorgestellt. So lässt sich zusammengefasst die Entwicklung der Stahlspundwände beschreiben.

Bereits in der Römerzeit wurden Spundwände verwendet. Bis zum Ende des 19. Jahrhunderts kamen allerdings nur hölzerne Spundwände zum Einsatz (Bild 2.4).

Bild 2.4. Rekonstruierte Holzspundwand an der römischen Hafenanlage in Köln

Die erste Spundwand aus Stahl wurde um 1902 von dem Bremer Staatsbaumeister Tryggve Larssen erfunden. Die Wand bestand aus einem U-Walzprofil mit einem angenieteten Schloss. Die Fertigung erfolgte im Stahlwerk Union in Dortmund ab 1902 und nach erfolgreicher Herstellung erhielt Larssen 1904 ein Patent für diese Lösung.

Erst 1914 gelang es, das Spundwandprofil in einem Walzgang mit beiden Schlössern herzustellen

In Konkurrenz zum U-Profil erfand Baudirektor Lamp 1911 das Z-Profil, das zuerst in Luxemburg als Ransome Spundwand hergestellt wurde (Bild 2.5)

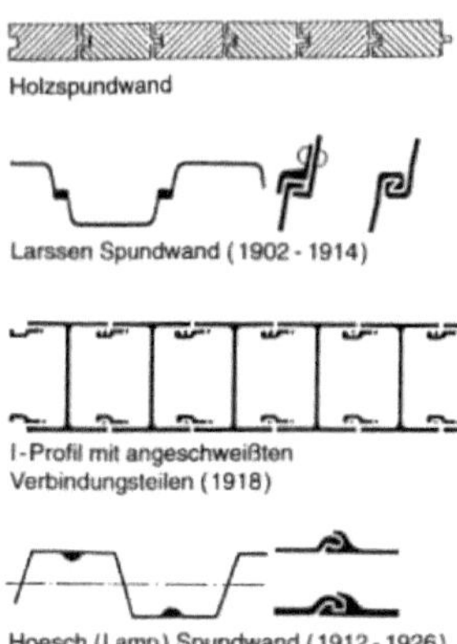

Bild 2.5: Entwicklung der Larssen und Lamp Spundwand

Die gewalzten Einzelbohlen hatten eine Breite von 394 mm.

Bild. 2.6: Erster Spundwandkatalog um 1910

Die Industrie fordert breitere und leichtere Profile und so geht die Entwicklung in der Folgezeit in diese Richtung.

In den 1930er Jahren gelingt es den Walzwerkern die ersten Belval Z Profile mit 450 mm Breite herzustellen; 1965 folgen 500 mm Breite.

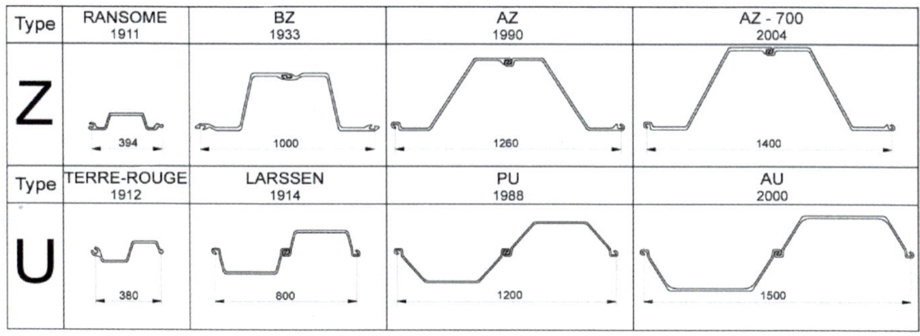

Bild 2.7: Profilentwicklung im Wandel der Zeiten

Die Entwicklung zu ökonomischeren Profilen geht weiter:

- 1978 – Walzung der ersten U-Bohle mit 600 mm Breite
- 1990 – Fertigung der ersten 670 mm Z-Bohle und die erste Z-Bohle mit Larssen Schloss
- 1997 – Einführung des HZ-Wand Systems mit AZ Füllbohlen
- 2000 – Entwicklung der AU Reihe mit 750 mm Breite
- 2004 – Einführung der AZ 36/38/40-700 Reihe mit 700 mm
- 2006 – Ausbau der Z – Reihe mit den Profilen AZ 17/18/19/20-700
- 2007 – Entwicklung der AZ 12/13/14-770

Mit dem Jahr 2015 ist der momentane Endpunkt der Entwicklung erreicht, denn mit der Vorstellung der AZ750er und AZ800er Reihe kommen die breitesten (Bild 2.8) und stärksten Profile (Bild 2.10) auf den Markt.

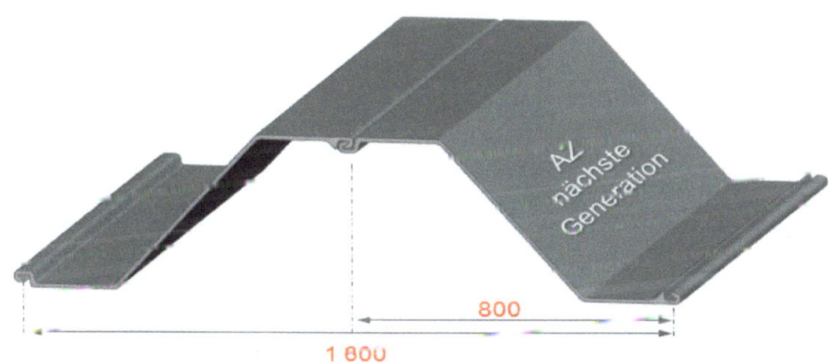

Bild 2.8: AZ800 – 2015 vorgestellt

Die Vorteile breiterer Profile liegen auf der Hand, sie sind

- breiter,
- leichter,
- schneller einzubauen, sie haben
- weniger Schlossdichtungen und eine geringere Beschichtungsfläche

und sind somit in Summe kostengünstiger.

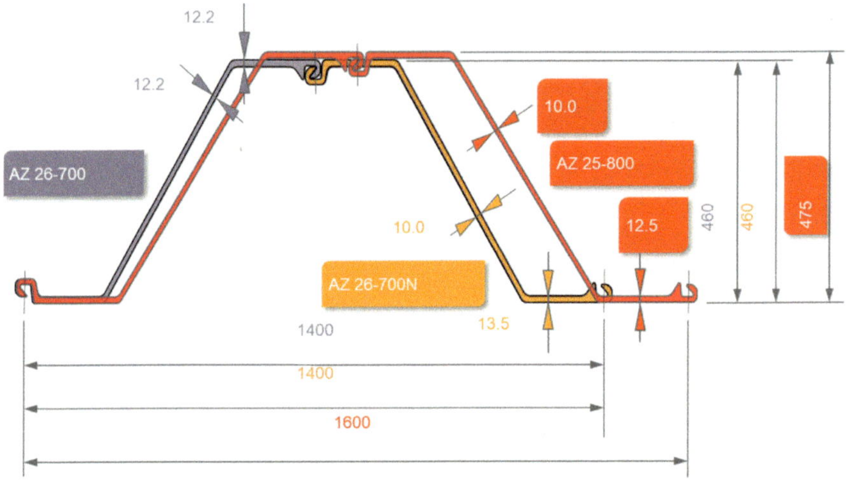

Bild 2.9: Vorteile einer AZ25-800 zu einer AZ26-700

Im gleichen Jahr 2015 wurde sie vorgestellt, die stärkste Bohle der Welt: AZ50-700.

Das Profil ermöglicht Widerstandsmomente bis 5.000 cm³/m und kann als reine Wellenwand alternativ zu Kombiwänden mit kleinen HZ Trägern oder Rohren angeboten werden.

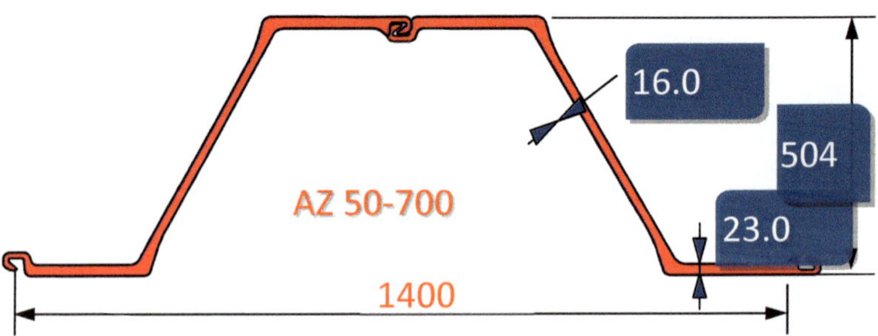

Bild 2.10: Die AZ50-700 – das derzeit stärkste Profil der Welt

2.3. Aktuelle Profile und Varianten

Die Entwicklung der Stahlspundwände ist geprägt von den Forderungen der Anwender auf leichte Profile bei großen Widerstandsmomenten. Dabei sind zahlreiche Kombinationen für die verschiedenen Lastfälle möglich.

2.3.1 U-Profile

Das U Profil ist die eigentliche „Ur Bohle“, denn sie war es, mit der der Siegeszug der Stahlspundwand im Jahr 1902 begann.

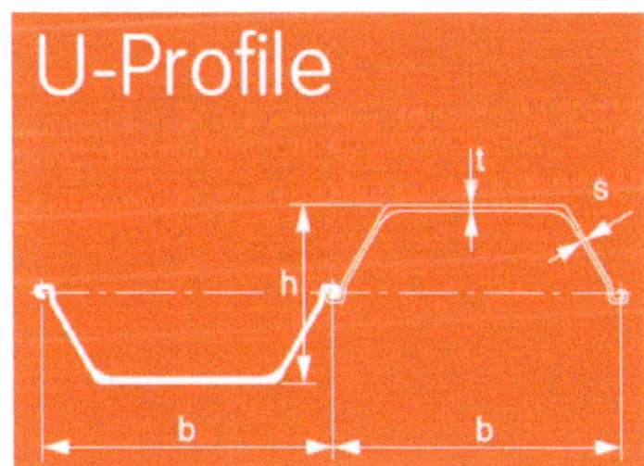

Gefertigt werden die warmgewalzten wellenförmigen Spundwandprofile nach DIN EN 10248.

Die U Bohlen werden überwiegend als Doppelbohlen eingebaut. Dabei müssen sie, statisch bedingt, im Schloss werksseitig verpresst oder verschweißt werden. Nur so sind die theoretischen Widerstandsmomente in der Praxis realisierbar.

U Profile bieten eine Reihe von Vorteilen:

- Ausgezeichnete statische Eigenschaften aufgrund großer Bauhöhe und Flanschstärke
- Aufgrund der symmetrischen Form der Bohlen sind sie bestens für den Mehrfacheinsatz in der Vermietung geeignet.
- Vergurtungen und Ankersysteme lassen sich leicht einbauen

Übliche Fertigungsbreiten der Einzelbohlen sind 600 (GU und PU Profile) bis 750 mm (AU Profile), was zu Doppelbohlen von 1,20 bis 1,50 m Breite führt. Die Widerstandsmomente liegen im Bereich von 600 bis 3300 cm^3/m.

Derzeit gibt es 43 verschiedene Profile in diesem Segment.

U Profile

Stahlspundwände | 2018

	Breite	Höhe	Wanddicke		Gewicht		Trägheits-moment	Elastisches Wider-stands-moment
	b	h	t	s	Einzelbohle	Wand		
	mm	mm	mm	mm	kg/m	kg/m²	cm⁴/m	cm³/m
AU™								
AU 14	750	408	10,0	8,3	77,9	**103,8**	28680	**1 405**
AU 16	750	411	11,5	9,3	86,3	**115,0**	32850	**1 600**
AU 18	750	441	10,5	9,1	88,5	**118,0**	39300	**1 780**
AU 20	750	444	12,0	10,0	96,9	**129,2**	44440	**2 000**
AU 23	750	447	13,0	9,5	102,1	**136,1**	50700	**2 270**
AU 25	750	450	14,5	10,2	110,4	**147,2**	56240	**2 500**
PU®								
PU 12	600	360	9,8	9,0	66,1	**110,1**	21600	**1 200**
PU 12S	600	360	10,0	10,0	71,0	**118,4**	22660	**1 260**
PU 18^{-1}	600	430	10,2	8,4	72,6	**121,0**	35950	**1 670**
PU 18	600	430	11,2	9,0	76,9	**128,2**	38650	**1 800**
PU 18^{+1}	600	430	12,2	9,5	81,1	**135,2**	41320	**1 920**
PU 22^{-1}	600	450	11,1	9,0	81,9	**136,5**	46380	**2 060**
PU 22	600	450	12,1	9,5	86,1	**143,6**	49460	**2 200**
PU 22^{+1}	600	450	13,1	10,0	90,4	**150,7**	52510	**2 335**
PU 28^{-1}	600	452	14,2	9,7	97,4	**162,3**	60580	**2 680**
PU 28	600	454	15,2	10,1	101,8	**169,6**	64460	**2 840**
PU 28^{+1}	600	456	16,2	10,5	106,2	**177,1**	68380	**3 000**
PU 32^{-1}	600	452	18,5	10,6	109,9	**183,2**	69210	**3 065**
PU 32	600	452	19,5	11,0	114,1	**190,2**	72320	**3 200**
PU 32^{+1}	600	452	20,5	11,4	118,4	**197,3**	75410	**3 340**
GU®								
GU 6N	600	309	6,0	6,0	41,9	**69,9**	9670	**625**
GU 7N	600	310	6,5	6,4	44,1	**73,5**	10450	**675**
GU 7S	600	311	7,2	6,9	46,3	**77,1**	11540	**740**
GU 7HWS	600	312	7,3	6,9	47,4	**79,1**	11620	**745**
GU 8N	600	312	7,5	7,1	48,5	**80,9**	12010	**770**
GU 8S	600	313	8,0	7,5	50,8	**84,6**	12800	**820**
GU 10N	600	316	9,0	6,8	55,8	**93,0**	15700	**995**
GU 11N	600	318	10,0	7,4	60,2	**100,4**	17450	**1 095**
GU 12N	600	320	11,0	8,0	64,6	**107,7**	19220	**1 200**
GU 13N	600	418	9,0	7,4	59,9	**99,8**	26590	**1 270**
GU 14N	600	420	10,0	8,0	64,3	**107,1**	29410	**1 400**
GU 15N	600	422	11,0	8,6	68,7	**114,5**	32260	**1 530**
GU 16N	600	430	10,2	8,4	72,6	**121,0**	35950	**1 670**
GU 18N	600	430	11,2	9,0	76,9	**128,2**	38650	**1 800**
GU 20N	600	430	12,2	9,5	81,1	**135,2**	41320	**1 920**
GU 21N	600	450	11,1	9,0	81,9	**136,5**	46380	**2 060**
GU 22N	600	450	12,1	9,5	86,1	**143,6**	49460	**2 200**
GU 23N	600	450	13,1	10,0	90,4	**150,7**	52510	**2 335**
GU 27N	600	452	14,2	9,7	97,4	**162,3**	60580	**2 680**
GU 28N	600	454	15,2	10,1	101,8	**169,6**	64460	**2 840**
GU 30N	600	456	16,2	10,5	106,2	**177,1**	68380	**3 000**
GU 31N	600	452	18,5	10,6	109,9	**183,2**	69210	**3 065**
GU 32N	600	452	19,5	11,0	114,1	**190,2**	72320	**3 200**
GU 33N	600	452	20,5	11,4	118,4	**197,3**	75410	**3 340**
GU 16-400	400	290	12,7	9,4	62,0	**154,9**	22580	**1 560**
GU 18-400	400	292	15,0	9,7	69,3	**173,3**	26090	**1 785**

Bild 2.11: Aktuelle Übersicht U Profile

2.3.2 Z-Profile

Z Bohlen erobern zunehmend den Markt.

Sie haben aufgrund ihres durchgehenden Steges in der Spundwandachse und der spezifischen Lage der Schlösser symmetrisch zur neutralen Achse in den Flanschen eine Reihe von Vorteilen:

- Sie haben ein extrem guten Verhältnis vom Widerstandsmoment zum Gewicht und ein erhöhtes Trägheitsmoment zur Begrenzung der Durchbiegung.
- Aufgrund der Lage der Schlösser außerhalb der Wandachse können Einzel- und Doppelbohlen ohne Reduzierung der Tragfähigkeit eingebaut werden; eine Verpressung oder Verschweißung im Schlossbereich entfällt.
- Als Einzelbohlen ohne Reduzierung der Widerstandsmomente sind Z Profile sehr gut für den Einbau im Pressverfahren geeignet.
- Die umlaufend gleiche Wandstärke der Bohlen ermöglicht unter Korrosionsgesichtspunkten eine optimale Profilwahl.
- Die große Breite der Profile sichert einen schnellen Einbaufortschritt.

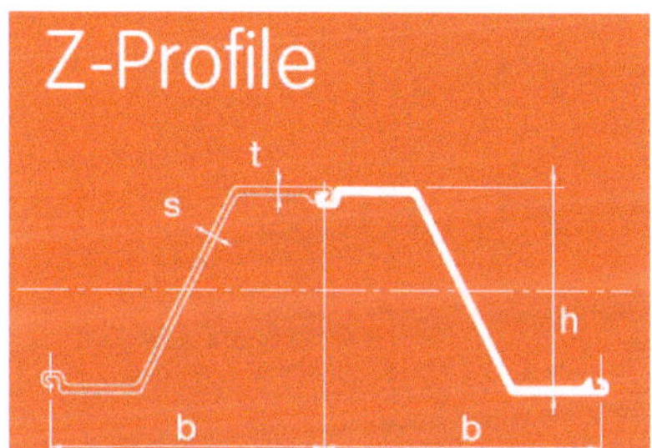

Wie die U Bohlen werden auch die Z Profile nach der DIN EN 10248 in Breiten von 700, 750, 770 und 800 mm gewalzt.

Die Tragfähigkeiten der 42 Profiltypen- und Varianten gehen von 1.200 cm³ bis 5.200 cm³/m.

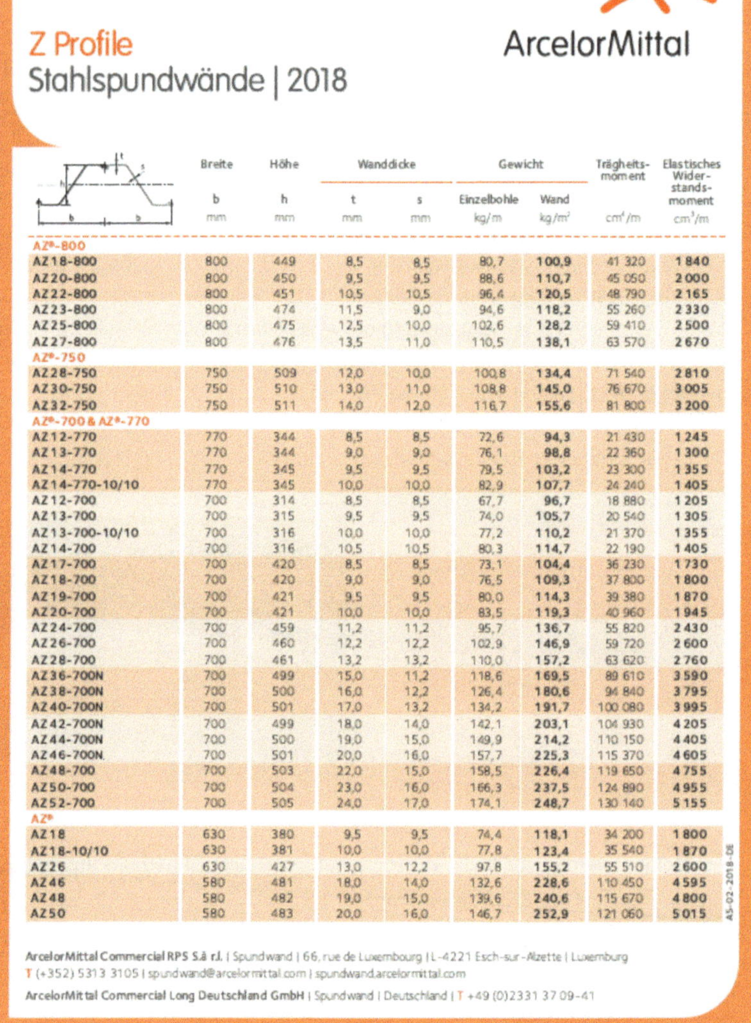

Z Profile
Stahlspundwände | 2018

	Breite	Höhe	Wanddicke		Gewicht		Trägheitsmoment	Elastisches Widerstandsmoment
	b	h	t	s	Einzelbohle	Wand		
	mm	mm	mm	mm	kg/m	kg/m²	cm⁴/m	cm³/m
AZ®-800								
AZ18-800	800	449	8,5	8,5	80,7	**100,9**	41 320	**1 840**
AZ20-800	800	450	9,5	9,5	88,6	**110,7**	45 050	**2 000**
AZ22-800	800	451	10,5	10,5	96,4	**120,5**	48 790	**2 165**
AZ23-800	800	474	11,5	9,0	94,6	**118,2**	55 260	**2 330**
AZ25-800	800	475	12,5	10,0	102,6	**128,2**	59 410	**2 500**
AZ27-800	800	476	13,5	11,0	110,5	**138,1**	63 570	**2 670**
AZ®-750								
AZ28-750	750	509	12,0	10,0	100,8	**134,4**	71 540	**2 810**
AZ30-750	750	510	13,0	11,0	108,8	**145,0**	76 670	**3 005**
AZ32-750	750	511	14,0	12,0	116,7	**155,6**	81 800	**3 200**
AZ®-700 & AZ®-770								
AZ12-770	770	344	8,5	8,5	72,6	**94,3**	21 430	**1 245**
AZ13-770	770	344	9,0	9,0	76,1	**98,8**	22 360	**1 300**
AZ14-770	770	345	9,5	9,5	79,5	**103,2**	23 300	**1 355**
AZ14-770-10/10	770	345	10,0	10,0	82,9	**107,7**	24 240	**1 405**
AZ12-700	700	314	8,5	8,5	67,7	**96,7**	18 880	**1 205**
AZ13-700	700	315	9,5	9,5	74,0	**105,7**	20 540	**1 305**
AZ13-700-10/10	700	316	10,0	10,0	77,2	**110,2**	21 370	**1 355**
AZ14-700	700	316	10,5	10,5	80,3	**114,7**	22 190	**1 405**
AZ17-700	700	420	8,5	8,5	73,1	**104,4**	36 230	**1 730**
AZ18-700	700	420	9,0	9,0	76,5	**109,3**	37 800	**1 800**
AZ19-700	700	421	9,5	9,5	80,0	**114,3**	39 380	**1 870**
AZ20-700	700	421	10,0	10,0	83,5	**119,3**	40 960	**1 945**
AZ24-700	700	459	11,2	11,2	95,7	**136,7**	55 820	**2 430**
AZ26-700	700	460	12,2	12,2	102,9	**146,9**	59 720	**2 600**
AZ28-700	700	461	13,2	13,2	110,0	**157,2**	63 620	**2 760**
AZ36-700N	700	499	15,0	11,2	118,6	**169,5**	89 610	**3 590**
AZ38-700N	700	500	16,0	12,2	126,4	**180,6**	94 840	**3 795**
AZ40-700N	700	501	17,0	13,2	134,2	**191,7**	100 080	**3 995**
AZ42-700N	700	499	18,0	14,0	142,1	**203,1**	104 930	**4 205**
AZ44-700N	700	500	19,0	15,0	149,9	**214,2**	110 150	**4 405**
AZ46-700N	700	501	20,0	16,0	157,7	**225,3**	115 370	**4 605**
AZ48-700	700	503	22,0	15,0	158,5	**226,4**	119 650	**4 755**
AZ50-700	700	504	23,0	16,0	166,3	**237,5**	124 890	**4 955**
AZ52-700	700	505	24,0	17,0	174,1	**248,7**	130 140	**5 155**
AZ®								
AZ18	630	380	9,5	9,5	74,4	**118,1**	34 200	**1 800**
AZ18-10/10	630	381	10,0	10,0	77,8	**123,4**	35 540	**1 870**
AZ26	630	427	13,0	12,2	97,8	**155,2**	55 510	**2 600**
AZ46	580	481	18,0	14,0	132,6	**228,6**	110 450	**4 595**
AZ48	580	482	19,0	15,0	139,6	**240,6**	115 670	**4 800**
AZ50	580	483	20,0	16,0	146,7	**252,9**	121 060	**5 015**

AS-02-2018-DE

ArcelorMittal Commercial RPS S.à r.l. | Spundwand | 66, rue de Luxembourg | L-4221 Esch-sur-Alzette | Luxemburg
T (+352) 5313 3105 | spundwand@arcelormittal.com | spundwand.arcelormittal.com

ArcelorMittal Commercial Long Deutschland GmbH | Spundwand | Deutschland | T +49 (0)2331 37 09-41

Bild 2.12: Aktuelle Übersicht Z Profile

2.3.3 HZ®/AZ® Spundwandsystem

Das kombinierte Spundwandsystem HZ/AZ beinhaltet die wechselseitige Anordnung verschiedener Profile oder Rammelemente.

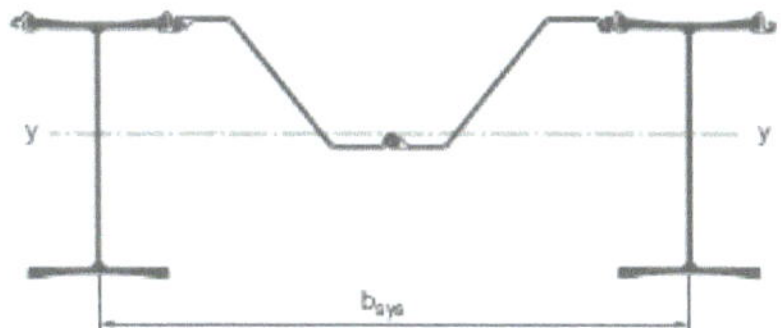

Bild 2.13: Beispiel für System HZ M A 12

Beim HZ®/AZ® Spundwandsystem wechseln sich lange und schwere Tragbohlen HZ®-M-Profile mit kurzen und leichten Füllbohlen AZ®-Profilen ab.

Bild 2.14: Kombinierte Wand

Die Tragbohlen übernehmen alle Lasteinwirkungen aus Erd und Wasserüberdruck und leiten auch die Vertikallasten in die tiefliegenden Bodenschichten ein. Die Zwischenbohlen übernehmen in der Regel nur den auf sie anfallenden Wasserüberdruck und leiten diesen über die Schlossprofile RZU/RZD in die Tragbohlen ein.

Bild 2.15: Schlossverbindung RZU für HZ/AZ

Bild 2.16: Beispiel HZ M A 24

Als hochbelastete Konstruktionen können kombinierte Wände elastische Biegewiderstände von 3.500 cm³/m bis 22.000 cm³/m erzielen.

Reiht man für besonders hohe Anforderungen HZ®M Profile aneinander können Tragfähigkeiten bis zu 46.500 cm³/m erreicht werden.

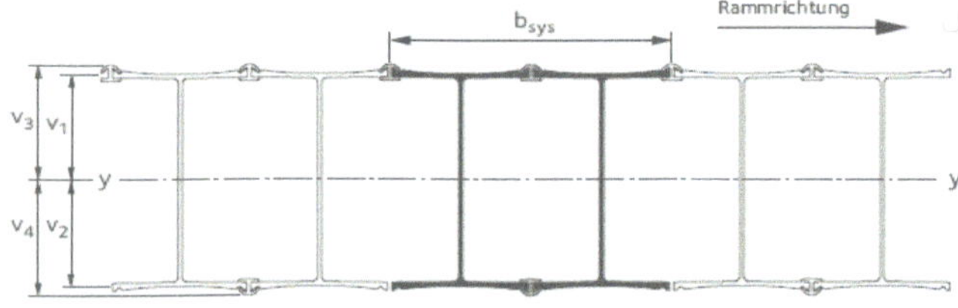

Bild 2.17: Kombination C1, C23

Bild 2.18: Verbindungsschloss RZD für Kombination C23

Das breite Angebot von Trag- und Füllbohlen lässt fast unbegrenzte Kombinationen zu:

- 12 Tragbohlen (HZ680M LT bis HZ1180M D)
- in je 4 Ausführungsvarianten (Solution 12, 14, 24, 26)
- 12 x 4 x 30 = 1440 Kombinationsmöglichkeiten

2.3.4 Kombinierte Wände

Von kombinierten Wänden spricht man, wenn Stahlspundwände mit anderen Elementen zu Systemen mit hoher Biegetragfähigkeit kombiniert werden.

Dabei gibt es folgende Lösungen:

- HZ/AZ System (siehe Punkt 2.3.)
- Pfahlprofile und Spundbohlen
- Rohrpfähle und Spundbohlen

Bild 2.19: Kombinierte Rohrwand

Bild 2.20: Rohr mit angeschweißtem Schloss C9

Allen ist gemeinsam, dass die Tragelemente die Lasten (Biegemomente, Vertikallasten) übernehmen und die Füllbohlen die stützende, dichtende und lastverteilende Wirkung haben.

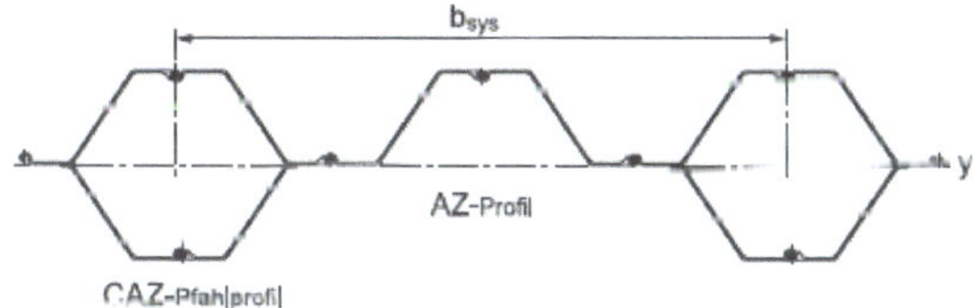

Bild 2.21: Kombiwand aus Stahlpfählen

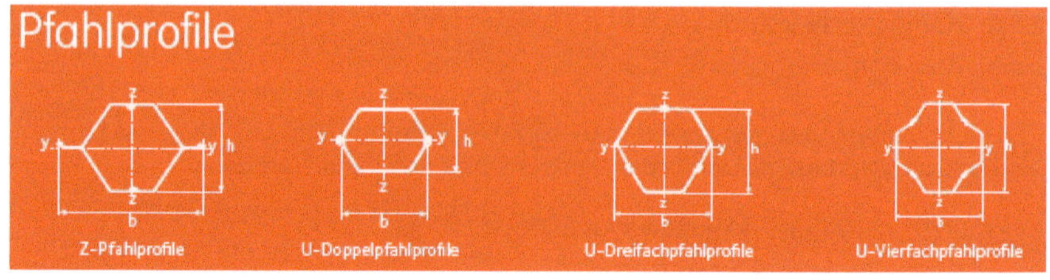

Bild 2.22: Varianten von Pfahlprofilen

2.3.5 Flachprofile

Flachprofile werden zum Bau von mit nicht bindigen Böden verfüllten Zellenfangedämmen eingesetzt. Die Konstruktion erhält ihre Stabilität aus ihrem Eigengewicht.

Bild 2.23: Bau eines Brückenwiderlagers aus Kreiszellenfangedämmen

Die Flachprofile werden im Wesentlichen durch horizontale Zugkräfte belastet, was eine ausreichende Schlosszugfestigkeit zur Aufnahme der Stegkräfte erfordert.

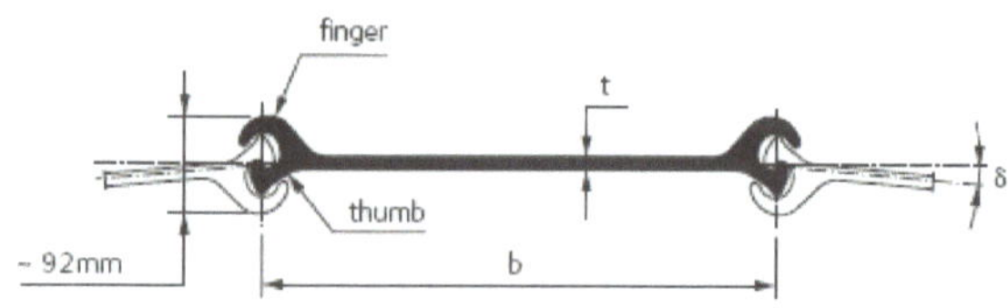

Bild 2.24: Flachprofil AS500®

2.3.6 Kaltprofile

Die Hauptanwendungsbereiche der Kaltprofile sind

- Stützwände mit geringem Geländesprung
- Zeitlich begrenzte Wände mit geringer Wasserdurchlässigkeit und
- Verbauten im Kanal- und Rohrleitungsbau

Produktionsbedingt verfügen die Kaltprofile über eine konstante Dicke von 3 bis 10 mm über den gesamten Querschnitt und das bei Widerstandsmomenten von 100 cm^3/m bis 2.470 cm^3/m.

Wir unterscheiden die Profiltypen in Omega, Z-Profile und Kanaldielen.

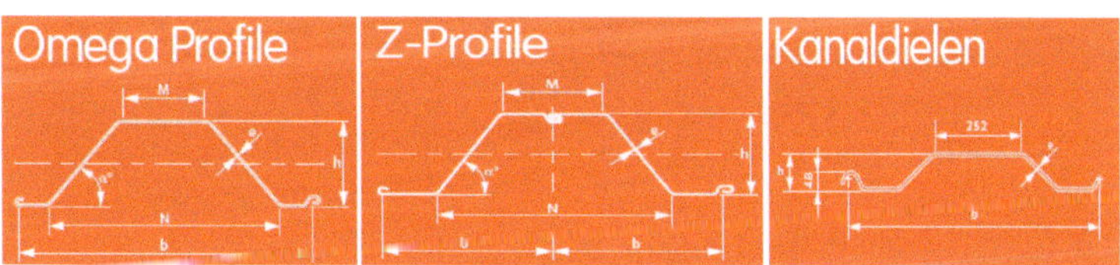

Die Vorteile der Kaltprofile sind:

- Optimales Verhältnis von Widerstandsmoment zum Gewicht
- Große Breite
- Geringe Profilhöhe für Bauwerke mit begrenzter Wandtiefe

Insgesamt werden in unserem Programm 18 Omega Profile (PAL, PAU), 31 Z- Profile (PAZ) und 3 Kanaldielen gefertigt.

Bild 2.25: Baugrube Rollbrücke Flughafen Leipzig

2.3.7 Jagged Wand

Jagged Wände stellen eine Sonderform der Spundwand dar und sind aufgrund der geringen Bauhöhe und großen Wandstärke immer dann eine wirtschaftliche Lösung, wenn folgende Kriterien im Vordergrund stehen:

- Geringe statische Belastung der Wand
- Dichtfunktion der Spundwand steht im Vordergrund
- Günstige Einbauverhältnisse bei locker gelagerten Böden

Bild 2.26: Jagged AZ®-Wand

Um eine Jagged Wand mit AZ®-Profilen zu erzeugen reicht es aus, die Bohlen in umgekehrter Position als üblich einzuziehen. Die so zu erzielenden Widerstandsmomente reichen von 255 bis 1.180 cm³/m.

Anders ist die Situation bei der Jagged U-Wand.
Sie ist eine wirtschaftliche Lösung mit hohen Widerstands- und Trägheitsmomenten, wobei folgendes zu beachten ist:

- Bei der Profilwahl ist die Rammbarkeit der Profile in Abhängigkeit von ihrer Länge und den Bodenverhältnissen zu beachten.
- Die Omega Schlösser müssen mit den Doppelbohlen verschweißt sein, sonst können sie nicht zur Berechnung der Widerstandsmomente herangezogen werden.
- Werden die Wände verankert oder abgestützt, sind die Auflagerpunkte auszusteifen.

Bild 2.27: Jagged PU®12-Wand

Mit dieser Lösung können Tragfähigkeiten von 5.995 bis 8.625 cm³/m erreicht werden.

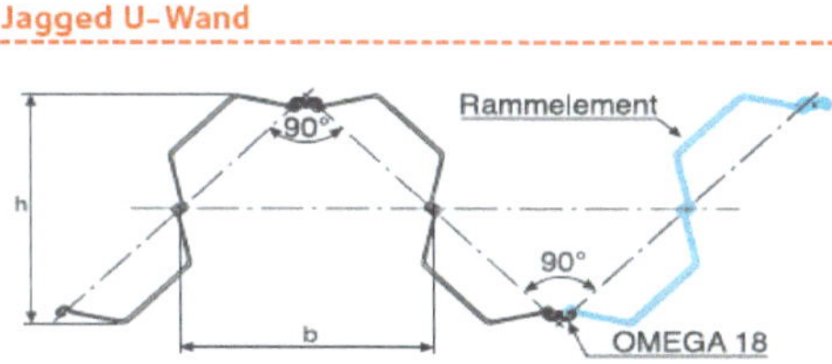

Bild 2.28: Prinzipskizze Jagged U-Wand

2.4 Auswahlkriterien für Spundwände

Die Auswahl der für die Baumaßnahme geeigneten Spundbohle ist nicht unwesentlich von den Ergebnissen einer statischen Berechnung abhängig; diese als alleiniges Kriterium anzusetzen, führt nicht immer zum richtigen Ergebnis.

Die Auswahl der richtigen Spundbohle wird von einer Vielzahl von technischen, konstruktiven und auch kaufmännischen Kriterien beeinflusst und ist bei jeder Betrachtung in ihrer Ganzheit zu sehen:

1. Bemessungsschnittgrößen als Ergebnis einer erdstatischen Berechnung
   - Das Ergebnis der statischen Berechnung erbringt mit dem erforderlichen Widerstandsmoment (Md, Vd, Nd) ein wesentliches Kriterium der Profilwahl.
   - Es bildet die Basis der weiteren Betrachtungen, die je nach Ergebnis, die statischen Werte bestätigen oder zu einer neuen Berechnung führen.
2. Baugrund
   - Der Baugrund geht einerseits mit seinen bodenmechanischen Eigenschaften in die statische Berechnung ein, muss aber zum anderen über seine Rammbarkeit bei der Profilwahl berücksichtigt werden.
   - Dabei sind folgende Kriterien abzuklären:
     - Schwer oder schwerst rammbare Böden führen u. U. zu größeren weil biegesteiferen Profilen oder zu Profilen mit geringerer Breite.
     - Mergel- und Tonschichten oder Steinlinsen (meist unter Deichen) können Vorbohren mit oder ohne Bodenaustausch zur Folge haben.
3. Dauerhaftigkeit
   - Die Dauerhaftigkeit von Spundbohlen wird zum einen von der technisch geplanten Nutzungsdauer des Bauwerkes und zum anderen von der Aggressivität der Bodens und des Wassers bestimmt.
   - Während in der Vergangenheit die Bauherrn Standzeiten der Profile mit bis zu 80 Jahren veranschlagten, sind derzeit im Mittel 50 Jahre üblich. Diese Werte können je nach Bauwerk variieren.
   - Den Grad der Boden- und Wasseraggressivität festzustellen ist Bestandteil jeder Baugrunduntersuchung und das Ergebnis hat entscheidenden Einfluss auf die statische Berechnung und die Konstruktion. Je nach Abrostungsrate müssen angepasste Beschichtungen vorgesehen, Stahlgüten erhöht, größere Profile oder höhere Wandstärken eingeplant werden.
4. Verformung
   - Im Regelfall sind die zugelassenen Verformungen an Spundwänden infolge Lasteintrags für temporäre Wände (Baugruben, Verbauten) größer als für Dauerbauwerke.

- Dies ist bei der Erstellung alternativer Varianten, z. B. Profile mit kleinerem Widerstandsmoment und höherer Stahlgüte, zu beachten.

5. Verankerung

- Je nach Verankerungsart gibt es unterschiedliche Möglichkeiten des Lasteintrages in die Konstruktion. Diese kann direkt durch die Spundwand, über die Gurtung oder indirekt über einen Stahlbetonholm erfolgen.
- Kriterien wie Profilbreite, Profilform (U- oder Z-Profil), Art und Lage der Gurtung und die Möglichkeit der exzentrischen Verankerung für AZ®-Profile beeinflussen die Profilwahl.

6. Wasserdichtigkeit

- Die Auswahl möglichst breiter Profile mit wenigen Schlössern pro Laufmeter Wand erhöht die Dichtheit der Wand und reduziert die Aufwendungen für die Dichtung oder Verfüllung der Schlösser.

7. Mehrfacher Einsatz

- Je nach Belastung, Baugrund und Einbauverfahren können Stahlspundwände mehrfach eingesetzt werden. Die zahlreichen Ein- und Ausbauvorgänge stellen für die Profile eine enorme Belastung dar, die mit erhöhtem Verschleiß verbunden ist.
- Ist der Mehrfacheinsatz oder die Vermietung von Profilen vorgesehen, sind die Profile wie folgt auszuwählen:
  - Die Mindeststahlgüte ist S355GP.
  - Die Profile sind mindestens eine Profilgruppe höher als statisch ermittelt anzusetzen. Beispiel: Für eine statisch ermittelte PU®12 sollte eine PU®18 gewählt werden.
  - Die Profile sind mindestens 1,00 m länger als berechnet einzubauen.
  - Sehr breite Profile sollten auf einen Folgeeinsatz geprüft werden.

8. Einbringverfahren

- Grundsätzlich können alle Profile mit den unterschiedlichsten Einbringverfahren eingebaut werden; allerdings werden beim Einpressen überwiegend AZ® Profile eingesetzt
- In Abhängigkeit vom angedachten Einbauverfahren sind bei der Wahl des Profils folgende Fragen zu klären:
  - Gibt es für den gewählten Bohlentyp (U oder Z Profil), die Form (Einzel- oder Doppelbohle) oder die Bohlenbreite das geeignete Einbringgerät nebst Klemmzange, Rammhaube oder Schlagplatte?
  - Kann das Verfahren eingesetzt werden, wenn Behinderungen im Baugrund auftreten und vorgebohrt oder gespült werden muss?

9. Lieferform und Geometrie der Profile

- Unter Lieferformen verstehen wir die Profilwahl hinsichtlich der Breite der Bohlen, ob U- oder Z-Profile eingesetzt und ob diese als Einzel- oder Doppelbohlen geliefert werden.
- Darüber hinaus ist zu klären, ob Eck-, Pass- und Konstruktionsbohlen erforderlich sind, um die Anforderungen aus dem Rammplan zu erfüllen
- Aufgrund der Verbindung der PU®-, GU®- und AZ®-Profile mit dem qualitativ bewährten Larssen-Schloss sind Schlossdrehungen bis zu 5° möglich.

10. Gewicht

- Die Vielzahl der Profile und ihre Kombinationen ermöglichen die optimale Profilwahl auch unter dem Gesichtspunkt des Gewichtes.
- Die Auswahl der Profile ergibt bei reiner Betrachtung des Parameters kg/m² eine Vielzahl von Möglichkeiten, die unter Hinzuziehung der Punkte 1 bis 9 eingrenzt werden kann.

Bild 2.29: Rammung PU28 am Neumannkai im Hafen Magdeburg

2.5 Aktuelle Normen für Spundwände und Spundwandbauwerke

Die Anzahl der Normen und Regeln der Baukunst für Spundwände ist überschaubar und seit vielen Jahren konstant.

Für Spundwände und Spundwandbauwerke gelten folgende Normen und Empfehlungen:

- DIN EN 10 248 / 1 und 2
- DIN EN 10249 / 1 und 2
- DIN EN 10204
- DIN EN 12063
- EAU 2004-Empfehlungen des Arbeitsausschusses für „Ufereinfassungen“ Häfen und Wasserstraßen
- EAB 2006-Empfehlungen des Arbeitskreises für Baugruben

Die DIN EN 10248 – Warmgewalzte Spundbohlen aus unlegierten Stählen – beinhaltet im Teil 1 die Technischen Lieferbedingungen.
Das sind im Einzelnen:

- Bestellangaben für Spundbohlen
- Masse des Stahles
- Stahlsorteneinteilung und deren Bezeichnung
- Technische Anforderungen
- Prüfung
- Kennzeichnung

Stahlgüten

Für Stahlgüten von warmgewalzten Spundwänden beziehen wir uns grundsätzlich auf die EN 10248 Teil 1. Die mechanischen Eigenschaften und chemischen Zusammensetzungen befinden sich in der untenstehenden Tabelle.

Güte	Min. Steckgrenze	Min. Zugfestigkeit	Min. Bruchdehnung $Lo = 5.65 \sqrt{S_o}$	Chemische Zusammensetzung (% max)					
EN 10248	N/mm²	N/mm²	%	C	Mn	Si	P	S	N
S 240 GP	240	340	26	0,25	–	–	0,055	0,055	0,011
S 270 GP	270	410	24	0,27	–	–	0,055	0,055	0,011
S 320 GP	320	440	23	0,27	1,70	0,60	0,055	0,055	0,011
S 355 GP	355	480	22	0,27	1,70	0,60	0,055	0,055	0,011
S 390 GP	390	490	20	0,27	1,70	0,60	0,050	0,050	0,011
S 430 GP	430	510	19	0,27	1,70	0,60	0,050	0,050	0,011

Bild 2.30: Stahlsorten nach DIN EN 10248 Teil 1

Im Teil 2 der Norm werden die Grenzabmaße und Formtoleranzen festgelegt.

Dabei geht es um Werte wie

- Höhe, Breite und Länge der Profile,
- Wanddicken der Profile,

- Geradheit der Profile,
- Trennschnitt am Kopf rechtwinklig zur Längsachse,
- Masse der Profile,
- Schlossverbindungen der Profile und
- Zusätzliche Anforderungen.

Fertigungstoleranzen

gemäß: EN 10248

Toleranz	AU, PU, LS	AZ	AS 500	HZ
Gewicht		± 5 %		
Länge		± 200 mm		
Höhe	≤ 200 mm : ± 4,0 mm	≤ 200 mm : ± 5,0 mm		<500 mm: ± 5,0 mm
	> 200 mm : ± 5,0 mm	200 mm < ± 6,0 mm < 300 mm		≥500 mm: ± 7,0 mm
		≥ 300 mm : ± 7,0 mm		
Wandstärke		t, s ≤ 8,5 mm :		t, s ≤ 12,5 mm :
		± 0,5 mm		+ 2,0 mm / – 1,0 mm
		t, s > 8,5 mm		t, s > 12,5 mm
		± 6 %		+ 2,5 mm / – 1,5 mm
Breite einer Einzelbohle		± 2 %		
Breite einer Doppelbohle		± 3 %		
Abweichung von der Geraden		0,2 % von der Länge		
Trennschnitt rechtwinkelig zur Längsachse		2 % b		

geringere Toleranzen auf Anfrage

Bild 2.31: Fertigungstoleranzen nach DIN EN 10248 Teil 2

Die Normen DIN EN 10249, Teil 1 und 2 befassen sich mit kaltgeformten Spundbohlen aus unlegierten Stählen und haben analoge Inhalte zu der vorgenannten DIN EN 10248.

Die DIN EN 10204 befasst sich mit den Arten von Prüfbescheinigungen für metallische Erzeugnisse. Es werden Festlegungen getroffen über die Art der Prüfbescheinigungen auf der Grundlage nichtspezifischer Prüfungen und spezifischer Prüfungen, zur Bestätigung und Weitergabe der Prüfbescheinigungen und über die Weitergabe der Prüfbescheinigungen durch einen Händler.

Im Detail geht es um die Begriffe und Inhalte einer

- Werksbescheinigung,
- Werkszeugnis und die
- Abnahmeprüfzeugnisse 3.1 und 3.2

Details sind dem Bild 2.32 zu entnehmen.

Art der Prüfbescheinigung		Inhalt der Bescheinigung	Bestätigung der Bescheinigung durch
2.1	Werksbescheinigung	Bestätigung der Übereinstimmung mit der Bestellung	den Hersteller
2.2	Werkszeugnis	Bestätigung der Übereinstimmung mit der Bestellung unter Angabe von Ergebnissen nichtspezifischer Prüfung	den Hersteller
3.1	Abnahmeprüfzeugnis 3.1	Bestätigung der Übereinstimmung mit der Bestellung unter Angabe von Ergebnissen spezifischer Prüfung	den von der Fertigungsabteilung unabhängigen Abnahmebeauftragten des Herstellers
3.2	Abnahmeprüfzeugnis 3.2		den von der Fertigungsabteilung unabhängigen Abnahmebeauftragten des Herstellers und den vom Besteller beauftragten Abnahmebeauftragten oder den in den amtlichen Vorschriften genannten Abnahmebeauftragten

Bild 2.32: Arten der Prüfbescheinigungen nach DIN EN 10204

In der DIN EN 12063 geht es um die Ausführung besonderer geotechnischer Arbeiten im Spezialtiefbau und dabei speziell um Spundwandkonstruktionen.

Im Detail werden folgende Punkte behandelt:

- Normative Verweise
- Baugrunduntersuchungen
- Materialien und Produkte
- Entwurfserwägungen
- Bauüberwachungen und Kontrollen
- Baustellenberichte

Die Norm beinhaltet eine Vielzahl von konstruktiven Hinweisen und verfahrenstechnischen Erfahrungen bei der Ausführung von Spundwandkonstruktionen.

Dort werden Themen, wie z. B. die Lagerung und Handhabung der Spundbohlen auf der Baustelle, das Schweißen und Schneiden der Profile, Hinweise zum Einbringen von Spundwänden bei Einhaltung der Einbringtoleranzen und zum Einbau von Verankerungen, Gurten und Aussteifungen behandelt.

Wandtyp	Situation während der Ausführung	Abweichung des Spundbohlenkopfes im Grundriß mm	Abweichung von der Vertikalen [2] gemessen am oberen Meter %
			alle Richtungen
Spundbohle [4]	an Land im Wasser	≤ 75 [1] ≤ 100 [1]	≤ 1 [3] ≤ 1,5 [3]
Tragelement einer kombinierten Spundwand		Abhängig von den Bodenverhältnissen, der Länge, der Form, der Abmessungen und der Anzahl der Zwischenelemente sollten diese Werte im Einzelfall ermittelt werden, um sicherzustellen, daß das Auftreten einer Schloßsprengung unwahrscheinlich ist.	

[1] senkrecht zur Wand

[2] Wenn im Entwurf ein geneigtes Einbringen der Spundbohlen verlangt wird, sind die in der Tabelle angegebenen Werte auf die Neigung zu beziehen.

[3] Bei schwierigen Bodenverhältnissen bis 2 %, wenn der Entwurf keine strengeren Kriterien, beispielsweise bezüglich der Wasserdichtheit, vorschreibt und wenn Schloßsprengungen nach dem Aushub nicht zu Problemen führen können.

[4] ausgenommen Flachprofile

ANMERKUNG: Die Toleranzen der horizontalen Positionierung und der Vertikalität der Wand dürfen addiert werden.

Bild 2.33: Einbringtoleranzen für Spundbohlen nach DIN EN 12063

Die EAU 2012 – Empfehlungen des Arbeitsausschusses „Ufereinfassungen“ Häfen und Wasserstraßen ist als derzeit aktuellste Form eine vollständig fortgeschriebene Fassung der Empfehlungen des Arbeitsausschusses "Ufereinfassungen".

Sie bietet den Anwendern in der Industrie und Verwaltung, egal ob bei Ausführenden oder Planern, eine wertvolle Unterstützung bei Entwurf, Ausschreibung, Vergabe, technischer Bearbeitung, wirtschaftlicher und umweltverträglicher Bauausführung, Bauüberwachung und Vertragsabwicklung. Sie entspricht dem heutigen internationalen Stand und bildet die Grundlage dafür, dass Häfen und Wasserstraßen nach dem neuesten Stand der Technik und nach einheitlichen Bedingungen gebaut werden können.

Mit der Einarbeitung des europäischen Normungskonzepts erfüllt die 11. Auflage der Empfehlungen des Arbeitsausschusses "Ufereinfassungen" – Häfen und Wasserstraßen EAU 2012 die Anforderungen an eine Notifizierung durch die EU-Kommission.

Der Arbeitsausschuss "Ufereinfassungen" arbeitet auf ehrenamtlicher Basis seit dem Jahr 1949 als Ausschuss der Hafentechnischen Gesellschaft e. V., Hamburg (HTG) und seit 1951 zugleich als Arbeitskreis 2.2 der Deutschen Gesellschaft für Geotechnik e. V., Essen (DGGT).

Mit der Herausgabe der Empfehlungen, die normenähnlichen Charakter haben, unterstützt der Arbeitskreis "Baugruben" der Deutschen Gesellschaft für Geotechnik e.V. (DGGT) die Planungspraxis bei Entwurf und Berechnung von Baugrubenumschließungen.

Zur bauaufsichtlichen Einführung der Eurocodes wurde eine Anpassung gegenüber der 4. Auflage hinsichtlich der Empfehlungen an die Vorgaben der DIN EN 1997-1:2009 in Verbindung mit dem Nationalen Anhang DIN 1997-1/NA:2010-12 und den ergänzenden Regelungen der DIN 1054:2010-12 erforderlich. Alle Empfehlungen wurden gründlich überprüft, soweit erforderlich überarbeitet und an neue Erkenntnisse angepasst.

Wesentlich überarbeitet wurde Kapitel 10 "Baugruben im Wasser". Und aufgrund der fortgeschrittenen Entwicklung in der Messtechnik und den gestiegenen Anforderungen wurde Kapitel 14 "Messtechnische Überprüfung und Überwachung von Baugrubenkonstruktionen" völlig neu formuliert.

Die Empfehlungen des Arbeitskreises "Baugruben" sollen helfen

- Entwurf und Berechnung von Baugrubenumschließungen zu erleichtern,
- Lastansätze und Berechnungsverfahren zu vereinheitlichen,
- die Standsicherheit der Baugrubenkonstruktionen und ihrer Einzelteile sicherzustellen und
- die Wirtschaftlichkeit der Baugrubenkonstruktionen zu verbessern.

2.6 Spundwandanarbeitung

Die Anarbeitung von Spundwänden umfasst alle Aufwendungen, die nach der Walzung der Profile erfolgen, um die Bohlen in ihrer Komplexität einsetzen zu können. Diese Tätigkeiten werden alle im Werk und vor der Auslieferung der Profile durchgeführt.

Im Einzelnen verstehen wir unter Anarbeitung folgendes:

- Zusammenziehen der Einzelbohlen zu Doppelbohlen und schubfestes Verpressen oder Verschweißen der Schlösser
- Herstellen von Dreifach- oder Vierfachbohlen
- Lochung der Einzel- und Doppelbohlen
- Herstellung von Spezialbohlen (Eck-, Abzweig- und Passbohlen)
- Herstellung von Sickerschlitzen

Bei der Walzung von Spundwänden werden generell Einzelbohlen hergestellt. Das Zusammenziehen zu Doppelbohlen ist eine Serviceleistung der Walzwerke.

Ausgehend von einer höheren Stabilität der Profile bei Transport und Einbau, der höheren statischen Stabilität (bei PU® und GU®-Profilen) und zur Lärmreduzierung beim Einbau werden von den Bauunternehmen überwiegend Doppelbohlen bestellt. Diese werden unmittelbar nach der Walzung hergestellt.

AZ® Profile erhalten lediglich eine Transportverpressung, um die Sicherheit der Profile gegen Verrutschen bei Transport und Umschlag zu gewährleisten.

Bild 2.34: Transportverpressung einer AZ20-700

Die Profile der U-Reihe erhalten aus statischen Gründen eine Verpressung nach EAU E 103 – Schubfeste Schlossverbindung bei Stahlspundwänden.

Das sind 6 Verpresspunkte pro Meter Spundbohle; alternativ ist eine Verschweißung nach EAU E 103 möglich, die je nach Beanspruchung der Spundwand unterschiedlich auszuführen ist.

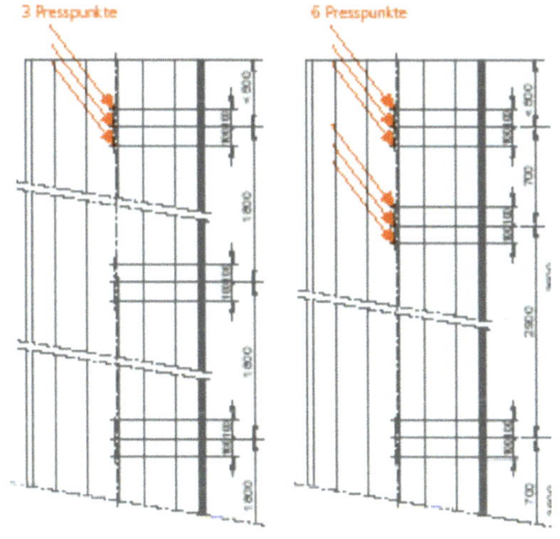

Bild 2.35: Verpressung für AZ®(links) und PU®/GU® Profile (rechts)

Auf besonderen Wunsch werden auch Dreifach- und Vierfachbohlen werksseitig gefertigt.

Dreifachbohlen werden überwiegend als Ankerbohlen zur horizontalen Verankerung von Spundwänden eingesetzt und aus einer Doppelbohle und einer Einfachbohle gefertigt.

Die Fertigung von Vierfachbohlen ist erforderlich, wenn die Bohlen im Pressverfahren mit einer ABI Presse eingebaut werden. Die Vierfachtafeln werden aus lose gefädelten AZ® Profilen hergestellt, deren Schlösser für Transport und Umschlag im Kopf und Fußbereich mit einer je 20 cm langen einseitigen Schweißnaht gesichert sind. Diese Sicherungsnaht ist vor dem Einbau bauseits zu entfernen.

Die Lochung der Bohlen ist für den Umschlag der Profile auf der Baustelle sowie die Be- und Entladung notwendig. Anzahl und Größe der Löcher hängt vom Gewicht der Bohlen und den verwendeten Anschlagmitteln (Traverse, Ketten oder Seile) ab. Auf Kundenwunsch können die Bohlen auch ungelocht geliefert werden.

Die Spundbohlen werden normalerweise ohne Lochung für Handlingzwecke geliefert. Auf Wunsch kann aber eine werkseitige Lochung in der Mitte des Profils ausgeführt werden. Standardabmessungen:

Durchmesser D [mm]:	40	40	50	50	63,5	40
Abstand Y [mm]	75	300	200	250	230	150

Durchmesser D [in]:	2,5
Abstand Y [in]	9

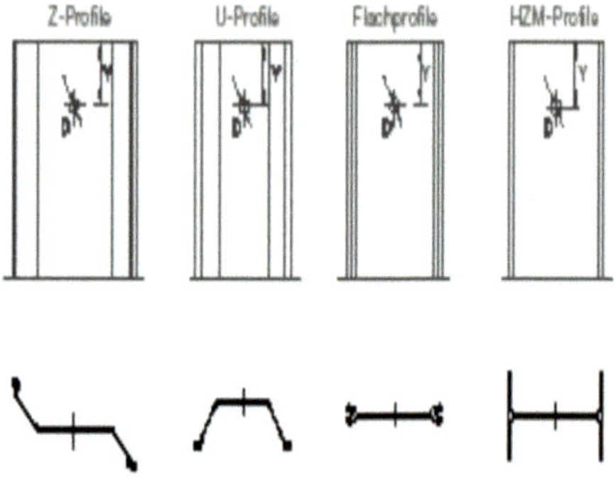

Z-Profile U-Profile Flachprofile HZM-Profile

Bild 2.36: Lochung von Spundbohlen

Auch Eck- und Spezialbohlen werden bei Bedarf hergestellt. Sie dienen der geometrischen Anpassung der Bauwerke und ermöglichen fast unbegrenzte Varianten der Fertigung sowohl im Werk als auch vor Ort.

Wir verstehen darunter:

- Knickbohlen, die bis 25 Grad geknickt werden, über 25 Grad ist eine Schweißkonstruktion erforderlich
- Eckbohlen werden aus Einzel- oder Doppelbohlen mit Eckprofilen C9, C14, Delta13 oder Omega18 gefertigt
- Abzweigbohlen sind eine Kombination aus Eckbohlen und ein oder zwei weiteren Schlössern oder einer Bohle-Schlosskombination mit geschweißten C9 an eine Einzel- oder Doppelbohle.

Geknickte Bohlen

Maximaler Knickwinkel: ' = 25°. Z-Profile werden in der Mitte des Stegs geknickt. Sie werden in der Regel als Einzelbohlen geliefert, sind aber auf Anfrage auch als Doppelbohlen erhältlich.

Eckprofile

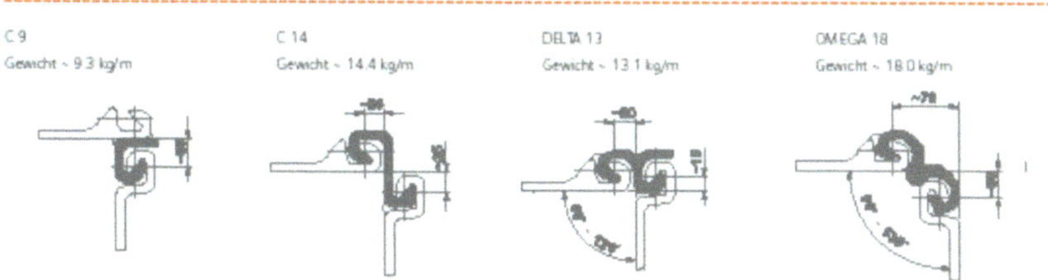

Spezielle, mit den Z-Profilen kombinierbare Eckprofile ermöglichen die Ausbildung von Eckbohlen oder Abzweigbohlen und erübrigen die Herstellung zusammengeschweißter Sonderprofile. Die Eckprofile werden gemäß EN 12063 mit der Spundbohle verbunden. Andere Schweißanordnungen sind auf Anfrage möglich. Die Eckprofile werden am Kopf um 200 mm zurückgesetzt angeschweißt.

Eckbohlen und Abzweigbohlen

Nachfolgende Eck- und Abzweigbohlen sind auf Anfrage als Einzel- bzw. Doppelbohlen lieferbar. Darüber hinaus sind auch weitere Kombinationen möglich.

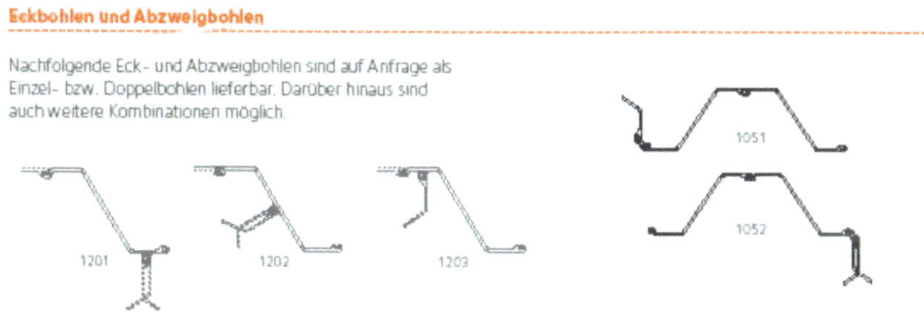

Bild 2.37: Beispiele für Eck- und Spezialbohlen

Zum Abbau des Wasserüberdrucks hinter Spundwänden sind bei Bedarf Entwässerungsschlitze erforderlich. Die Fertigung erfolgt nach EAU E 51 im Bereich des maximalen Wasseranfalls an der Spundwand.

2.7 Dichtung von Spundwandschlössern

Die Spundwand ist prinzipiell dicht; undicht ist in der Wand nur das Schloss. Diese Schwachstelle des Systems weitestgehend auszuschließen, ist die Aufgabe von Dichtungssystemen.

Breitere Bohlen sind daher prinzipiell dichter, da sie weniger Schlösser haben. Bei ungedichteten Bohlen hängt die Sickermenge stark von der Durchlässigkeit des Bodens ab.

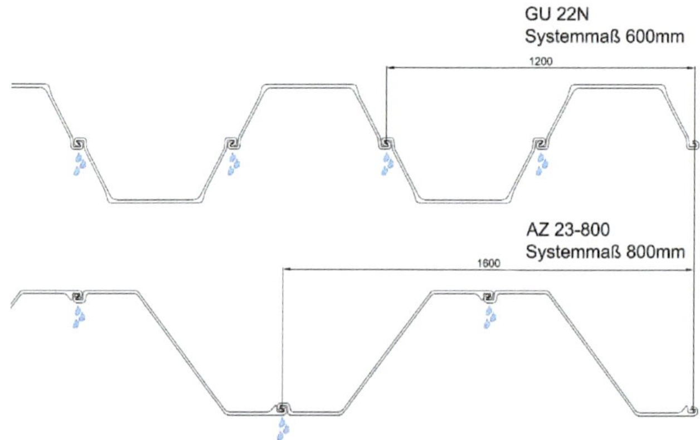

Bild 2.38: Abhängigkeit der Bohlenbreite von der Durchflussmenge

Die Anforderungen an die Dichtheit von Stahlspundwänden sind so unterschiedlich wie ihre Einsatzmöglichkeiten. Oftmals ist es dabei erforderlich, die Durchflussmenge unter Beachtung der Bodenkennwerte und Wasserstände zu bestimmen.

Meist reicht die vereinfachte Sickermengenberechnung aus:

Bemessungsbeispiel:

- *AZ 20-700,*
- *DB, Akila,*
- *Systemmaß b=0,70m*
- *Verbaulänge L= 160m*

Die Sickermenge berechnet sich wie folgt:

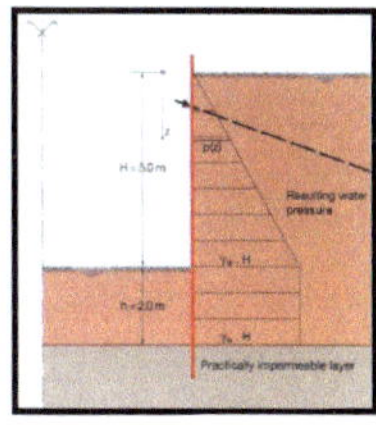

Sickermenge [l/h] = G * D * L / b /1000
= 2,5 * 1,0 * 160 / 0,7 /1000
= 0,57 l/h (@0,61 l/h)

Der Grundwert G wird aus folgendem Diagramm abgelesen:

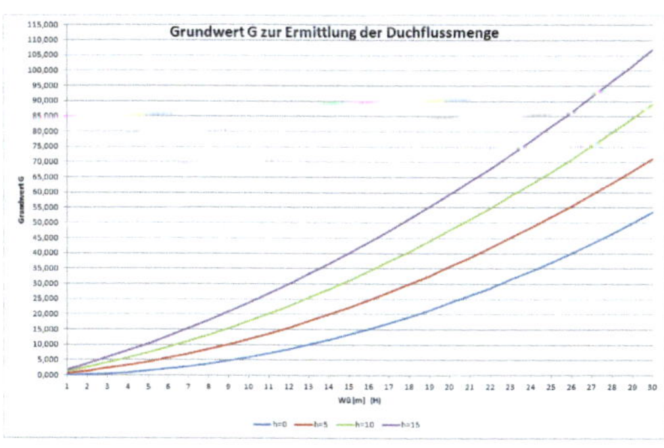

Und der Faktor D, als Einflussgröße des Dichtungssystems, errechnet sich wie folgt:

Tabelle 1, Einfluss des Dichtungssystems, Faktor D

Dichtungssystem	aufnehmbarer Wasserdruck	D
Akila bei Doppelbohlen	Wü < 20m	1,00
Akila bei Einzelbohlen	Wü < 20m	1,48
Akila bei Doppelbohlen	20m < Wü < 30m	1,42
Akila bei Einzelbohlen	20m < Wü < 30m	2,61
Roxan Plus	Wü < 20m	1,52
Beltan Plus / Arcoseal	Wü < 10m	1818

Reicht die Eigendichtung der Schlösser in Abhängigkeit vom Boden nicht aus und sind höhere Dichtigkeiten gefordert, gibt es folgende Schlossdichtungssysteme:

- Beltan® Plus
- Arcoseal™
- Akila®

Das Schlossdichtungssystem Beltan®Plus ist ein Bitumenheißverguss mit Polymeranteil, das sich für Wasserüberdrücke bis 10 Meter eignet und sowohl im Werk als auch auf der Baustelle eingebracht werden kann. Gemäß dem Untersuchungsbericht des Hygieneinstitutes Gelsenkirchen bestehen gegen eine Verwendung von BELTAN® Plus im Grundwasserkontakt bei ordnungsgemäßer Anwendung aufgrund der vorliegenden Untersuchungsergebnisse keine Bedenken.

Hygiene-Institut des Ruhrgebiets

ArcelorMittal
Research & Development
66, rue de Luxembourg
4009 Esche / Alzette
LUXEMBOURG

Besucher-/Paketanschrift:
Rotthauser Str. 21
45879 Gelsenkirchen

Zentrale +49 (209) 9242-0
Durchwahl +49 (209) 9242-210
Telefax +49 (209) 9242-212
E-Mail a.koch@hyg.de
Internet www.hyg.de

Unser Zeichen: K-219837-12-Ka/ur
Ansprechpartner: Dr. Andreas Koch
Umschreibung: K-187987-10-Bs

Gelsenkirchen, 20.07.2012

PRÜFBERICHT
über die Untersuchung
einer bitumenbasierten Vergussmasse BELTAN™ Plus
gemäß DIBt-Merkblatt
"Bewertung der Auswirkungen
von Bauprodukten auf Boden und Grundwasser"

Auftrag vom:	21.01.2010
Inhalt des Prüfauftrages:	grundwasserhygienische Prüfung
Probenart/-bezeichnung:	heißverarbeitbare Bitumenvergussmasse BELTAN™ Plus
Prüfkörper/-abmessung:	einseitig beschichtete Prüfplatten: 200 mm x 200 mm x 6 mm
Prüfkörperherstellung:	übersandte Platten
Probeneingang:	21.01.2010
Prüfbeginn:	26.01.2010
Prüfende	10.03.2010

Dieser Prüfbericht besteht aus 6 Seiten.

DAkkS Deutsche Akkreditierungsstelle D-PL-13042-01-00

Bild 2.39: Prüfbericht des Hygieneinstitutes Gelsenkirchen zu Beltan® Plus

Bild 2.40: Schlossverfüllung

Bild 2.41: Verfülltes Schloss

Beltan®Plus hat folgende technische Eigenschaften, die bei der Verarbeitung zu beachten sind:

- Erweichungspunkt ~72°C
- Verarbeitungstemperatur ~160°C
- Das Produkt wird auf eine Maximaltemperatur erhitzt.

- Das Produkt muss durch Umrühren vermischt werden, damit sich eine homogene Masse ergibt.
- Die Bohlen müssen beim Einbau der Dichtung in vollkommen horizontaler Position ausgelegt sein.
- r : 6×10^{-8} **m/s**
- Verbrauch:
  - 0,1 l/m Mittelschloss
  - 0,3 l/m im freies Schloss

Bild 2.42: Verfüllmaße U Bohlen

Bild 2.43: Verfüllmaße Z Bohlen

Bei der Festlegung der Dichtung ist der Einfluss auf den Rammplan zu beachten. Die Klauen werden unter Beachtung der Rammrichtung und ihrer Lage zum Wasserdruck gefüllt; nachträgliche Änderungen der Einbaurichtung führen zur Veränderung des Dichtungsverhaltens und u. U. zum Versagen der gesamten Dichtung.

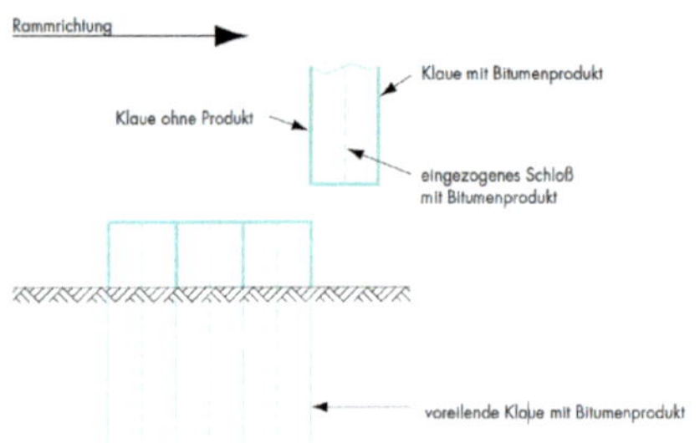

Bild 2.44: Verfüllung in Abhängigkeit von der Rammrichtung

Das Schlossdichtungssystem ARCOSEAL™ ist ein dauerhaft plastischer Wachs-Mineralöl-Heiß Verguss für Wasserüberdrücke bis 10 Meter. Es hat eine gute chemische

Beständigkeit, ist umweltverträglich und kann im Grundwasserbereich ohne Bedenken eingesetzt werden (Nicht in Schutzzone I).

Die wichtigsten technischen Daten sind:

- Erweichungspunkt: ca. 70°C
- Schmelzpunkt: 105 bis 115°C
- r : 6 x 10^{-8} **m/s**

Bild 2.45: Ausgeführte Schlossdichtung mit ARCOSEAL™

Bild 2.46: Baugrube mit Schlossdichtung ARCOSEAL™

Bei besonders hohen Anforderungen an eine Spundwanddichtung kommt das System AKILA® zum Einsatz.

Es ist eine MS-Polymerdichtung, die werksseitig mit speziellen Werkzeugen eingebracht und besonders bei Dauerbauwerken oder Wasserüberdrücken bis 30 m eingesetzt wird.

AKILA® ist ein neues, umweltfreundliches Hochleistungsdichtungssystem für Spundwände. Es handelt sich um eine werkseitig eingebrachte Kompressionsdichtung basierend auf drei maschinell extrudierten Dichtungslippen im Schloss von Einzelbohlen – oder im freien Schloss von Doppelbohlen – und besteht aus dem Produkt MSP-1.

Im Fall vom Doppelbohlen wird das im Werk eingezogene Mittelschloss mit einem zweiten Produkt MSP-2 versehen.

MSP-1 und MSP-2 gehören beide zur Familie der silanmodifizierten Polymere (MS-Polymere) und sind einkomponentige elastische Dichtstoffe mit einer Massendichte von 1,41g/cm3, respektiv 1,48g/cm3.

Sie sind UV-stabil und haften sehr gut auf Stahl ohne Primer. Beide Produkte sind resistent gegenüber Feuchtigkeit, Witterung und Temperaturen zwischen -40°C und +90°C (für kurze Zeit sogar bis 120°C).

AKILA® ist:

- Alterungs- und witterungsbeständig
- Resistent gegenüber chemischem Angriff
- Bei sachgemäßem Einbringen mit sehr hohen Wasserdichtigkeiten ausgestattet
- Problemlos zu lagern und zu transportieren
- Zertifiziert vom Hygieneinstitut bezüglich Grundwasserverträglichkeit
- Mit einer Geometrie für alle Schlösser der U- und Z-Bohlen versehen, die die Walztoleranzen berücksichtigt
- Sehr dicht → r = 4.9 * 10-11 m/s bis 20m (bei Einzelbohlen)
- Sehr dicht → r = 8.6 * 10-11 m/s bis 30m (bei Einzelbohlen)
- Sehr haltbar, allerdings sollte beim Einbau mittels Vibration die Einbringzeit von 20s/m nicht überschritten werden.

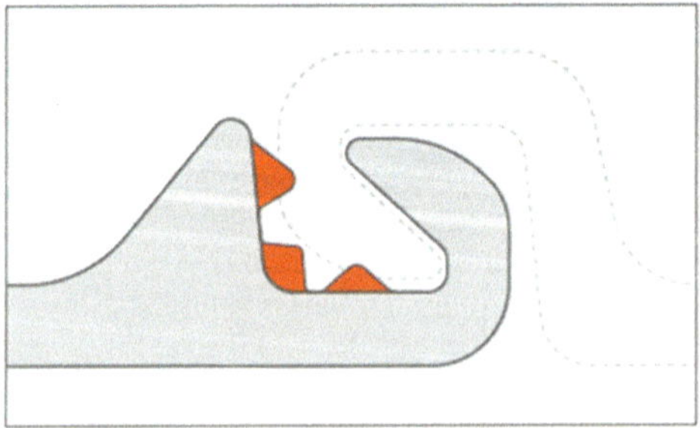

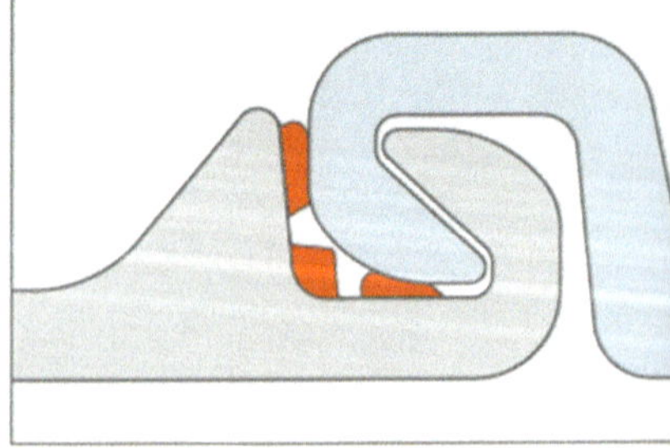

Bild 2.47: AKILA® im leeren Schloss profiliert (links) und mit eingefädeltem Schloss auf der Baustelle (rechts)

Wie bei den anderen Dichtungen müssen besondere Einbaubedingungen beachtet werden. Die Rammrichtungen sollten zu Beginn der Planungen und mit der Erstellung der Rammpläne eindeutig festgelegt und nach Möglichkeit nicht mehr verändert werden.

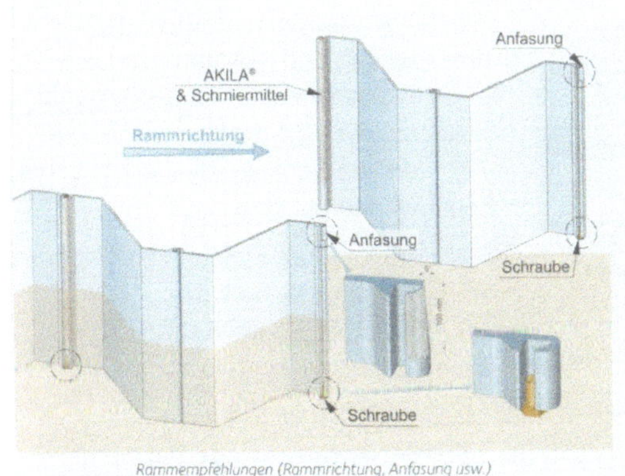

Bild 2.48: Einbauempfehlungen für das System AKILA®

Bild 2.49: Dichtung AKILA® in Bad Düben eingebaut (links), mit Schmiermittel eingebracht (mittig) und eingefädelte Bohle (rechts)

2.8 Beschichtung von Stahlspundwänden

Unter dem Einfluss von Sauerstoff und Wasser korrodiert Stahl. Beschichtungen verlangsamen diesen Prozess und verbessern die Optik der Spundwand.

Beschichtungen erhöhen in Abhängigkeit von ihrer Planung und Ausführung sowie unter Beachtung der mechanischen Belastung der Anstriche, wie z. B. Sandschliff und/oder dem Anlegen von Schiffen, die Lebensdauer von Spundwänden um bis zu 20 Jahren.

Entscheidend für alle Betrachtungen ist die vom Bauherrn angesetzte Nutzungsdauer des Spundwandbauwerks. Realistisch und technisch umsetzbar sind Nutzungszeiten von 50 bis maximal 70 Jahren.

Falls optische Ansprüche des Bauwerks nicht im Vordergrund stehen, ist es möglich, die Beschichtung durch Profile mit einer höheren Wandstärke zu ersetzen.

Grundlage für alle Betrachtungen sind die zu erwartenden Abrostungsraten, deren Ermittlung eine umfassende Baugrunderkundung einschließlich des Chemismus im Boden und Wasser erfordern.

Grundsätzlich werden Spundwandbauwerke nach DIN EN 12944 je nach ihrer Umgebung in folgende Immisionsgruppen eingeordnet:

- Im 1 → Süßwasser
- Im 2 → Meer- und Brackwasser
- Im3 → Aggressive Böden

Korrosivitätskategorien nach DIN EN ISo 12944 Teil 2 (Auszug) und Beispiele für typische Umgebungen:

C3	Atmosphäre mit mäßiger Korrosionsbelastung	Stadt- und Industrieatmosphäre, mäßige Verunreinigung durch SO_2 Küstenbereiche mit geringer Salzbelastung
C4	Atmosphäre mit starker Korrosionsbelastung	Industrielle Bereiche und Küstenbereiche mit mäßiger Salzbelastung
C5-M	Atmosphäre mit sehr starker Korrosionsbelastung	Küsten- und Offshorebereiche mit hoher Salzbelastung
Im1	Süßwasser	Flussbauten, Wasserkraftwerke
Im2	Meer- oder Brackwasser	Hafenbereiche mit Stahlbauten wie Kaimauern, Schleusenkammern, Molen
Im3	Boden	Spundwandbauwerke oder Stahlpfähle in aggressiven Böden

Bild 2.50: Korrosivitätskriterien nach DIN EN ISO 12944

Je nach Einsatzbereich der Spundwand gelten unterschiedliche Vorschriften für die Beschichtungssysteme:

- *ZTV – KOR bzw. ZTV – W* gilt für den Stahlbau der Verkehrswege und den Stahlwasserbau
- *ZTV – KOR – Stahlbauten* ist für Stützwände und Ingenieurbauten im Zuge von Straßen, Eisenbahnstrecken und Wasserbauten anzuwenden
- ZTV – W LB 218 wird für Stahlbauteile von Wasserbauwerken, wie Kaianlagen, Hochwasserschutzanlagen, Wehre, Düker und Hebewerke, verwendet

Bild 2.51: Beschichtete Hochwasserschutzwand aus Spundwänden

Transport, Lagerung und Einbau der Spundwände führen zu einer hohen Belastung der aufgebrachten Beschichtungssysteme.

Es hat sich bewährt, im Werk die Oberflächenvorbehandlung (Sandstrahlen SA 2,5) und mindestens die 1. Grundbeschichtung (z. B. EP-Zinkstaub) mit 50 bis 70 µm aufzubringen.

Einige Beispiele von empfohlenen Korrosionsschutzsystemen nach ZTV-KOR-Stahlbauten bzw. nach ZTV-W LB 218:

Korrosivitätskategorie	Oberflächenvorbereitung	Beschichtungsaufbau	Sollschichtdicke µm
C3	Sa 2½	1 GB EP-Zinkstaub 1 ZB EP 1 DB PUR	70 80 80
C4 und C5-M	Be	Feuerverzinkung [1) 2)] 1 ZB EP 1 DB PUR	85[1)] 80 80
C4 und C5-M	Sa 2½	1 GB EP-Zinkstaub 2 x ZB EP 1 DB PUR	70 2 x 80 80
Im1	Sa 2½	1 bis 3 x DB EP	500
Im2 und Im3	Sa 2½	1 GB EP-Zinkstaub 1 bis 3 x DB EP	50 450
Im2 und Im3	Sa 2½	1 GB PUR 1K-Zink 3 x DB PUR 1K	50 450
Im2 und Im3	Sa 2½	1 DB UP	1000

[1] Feuerverzinkung nach DIN EN ISO 1461
[2] Zur Haftverbesserung ist Sweep-Strahlen gemäß DIN EN ISO 12944 Teil 4 der feuerverzinkten Oberfläche erforderlich.

Abkürzungen:
GB: Grundbeschichtung
ZB: Zwischenbeschichtung
DB: Deckbeschichtung
Sa 2½: Strahlen nach DIN EN ISO 12944 Teil 4
Be: Beizen mit Säure
EP: Epoxidharz
PUR: Polyurethan, 2-komponentig
PUR 1K: Polyurethan, 1-komponentig
UP: Ungesättigter Polyester

Um während dem Einbringen von beschichteten Spundbohlen eine Beschädigung des Korrosionsschutzes weitgehendst auszuschließen, sind die Führungseinrichtungen mit Gleit- bzw. Rollenlagern zu versehen.

Bild 2.52: Beispiele für Beschichtungssysteme

Die restlichen Zwischenbeschichtungen und die Deckbeschichtung können nach Einbau der Bohlen und Montage der Stahlabdeckung oder der Fertigung des Stahlbetonholmes als letzter Arbeitsgang aufgebracht werden. Dabei können auch alle Beschädigungen der Beschichtung nachgearbeitet und eventuelle Verfugungen der sichtbaren Spundwandschlösser ausgeführt werden.

Bild 2.53: Baustellenbeschichtung an einer Deponie in Österreich

2.9 Schneidenlagerung zur Ableitung von Vertikallasten System ArcelorMittal

In Deutschland ist es üblich, Spundwände wie Gründungspfähle zu benutzen und erhebliche lotrechte Beanspruchungen aus dem Überbau über einen Stahlbetonbalken in die Spundwand und von dort über Spitzendruck und Mantelreibung in den Baugrund einzuleiten.

Stahlspundbohlen werden seit mehr als 100 Jahren vornehmlich für Stützwände verwendet und halten im Wesentlichen horizontale Lasten (Erd- und Wasserüberdruck) über Anker und das Bodenauflager zurück.

Bei bestimmten Bauwerken wie Brücken, Kranbahnbalken und Tiefgaragen treten vertikale und horizontale Belastungen am Spundwandkopf in Kombination auf.

Bei bestimmten Bauwerken wie Brücken, Kranbahnbalken und Tiefgaragen treten vertikale und horizontale Belastungen am Spundwandkopf in Kombination auf.

Zur Vereinfachung der Bemessung und Konstruktion des Systems wurde von ArcelorMittal das ***Programm VLoad®*** entwickelt. Die Software führt den Nachweis der Schneidenlagerung des Systems ArcelorMittal nach der allgemeinen bauaufsichtlichen Zulassung Nr. Z-15.6-235 des DIBt durch und erleichtert so die Dimensionierung.

Es werden die in der Zulassung geforderten Berechnungen zur Auslegung der Verbindung des Spundwandprofils mit dem aufliegenden Stahlbetonkopfbalken für Systeme mit oder ohne Kopfeinspannung unter reiner Vertikalbeanspruchung oder unter kombinierter Belastung durch Vertikal- und Horizontallasten erstellt. Dies sind sowohl die rechnerischen Nachweise für das ausgewählte Profil als auch die Bestimmung der erforderlichen Bewehrung des Stahlbetonkopfbalkens und deren skizzenhafte Darstellung. Das Aufschweißen lastverteilender Elemente ist nicht erforderlich.

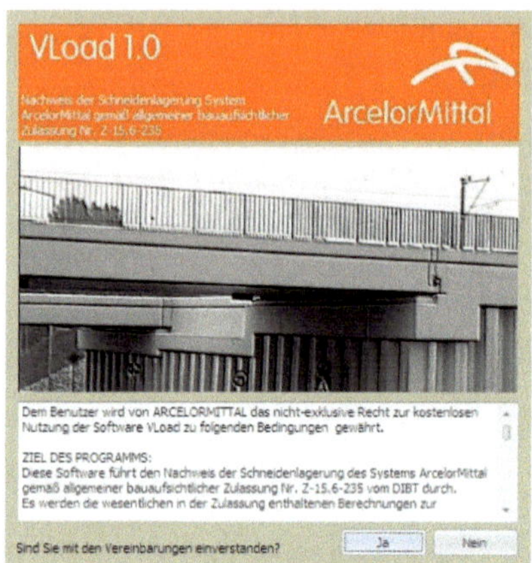

Üblicherweise wird beim Nachweis des Stahlbetonbalkens das Durchstanzen (Teilflächenpressung des Betons) maßgeblich, wodurch örtlich zusätzliche Bewehrung erforderlich wird. In manchen Fällen kann es auch notwendig sein, Bleche zur Lastverteilung auf die Spundwand auf- oder Bewehrungsstähle an der Spundwand anzuschweißen. Die Erfahrung zeigt, dass diese herkömmliche Art der Bemessung des Stahlbetonholms sehr konservativ ist.

Ausgenutzt wird in der Zulassung der dreiaxiale Spannungszustand, der sich im Betonbalken bei Belastung ausbildet. Verschiedene Versuchsreihen wurden durchgeführt, um die Formeln zu kalibrieren. Ergebnis war die Allgemeine Bauaufsichtliche Zulassung Z-15.6-235, die ArcelorMittal seit Dezember 2011 verwenden darf.

Zwischenzeitlich wurde in Deutschland die DIN EN 1992: Bemessung und Konstruktion von Stahlbeton- und Spannbetontragwerken eingeführt. Die Zulassung wurde daraufhin überarbeitet und steht seit August 2012 aktualisiert zur Verfügung. Obwohl die EN 1992 eine europäische Norm ist, ist es erlaubt, bestimmte Parameter, z.B. die Teilsicherheitsbeiwerte, national unterschiedlich festzulegen. Dies geschieht in den nationalen Anwendungsdokumenten.

Um die Anwendung der neuen Theorie mit ihren vielen Formeln und Faktoren zu vereinfachen, wurde das Programm VLoad® entwickelt. Es basiert auf der deutschen Zulassung und ermöglicht den Planungsingenieuren eine wirtschaftliche Bemessung der Stahlbetonkopfbalken und der zugehörigen Bewehrung auf schnelle und einfache Weise.

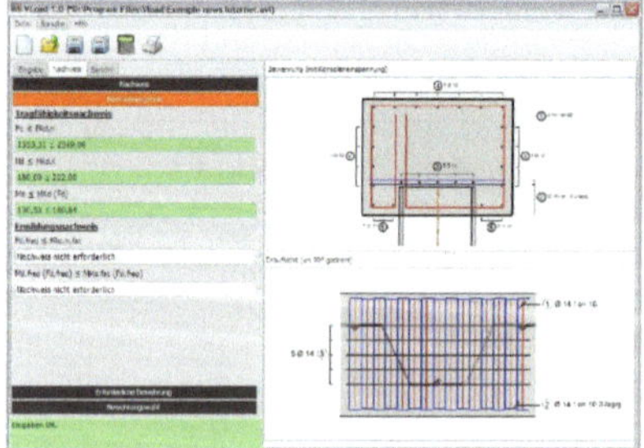

Das Programm beinhaltet alle in der Zulassung Z-15.6-235 aufgeführten Spundwandprofile.

Die Benutzeroberfläche des Tools VLoad'® ist sehr anwenderfreundlich gestaltet und kann kostenlos im Internet geladen werden.

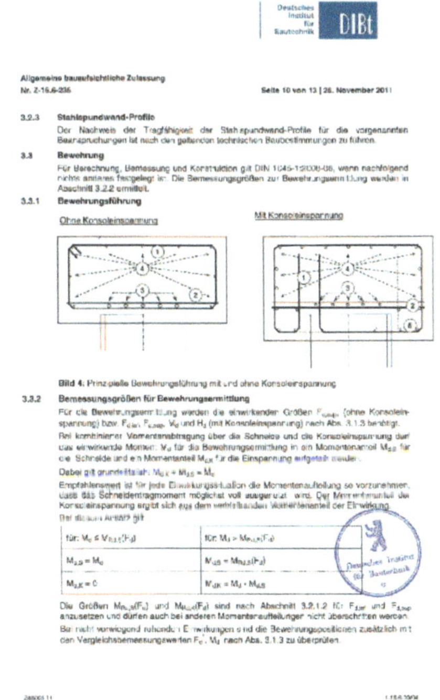

Deutsches Institut für Bautechnik DIBt

Allgemeine bauaufsichtliche Zulassung
Nr. Z-15.6-235

Seite 10 von 13 | 28. November 2011

3.2.3 **Stahlspundwand-Profile**

Der Nachweis der Tragfähigkeit der Stahlspundwand-Profile für die vorgenannten Beanspruchungen ist nach den geltenden technischen Baubestimmungen zu führen.

3.3 **Bewehrung**

Für Berechnung, Bemessung und Konstruktion gilt DIN 1045-1:2008-08, wenn nachfolgend nichts anderes festgelegt ist. Die Bemessungsgrößen zur Bewehrungsermittlung werden in Abschnitt 3.2.2 ermittelt.

3.3.1 **Bewehrungsführung**

Bild 4: Prinzipielle Bewehrungsführung mit und ohne Konsoleinspannung

3.3.2 **Bemessungsgrößen für Bewehrungsermittlung**

Für die Bewehrungsermittlung werden die einwirkenden Größen $F_{d,sup}$ (ohne Konsoleinspannung) bzw. $F_{d,inf}$, $F_{d,sup}$, V_d und H_d (mit Konsoleinspannung) nach Abs. 3.1.3 benötigt.

Bei kombinierter Momentenabtragung über die Schneide und die Konsoleinspannung darf das einwirkende Moment M_d für die Bewehrungsermittlung in ein Momentenanteil $M_{d,S}$ für die Schneide und ein Momentanteil $M_{d,K}$ für die Einspannung aufgeteilt werden.

Dabei gilt grundsätzlich: $M_{d,K} + M_{d,S} = M_d$

Empfehlenswert ist für jede Einwirkungssituation die Momentenaufteilung so vorzunehmen, dass das Schneidentragmoment möglichst voll ausgenutzt wird. Der Momentenanteil der Konsoleinspannung ergibt sich aus dem verbleibenden Momentenanteil der Einwirkung.

Bei diesem Ansatz gilt:

für: $M_d \leq M_{Rd,S}(F_d)$	für: $M_d > M_{Rd,S}(F_d)$
$M_{d,S} = M_d$	$M_{d,S} = M_{Rd,S}(F_d)$
$M_{d,K} = 0$	$M_{d,K} = M_d - M_{d,S}$

Die Größen $M_{Rd,S}(F_d)$ und $M_{Rd,S}(F_d)$ sind nach Abschnitt 3.2.1.2 für $F_{d,inf}$ und $F_{d,sup}$ anzusetzen und dürfen auch bei anderen Momentenaufteilungen nicht überschritten werden.

Bei nicht vorwiegend ruhenden Einwirkungen sind die Bewehrungspositionen zusätzlich mit den Vergleichsbemessungswerten F_d', M_d nach Abs. 3.1.3 zu überprüfen.

Bild 2.54: Auszug aus der aktuellen Zulassung, gültig bis 07.12.2021

2.10 Einbringverfahren

Untrennbar mit der Entwicklung der Spundwandprofile ist die Geschichte der Einbringverfahren verbunden. Waren es anfangs Gewichte, die mit Winden oder von Hand angehoben im freien Fall auf die Spundbohlen trafen, so sind es heute moderne und umweltbewusste Einbauverfahren, die die Effizienz der Bauweise nicht unwesentlich prägen.

Mit dem Auftreten der ersten hölzernen Spundbohlen vor über 2.000 Jahren wurden die ersten Einbaugeräte entwickelt. Das waren im wesentlichen Pfahlrammen, die ein Schlagelement auf einem hölzernen Gerüst über den Holzpfahl hoben, dass dann in freien Fall auf den Pfahl traf.

Auch die ersten Spundbohlen aus Stahl wurden anfangs des 20. Jh. überwiegend mit Gewichten, die an einem Seil von Hand oder einer Winde nach oben gezogen wurden und die dann in freien Fall auf das Rammgut trafen, eingerammt. Der Schlag ließ sich hinsichtlich Kraft und Genauigkeit kaum steuern (siehe Bild 2.55).

Bild 2.55: „Handrammung“ mit Dreibock und Gewicht im freien Fall

Mit dem Einzug der Dampfmaschine in die Bauwirtschaft wurden die ersten Dampframmen entwickelt, die es heute nur noch sehr vereinzelt gibt. Bild 2.56 zeigt so eine Ramme bei ihrem Einsatz im Osthafen von Berlin.

Bild 2.56: Dampframme

Aktuell werden folgende Einbringverfahren eingesetzt:

- Schlagrammung
- Vibration

- Einpressen
- Einstellen in Schlitzwände

Vor jeder Entscheidung über die Wahl eines Verfahrens ist der Zusammenhang zwischen Rammgerät, Rammgut und Boden zu untersuchen. Diese drei Komponenten sind als Gesamtsystem zu betrachten; Änderungen einer Komponente führen zwangsläufig zu Veränderungen im System.

Besonders Augenmerk verdient das Thema der Steifigkeit der Profile. Die im Ergebnis einer statischen Berechnung ermittelten Spundwandprofile werden auf ihre Endnutzung als Baugrubenwand oder Brückenwiderlager bemessen; die Belastung der Profile beim Einbau durch das Einbaugerät und den anstehenden Boden finden dabei keine Berücksichtigung. So kann ein statisch ausreichendes Profil (z.B. PU 8 in 12,00 m) unter Berücksichtigung der Profillänge und bei schwer rammbarem Boden unter Einbauaspekten durchaus in die nächsthöhere Profilgruppe (z.B. PU12) gesetzt werden, will man den reibungslosen Einbau sichern.

Bild 2.57 gibt für diese Entscheidungen eine erste Orientierungshilfe.

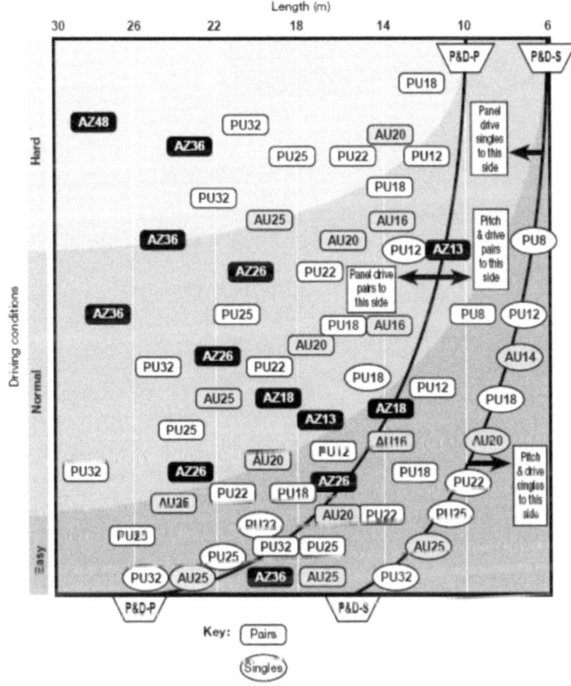

Bild 2.57: Empfehlungen für Bohlenlängen in Abhängigkeit vom Profil und Boden (ArcelorMittal Piling Handbook Kap. 11)

Das Einbringen von Spundbohlen mit Rammen ist das älteste Verfahren. Nach der Entwicklung von Dampframmen folgten Dieselrammen, die auch heute noch im Einsatz sind. Diese Geräte eignen sich vor allem für sehr große und schwere Profile und für schwer bis sehr schwer rammbare Böden.

Dabei werden zwei Gerätekonfigurationen unterschieden:

- Freireiterramme
- Mäklerramme

Bild 2.58: Dieselramme als Freireiter im Einsatz

Unter Freireiter ist der Einsatz des Einbaugerätes ohne Geräteführung frei auf dem Rammgut sitzend zu verstehen. Das Rammgut muss dabei zwingend über eine externe Rammführung geführt werden, denn der Einbau ohne Führung geht zu Lasten der Einbaugenauigkeit.

Bild 2.59: Dieselramme als Mäklerramme

Müssen Spundbohlen großer Länge eingebaut werden, dann empfiehlt sich der Einsatz eines Mäklergerätes. Dies sichert große Genauigkeiten beim Einbau und eine bessere Führung auch bei schwierigem Baugrund. Der Mäkler gewährleistet die parallele Führung der Bohlen und ersetzt unter Umständen die Rammführung am Boden.

Bild 2.60: Prizipaufbau eines Mäklerträgergerätes

Den mit Diesel angetriebenen Rammen folgten Geräte mit Elektro- und Hydraulikantrieb, die als Schellschlagrammen bezeichnet werden und ebenfalls in der Freireiter- oder Mäklervariante einsetzbar sind.

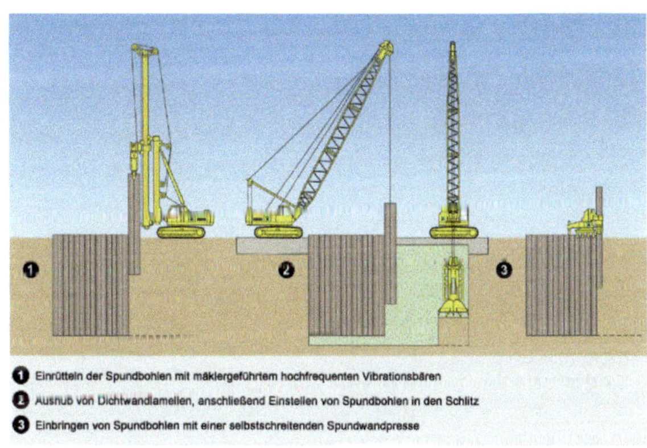

Bild 2.61: Übersicht erschütterungsarmer und lärmreduzierter Einbauverfahren

Der Anwendung der <u>Vibrationstechnik</u> zum Einbau von Spundwänden hat die Einsatzmöglichkeiten der Spundwand revolutioniert.
Sie hat folgende Vorteile:

- Die Vibrationstechnik ist ökonomisch und ökologisch zugleich,
- das Verfahren benötigt kein zusätzliches Antriebsaggregat und
- die elektronische Steuerung der Dieselmotoren sorgt für eine exaktere Drehzahlregelung.

Bild 2.62: Teleskopmäkler mit Vibrator

Ein großer Vorteil der Vibrationstechnik ist die Möglichkeit der Anzeige und Aufzeichnung der Einbringdaten. Dabei geben die Werte des Öldrucks, der Schwingfrequenz und der Einbauzeit Aufschluss über das Eindringverhalten der Bohle und das richtige Verhältnis Bohle zu Vibrator. Sie dokumentieren auch die angetroffenen Bodenschichten und eventuelle Schlosssprengungen.

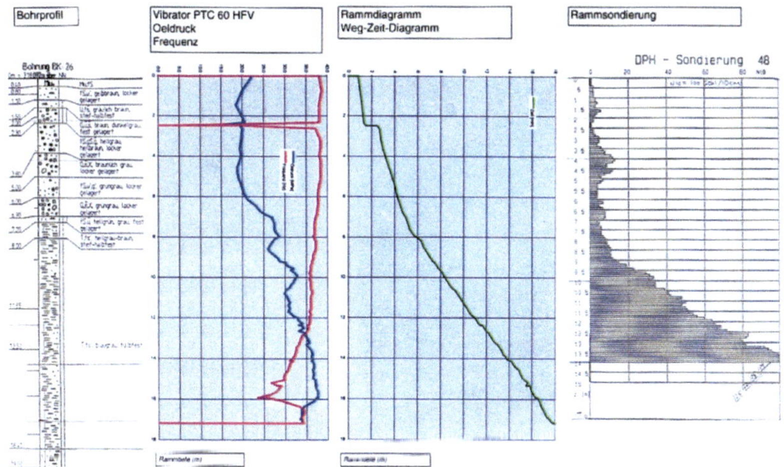

Bild 2.63: Beispiel für ein Rammprotokoll

Eine besondere Form des Einbaus von Spundwänden im Spezialtiefbau bildet das Einstellen der Spundwand in eine Schlitzwand dar. Dabei wird von einem Schlitzwandgreifer eine Schlitzwand gebaggert (Bild 2.64), die von einer Stützflüssigkeit stabilisiert wird. Die Schlitzwand bildet den Dichtungspart der Konstruktion und wird meist bis zur undurchlässigen horizontalen Schicht ausgeführt, in die sie einbindet. In die noch flüssige Suspension wird die Spundwand eingehangen (Bild 2.65); sie übernimmt die statische Funktion der Baugrube.

Das Verfahren wird eingesetzt, wenn

- der Spundwandeinbau ohne Erschütterungen erfolgen muss,
- große Baugrubentiefen zu realisieren sind,
- Hindernisse im Baugrund zu erwarten sind und
- hohe Anforderungen an die Genauigkeit und Dichtigkeit der Konstruktion gestellt sind.

Bild 2.64: Schlitzwandgreifer

Bild 2.65: Eingestellte Spundwand

Das jüngste Einbauverfahren stellt das Einpressen von Spundwänden dar. Dabei unterscheiden wir zwischen selbstschreitenden Pressen nach Bild 2.66, die sowohl Einzel- als auch Doppelbohlen pressen können, und Anbaupressen nach Bild 2.67, bei denen zu Vierfachtafeln zusammengezogene Einzelbohlen eingesetzt werden.

Bild 2.66: Selbstschreitende Doppelbohlenpresse Typ GIKEN

Das Einpressen von Spundbohlen hat eine Reihe von Vorteilen:

- Es ist nahezu völlig geräuschlos und erschütterungsarm
- Das Verfahren ist auf engstem Bauraum anwendbar
- Es können Einzel- und Doppelbohlen eingebaut werden
- Die Geräte sind mit Einbringhilfen ausgestattet, die optional das Vorbohren oder Spülen zulassen

Bild 2.67: Pressarbeiten mit ABI Mäklergerät

Eine Sonderform des Pressverfahrens ist das GRB Verfahren.

Dabei werden die Bohlen

- auf der bereits eingebauten Spundwand an die Presse angedient und
- der zwischen Presse und Transportwagen auf der Spundwand stehende Kran übernimmt das Beschicken der Presse.

Bild 2.68: GBR System mit Presse, Aggregat, Kran und Zubringer

Das Verfahren ist besonders für Linienbauwerke – wie z. B. Deiche oder Bahnstrecken – geeignet, die das seitliche Zuführen der Bohlen per Autokran aus technischen oder ökologischen Gründen nicht zulassen.

Bild 2.69: Spundwandzubringer, selbstfahrend auf eingebauter Spundwand

2.11 Einbringhilfen

Zur Unterstützung des Einbauvorganges der Spundbohlen sind in Einzelfällen Einbringhilfen erforderlich. Diese haben sich im Laufe der Entwicklung der Spundwandbauweise immer an der Geometrie der Bohlen orientiert.

Einbringhilfen sind erforderlich, wenn

- schwer oder schwerst rammbaren Böden anstehen,
- mit Rammhindernissen im Boden zu rechnen ist und
- das Verhältnis zwischen Rammgut und Rammgerät aus technischen oder technologischen Gründen ungünstig ist.

Durch Einbringhilfen wird

- das Einbauen der Spundwände erleichtert,
- die Einbauzeit verringert,
- dass Rammgut schonend eingebaut,
- Emissionen reduziert und
- der Einbau von Spundwänden überhaupt erst möglich gemacht.

Die wesentlich angewandten Verfahren sind das Spülen, das Vorbohren mit und ohne Bodenaustausch und das Sprengen.

Das häufigste Verfahren ist das Spülen. Es hat folgende Vorteile:

- Schneller Anbau der Spülrohre
- Gute Ergebnisse in nichtbindigen Böden
- Geringer Geräteeinsatz
- Reduzierter Einfluss auf die Nachbarbebauung
- Einfache Handhabung

Bild 2.70: Doppelbohle mit Spüllanzen einbaubereit

Dabei wird das Niederdruckspülen bei sandigen Böden mit geringer Lagerungsdichte angewandt: das Spülen mit Hochdruck hat sich bei bindigen und schwer rammbaren Böden bewährt.

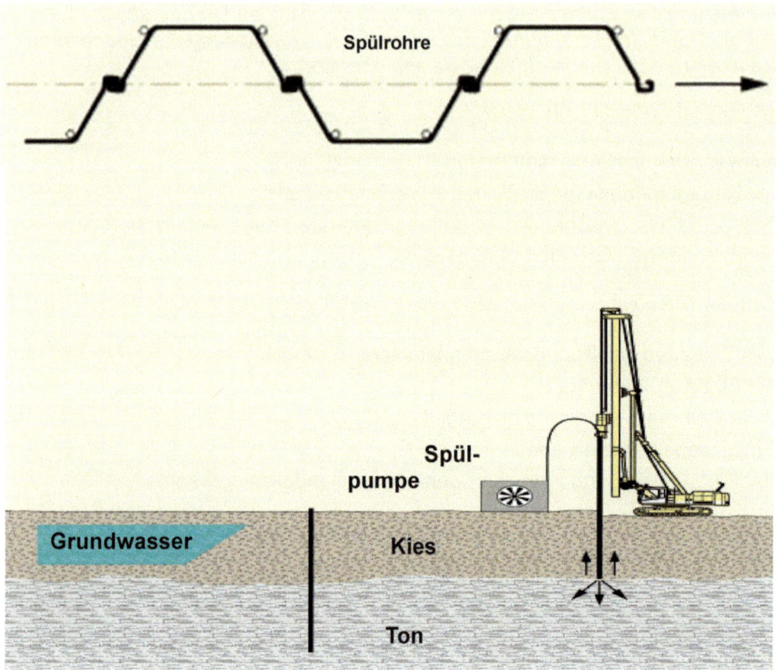

Bild 2.71: System des Niederdruckspülens

Lockerungsbohrungen sind nur wirksam bei nichtbindigen Böden. Die Bohrungen werden nicht überschnitten ausgeführt; die Stege zwischen den Bohrungen bleiben stehen. Die Tiefe dieses Verfahrens ist beschränkt durch die technischen Parameter der Bohrschnecke.

Bild 2.72: Vorbohren einer kombinierten Wand

Das Verfahren ermöglicht den Einsatz kleinerer Einbaugeräte und reduziert die Vibrationen in der umliegenden Bebauung; erfordert aber u. U. ein zweites Gerät zum Vorbohren.

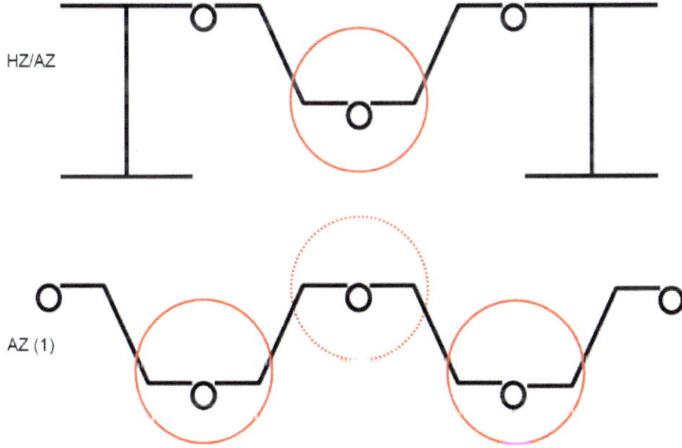

Bild 2.73: Mögliche Bohrraster

Bohrungen mit Bodenaustausch sind in allen Bodenarten durchführbar.

Sie werden als durchgehender Schlitz ausgeführt, der ausgebohrt mit entsprechendem Material aufgefüllt wird.

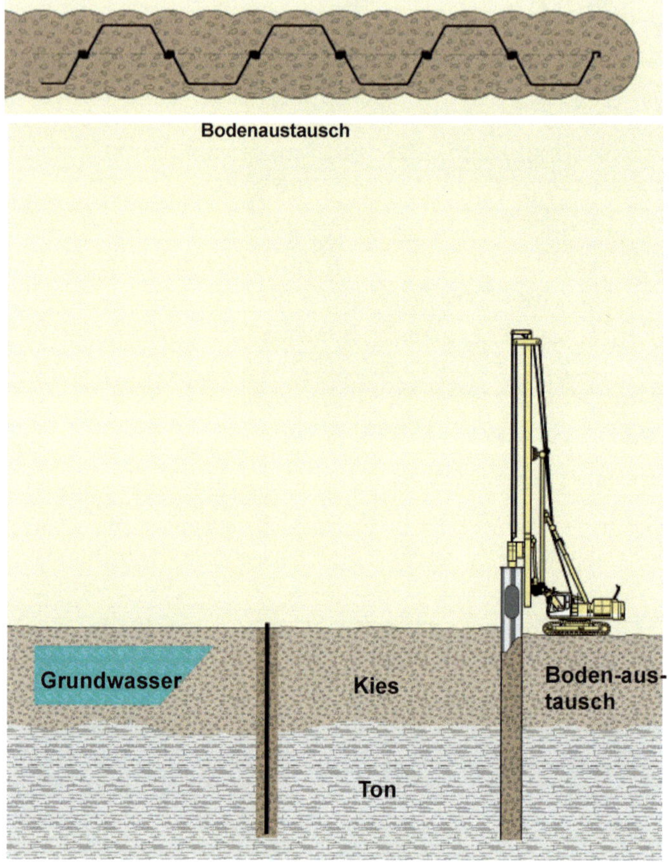

Bild 2.74: Prinzip der Bodenaustauschbohrung

Weitere Einbauhilfen können sein:

- Einbau einer Schraube am unteren Bohlenschloss, um den Bodeneintrag beim Einbau der Bohle zu minimieren
- Verfüllung der Schlösser mit Beltan oder PUR Schaum oder Fett um die Reibung im Schlossbereich zu reduzieren
- Fußverstärkungen der Bohlen bei besonders harten Böden (z.B. Mergel oder Ton)
- „Sägezahnbohlen" werden verwendet, wenn Holzhindernisse (Faschinen oder Holzpfahlgründungen) im Boden zu erwarten sind

Bild 2.75: „Sägezahnbohle“ für Holzhindernisse im Boden

2.12. Verankerung und Ausrüstung von Spundwänden

Der überwiegende Teil der Spundwände wird verankert. Dabei gibt es eine Reihe unterschiedlicher Systeme. Die Ausrüstung von Spundwänden ist je nach Nutzungsart sehr unterschiedlich.

Mehr als 90% der Stahlspundwände benötigen zusätzlich zur Fußeinspannung eine Verankerung am Kopf der Profile. Diese eingesetzt, kann mit leichteren und kürzeren Profilen gerechnet werden; allerdings sollten die Gesamtkosten des Spundwandbauwerkes beachtet werden.

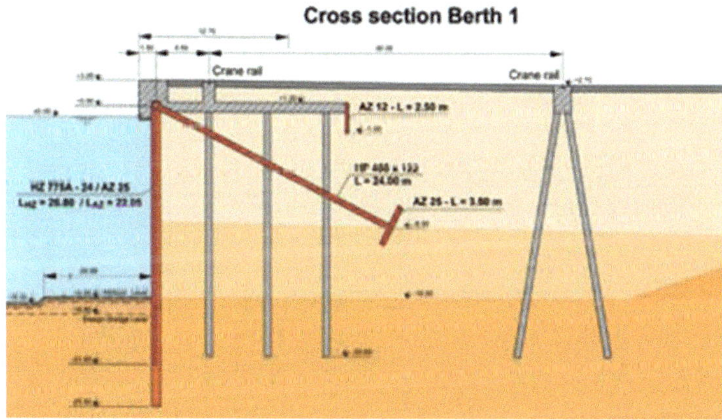

Bild 2.76: Systemdarstellung einer Schrägverankerung

Während temporäre Baugruben überwiegend mit Gurtungen und Steifen auskommen, werden für dauerhafte, sehr stark beanspruchte und sehr hohe Spundwände folgende Ankersysteme verwandt:

- Horizontale Verankerung mittels Ankerwand oder aufgelöster Wand durch Ankerdrillinge
- Schrägverankerung durch Rammträger (HTM oder HP), Klappanker oder Verpressanker als Stab- oder Litzenanker

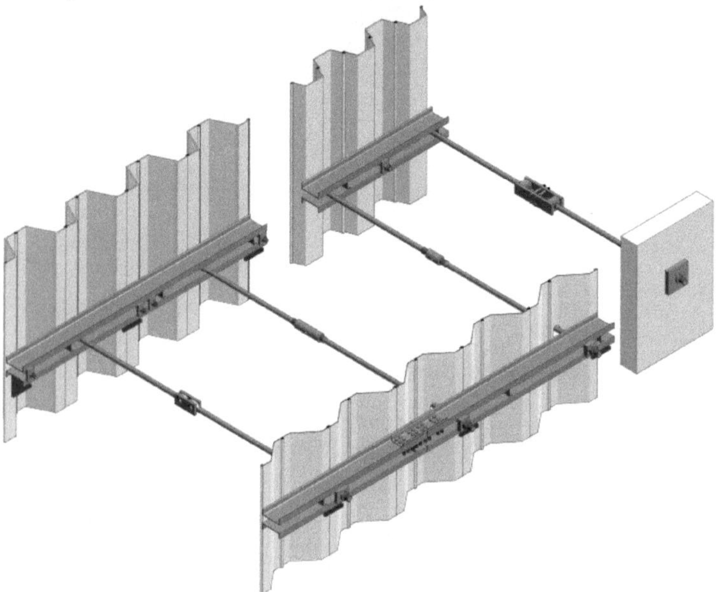

Bild 2.77: Systemdarstellung einer horizontalen Verankerung

Die Wahl des Verankerungssystems hängt von einer Vielzahl von Faktoren ab. Dabei sind solche Fragen zu klären, wie

- Welche Kräfte sind von den Ankern abzutragen?
- Ist der Baugrund für das Verankerungssystem geeignet?
- Werden durch die Anker angrenzende Grundstücke gequert?
- Sind unterschiedliche Bauzustände und damit wechselnde Belastungen auf das System Spundwand-Verankerung zu berücksichtigen?
- Lässt die Lage der Verankerung den Einbau unter Wasser oder bei Niedrigwasser zu oder muss die Ankerlage erhöht und damit das System neu berechnet werden?

Bild 2.78: Schrägpfahlrammung Nordmole Stralsund

Die Anker werden über lastverteilende Gurtungen aus 2U Profilen, einem Doppel T-Profil oder einer Einzelbohle (siehe Bild 2.81) angebracht. Alternativ kann auch jede Spundbohle direkt verankert werden.

Rundstahlanker werden in der Regel mit aufgestauchten Enden gefertigt. Infolge der gelenkige Anschlussgeometrien kann für jede Verankerungssituation mit Spundwänden/Spundbohlen, Rohren oder Kombiwänden der passende Verankerungstyp gewählt werden.

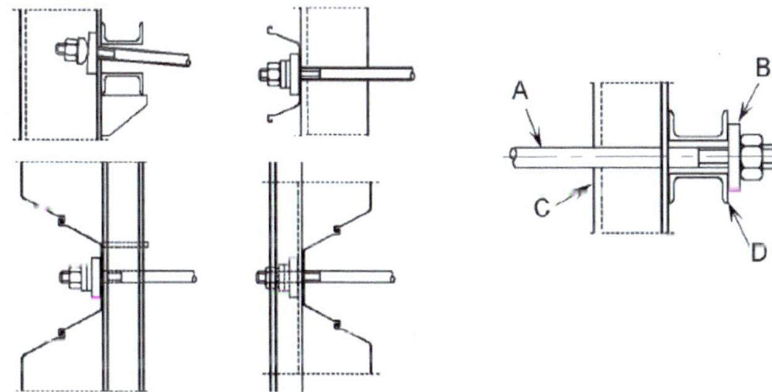

Bild 2.79: Standardverankerung für U Profile (A-Anker, B-Unterlagsplatte, C-Spundwand, D-Gurtung)

Bei AZ® Profilen gibt es die Möglichkeit der exzentrischen Verankerung mit bauaufsichtlicher Zulassung. Diese gilt für Gurtbolzen und Anker gleichermaßen und reduziert die Gurtbefestigung auf einen Gurtbolzen pro Bohle. Damit entfällt für die Vergurtung der zweite Gurtbolzen und der Anker muss nicht aufwändig durch das Schloss hindurchgeführt werden. Dieses System ist ausschließlich für horizontale Verankerungen geeignet und zugelassen.

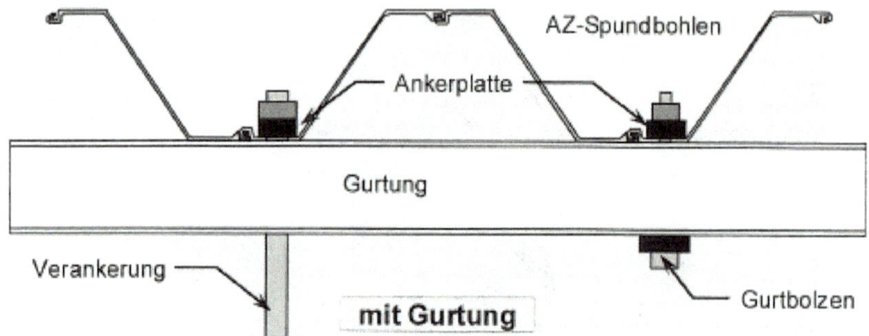

Bild 2.80: Exzentrische Verankerung mit bauaufsichtlicher Zulassung

Die Gurtstöße einer Gurtung können geschraubt oder geschweißt ausgeführt werden. Eine Gurtung wird in der Regel auf Gurtkonsolen gelagert, welche an den Spundwandrücken geschweißt sind. Bei geneigten Verankerungen ist immer auch die Vertikalkomponente der Ankerkraft zu berücksichtigen und muss daher in die Dimensionierung der geschweißten Verbindungen einbezogen werden.

Erhält die Ankerwand ebenfalls eine durchlaufende Gurtung, wird das Profil in der Regel identisch zu dem der Hauptwand gewählt. Die Gurtung wird hier als Druckgurtung hinter der Ankerwand liegend montiert und benötigt deshalb keine zusätzlichen Gurtbolzen zur Fixierung.

Bild 2.81: Gurtausbildung mit einer Spundbohle

Ausrüstungsteile für eine Spundwand sind immer dann erforderlich, wenn die Nutzung der Wand über die einfache Sicherung eines Geländesprunges hinausgeht.

Bild 2.82: Verpressanker vor dem Einbau

Zu den gebräuchlichsten Ausrüstungsteilen gehören

- Kantenschutz
- Spundwandabdeckungen aus Stahl
- Poller aller Art
- Steigeleitern
- Haltekreuze und
- Treppen.

2.13 Besondere Anwendungen im Spezialtiefbau

Im Spezialtiefbau ist der Wettbewerb der Spundwand im Stahlbeton zu sehen. Ausgehend von zunehmend größeren Ansprüchen an die Sicherheit der Bauwerke und einer Vielzahl von Umweltansprüchen sind Anwendungen entstanden, die durch Nutzung der gegenseitigen Vorteile das Miteinander der Baustoffe Stahl und Beton zeigen.

Besonders deutlich wird die gemeinsame Anwendung von Stahl und Beton im Bereich der Baugruben.

In der „klassischen" Baugrube nach Bild 2.83 kommt überwiegend die Spundwand zum Einsatz.

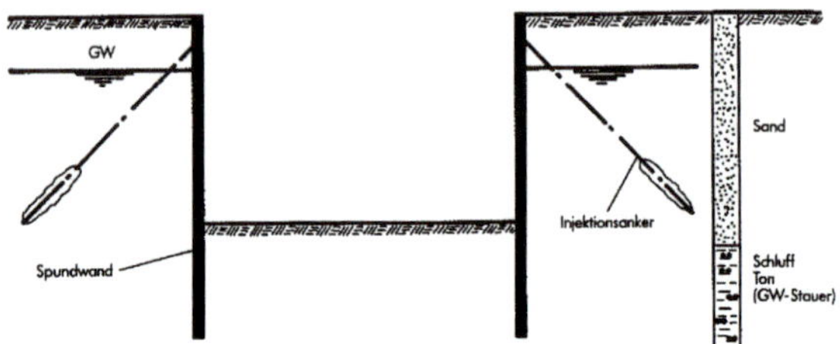

Bild 2.83: „Klassische" Baugrube mit Spundwand

Die Spundwand übernimmt die statische Funktion, dichtet die Baugrube ab und bindet in eine vorhandene natürliche Stauschicht ein. Der Einbau der Baugrubensohle erfolgt im Trockenen, bei Bedarf in Kombination mit einer äußeren Wasserhaltung.

Bild 2.84: Spundwandbaugrube ohne Wasserhaltung und mit Einbau der Sohle im Trockenen

Nehmen die statischen Belastungen auf Spundwände zu, ist die Kombination einer Schlitzwand mit einer Spundwand eine übliche Lösung.

Die Schlitzwand sichert die Dichtungslänge in der Vertikalen. Die Spundwand übernimmt die statische Funktion und bindet in den natürlichen Stauhorizont ein. Im Inneren der Baugrube sichert eine Restwasserhaltung den Einbau der Sohlkonstruktion im Trockenen.

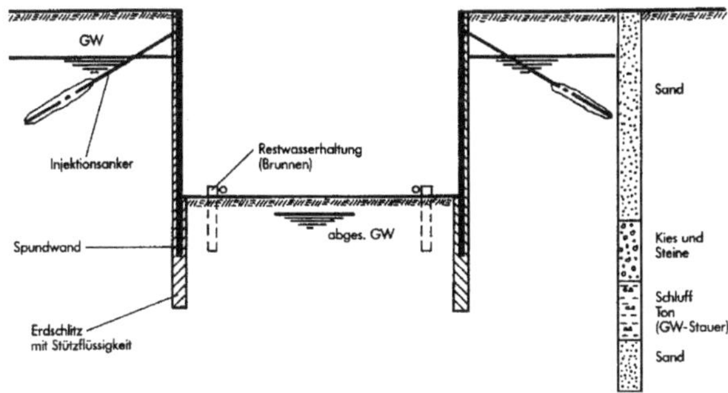

Bild 2.85: Baugrubensicherung mit einer Schlitzwand-Spundwandkonstruktion

Bild 2.86: Doppel U Bohlen in der Schlitzwand eingehangen

Fehlen natürliche horizontale Dichtungsschichten im Bereich der Baugrube, kommen zwei verschiedene Verfahren zum Einsatz:

- Kombination Spundwand und Unterwasser-Betonsohle
- Kombination Spundwand und Weichgel Injektionssohle

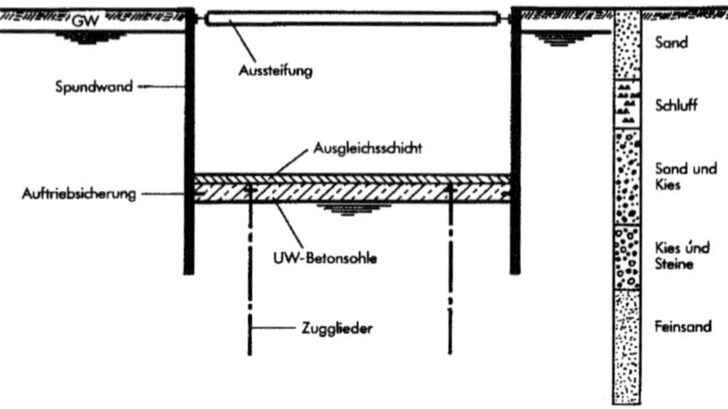

Bild 2.87: Kombination Spundwand und Unterwasserbeton

Zur Aufnahme der Auftriebskräfte der Sohlkonstruktion sind Ramm- oder Verpressanker und seitliche Aufnahmeknaggen zur Verbindung der Spundwand mit der Betonsohle erforderlich.

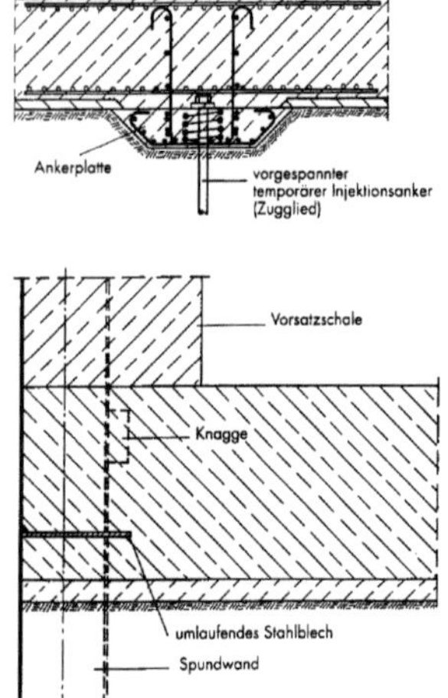

Bild 2.88: Konstruktionen der Verbindung Sohle-Anker und Spundwand-Betonsohle

Bild 2.89: Detail Lastübertragung Spundwand-Sohle

Bild 2.90. Baugrube mit eingebauter UW Beton Sohle

Beim Einsatz von Weichgelinjektionen als vertikale Dichtung müssen statisch bedingt Spundwandprofile mit größerer Länge eingesetzt werden. Wann welches Verfahren verwendet wird, hängt neben dem Baugrund vom Gesamtkonzept des Bauwerkes ab.

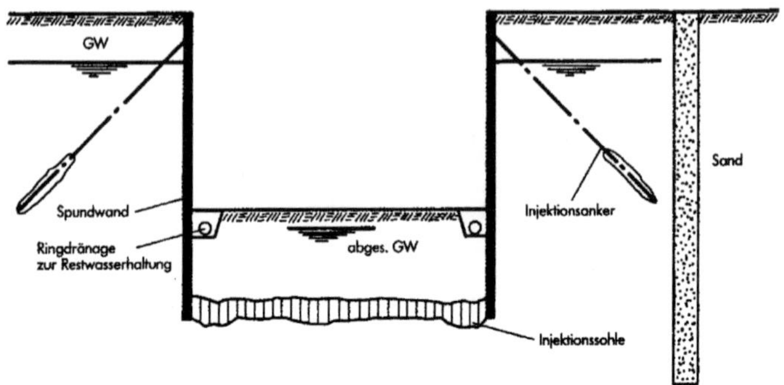

Bild 2.91: Kombination Spundwand mit Weichgelsohle

3 Beton im Spezialtiefbau

U. Höhne

Abstract

Concrete is a multi purpose product and enables to fulfill different building solutions for ground construction. The requirements of architecture and construction engineering must be assembled by appropriate concrete technology according to national standards. With adoption of the German concrete norm DIN 1045, year 2005, the unification of technical terms depending to European standard is implemented. New approaches of concrete consider to the actual results of research.

Zusammenfassung

Beton ist ein multifunktionales Produkt und ermöglicht die Ausführung unterschiedlicher Baustellenaufgaben im Tiefbau. Die Anforderungen aus architektonischer und konstruktiver Bauaufgabe müssen durch geeignete Betontechnologie umgesetzt werden, die den nationalen Normen und technischen Regeln entspricht. Mit der Einführung der deutschen Betonnorm DIN 1045, Jahrgang 2005, ist eine Vereinheitlichung der Begriffe nach europäischem Standart erfolgt. Neue Ansätze in der Betrachtungsweise von Betonen berücksichtigen die aktuellen Forschungsergebnisse.

3.1. Zusammensetzung

Beton ist ein künstlicher Stein, der sich aus mindestens drei Ausgangsstoffen, Zement und Wasser als Zementleim sowie Gesteinskörnung, hergestellt wird. Der Beton entwickelt seine Festigkeit durch das Erhärten des Zementleimes, der ein festes Gerüst um die Gesteinskörnung bildet. Solange der Beton beliebig verformbar ist, bezeichnet man ihn als Frischbeton. Nach dem Erhärten des Zementleimes wird er Festbeton genannt. Mörtel unterscheidet sich von Beton durch die Verwendung von Gesteinskörnungen mit maximalem Größtkorn von 4 Millimetern.

Tragwerke aus Beton, Stahlbeton und Spannbeton sind in der DIN 1045 geregelt, die auf Basis der entsprechenden europäischen Norm DIN–EN 206 und den zugehörigen deutschen Anwendungsregeln erstellt wurde. Der DIN–Fachbericht 100 fasst beide Normen in einem Text zusammen.

- DIN 1045-1: Bemessung und Konstruktion
- Eurocode 2 (DIN EN 1992-1-1 mit Nationalem Anhang, DIN EN 1992-1-1/NA) Ab dem 01.07.2012 für Bemessung von Betonteilen verbindlich anzuwenden
- DIN 1045-2: Beton, Festlegung, Eigenschaften, Herstellung und Konformität
- DIN 1045-3: Anwendungsregeln zu DIN EN 206-1

- DIN 1045-4: Ergänzende Regeln für Herstellung und Konformität von Fertigteilen

- DIN EN 206-1: Beton: Festlegung, Eigenschaften, Herstellung und Konformität

Die heute gebräuchlichen Betone können sich aus fünf Komponenten zusammensetzen, die auf den Einsatzzweck auf der Baustelle abgestimmt abzustimmen sind. Im Gegensatz zu den vielfachen Variationsmöglichkeiten der eingesetzten Stoffe stehen wirtschaftliche Überlegungen bei der Vorhaltung von Komponenten, Durchführung von Eignungsprüfungen und Bündelung von Bauaufgaben.

Stoff	Beispiele für die Varianten
Zement	• Zementart, -festigkeitsklasse • Zementgehalt • besondere Eigenschaften
Gesteins-körnung	• Rohdichte (normal, leicht, schwer) • natürlich, künstlich Sand, Kies Brechsand, Splitt • Kornaufbau, Sieblinie • besondere Eigenschaften
Wasser	• Begrenzung betonschädlicher Inhaltstoffe
Zusatzstoffe	• Flugasche, Trass, Silicastaub • Gesteinsmehl • Pigmente, Kunststoff (-dispersion) • Fasern (Stahl, Glas, Kunststoff)
Zusatzmittel	• BV, FM, LP, DM, VZ, BE, ST, CR, RH

Bild 3.1: Beton als 5-Stoff-System [2]

Nach der ersten Zugabe von Wasser beginnt die Reaktion der Zementkörner, die zuerst geringes, später verstärktes Ansteifen bewirkt. Durch die die Bildung von Hydratationsprodukten auf der Oberfläche des Zementkornes verlangsamt sich die Reaktion und führt zu einer Ruhepause der Reaktion. Das Erstarren des Zementleimes setzt nach ein bis drei Stunden ein und führt zu einer deutlichen Verringerung der Konsistenz. Die weitere Verfestigung wird als Erhärtung definiert.

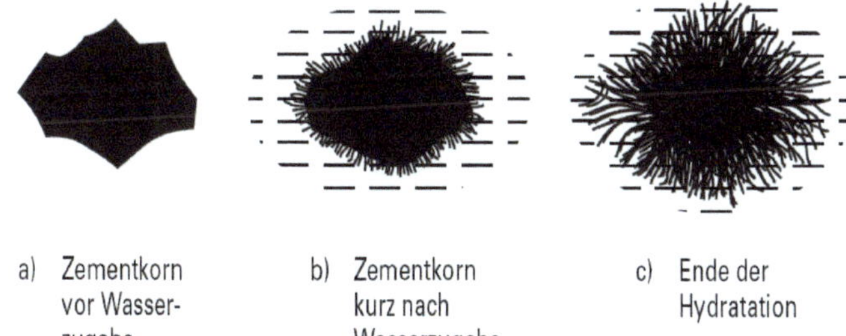

Bild 3.2: Schematisch vereinfachte Darstellung der Hydratation eines Zementkornes [2]

Nach der DIN EN 197-1 sind die Zusammensetzungen für 27 Normalzemente geregelt, die alleine durch ihre Inhaltsstoffe zu unterschiedlichen Eigenschaften eines Betons führen.

Hauptzementarten	Bezeichnung der 27 Normalzemente		Hauptbestandteile [M.-%] [1]										Nebenbestandteile [M.-%] [1]
			Portlandzementklinker	Hüttensand	Silicastaub	Puzzolane		Flugasche		gebrannter Schiefer	Kalkstein		
						natürlich	natürlich getempert	kieselsäurereich	kalkreich				
			K	S	D [2]	P	Q	V	W	T	L	LL	
CEM I	Portlandzement	CEM I	95-100	-	-	-	-	-	-	-	-	-	0-5
CEM II	Portlandhüttenzement	CEM II/A-S	80-94	6-20	-	-	-	-	-	-	-	-	0-5
		CEM II/B-S	65-79	21-35	-	-	-	-	-	-	-	-	0-5
	Portlandsilicastaubzement	CEM II/A-D	90-94	-	6-10	-	-	-	-	-	-	-	0-5
	Portlandpuzzolanzement	CEM II/A-P	80-94	-	-	6-20	-	-	-	-	-	-	0-5
		CEM II/B-P	65-79	-	-	21-35	-	-	-	-	-	-	0-5
		CEM II/A-Q	80-94	-	-	-	6-20	-	-	-	-	-	0-5
		CEM II/B-Q	65-79	-	-	-	21-35	-	-	-	-	-	0-5
	Portlandflugaschezement	CEM II/A-V	80-94	-	-	-	-	6-20	-	-	-	-	0-5
		CEM II/B-V	65-79	-	-	-	-	21-35	-	-	-	-	0-5
		CEM II/A-W	80-94	-	-	-	-	-	6-20	-	-	-	0-5
		CEM II/B-W	65-79	-	-	-	-	-	21-35	-	-	-	0-5
	Portlandschieferzement	CEM II/A-T	80-94	-	-	-	-	-	-	6-20	-	-	0-5
		CEM II/B-T	65-79	-	-	-	-	-	-	21-35	-	-	0-5
	Portlandkalksteinzement	CEM II/A-L	80-94	-	-	-	-	-	-	-	6-20	-	0-5
		CEM II/B-L	65-79	-	-	-	-	-	-	-	21-35	-	0-5
		CEM II/A-LL	80-94	-	-	-	-	-	-	-	-	6-20	0-5
		CEM II/B-LL	65-79	-	-	-	-	-	-	-	-	21-35	0-5
	Portlandkompositzement [3]	CEM II/A-M	80-94	<—— 6-20 ——>									0-5
		CEM II/B-M	65-79	<—— 21-35 ——>									0-5
CEM III	Hochofenzement	CEM III/A	35-64	36-65	-	-	-	-	-	-	-	-	0-5
		CEM III/B	20-34	66-80	-	-	-	-	-	-	-	-	0-5
		CEM III/C	5-19	81-95	-	-	-	-	-	-	-	-	0-5
CEM IV	Puzzolanzement [3]	CEM IV/A	65-89	-	<—— 11-35 ——>					-	-	-	0-5
		CEM IV/B	45-64	-	<—— 36-55 ——>					-	-	-	0-5
CEM V	Kompositzement [3]	CEM V/A	40-64	18-30	-	<—— 18-30 ——>			-	-	-	-	0-5
		CEM V/B	20-38	31-50	-	<—— 31-50 ——>			-	-	-	-	0-5

Bild 3.3: Zusammensetzung der 27 Normalzemente nach DIN EN 197-1 [1]

Die Prüfung der Zementdruckfestigkeit nach Norm wird an einem Mörtel aus einem Teil Zement, drei Teilen CEN-Normsand und einem halben Teil Wasser (Wasser / Zement Verhältnis 0,5) bei 20 °C Lagerungstemperatur durchgeführt.

Bei der Bewertung der Wirkungsweise von Zementen in Bezug auf Frühfestigkeit und Verarbeitungszeit sind weitergehende Untersuchungen unter baupraktischen Gesichtspunkten notwendig. Wesentliche Unterscheidungskriterien der Zemente sind die Zusammensetzung (CEM I bis CEM V) und die Korngrößenverteilung. Insbesondere bei Außenbaustellen im Winter ergeben sich gravierende Unterschiede zwischen dem Einsatz von Portlandzementen und Hüttensandzementen.

Festigkeits-klasse	Druckfestigkeit [MPa] oder [N/mm²]			
	Anfangsfestigkeit		Normfestigkeit	
	2 Tage	7 Tage	28 Tage	
22,5 [1)]	-	-	≥ 22,5	≤ 42,5
32,5 L [2)]	-	≥ 12,0	≥ 32,5	≤ 52,5
32,5 N	-	≥ 16,0		
32,5 R	≥ 10,0	-		
42,5 L [2)]	-	≥ 16,0	≥ 42,5	≤ 62,5
42,5 N	≥ 10,0	-		
42,5 R	≥ 20,0	-		
52,5 L [2)]	≥ 10,0	-	≥ 52,5	-
52,5 N	≥ 20,0	-		
52,5 R	≥ 30,0	-		

[1)] Gilt nur für Sonderzemente VLH nach DIN EN 14216.

[2)] Gilt nur für Hochofenzemente mit niedriger Anfangsfestigkeit nach DIN EN 197-4.

Bild 3.4: Anforderungen an die Druckfestigkeit [1]

Der Gefügeaufbau und die Eigenschaften des Zementsteines werden maßgeblich durch das Verhältnis von Wasser und Zement (w/z Wert) und dem daraus resultierenden Abstand der Zementkörner im Zementleim beeinflusst. Bei einem w/z Wert von 0,4 werden die Zementkörner vollständig aufgelöst, bei geringeren Werten ist der Zwischenraum vollständig ausgefüllt und es verbleibt ein unaufgelöster Zementrest im Zementstein. Bei höheren w/z Werten bleibt nach vollständiger Hydratation noch ein Teil des ursprünglichen Wassers als Kapillarpore zurück.

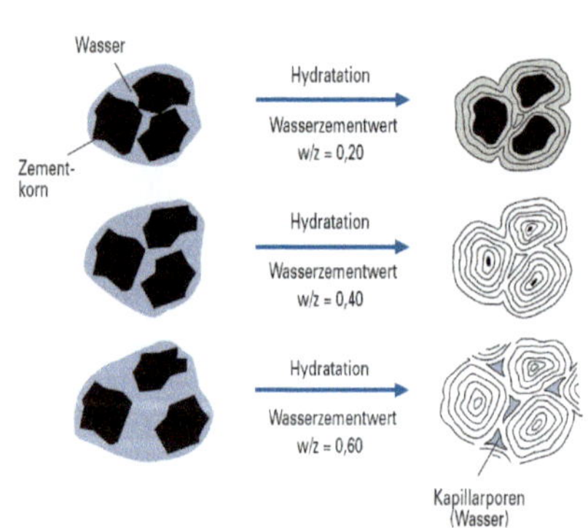

Bild 3.5a: Erhärtung von Zement [2]

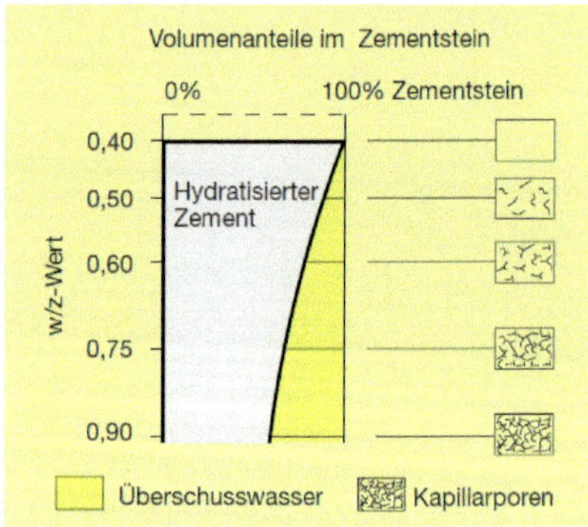

Bild 3.5b: Frisch- und Festbetoneigenschaften [4]

Im nachfolgenden Bild ist die Betondruckfestigkeit nach 28 Tagen in Abhängigkeit des Wasser / Zement Verhältnisses von drei unterschiedlichen Zementdruckfestigkeiten einer Zementsorte dargestellt.

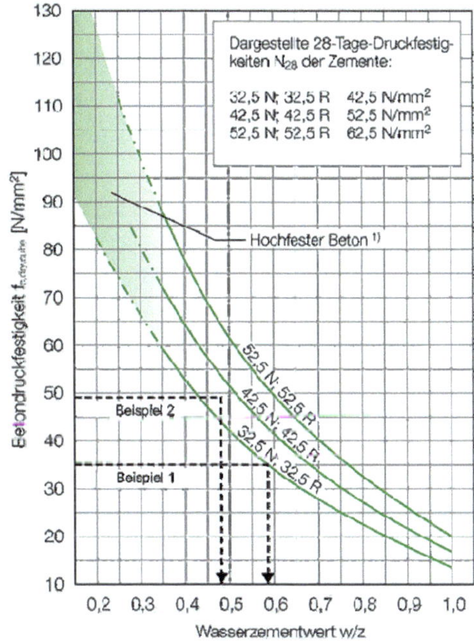

1) Bei hochfestem Beton verliert der Einfluss der Zementnormdruckfestigkeit an Bedeutung.

Bild 3.6: Betondruckfestigkeit in Abhängigkeit vom w/z-Wert und von der Zementdruckfestigkeit [1]

3.2 Prüfungen

Bei der Herstellung von Betonbauwerken ist das Bauunternehmen verpflichtet, geltende Regelwerke und Projektbeschreibungen einzuhalten. Durch regelmäßige Überprüfung und Dokumentation der Leistungen auf der Baustelle ist die Übereinstimmung mit den Anforderungen nachzuweisen.

Die Überprüfung der Betongüte lässt sich in die Produktionskontrolle des Betonherstellers und des Betonverarbeiters unterteilen. Bei der Verwendung von Transportbeton wird der Beton in frischem Zustand durch eine Person oder Stelle geliefert, die nicht der Verwender ist. Transportbeton ist auch vom Verwender außerhalb der Baustelle hergestellter Beton oder auf der Baustelle nicht vom Verwender hergestellter Beton. Transportbeton wird unterschieden in Beton nach Eigenschaften, Beton nach Zusammensetzung und Standartbeton.

Je nach auszuführender Betonierarbeit sind die Anforderungen an den Prüfaufwand und die Zuständigkeit der einzubeziehenden Überwachungsorgane für den Betonverarbeiter geregelt.

Gegenstand	Überwachungsklasse 1	Überwachungsklasse 2 [1]	Überwachungsklasse 3 [1]
Druckfestigkeitsklasse für Normal- und Schwerbeton	≤ C25/30 [2]	≥ C30/37 und ≤ C50/60	≥ C55/67
Druckfestigkeitsklasse für Leichtbeton der Rohdichteklassen D1,0 bis D1,4	nicht anwendbar	≤ LC25/28	≥ LC30/33
D1,6 bis D2,0	≤ LC25/28	LC 30/33 und LC 35/38	≥ LC40/44
Expositionsklasse	X0, XC, XF1	XS, XD, XA, XM [3], XF2, XF3, XF4	–
Besondere Betoneigenschaften	–	– Beton für wasserundurchlässige Baukörper (z. B. Weiße Wannen) [4] – Unterwasserbeton – Beton für hohe Gebrauchstemperaturen T ≤ 250 °C – Strahlenschutzbeton (außerhalb des Kernkraftwerkbaus) – Für besondere Anwendungsfälle (z. B. Verzögerter Beton, Betonbau beim Umgang mit wassergefährdenden Stoffen) sind DAfStb-Richtlinien anzuwenden.	–

[1] Zusätzliche Anforderungen an die Eigenüberwachung nach Abschnitt 2. Überwachung durch eine dafür anerkannte Überwachungsstelle nach Abschnitt 3.
[2] Spannbeton der Festigkeitsklasse C25/30 ist stets Überwachungsklasse 2.
[3] Gilt nicht für übliche Industrieböden.
[4] Beton mit hohem Wassereindringwiderstand darf in die Überwachungsklasse 1 eingeordnet werden, wenn der Baukörper nur zeitweilig aufstauendem Sickerwasser ausgesetzt ist und wenn in der Projektbeschreibung nichts anderes festgelegt ist.

Bild 3.7: Überwachungsklassen für Beton [4]

Aus den Überwachungsklassen ergeben sich folgende Ausführungsstrukturen:

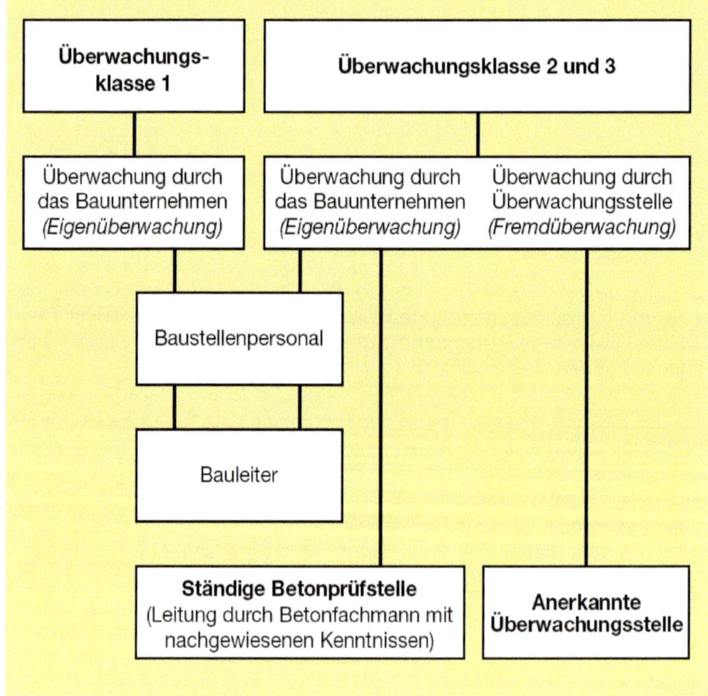

Bild 3.8: Organisation und Verantwortlichkeiten der Überwachung [4]

Für die Ausführung von Betonierarbeiten, die in die Klassen 2 und 3 fallen, erhöht sich der Aufwand durch die Beteiligung einer ständigen Betonprüfstelle oder einer Fremdüberwachung mit entsprechender Dokumentation.

Die für die Baustelle maßgeblichen Prüfungen der Frisch- und Festbetoneigenschaften sind in nachfolgender Tabelle aufgeführt.

Gegenstand	Prüfverfahren	Anforderung	Häufigkeit für Überwachungsklasse		
			1	2	3
Lieferschein	Augenscheinprüfung	Übereinstimmung mit der Festlegung	jedes Lieferfahrzeug		
Konsistenz [1]	Augenscheinprüfung	normales Aussehen, wie festgelegt	Stichprobe	jedes Lieferfahrzeug	
	DIN EN 12350-2, DIN EN 12350-3, **DIN EN 12350-4, DIN EN 12350-5**	wie festgelegt	in Zweifelsfällen	– beim ersten Einbringen jeder Betonzusammensetzung – bei der Herstellung von Probekörpern für die Festigkeitsprüfung – in Zweifelsfällen	
Frischbetonrohdichte von Leicht- und Schwerbeton	DIN EN 12350-6	wie festgelegt	– bei der Herstellung von Probekörpern für die Festigkeitsprüfung – in Zweifelsfällen		
Gleichmäßigkeit des Betons	Augenscheinprüfung	homogenes Erscheinungsbild	Stichprobe	jedes Lieferfahrzeug	
	Vergleich von Eigenschaften	Stichproben müssen die gleichen Eigenschaften aufweisen	in Zweifelsfällen		
Druckfestigkeit	(siehe Abschnitt 1.5)	wie festgelegt, mit den Annahmekriterien (siehe Tafel 4)	in Zweifelsfällen	3 Proben je 300 m³ oder je 3 Betoniertage	3 Proben je 50 m³ oder je Betoniertag
Luftgehalt von Luftporenbeton	DIN EN 12350-7 für Normal- und Schwerbeton sowie ASTM C 173 für Leichtbeton	wie festgelegt	nicht zutreffend	– zu Beginn jedes Betonierabschnitts – in Zweifelsfällen	
andere Eigenschaften	in Übereinstimmung mit Normen und Richtlinien, oder wie vorab vereinbart	–	–	–	–

[1] in Abhängigkeit vom gewählten Prüfverfahren; fett gedruckt: in Deutschland bevorzugte Prüfverfahren

Bild 3.9: Beton nach Eigenschaften, Umfang und Häufigkeit der Prüfungen [4]

Die Konsistenz von Frischbetonen wird in Konsistenzklassen angegeben. Bei steifen Betonen wird überwiegend ein Verdichtungsmaß ermittelt, bei fließfähigen Betonen ist das Ausbreitmaß auf dem Betontisch zu bestimmen. Für das Ausbreitmaß empfohlener Anwendungsbereich nach DIN EN 206-1/DIN 1045-2: > 340 mm und ≤ 620 mm. Bei Ausbreitmaßen über 700 mm ist die DAfStb-Richtlinie „Selbstverdichtender Beton“ zu beachten.

Konsistenzklasse	C0	F1 C1	F2 C2	F3 C3	F4	F5	F6
Ausbreitmaß [cm]	–	≤ 34	35...41	42...48	49...55	56...62	≥ 63
Verdichtungsmaß c [–]	≥ 1,46	1,45...1,26	1,25...1,11	1,10...1,04	-	-	-
Konsistenzbeschreibung	sehr steif	steif	plastisch	weich	sehr weich	fließfähig	sehr fließfähig
Eigenschaften des Feinmörtels	erdfeucht	erdfeucht und etwas nasser	weich	flüssig	sehr flüssig		
Eigenschaften des Frischbetons beim Schütten	lose	lose/schollig	schollig bis zusammen-hängend	schwach flie-ßend	fließend		
Verdichtungsart	kräftig wirkende Rüttler und/oder kräftiges Stamp-fen bei dünner Schüttlage		Rütteln	Rütteln	„Entlüften" durch Stochern oder leichtes Rütteln		

Bild 3.10: Konsistenz der Frischbetonklassen (Klassen F und C) [4]

Die Einteilung der Betone nach DIN 1045-2 löst die bisher verwendeten Betonfestigkeitsklassen der DIN 1045: 1988 ab. Die charakteristische Festigkeit (f_{ck}) wird an Zylindern (20) mit einem Durchmesser von 150 mm und einer Länge von 300 mm nach 28 Tagen in N/mm² bestimmt. Alternativ ist die Prüfung am Würfel (25) mit einer Kantenlänge von 150 mm möglich

alt: DIN 1045:1988	neu: DIN EN 206-1/DIN 1045-2
B 5	C8/10
B 10	C8/10
B 15	C12/15
B 25	C20/25
B 25 (Außenbauteil)	C25/30
B 35	C30/37
B 45	C35/45
B 55	C45/55

Für die Annahme von Ergebnissen der Druckfestigkeitsprüfung werden statistische Berechnungsmodelle eingesetzt.

Anzahl der Einzelwerte	Mittelwert[1] f_{cm} [N/mm²]	Einzelwert[3] f_{ci} [N/mm²]
3 bis 4	$\geq f_{ck} + 1$	$\geq f_{ck} - 4$
5 bis 6	$\geq f_{ck} + 2$	$\geq f_{ck} - 4$
> 6	$\geq f_{ck} + (1{,}65 - 2{,}58/\sqrt{n}) \cdot \sigma^{2)}$	$\geq f_{ck} - 4$

1) Mittelwert von n nicht überlappenden Einzelwerten.

2) Standardabweichung der Stichprobe für $n \geq 35$, wobei gilt: $\sigma \geq 3$ N/mm² für Überwachungsklasse 1 und 2 und $\sigma \geq 5$ N/mm² für Überwachungsklasse 3; bei Stichproben $n < 35$ gilt $\sigma = 4$ N/mm².

3) für ÜK 3: $\geq 0{,}9 \cdot f_{ck}$

Bild 3.11: Annahmekriterien für Ergebnisse der Druckfestigkeitsprüfung [4]

3.3 Beton nach Expositionsklassen

Durch die Leistungsbeschreibung der auszuführenden Arbeiten müssen alle relevanten Anforderungen an die geforderten Betoneigenschaften festgelegt sein. Der Beton kann als Standartbeton, Beton nach Zusammensetzung oder Beton nach Eigenschaften definiert werden.
Für Standardbeton werden durch DIN EN 206-1/DIN 1045-2 exakte Vorgaben für den Anwendungsbereich, die Betonzusammensetzung und die Festlegung gegeben (siehe folgende Tabellen).

Anforderungen an Standardbeton

Anforderungen	Beschränkungen
▪ Normalbeton (bewehrt, unbewehrt) ▪ Expositionsklasse (nur X0, XC1, XC2) ▪ Feuchtigkeitsklasse ▪ Konsistenzbezeichnung ▪ Druckfestigkeitsklasse ≤ C16/20 ▪ Nennwert des Größtkorns der Gesteinskörnung ▪ Festigkeitsentwicklung, falls erforderlich	▪ natürliche Gesteinskörnungen ▪ keine Zusatzmittel ▪ keine Zusatzstoffe ▪ Mindestzementgehalt nach Tabelle 6.4.4.b ▪ Zementart nach Tabelle 6.3.3.a bis 6.3.3.c

Bild 3.12: Anforderungen an Standartbeton [1]

Druckfestigkeitsklasse	Mindestzementgehalt [kg/m³] für Konsistenzbezeichnung		
	steif	plastisch	weich
C8/10	210	230	260
C12/15	270	300	330
C16/20	290	320	360

Bild 3.13: Mindestzementgehalt für Standardbeton mit Größtkorn von 32 mm und Zement der Festigkeitsklasse 32,5 nach DIN EN 197-1 [1]

Der Zementgehalt muss vergrößert werden um
10 % bei Größtkorn des Betonzuschlags von 16 mm
20 % bei Größtkorn des Betonzuschlags von 8 mm.

Der Zementgehalt darf verringert werden um
max. 10 % bei Zement der Festigkeitsklasse 42,5
max. 10 % bei Größtkorn des Betonzuschlags von 63 mm.

Beton nach Zusammensetzung

Bei der Festlegung von Beton nach Zusammensetzung sind dem Betonhersteller die Ausgangsstoffe und die Betonzusammensetzung vorzugeben. Der Hersteller ist nur für die Einhaltung der Zusammensetzung, nicht für Eigenschaften des Betons verantwortlich.

Beton nach Eigenschaften

Die am Häufigsten verwendete Form der Vorgaben in der Leistungsbeschreibung ist die Festlegung von Beton nach Eigenschaften. Die maßgeblichen Eigenschaften des Betons, der Förderung, des Einbringens, der Verdichtung, der Nachbehandlung oder besondere Behandlungsformen sind anzugeben. Der Hersteller ist für die Betonzusammensetzung verantwortlich, um die geforderten Eigenschaften und Anforderungen zu erfüllen.

Grundlegende Festlegungen	Zusätzliche Festlegungen
▪ Übereinstimmung mit DIN EN 206-1/DIN 1045-2 ▪ Zementart und Festigkeitsklasse ▪ Zementgehalt ▪ w/z-Wert oder Konsistenzklasse ▪ Gesteinskörnung: Art, Kategorie, max. Chloridgehalt ▪ Nennwert des Größtkorns der Gesteinskörnung, ggf. Sieblinie ▪ Zusatzmittel, Zusatzstoffe und Fasern: Art, Menge und Herkunft	▪ Herkunft aller Ausgangsstoffe ▪ zusätzliche Anforderungen an die Gesteinskörnungen ▪ Frischbetontemperatur ▪ andere technische Anforderungen

Bild 3.14: Festlegungen für Beton nach Eigenschaften [1]

Ein wesentliches Mittel zur Beschreibung von Betoneigenschaften ist die Einführung von Expositionsklassen in der DIN1045 aus dem Jahr 2005.

Expositionsklassen bezeichnen die Einordnung der chemischen und physikalischen Umgebungsbedingungen, denen der Beton ausgesetzt werden kann und die auf den Beton, die Bewehrung oder metallische Einbauteile einwirken können und nicht als Lastannahmen in die Tragwerksplanung eingehen. Auf der Basis einer vorgesehenen Nutzungsdauer von mindestens 50 Jahren unter üblichen Instandhaltungsbedingungen sind in der Norm Grenzwerte für die Betonzusammensetzung festgelegt.

Folgende Bereiche sind für die Zusammensetzung geregelt:

- zulässige Arten und Klassen von Ausgangsstoffen
- höchstzulässiger Wasserzementwert
- Mindestzementgehalt

- Mindestdruckfestigkeitsklasse des Betons
- Mindestluftgehalt des Betons (falls erforderlich)

Der Nachweis der Dauerhaftigkeit für die beabsichtigte Verwendung in Abhängigkeit von den Umgebungsbedingungen gilt als erfolgt, wenn der Beton mit den Vorgaben übereinstimmt. Folgende Vorraussetzungen werden gemacht:

- Auswahl der geeigneten Expositionsklassen
- Mindestbetondeckung der Bewehrung
- Einbau, Verdichtung und Nachbehandelt nach DIN 1045-3
- Durchführung einer angemessenen Instandhaltung

Die Expositionsklassen lassen sich in folgende Bereiche einteilen:

Einwirkung auf die Bewehrung

- XC (Carbonation) Karbonatisierung
- XD (Deicing) Chlorideinwirkung aus Taumitteln
- XS (Seawater) Chlorideinwirkung aus Meerwasser bzw. salzhaltiger Seeluft

Einwirkung auf den Baustoff Beton

- XF (Freezing) Frost mit / ohne Taumitteleinwirkung
- XA (Chemical Attack) chemische Angriffe
- XM (Mechanical Abrasion) Verschleiß

Der Beton kann mehr als einer Einwirkung ausgesetzt sein. Auch die unterschiedlichen Oberflächen eines Bauteiles können verschiedenen Umgebungsbedingungen ausgesetzt sein. Die Betoneigenschaften müssen dann als Kombination von Expositionsklassen angegeben werden.

Aus der Zuordnung eines Bauteiles in eine Expositionsklasse ergeben sich aus der Norm Grenzwerte für die Betonzusammensetzung. Die höchsten Einzelanforderungen gelten als Mindestanforderungen an den entsprechenden Beton. Insbesondere Angaben zu maximalem Wasser/Zement-Wert, Mindestdruckfestigkeitsklasse und Mindestzementgehalt sind vorgegeben. Je nach Expositionsklasse sind weitere Angaben wie zum Beispiel Mindestluftporengehalt oder Anforderung an die Gesteinskörnung möglich.

Beispiele für mögliche Umgebungsbedingungen für unterschiedliche Anwendungen sind in nachfolgenden Grafiken dargestellt:

Wohnungsbau

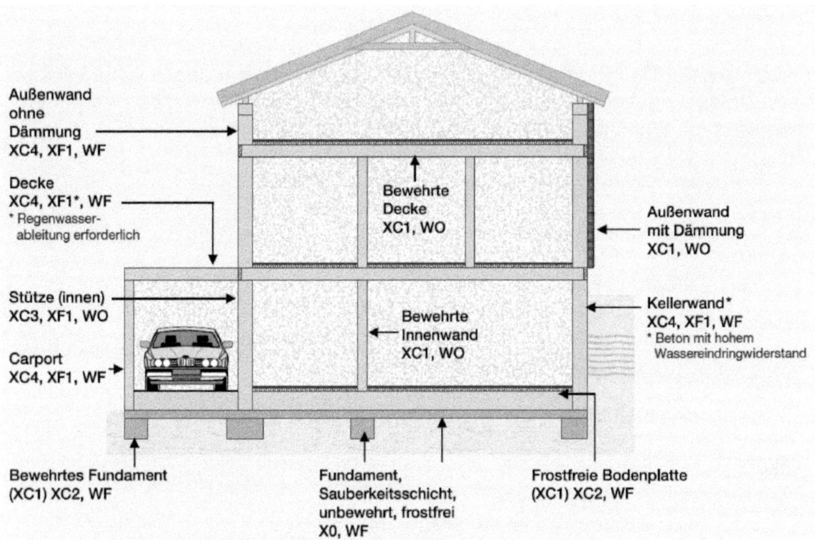

Bild 3.15: Beispiel zur Anwendung der Expositionsklasse [1]

Industrie- und Verwaltungsbau

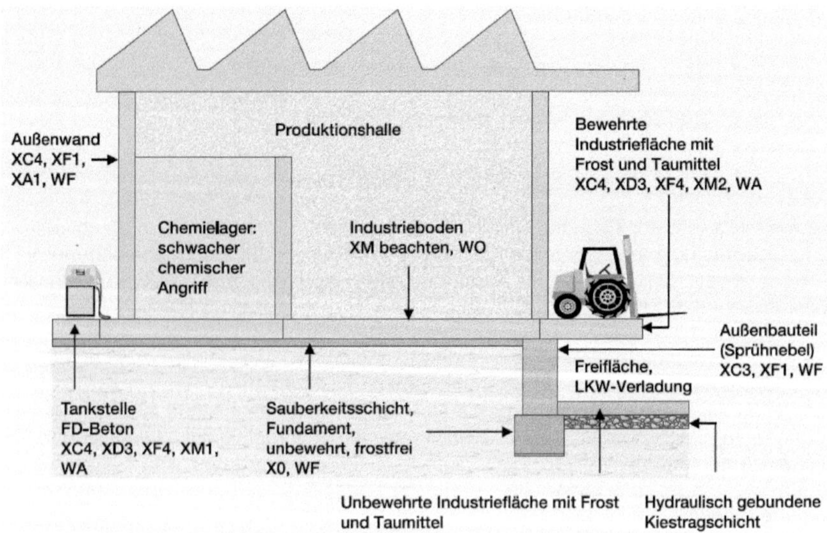

Bild 3.16: Beispiel zur Anwendung der Expositionsklasse [1]

Ingenieurbau

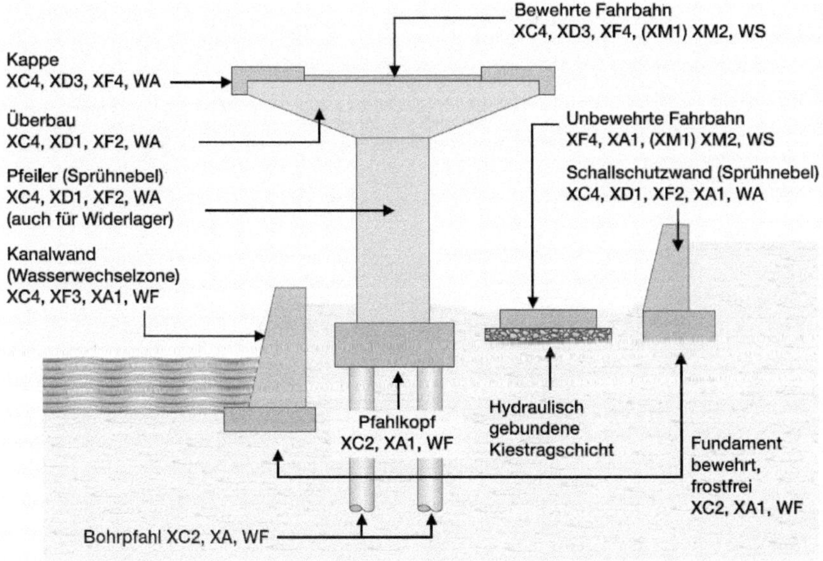

Bild 3.17: Beispiel zur Anwendung der Expositionsklasse [1]

Besonders für den chemischen Angriff XA durch natürliche Böden und Grundwasser auf Betonbauteile sind Grenzwerte und Untersuchungsmethoden für die Festlegung der Expositionsklasse geregelt.

Die folgende Klasseneinteilung chemisch angreifender Umgebungen gilt für natürliche Böden und Grundwasser mit einer Wasser-/Boden-Temperatur zwischen 5 °C und 25 °C und einer Fließgeschwindigkeit des Wassers, die klein genug ist, um näherungsweise hydrostatische Bedingungen anzunehmen. ANMERKUNG Hinsichtlich Vorkommen und Wirkungsweise von chemisch angreifenden Böden und Grundwasser siehe DIN 4030-1. Der schärfste Wert für jedes einzelne chemische Merkmal bestimmt die Klasse. Wenn zwei oder mehrere angreifende Merkmale zu derselben Klasse führen, muss die Umgebung der nächsthöheren Klasse zugeordnet werden, sofern nicht in einer speziellen Studie für diesen Fall nachgewiesen wird, dass dies nicht erforderlich ist. Auf eine spezielle Studie kann verzichtet werden, wenn keiner der Werte im oberen Viertel (bei pH im unteren Viertel) liegt.				
Chemisches Merkmal	Referenz-prüfverfahren	XA1	XA2	XA3
Grundwasser				
SO_4^{2-} mg/l	DIN EN 196-2	≥ 200 und ≤ 600	> 600 und ≤ 3000	> 3000 und ≤ 6000
pH-Wert	ISO 4316	≤ 6,5 und ≥ 5,5	< 5,5 und ≥ 4,5	< 4,5 und ≥ 4,0
CO_2 mg/l angreifend	DIN 4030-2	≥ 15 und ≤ 40	> 40 und ≤ 100	> 100 bis zur Sättigung
NH_4^+ mg/l [d]	ISO 7150-1 oder ISO 7150-2	≥ 15 und ≤ 30	> 30 und ≤ 60	> 60 und ≤ 100
Mg^{2+} mg/l	ISO 7980	≥ 300 und ≤ 1000	> 1000 und ≤ 3000	> 3000 bis zur Sättigung
Boden				
SO_4^{2-} mg/kg [a] insgesamt	DIN EN 196-2 [b]	≥ 2000 und ≤ 3000 [c]	> 3000 [c] und ≤ 12 000	> 12 000 und ≤ 24 000
Säuregrad	DIN 4030-2	> 200 Bauman-Gully	in der Praxis nicht anzutreffen	
[a] Tonböden mit einer Durchlässigkeit von weniger als 10^{-5} m/s dürfen in eine niedrigere Klasse eingestuft werden. [b] Das Prüfverfahren beschreibt die Auslaugung von SO_4^{2-} durch Salzsäure; Wasserauslaugung darf stattdessen angewandt werden, wenn am Ort der Verwendung des Betons Erfahrung hierfür vorhanden ist. [c] Falls die Gefahr der Anhäufung von Sulfationen im Beton – zurückzuführen auf wechselndes Trocknen und Durchfeuchten oder kapillares Saugen – besteht, ist der Grenzwert von 3000 mg/kg auf 2000 mg/kg zu vermindern. [d] Gülle kann, unabhängig vom NH_4^+-Gehalt, in die Expositionsklasse XA1 eingeordnet werden.				

Bild 3.18: Grenzwerte für die Expositionsklassen bei chemischem Angriff durch natürliche Böden und Grundwasser [3]

3.4 Sonderbetone

Betone mit besonderen Eigenschaften sind für eine Vielzahl von Anwendungen im Spezialtiefbau im Einsatz. Zum Teil sind Eigenschaften und Prüfparameter in Merkblättern, Fachberichten oder Richtlinien geregelt, ansonsten sind genaue Definitionen zwischen Auftraggeber und Auftragnehmer zu vereinbaren.

Im Betonbau hat besonders die Verwendung von fließfähigen und leicht verdichtbaren Betonen zugenommen. Durch die Zugabe von Fließmitteln und die Verwendung von feinkörnigen Sieblinien mit erhöhten Mehlkorngehalten können Betonrezepturen für lange Pumpwege und schwierige Schalungsgeometrien optimiert werden.

Der Fließfähige Beton (F5)
Ausbreitmaß: 560 - 620 mm
Leicht verarbeitbarere Betone für den universellen Einsatz:

- Wohnungsbau
- Bodenplatten
- Geschossdecken
- Industrieböden

Der Sehr Fließfähige Beton (F6)
Ausbreitmaß: 630 - 700 mm
Leicht verarbeitbarere Betone für besondere Anforderungen:

- Industriebau
- Bodenplatten
- Konstruktiver Hoch- und Tiefbau
- Wasserundurchlässige Betonbauwerke (Weiße Wannen)

Der SelbstVerdichtende Beton
Ausbreitmaß: ≥ 700 mm
Nach SVB-Richtlinie:

- Schwer zugängliche Einbaustellen
- Schwierig verdichtbare Bauteile
- Hoher Bewehrungsgrad
- Geräuschsensible Innenstadtbaustellen
- Perfekte Sichtbetonoberflächen und Kanten
- Kann ohne mechanische Hilfe in den letzten Winkel der Schalung fließen

Bild 3.19: Betonvarianten nach Fließfähigkeit und Verdichtungsaufwand [1]

Bei Betonen mit Fließmaßen von F5 und F6 nach DIN 1045, bei denen zum Verdichten nur sehr geringe Rüttelenergie eingesetzt werden muss, handelt es sich um leicht verdichtende Betone (LVB). Ein Übermaß an Verdichtungsenergie kann hierbei bereits leicht zu Sedimentation der Zuschläge führen. Da meist hochwirksame Fließmittel verwendet werden, ist die Wirkungsweise unter Baustellenbedingung auf die Festigkeitsentwicklung und den resultierenden Schalungsdruck zu prüfen. Die Einhaltung des Wasser/Zementwertes ist von besonderer Bedeutung, da der Wirkungsbereich der Zusatzmittel eng begrenzt ist.

Selbstverdichtender Beton (SVB) mit einer weicheren Konsistenz als F6 entlüftet selbstständig. Er weist ein extrem gutes Fließverhalten auf und fließt von selbst fast bis zum Niveauausgleich durch die Wirkung der Schwerkraft. Schwierige Schalungsgeometrien sind durch die guten Fließeigenschaften möglich. Nach dem Ausschalen ist eine nahezu porenfreie Betonoberfläche zu sehen. Diese Betone weisen in ihrer Zusammensetzung einen höheren Mehlkorngehalt auf, als den maximalen Grenzwert der DIN 1045. Umgang und Prüfungen von SVB sind in der DIN EN 206-9 mit Anwendungsrichtlinie „Selbstverdichtender Beton" des Deutschen Ausschuss für Stahlbeton geregelt.

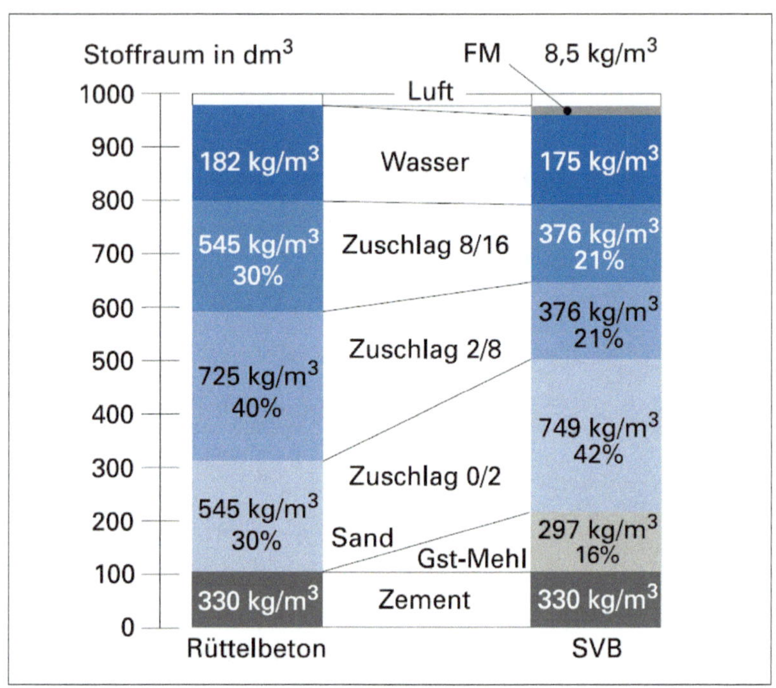

Bild 3.20: Stoffraumanteile eines Rüttelbetons und SVB bei w/z = 0,55 [2]

Durch erhöhte Fließfähigkeit und Sedimentationsstabilität können geringe Schalungsquerschnitte und hohe Bewehrungsgrade realisiert werden.

Bild 3.21: Fließeigenschaften von SVB im Vergleich zu Rüttelbeton (unverdichtet) [4]

Die Verwendung von SVB setzt eine besondere Erfahrung mit dem Umgang von Betonen voraus. Neben speziellen Prüfverfahren ist besonders das Handling auf der Baustelle mit Sorgfalt zu planen.

Bild 3.22: Setzfließmaß mit Blockierring eines SVB (rd. 700 mm) [2]

Neben klassischen Betonen existieren eine Vielzahl von normfreien Anwendungen, die auf spezielle Bauverfahren abgestimmt sind und den Parametern der DIN 1045 nicht unterliegen. Als Beispiel ist der Ringspaltmörtel beim Verpressen von Betontübbingen im maschinellen Tunnelvortrieb anzusehen.

Die Verwendung von Schildmaschinen hat sich besonders beim Bau von innerstädtischen Verkehrstunneln gegenüber dem Bau in offenen Baugruben durchgesetzt. Von einzelnen Schächten aus bohrt sich das Schneidrad durch den Boden. Im Schutz des Metallschildes werden vorgefertigte Betonelemente zu einem Ring zusammengesetzt und an die bisherigen Ringe montiert. Der Raum zwischen Schild und fertig montiertem Ring wird mit einem speziell zusammengesetzten Ringspaltmörtel ausgepresst, um den Kraftschluss zwischen Tunnelaußenschale und umgebenden Boden herzustellen. Die Schildmaschine bewegt sich vorwärts, indem sie sich mittels Hydraulikzylindern an dem zuletzt eingebauten Tunnelring abdrückt.

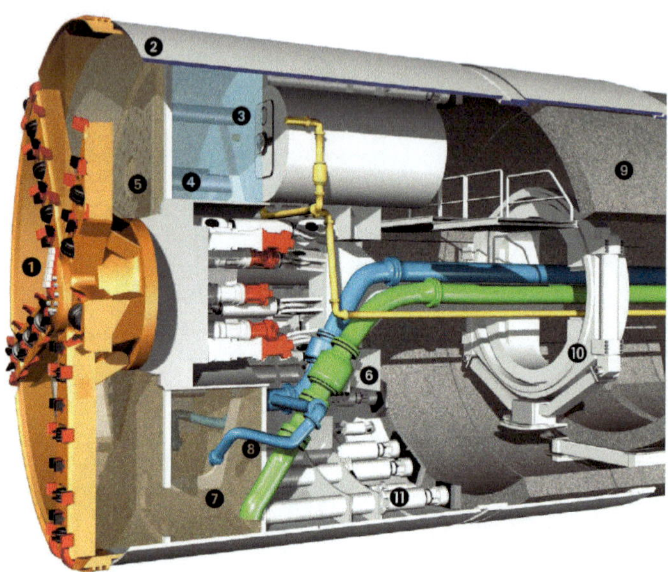

Schildmaschine im Querschnitt

Der Blick ins Innere

Hinter einem Schneidrad ❶ mit Schälmessern und Rollenmeißeln befindet sich eine Stahlröhre, der Schildmantel ❷, in dessen Schutz der Tunnel aufgefahren wird.
Damit der Boden vor dem Schild (die sogenannte Ortsbrust) stabil bleibt, wird der gesamte Raum vor der Druckwand ❸ mit einer Stützflüssigkeit (Bentonit-Suspension) gefüllt und ein Druckluftpolster ❹ in der Abbaukammer zwischen Druckwand und Tauchwand ❺ erzeugt.
Zusammen mit der Suspension wird der gelöste Boden durch eine Förderleitung ❻ herausgepumpt. Größere Steinbrocken zerkleinert ein Steinbrecher ❼. Außerhalb des Tunnels werden Erde und Suspension in einer Separieranlage getrennt und die gereinigte Bentonit-Suspension anschließend durch die Speiseleitung ❽ der Maschine wieder zugeführt.
Im Schutz des Schildmantels werden Tübbinge ❾, d. h. Fertigteile aus Stahlbeton, mit einem Tübbingerektor ❿ eingesetzt. Jeweils sieben Tübbinge und ein Schlussstein ergeben bei dem Tunneldurchmesser im südlichen Baulos einen Ring. Im Baubereich Nord sind es je sechs Tübbinge und ein Schlussstein. Der Hohlraum zwischen Tübbingring und dem Erdreich auf der Außenseite wird kontinuierlich mit Mörtel ausgefüllt.
Die Maschine bewegt sich vorwärts, indem sie sich mit hydraulischen Pressen ⓫ an dem zuletzt gefertigten Tunnelring abdrückt.

Die Schilde im Los Süd haben einen Durchmesser von 8,40 Meter, der Schild im Los Nord hat einen Durchmesser von 6,80 Meter.

Bild 3.23: Tunnelvortriebsmaschine Stadtbahn Köln [5]

Da beim Tunnelvortrieb alle verwendeten Materialien durch den bereits erstellten Tunnel mittels Lokomotive transportiert werden müssen, wird der Tübbingmörtel außerhalb des Tunnels angemischt, in einem Kübel zum Vorratsbehälter auf der Schildmaschine gefahren, und dort im Rührbehälter für die kontinuierliche Verpressung beim Vortrieb bereitgestellt. Eine möglichst lange Verarbeitungszeit von mindestens 6 Stunden ist anzusetzen. Da die Schildmaschine sich kontinuierlich vorwärts bewegt, werden die verpressten Tübbinge im Regelfall nach zwei bis drei Stunden mit dem Gewicht des Nachläufers der Tunnelmaschine belastet. Um die Last an den umgebenden Boden abzuleiten, ist mindestens eine standsichere Bodenfestigkeit sicherzustellen. In Deutschland wird durch das Auspressen des Anmachwassers beim Einbau des Mörtels eine möglichst schnelle Verfestigung des Korngerüstes erreicht. Die Zementerhärtung setzt erst nach der Belastung ein und sichert die Erosionsbeständigkeit der Stabilisierung.

Anhand von Auspressversuchen lassen sich Zusammensetzungen für unterschiedliche Bodenverhältnisse untersuchen. Nach beendigter Verpressung können bodenmechanische Kennwerte am Verpresskörper bestimmt werden.

Bild 3.24a: Tübbingmörtelprüfung

Bild 3.24b: Probekörper nach Verpressung

Für kürzere Tunnelvortriebe kann auf den Transport des Tübbingmörtels per Behälter verzichtet werden. Projekte mit Pumplängen bis 500 Metern vom Schacht bis zum Vorratsbehälter auf der Tunnelmaschine konnten bereits realisiert werden.

3.5 Anwendungsprobleme

Bei der Planung und Ausführung von Betonierarbeiten kann es aus unterschiedlichen Gründen zu Abweichungen der Betongüte oder der kalkulierten Kosten kommen. Nachstehend sind einige Beispiele und Anmerkungen zu problematischen Anwendungsbereichen aufgeführt, die keinen Anspruch auf Vollständigkeit erheben.

Bereits bei der kalkulierten Einbauleistung auf der Baustelle können erste Probleme auftreten. Die nachfolgend aufgeführten Förderleistungen geben eine Bandbreite der möglichen Maschinenleistung an. Insbesondere bei hohen Fördermengen sind Logistik und Bevorratung auf der Baustelle meist unterdimensioniert. Transportbetonfahrzeuge mit Rührwerk sollten 90 Minuten nach der ersten Wasserzugabe entladen sein. Für Fahrzeuge ohne Mischer oder Rührwerk (Beton mit steifer Konsistenz) verkürzt sich diese Zeit auf 45 Minuten. Beschleunigtes oder verzögertes Erstarren infolge von Witterungseinflüssen ist zu berücksichtigen.

Förderart		Förderleistung in m³/h
Kübel	Kran	5 bis 15
	Kabelbahn	50 bis 100
Pumpe	Dichtstrom	40 bis 100
Spritzmaschine	Dünnstrom	2 bis 10
Förderband		20 bis 60
Rutsche		10 bis 60

Bild 3.25: Leistungsvergleich verschiedener Förderarten [2]

Bei der korrekten Dimensionierung von Betonpumpen ergibt sich aus Fördermenge, Förderleitungsquerschnitt, Ausbreitmaß und Förderlänge der notwendige Druck auf der Betonseite der Pumpe. Insbesondere bei gebrauchten Pumpen ist eine Druckprobe vor Beginn der Arbeiten zu empfehlen.

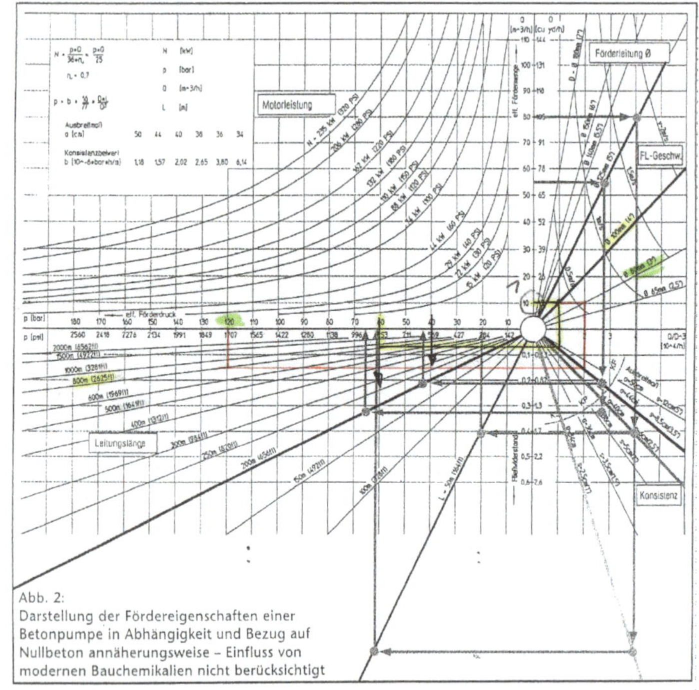

Abb. 2:
Darstellung der Fördereigenschaften einer Betonpumpe in Abhängigkeit und Bezug auf Nullbeton annäherungsweise – Einfluss von modernen Bauchemikalien nicht berücksichtigt

Bild 3.26: Nomogramm einer Betonpumpe [7]

Verdichten

Das Verdichten ist neben der Nachbehandlung maßgeblich für die geplanten Festbetoneigenschaften. Das Verdichten sollte nur von qualifiziertem Personal durchgeführt werden, da besonders bei fließfähigen Betonen ein Übermaß an Verdichtungsenergie zu Sedimentation der Zuschläge und zu Zementleimabsonderung führt. Bei hoher Bewehrungsdichte oder schwieriger Schalungsgeometrie kann es zu Fehlstellen mit nicht ausreichender Betondeckung kommen.

Bild 3.27: Schadensbild Blockfuge [6] *Bild 3.28:* Schadensbild Firstbetonage [6]

Das Verdichtungsverfahren ist an die Baustellengegebenheiten anzupassen.

- Steifer Beton: Oberflächenrüttler, Stampfer, Schalungsrüttler
- Plastischer Beton: Innenrüttler, Schalungsrüttler, Schocken
- Weicher Beton: Innenrüttler, Schalungsrüttler, Schalungsklopfer
- Fließbeton: leichtes Rütteln, Stochern

Nachbehandeln

Der eingebaute Beton ist solange gegen schädigende Einflüsse, z. B. Austrocknen und starkes Abkühlen, zu schützen, bis eine ausreichende Festigkeit erreicht ist. Besonders hohe Windgeschwindigkeiten, große Betonflächen oder hohe Außentemperaturen begünstigen das Austrocknen der Betonoberfläche.

Verfahren gegen Austrocknung sind:

Abdecken mit Folien, die an Kanten und Stößen gesichert sind

Belassen in der Schalung

Auflegen von wasserspeichernden Abdeckungen, die feucht gehalten werden

Aufsprühen von zugelassenen Nachbehandlungsmitteln (unzulässig in Arbeitsfugen)

Die Nachbehandlungsdauer ist abhängig von der Festigkeitsendwicklung des Betons unter Baustellenbedingungen. Durch geeignete Auswahl der Zementsorte und Anpassung der Betonrezeptur kann auf unterschiedliche Witterungsbedingungen reagiert werden.

Festigkeitsentwicklung des Betons[1)]				
$r = f_{cm2}/f_{cm28}$ [2)]	$r \geq 0{,}50$	$r \geq 0{,}30$	$r \geq 0{,}15$	$r < 0{,}15$
Oberflächentemperatur ϑ in °C	Mindestdauer der Nachbehandlung in Tagen[3)]			
$\vartheta \geq 25$	1	2	2	3
$25 > \vartheta \geq 15$	1	2	4	5
$15 > \vartheta \geq 10$	2	4	7	10
$10 > \vartheta \geq 5$ [4)]	3	6	10	15

1) Die Festigkeitsentwicklung beschreibt das Verhältnis der Mittelwerte der Druckfestigkeit nach 2 und 28 Tagen (aus Erstprüfung oder Betone vergleichbarer Zusammensetzung).
2) Lineare Interpolation zwischen den r-Werten ist zulässig.
3) Bei mehr als 5 h Verarbeitungszeit ist die Nachbehandlungsdauer angemessen zu verlängern.
4) Bei Temperaturen unter 5 °C ist die Nachbehandlungsdauer um die Zeit zu verlängern, in der die Temperatur Werte unter 5 °C aufweist.

Bild 3.29: Mindestdauer der Nachbehandlung nach DIN 1045-3 außer X0, XC1 und XM [2]

In nachfolgende Tabelle sind Maßnahmen bei unterschiedlichen Außentemperaturen aufgeführt:

Art	Maßnahmen	Außentemperatur in °C unter −3	−3 bis +5	5 bis 10	10 bis 25	über 25
Folie/Nachbehandlungsfilm/ggf. zusätzlich Wasser	Abdecken bzw. Nachbehandlungsfilm aufsprühen und benetzen; Holzschalung nässen; Stahlschalung vor Sonnenstrahlung schützen					x
	Abdecken bzw. Nachbehandlungsfilm aufsprühen			x	x	
	Abdecken bzw. Nachbehandlungsfilm aufsprühen und Wärmedämmung: Verwendung wärmedämmender Schalung – z. B. Holz – sinnvoll		x[1)]			
	Abdecken und Wärmedämmung: Umschließen des Arbeitsplatzes (Zelt) oder Beheizung (z. B. Heizstrahler); zusätzlich Betontemperaturen wenigstens 3 Tage lang auf +10 °C halten	x[1)]				
Wasser	durch Benetzen ohne Unterbrechung feuchthalten				x	

[1)] Nachbehandlungsdauer um die Zeit mit Temperaturen unter +5°C verlängern; Betonoberfläche mindestens 7 Tage vor Niederschlägen schützen.

Bild 3.30: Nachbehandlungsmaßnahmen in Abhängigkeit der Temperatur [2]

Bei der Entstehung von Rissen gibt folgende Matrix eine Übersicht über mögliche Ursachen.

Zeile	Risse können entstehen durch	Merkmale der Rissbildung	Zeitpunkt des Entstehens von Rissen	Beeinflussung der Rissbildung ist möglich durch
1	Setzen des Frischbetons	Längsrisse über der oberen Bewehrung: Rissbreite u.U. mehrere Millimeter; Risstiefe i.a. gering, in ungünstigen Fällen mehrere cm	innerhalb der ersten Stunden nach dem Betonieren, solange der Beton noch plastisch verformbar ist	Betonzusammensetzung (Wassergehalt, Sieblinie), Verarbeitung des Betons, Nachverdichtung
2	Frühschwinden (Plastisches Schwinden)	Oberflächenrisse, vor allem bei flächigen Bauteilen; oft ohne ausgeprägte Richtung: Rissbreite u.U. größer als 1 mm; Risstiefe gering	wie Zeile 1	Vermeidung raschen Austrocknens durch Vorkehrungen gegen raschen Feuchtigkeitsverlust (verursacht durch geringe relative Luftfeuchtigkeit), Wind, Sonneneinstrahlung und/oder hohe Temperaturen. Sonst wie in Zeile 1
3	Abfließen der Hydratationswärme	Oberflächenrisse, Trennrisse, Biegerisse; Rissbreite u.U. über 1 mm	innerhalb der ersten Tage nach dem Betonieren	Betonzusammensetzung, Art, Zusammensetzung und Festigkeitsklasse des Bindemittels, eventuell Kühlung (bei massigen Bauteilen); Nachbehandlung, Bewehrung (Menge, Anordnung), Wahl der Betonierabschnitte (Fugen)
4	Schwinden (Trocknungsschwinden)	wie Zeile 3	einige Wochen bis Monate nach dem Betonieren	Betonzusammensetzung, Bewehrung, relative Luftfeuchte; Vakuumbehandlung; Anordnung von Fugen
5	Äußere Temperatureinwirkungen	Biege- und Trennrisse, Rissbreite u.U. über 1 mm, u.U. auch Oberflächenrisse	jederzeit während der gesamten Lebensdauer des Bauwerks, wenn Temperaturänderungen auftreten	Bewehrung, Betonzusammensetzung, Vorspannung, Anordnung von Fugen
6	Änderung der Auflagerbedingungen (z.B. durch Setzungen, Lagerverformungen)	Biege- und Trennrisse, Rissbreite u.U. über 1 mm	jederzeit bei Änderung der Auflagerbedingungen	Statisches System (Steifigkeitsverhältnisse), sonst wie Zeile 5
7	Eigenspannungszustände (z.B. infolge von Verformungsbehinderungen, Schnittgrößenumlagerungen, nichtlineares Tragwerksverhalten)	je nach Ursache unterschiedlich	jederzeit bei Auftreten der Riss verursachenden Dehnungen	zweckmäßige Wahl und Anordnung der Bewehrung
8	Äußere (direkte) Lasten	Haar-, Biege- oder Trennrisse, Schubrisse	jederzeit während der Nutzung	zweckmäßige Wahl und Anordnung der Bewehrung
9	Frost	Vorwiegend Risse längs der Bewehrung und/oder Absprengungen im Bereich wassergefüllter Hohlräume	jederzeit bei Frost	Vermeidung wassergefüllter Hohlräume
10	Korrosion der Bewehrung	Risse entlang der Bewehrung und an Bauteilecken, Absprengungen	nach mehreren Jahren	Dicke und Qualität der Betondeckung

Bild 3.31: Rissursachen [4]

3.6 Literatur

[1] HeidelbergCement AG.: Betontechnische Daten; www.betontechnischedaten.de

[2] VDZ Verein Deutscher Zementwerke e. V.: Kompendium Zement und Beton www.VDZ-Online.de

[3] DIN Deutsches Institut für Normung e. V.: DIN Fachbericht 100 Beton

[4] Bauberatung Zement: Zement-Merkblatt www.beton.org

[5] Kölner Verkehrs-Betriebe AG, Scheidtweilerstraße 38, 50933 Köln

[6] TBG Tunnelbaufachtagung Hennef 2007, SVB im Tunnelbau, Dr. Ing. F. Dehn

[7] Tiefbau 4/2005, Jürgen Kronenberg: Warum brauchen Autobetonpumpen 85 bar

4 Grundwasserabsenkungsanlagen – Methodik und Herstellung

P. Müller

Wasser, insbesondere Grundwasser, erfordert einen erhöhten Anspruch auf Planung und Durchführung von Maßnahmen im Erd- und Grundbau. Die wesentlichen Entscheidungshilfen für eine erfolgreiche Planung und Ausführung liegen in der Sorgfalt der Vorerkundung. Korrekturen bzw. Optimierungen während des Betriebes sind in gewissem Maße natürlich bis zu einem bestimmten Grad technisch immer möglich. Peinlich und teuer wird es immer dann, wenn sich aufgrund einer ungenügenden Vorerkundung das gesamte Konzept ändert. Randbedingungen wie Einleitgebühren, Kapazitäten des Vorfluters, Energiebedarf, Einfluss auf das Umfeld, etc. können unter Umständen dann sogar zum Scheitern der Projektierung führen.

Die mathematisch technischen Grundlagen zur Ermittlung des Umfanges einer Grundwasserabsenkung liefern neben den geometrischen Erfordernissen aus der Bauaufgabe und den bodenspezifischen Kennwerten die entsprechenden empirischen Brunnen- und Absenkungsformeln welche zu Beginn bis Mitte des 20. Jahrhunderts entwickelt wurden. Sie sind umfassend in der Literatur dargestellt und werden hier nur unter Bezugnahme dargestellt. Zu erwähnen ist hier, dass es sich bei den mathematischen Betrachtungen in der Regel um eine homogene Betrachtungsweise des Untergrundes handelt. Dass dieser in der Praxis so nur im Idealzustand vorliegt ist offensichtlich.

4.1 Hydrogeologische Vorerkundung

Der Schlüssel zum Erfolg einer Absenkungsmaßnahme liegt in der Sorgfalt und Präzision der Vorerkundung. Bei den meisten Bauvorhaben im Allgemeinen Hoch- und Ingenieurbau wird zur Beschreibung des Baugrundes ein Baugrundgutachten erstellt und vorgelegt. Dies beinhaltet neben den gründungstechnischen und bodenmechanischen Informationen, meist sehr spärlich und oberflächlich, Angaben zur Hydrogeologie. Das sind in der Regel Angaben zu den Grundwasserständen während der Erkundung zuzüglich historischer Recherche und wie auch immer ermittelte Angaben zur Durchlässigkeit.

Und mit diesen Angaben startet man dann in aller Regel die Planung.

Beachtet man jedoch das Regelwerk des DVGW so ist bezüglich der Probenahme folgendes zu lesen und beachten: (Dipl.-Ing. M.Tholen, Rostrup)

„Es gibt keine repräsentative Probe eines kompletten Grundwasserleiters, ein Grundwasserleiter ist nicht mit einer Probe zu beschreiben."

Insofern ergeht die Empfehlung mehrere Proben aus einem Grundwasserleiter zu untersuchen und auf jeden Fall weitere Untersuchungen bei optisch erkennbaren Veränderungen in der Ansprache zu tätigen. Bezüglich der unverfälschten Erkundung der Bodenstruktur ist auf jedem Fall die Probeentnahmetechnik zu beachten.

Bohrverfahren, Entnahmewerkzeug, Spülungseinsatz, Probeentnahmeverfahren und Probenauswahl sind Parameter einer geglückten Erkundung.

Zur Auswertung der Proben, sprich Sieblinienermittlung empfiehlt der DVGW:

Zur Ermittlung der Sieblinie ist eine getrocknete Bodenprobe von min ca. 1000-2000g notwendig. Sollten Körner größer 20mm, also Grobkies und gröber enthalten sein, werden diese vorher entfernt. Anmerkung: Bei reinem Grobkies, Geröll und Steinen wird über eine Grundwasserabsenkung sowieso nicht mehr nachgedacht. An dieser Stelle wird vorausgesetzt, dass das Erstellen einer Sieblinie bekannt ist. Ergebnis ist eine Kornverteilungskurve welche in S-förmig geschwungener Weise oben rechts bei 100% und unten links bei 0% endet.

Die wesentlichste Bedeutung für das Ergebnis der Berechnungen kommt hierbei der Bestimmung der Durchlässigkeit bzw. des Durchlässigkeitsbeiwertes (k_f in m/s) zu. Sie wird wesentlich von der Korngrößenverteilung des jeweils durchströmten Bodens und gängiger weise gemäß empirischer Verfahren (HAZEN/BEYER) über die Sieblinie bestimmt. Eine Ermittlung in situ mittels Pumpversuch bildet die sicherste und aussagekräftigste Abbildung der Verhältnisse, wird aber nahezu immer eingespart. Insofern ist die vorher beschriebene Sorgfalt bei der Erkundungsmaßnahme von entscheidender Bedeutung. Von der physikalischen Bedeutung ist die Einheit des Durchlässigkeitsbeiwertes eine Geschwindigkeit, d.h. es beschreibt die Bewegung des Wassers im Boden und wird, vereinfacht dargestellt, multipliziert mit einer Fläche zu einem Volumenstrom.

Die Fehleinschätzung dieses Wertes um eine oder gar mehrere Potenzen bedingt eine Verschiebung des Volumenstromes in linearer Abhängigkeit.

Beispielhaft für diesen Zusammenhang sei nachfolgend dargestellt welchen Stellenwert eine präzise Probenauswertung für die Bestimmung des Durchlässigkeitsbeiwertes haben kann. Geringfügige Verschiebungen der Probenzusammensetzung bedingen eine enorme Veränderung der Durchlässigkeit. (Bild 4.1)

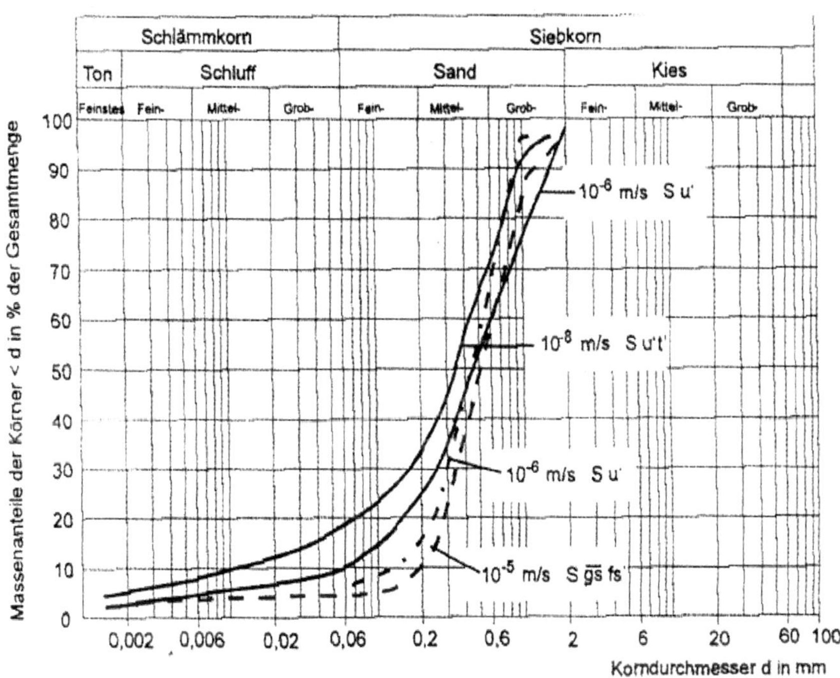

Bild 4.1: Beispiel Korrelation Siebanalyse – Durchlässigkeitsbeiwert

Eine weitere Größe wird durch den Durchlässigkeitsbeiwert in Abhängigkeit von der geometrisch erforderlichen Absenkung s [m] maßgeblich bestimmt – die Reichweite R. Durch den Betrieb einer Grundwasserabsenkung entsteht ein sog. Absenktrichter. Die Spiegellinie der Wasseroberfläche beschreibt eine asymptotisch vom Ruhewasserspiegel ausgehende Kurve welche sich zum Tiefpunkt an der Grundwasserentnahmestelle neigt. Bei der Ermittlung der im Rahmen der Grundwasserhaltung zu fördernden Wassermenge ist die Berechnung der Reichweite ein ebenso wesentliches Resultat. Sie wird bei der Beantragung der wasserrechtlichen Genehmigung anzugeben sein, beschreibt sie doch faktisch den Bereich im Grundriss, welcher durch die Wasserhaltung beeinflusst wird.

Die bekannte empirische Formel nach Sichardt (nicht dimensionstreu) lautet

$R\,[m] = 3000 \cdot s \cdot \sqrt{k_f}$

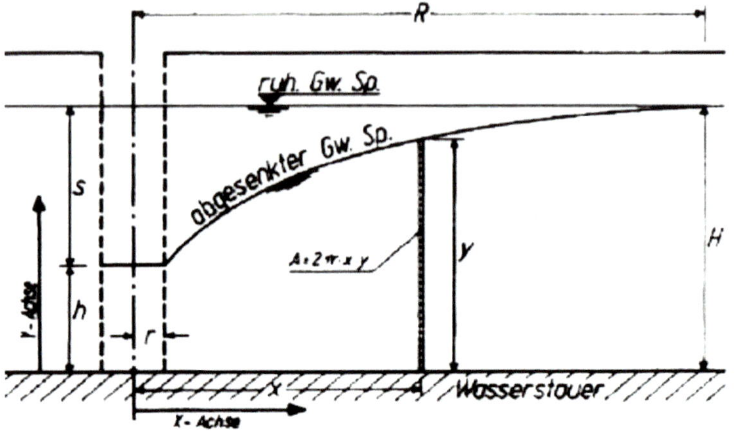

Bild 4.2: Geometrische Definitionen, Reichweite R

Grundsätzlich ist die Korngrößenverteilung des Bodens respektive die Bodenart der bestimmende Faktor für die Wahl der möglichen Absenkverfahren. Weitere Randbedingungen können folgende sein:

- Größe und Form der Baugrube
- ggf. vorhandene Baugrubensicherungsmaßnahmen
- Absolutbetrag der Absenkung „s"
- Grundwasserverhältnisse (inhomogen/gespannt)
- Vorhandensein von Gewässern
- Räumliche Verhältnisse um das Bauvorhaben
- Vorhandene Infrastruktur (Bebauung, Leitungen etc.)

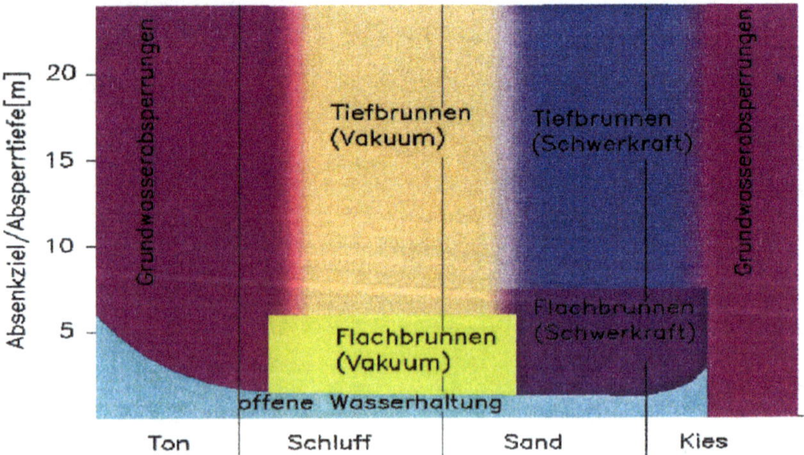

Bild 4.3: Anwendungsbereiche für Grundwasserabsenkungstechniken in Abhängigkeit des Absenkzieles

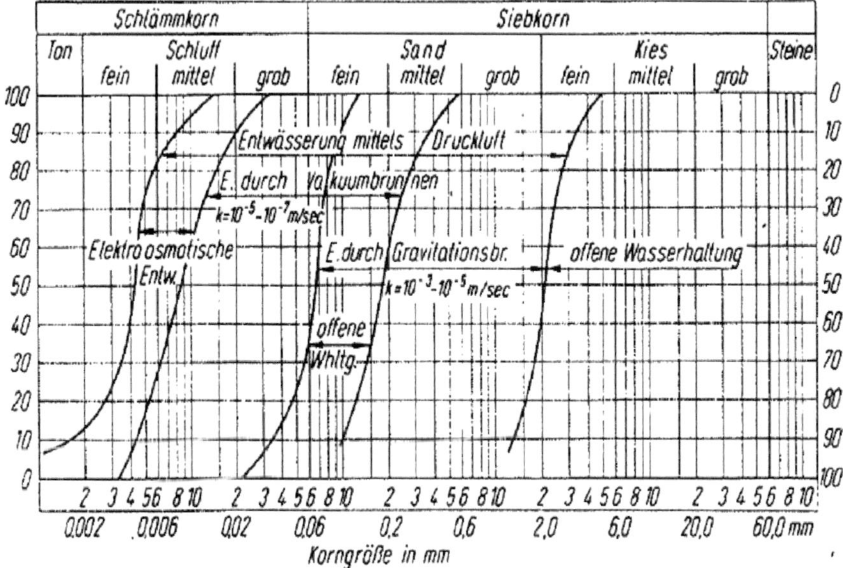

Bild 4.4: Anwendungsbereiche für Grundwasserabsenkungstechniken in Abhängigkeit von Korngrößenverteilung/Durchlässigkeitsbeiwert

4.2 Offene Wasserhaltung

Die offene Wasserhaltung, das Sammeln des Grundwassers an der Baugrubensohle mittels Vertiefungen (Pumpenschächten/Pumpensümpfen/Ring- oder Flächendrainagen etc.) stellt die einfachste Form der Absenkung dar. Sie erfordert einen entsprechend groben/standfesten Untergrund und ist nur für geringe Tiefen möglich. Hierzu erfordert es in der Regel kein Spezialunternehmen, die Anwendung erfolgt meist recht mannigfaltig und experimentell anmutend. Besonderes Augenmerk sollte hierbei jedoch immer auf die erhöhte Gefahr der durch die Schleppkräfte ausgewaschenen feinkörnigen Erdmaterialien gelegt werden. Der Einsatz von Geotextilien und die Ableitung über Absetzbecken sind oft sehr hilfreich. Eine weitere Abhandlung diesbezüglich erfolgt hier nicht.

4.3 Vakuumwasserhaltung

Die einfachere Art der geschlossenen Wasserhaltung stellt der Einsatz von Vakuumfilteranlagen dar.

Für diese Art der Unterdruckentwässerung werden geschlitzte Kunststoffrohre, am verbreitetsten DN 50mm- Schlitzweite 0,5mm, mittels Druckwasserspülung in den Boden eingebracht, entweder verrohrt (auch Verkiesung möglich) oder unverrohrt. Ein Anschluss über flexible Saugschläuche an eine Sammelleitung mit Verbindung an eine Vakuumpumpe saugt bis zum praktischen Höchstwert der physikalischen Saughöhe das Wasser aus dem Boden. Durch eine Regulierung des Unterdruckes an der Anlage lässt sich der Arbeitsbereich optimieren. Die in der Vakuumpumpe integrierten Schmutzwasserpumpen bzw. die Vakuumkolbenpumpen drücken das Wasser zur Vorflut. Eine Gefahr des Austrages von Feinsand besteht bei dieser Art der Wasserhaltung nicht wirklich. Nach langsam aufgebautem Unterdruck wird sich nach kurzer Zeit der Eintrübung eine filterstabile und klare Wasserförderung einstellen. Verkieste Filterlanzen als auch gebohrte Vakuumbrunnen benötigen eine Oberflächenabdichtung mittels Tonsperre zur Vermeidung des Ansaugens von Atmosphärenluft.

Die Grenze des Abstandes der Filterlanzen untereinander liegt in der Reihe bei ca. max. 3,00 m. Gut gelingt die Anwendung in langgestreckten Gräben in einseitiger oder beidseitiger Installation. Die Baugrubengröße bei gedrungenen Baukörpern ist bei diesem Verfahren eingeschränkt, ebenso die Absenkung. Diese Art der Wasserhaltung lässt sich beispielsweise auch zur temporären Entwässerung von schichtenwasserführenden Hängen ausführen. Die Lanzen werden schräg zum Schichtwasserleiter geführt.

4.4 Schwerkraftbrunnen (Bohrbrunnen)

Neben der eigentlichen Bohrung des Brunnens sind das Brunnenrohr und der Filterkies zwischen Bohrlochwand und Brunnenrohr optimal zu wählen.

Die Konstruktionsteile für einen Bohrbrunnen sind in der Hauptsache die Brunnenrohre aus den perforierten Filter- und den vollwandigen Aufsatzrohren. Die Aufsatzrohre werden im nicht benetzten Teil der Bohrung verwendet und oftmals als sog. Sumpfrohr am unteren Ende des Brunnens eingebaut. Bei den Filterrohren handelt es sich in der Regel um geschlitzte Stahl oder PVC-Rohre, im Deponiebereich werden in der Regel HDPE-Rohre eingesetzt. Die größte offene Filterfläche hierbei bietet der Schlitzbrückenfilter aus Stahl.

Das Brunnenfilterrohr ist keine Wasserreinigungsvorrichtung, d.h. es besitzt keine wasseraufbereitende Wirkung sondern dient als Stützkörper der die Bohrlochwand hält und sandfreies, blankes und klares Wasser eintreten lässt. Der Brunnenfilter sollte so geschaffen sein, dass im Betrieb das feinste Korn im nahen Umfeld des Brunnens herausgewaschen werden kann und sich ein Stützkorngerüst im Boden entwickeln kann aber auch eine Verstopfung des Filters durch feinere Bestandteile eintritt.

Unter diesen Gesichtspunkten kommt der Wahl des Filterkieses eine besondere Bedeutung zu. Die bekannteste Filterregel ist die von TERZAGHI (1948). Sie ist sowohl für den Aufbau künstlicher Filter im Zuge des Baues einer Wasserentnahme als auch für die Überprüfung der hydraulischen Standsicherheit von natürlichen Böden anwendbar. Es werden die größten und die kleinsten Durchmesser beim d_{15} und d_{85} abgelesen.

Eine wesentlich praktischere gut anwendbare Beschreibung der Filterkiesbestimmung wird in einem Aufsatz von THOLEN bereitgestellt, wonach die Ermittlung des Schüttkorndurchmessers D_s in mehreren einfachen Schritten erfolgt.

Zuerst wird der Ungleichförmigkeitsfaktor **U** der Bodenprobe errechnet. Dabei ist

$$U = \frac{d_{60}}{d_{10}}$$

wobei U = Ungleichförmigkeitsfaktor
d_{60} = Korndurchmesser bei 60%-Siebdurchgang in mm
d_{10} = Korndurchmesser bei 10%-Siebdurchgang in mm

Der maßgebende Korndurchmesser d_G bei der Schüttkornbestimmung ist derjenige, der die Grenze zwischen dem zu entsandenden Korn und dem Stützkorn bildet. Alle Körner < d_G sollen beim Entsanden entfernt werden, alle Körner > d_G verbleiben als Stützkorn im Boden.

Der maßgebende Korndurchmesser d_G ist optisch aus der s-förmig verlaufenden Siebkurve erkennbar. Dieser liegt am Wendepunkt, an dem die anfängliche Linkskurve der Sieblinie in eine Rechtskurve übergeht.

Die Bestimmung des Filterfaktors F_G ergibt sich aus der Gegenüberstellung der dichtesten und lockersten Lagerung der Filterkieskörner im Ringraum und der Frage, wie groß das Filterkorn D_S sein muss, um das zu entsandende Bodenkorn d_G noch durchlassen zu können.

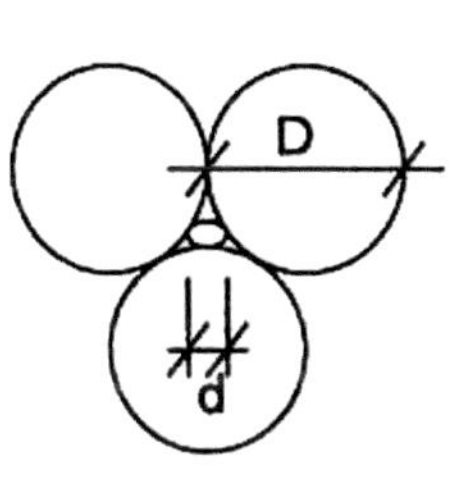

dichteste Lagerung

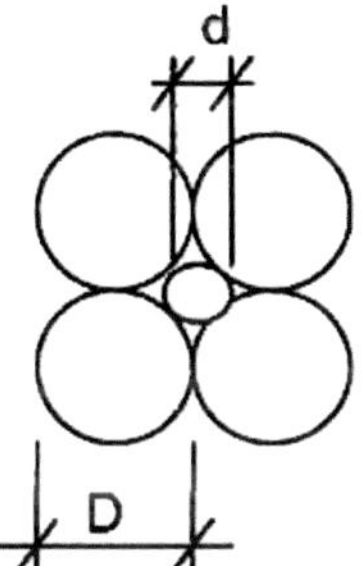

lockerste Lagerung

Bild 4.5: Darstellung der Lagerungsdichte für ideale Kugelform

Das Verhältnis des Filterkorndurchmessers D_S zum maßgebenden Korndurchmesser d_g ist:

bei dichtester Lagerung:	$D_S = \mathbf{6{,}5} \cdot d_g$
bei dichtester Lagerung:	$D_S = \mathbf{2{,}5} \cdot d_g$
Der Mittelwert liegt also bei:	$D_S = \mathbf{4{,}5} \cdot d_g$

Dieser Mittelwert muss je nach Ungleichförmigkeit U nach oben oder unten angepasst werden.

Der Filterfaktor FG errechnet sich für normalen Brunnenbetrieb mit instationären Fließvorgängen wie folgt:

$F_G = 5 + U$ für U < 5
$F_G = 10$ für U > 5

Der erforderliche Schüttkorndurchmesser D_S kann nun in Abhängigkeit vom maßgebenden Korndurchmesser d_g und dem Filterfaktor F_G bestimmt werden. Dabei ist aus den nachfolgenden, zur Verfügung stehenden Filterkieskörnungen auszuwählen.

Tabelle 4.1:

	Korngrößengrenzen des Filterkieses	**innere Filterkiesschüttung**	**Ringraumdicke**
Filtersande	0,25 – 0,50 0,50 – 1,00 0,70 – 1,40 1,00 – 2,00	2,0 – 3,1 3,1 – 5,6 5,6 – 8,0	50 mm mind. 40 mm
Filterkiese	2,00 – 3,10 3,10 – 5,60 5,60 – 8,00 8,00 – 16,0	8,0 – 16	80 mm mind. 60 mm

Der Filtersand 0,25 – 0,50 ist allenfalls als Gegenfilter und der Filterkies 8,0 – 16 als Stützkorn bei Festgesteinsbrunnen einzusetzen.

Der Filterkies für die innere Schüttung gilt bei zweifach abgestuften Filterkiesschüttungen, die immer dann notwendig sind, wenn der bodenseitig anliegende Filtersand zu klein für die lieferbaren Filterschlitzweiten ist.
Für Grundwasserabsenkbrunnen ist eine doppelte Filterkiesschüttung nicht praktikabel, diese Anforderung wird vorwiegend an die Wassergewinnung gestellt. Auch kann für die Absenkungstechnik bei der Wahl des Kieses gerne in der Körnung aufgerundet werden. Besonderes Augenmerk hierbei sollte jedoch auf die Ungleichförmigkeit des Bodens gelegt werden. Bei gleichförmigen oder sogar einkörnigen Böden im Sandbereich ist Vorsicht geboten.

Die Filterschlitzweite $\mathbf{S_W}$ ist nun auf den am Filter anliegenden Filterkies abzustimmen, wobei die Schlitzweite etwa halb so groß wie das mittlere Filterkorn (Schüttkorn) sein sollte.

$$\mathbf{F_G = \tfrac{1}{2} \cdot D_S}$$

4.5 Betrieb von Grundwasserabsenkanlagen

Ist nun die Anlage installiert, so geht es in den Betrieb über. Die Anlage wird „angefahren“.
Hierfür sollte man sich jedoch etwas Zeit nehmen und die Kapazität der Anlage langsam hochfahren, heißt: Über Schieber (Gravitationsbrunnen) bzw. Unterdruckregelung (Vakuumanlage) die Förderleistung kontinuierlich steigern und dabei die Absenkung beobachten. Auch das Beobachten des ohnehin erforderlichen Wasserzählers und des Absetzbeckens ist in dieser Phase elementar. Es passiert immer wieder, dass eine Anlage „dicht“ gefahren wird, weil die Brunnen angerissen werden und es zu keinem optimalen Korngerüst um den Brunnen kommt, bzw. die feineren Boden-

teilchen den Filter verstopfen. Eigentlich sollten auch Absenkbrunnen entwickelt (entsandet) werden. Die Inbetriebnahme der Absenkanlage sollte in sandigen, kiesigen Böden 1-3 Tage vor Ausschachtungsbeginn, in Böden mit schluffigen Anteilen evtl., sogar bis 5 Tage (selten mehr) vorher erfolgen. Während dieser Zeit ist der Absenkungserfolg zu beobachten und die Anlagenförderung zu optimieren. In aller Regel kann die Anlage nach Erreichen des Absenkzieles gedrosselt werden.

In punkto Betriebssicherheit der Anlage zeigt die Erfahrung, dass das größte Risiko für den Ausfall der Anlage im Vandalismus und im Baubetrieb liegt. Wenn eine Wasserhaltung installiert ist und es zischt und gluckert, werden mannigfaltig Personen inspiriert an der Anlage herumzudrehen, sei es spielerisch oder politisch motiviert. Am Ende heißt das immer – Notfall. Die zweite große Gefahr für die Anlage ist der Baubetrieb. Da werden Stecker gezogen, Leitungen überfahren und/oder zerdrückt – der Phantasie und Gedankenlosigkeit der Bauarbeiter sind hier keine Grenzen gesetzt.

Im ordentlichen Betrieb ist der häufigste Störfall an der Anlage der Ausfall einer Pumpe, insofern ist die Anlage schon bei der Bemessung mit einer etwas höheren Leistungsfähigkeit zu planen und lieber mit einem Brunnen mehr vorzusehen. Ein entsprechendes Ersatzaggregat sollte sich an der Baustelle befinden. Zweckmäßigste Überwachung der Anlage bietet hierbei die Niveauregelung, d.h. für den Anstieg über einen Grenzwert ist eine entsprechende optisch, akustisch und telekommunikative Warneinrichtung zu installieren. Der Einsatz eines selbstanlaufenden Notstromaggregates spielt für die gängigen Anlagen keine Rolle mehr und wird nur noch für Anlagen mit hoher Laufzeit und entsprechender Größe relevant. Ein Ausfall der Stromversorgung aus dem Netz ist nahezu unwahrscheinlich und bleibt die Ausnahme

4.6 Literatur- und Bildnachweis

- Fachaufsatz BauPortal 8/2009, Dr. Lothar Pfeiffer, Gelsenkirchen
- Seminarliteratur zur DVGW-Mitarbeiterschulung Dipl. Ing. M. Tholen, Rostrup 2004
- Herth W., Arndts E.: „Theorie und Praxis der Grundwasserabsenkung“, 2.Aufl. Verlag für Architektur und technische Wissenschaften, Berlin
- Schnell W., Vahland R., Oltmanns W.: Verfahrenstechnik der Grundwasserhaltung“, 2.Aufl., B.G. Teubner Verlag, Stuttgart, Leipzig, Wiesbaden 2002

5 Bohrpfähle als Verbauelemente

G. Dausch

5.1 Einleitung

Schon vor Urzeiten wurden Pfähle als Gründungselemente verwendet. Das markanteste Beispiel stellen hier zweifelsohne die Pfahlbauten in Unteruhldingen am Bodensee dar. Sie entstanden in der Jungstein- bzw. Bronzezeit. Im weiteren Verlauf der geschichtlichen Entwicklung, die lange Zeit durch den Einsatz von Holzpfählen geprägt war, haben im 19. bzw. 20. Jahrhundert Stahlramm- bzw. Rüttelpfähle eine Bedeutung bekommen. In der heutigen Zeit werden Pfahlgründungen vorrangig als Betonpfahlsysteme ausgeführt.

Aus den verschiedenen Systemen der Ortbeton- bzw. Fertigpfähle haben sich, in Abhängigkeit des Herstellungsverfahrens, die heute am Markt vorhandenen Pfahlsysteme entwickelt.

Die EA-Pfähle gibt in Kapitel 2 [1] eine Übersicht über die Zuordnung der verschiedenen Pfahlsysteme.

Der nachfolgende Artikel beschäftigt sich im Wesentlichen mit dem Einsatz von Bohrpfählen in der Funktion als Verbauelemente. Damit sind im Wesentlichen Bohrpfahlwände gemeint.

Den weiteren Ausführungen ist generell vorauszuschicken, dass Bohrpfahlwände wegen ihrer hohen Steifigkeit zu den sogenannten „verformungsarmen Verbauarten" zählen und daher stets als Alternative zum Schlitzwand- bzw. Spundwandverbau zu sehen sind [2]. Ebenso zeichnen sich Bohrpfahlwände durch eine extrem hohe Flexibilität hinsichtlich Einsatzes in nahezu allen Boden- und Grundwasserverhältnissen aus.

5.2 Systembeschreibung

Bohrpfähle als Verbauelemente werden in der Regel nach drei Kategorien unterschieden:

a) – Aufgelöste Bohrpfahlwände

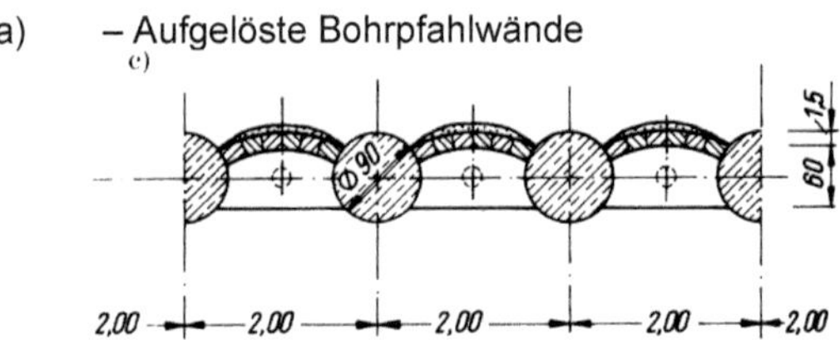

b) – Tangierende Bohrpfahlwände

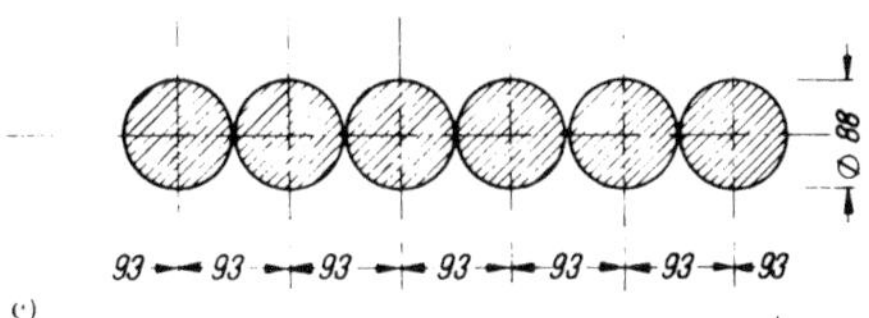

c) – Überschnittene Bohrpfahlwände

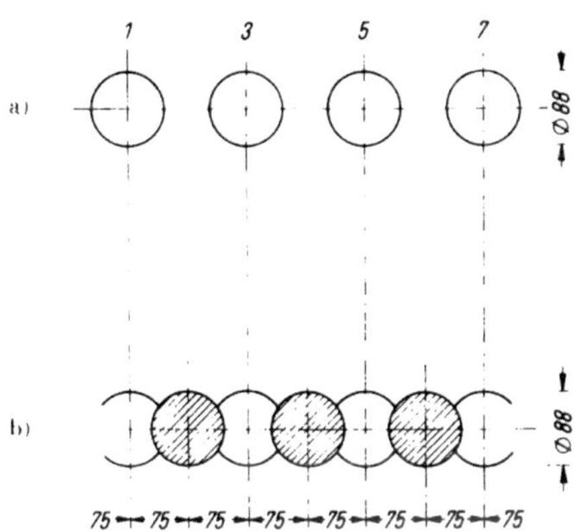

Bild 5.1: Ausführungsmöglichkeiten für Bohrpfahlwände

Nachfolgend sollen die verschiedenen Systeme kurz beschrieben und hinsichtlich ihrer Einsatzmöglichkeiten bewertet werden.

5.2.1 Aufgelöste Bohrpfahlwände

Diese sind durch eine im Grundriss linear oder gekrümmte Anordnung von Bohrpfählen der verschiedensten Durchmesser gekennzeichnet, wobei der lichte Abstand zwischen den Pfählen mehr als 10 cm des Bohrpfahldurchmessers beträgt. Üblicherweise weisen aufgelöste Pfahlwände (kurz **APW** genannt) Achsmaße von 1,0 - 3,0 m auf. Der Zwischenraum zwischen den Pfählen wird bei fortschreitendem Aushub durch Spritzbeton gesichert. Die Spritzbetonsicherung kann entweder eben oder durch ein Gewölbe erfolgen.

Das Tragverhalten dieser Wände entspricht dem von Trägerbohlwänden (kurz **TBW** genannt) und es ist nach EAB [3] eine entsprechende Bemessung vorzunehmen. Eventuell vorhandenes Sickerwasser kann durch Dränmatten bzw. sonstige Filterelemente hinter dem Spritzbeton gefasst und einer geeigneten Vorflut zugeführt werden.

Aufgelöste Pfahlwände kommen i.d.R. dort zur Anwendung, wo angrenzende Verkehrswege oder leichte Bebauungen (Garagen etc.) zu sichern sind und Trägerverbauten eine zu geringe Wandsteifigkeit aufweisen würden. Zum Vergleich dazu werden hier angegeben:

	Verbausystem	**Wandsteifigkeit (MN*m²/lfm)**
TBW	Profil, Achsabstand (2 U 350, a = 3.0 m)	17,98
APW	Pfähle, Achsabstand (d = 75 cm, a = 2,0 m)	233,97
APW	Pfähle, Achsabstand (d = 88 cm, a = 3,0 m)	294,38

5.2.2 Tangierende Bohrpfahlwände

Bei tangierenden Bohrpfahlwänden (kurz **TPW** genannt) werden Bohrpfähle in einem lichten Pfahlabstand von 5 - 10 cm hergestellt. Die Ansatzpunkte der Pfähle sollten mit Hilfe einer Bohrschablone fixiert werden. Es wird jeder Pfahl bewehrt ausgeführt.

Ein besonderes Augenmerk ist bei der Herstellung von tangierenden Bohrpfählen auf die Bohrgenauigkeit zu richten, da ein Verlaufen der Pfähle in Wandachse Probleme hinsichtlich des Abteufens der nachfolgenden Bohrung mit sich bringen kann, da benachbarte Pfähle unter Umständen angeschnitten werden.

Der Einsatzbereich von tangierenden Bohrpfählen ist in erster Linie bei benachbarten Bebauungen zu sehen, da durch die massive Anordnung von bewehrten Stahlbetonpfählen sehr große Biegemomente abgetragen werden können. Zudem wird durch die Pfahl-an-Pfahl Anordnung der Boden hinter der Wand während des Aushubs nicht aufgelockert. Bei sorgfältiger Ausführung der Bohrung können Verformungen aus dem Bohrvorgang hinter der Wand weitestgehend ausgeschlossen werden.

Die Herstellung erfolgt in Böden ohne Grundwasser oder im Schutz einer geschlossenen Grundwasserabsenkung durch Schwerkraft- oder Vakuumbrunnen.

Im Falle der Sicherung einer tangierenden Pfahlwand mit Verpressankern werden diese üblicherweise im Pfahlzwickel angeordnet. Ist dies nicht in jedem Zwickel der Fall, so ist durch geeignete Maßnahmen (z.B. Betonplomben) zu gewährleisten, dass eine einwandfreie Kraftübertragung der Ankerkräfte auf die Pfahlwand erfolgen kann.

5.2.3 Überschnittene Bohrpfahlwände

Überschnittene Bohrpfahlwände (kurz **ÜPW** genannt) kommen in erster Linie bei der Herstellung von wasserdichter Baugruben zum Einsatz. Zur Sicherstellung der planmäßigen Überschneidung der Pfähle sind generell Bohrschablonen erforderlich. Die Ausbildung der Schablonen (Stärke, Höhe, Bewehrung etc.) richtet sich nach den Erfordernissen bezüglich Wandtiefe, Überschneidung und zulässiger Toleranzen.

Die Herstellung von überschnittenen Bohrpfahlwänden erfolgt im sog. Pilgerschrittverfahren. In einem ersten Arbeitsgang werden die unbewehrten Primärpfähle hergestellt. Anschließend erfolgt das Abteufen der bewehrten Sekundärpfähle. Dabei werden die zuerst betonierten Pfähle partiell angeschnitten. So entsteht eine für eine Baugrubenumschließung ausreichend wasserdichte Wand (sehr oft von den Entwurfsverfassern auch wasserdruckhaltend genannt).

Analog zu den Arbeitsgängen der Primär- bzw. Sekundärpfahlherstellung werden auch unterschiedliche Betone verwendet. Generell sieht die DIN EN 1536 „Bohrpfähle“ [4] mindestens Betone der Klassen C 20/25 vor, erlaubt jedoch für Primärpfähle auch niedrigere Güteklassen; hier sollte auf eine langsame Erhärtungszeit (z.B. durch Zugabe von Flugasche als Füller und Verwendung entsprechender Zemente) geachtet werden.

Für alle Betone sollte eine Eignungsprüfungen vorliegen bzw. im Einzelfall durch die Mischwerke durchgeführt werden müssen. Letzteres ist bei Sonderbetonen der Primärpfähle häufig der Fall.

Hinsichtlich von Modifikationen dieser Wände sind verschiedene Varianten denkbar, wovon auf zwei hier kurz eingegangen werden soll:

Ausbildung mit Steckträgerverbau

Da im innerstädtischen Bereich Verbauwände (als temporäre Wände) sehr oft im Gehwegbereich zu liegen kommen, ist normalerweise ein Rückbau auf eine Tiefe von ca. 1,5 bis 2,0 m zwingend vorgeschrieben. Zur Vereinfachung dieses Rückbaus wird die Wand in diesem Bereich als Trägerverbau ausgebildet, was durch den Einbau von Stahlträgern in den bewehrten Bohrpfahl erfolgt. Der Zwischenraum zwischen den Trägern wird dann mit Holz ausgefacht; beide Elemente werden nach Fertigstellung der Baugrube zurückgebaut.

Ausbildung mit mehreren unbewehrten Pfählen

Die klassische überschnittene Pfahlwand sieht abwechselnd einen unbewehrten und einen bewehrten Pfahl vor. In Abweichung dazu können beispielsweise bei geringen Wandbelastungen auch drei unbewehrte Pfähle und ein bewehrter Pfahl angeordnet werden. Hinsichtlich der Herstellreihenfolge (siehe Bild 5.1) gilt dann:

Schritt 1:	Pfähle	1	3	5	7	9	11	(unbewehrt)
Schritt 2:	Pfähle	2		6		10		(unbewehrt)
	Pfähle		4		8			(bewehrt)

Bild 5.2: Herstellreihenfolge überschnittene Pfahlwand

Die Herstellung solcher Pfahlwände kann auch mit zwei unbewehrten und einem bewehrten Pfahl erfolgen. In der Praxis spricht man daher von „1:1, 1:2 oder 1:3 Systeme“.

Hier ist allerdings darauf hinzuweisen, dass es für die o.g. Systeme noch keine allgemein anerkannten Bemessungsregeln hinsichtlich der Kraftübertragung im Gewölbe und unter Berücksichtigung der Herstelleinflüsse ergibt. Eine sehr interessante Abhandlung hierzu gibt z.B. HARDER [5].

5.3 Entwurfskriterien

Die in Kapitel 2 „Systembeschreibung“ über die einzelnen Pfahlwandkategorien gegebenen Erläuterungen sollen nun nachfolgend durch praxisbezogene Entwurfskriterien ergänzt werden, wobei diese Kriterien nicht den Anspruch auf Vollständigkeit erheben können bzw. wollen.

5.3.1 Gerätetechnik

Maßgebenden Einfluss auf die Wahl der Bohrgeräte und der zugehörigen Werkzeuge hat die Dimensionierung der Bohrpfahlwände.

Nachfolgend wird daher auf zwei Hauptkriterien näher eingegangen. Primär auf die üblichen Einsatzbereiche von überschnittenen Pfahlwänden hinsichtlich Durchmesser, Achsmaß und Wandtiefe. Sekundär auf erforderliche Mindestabstände von Bohrungen zu aufgehenden Nachbarbebauungen. Für beide Bereiche werden Standardsysteme der entsprechenden Geräte- bzw. Bohrhersteller zugrundegelegt.

Im Entwurfsstadium bzw. Ausschreibungsstadium sind Abweichungen von diesen Standardsystemen aus 2 Gründen nicht zu empfehlen:

1. Um eine gewisse Markttransparenz zu erhalten,
2. um den einzelnen Spezialfirmen den nötigen Freiraum für entsprechende Sondervorschläge zu belassen.

Tabelle 5.1: Übliche Einsatzbereiche überschnittener Pfahlwände

Bohrdurchmesser Pfahldurchmesser (cm)	Achsmaß (cm)	Tiefenbereich (m)
62	50	12,0
75	65 - 60	15,0 - 20,0
88	75 - 70	20,0 - 25,0
108	95 - 90	25,0 - 30,0
118	105 - 100	25,0 - 30,0

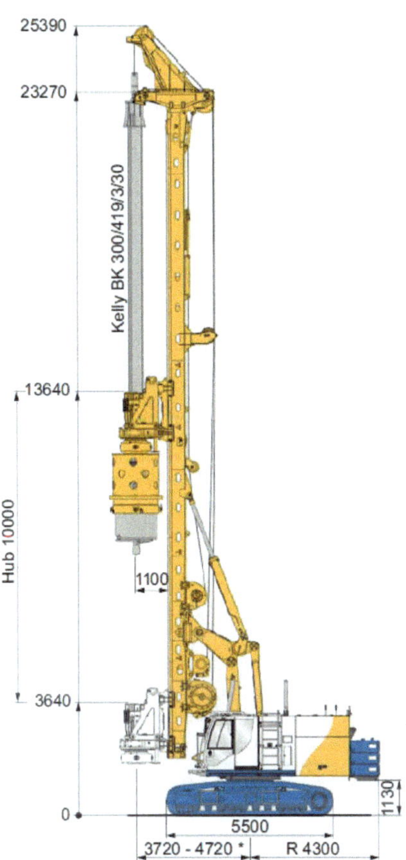

Bild 5.3: Systemskizze Drehbohrgerät BAUER BG 28 H

Tabelle 5.2: Achsabstände Bohrung zu Nachbarbebauung

Erf. Achsabstand* (cm)	**Bohrdurchmesser (mm)**	**Bohrtiefe* (m)**
80	620/750/880	12,0
100	620/750/880	20,0
100	1080/1180/1300	15,0
150	bis 1500	30,0
200	bis 1800	30,0

Die oben gezeigte Tabelle gibt die Mindestabstände an, die beim Abteufen von Bohrungen neben Bebauungen aus gerätetechnischer Sicht resultieren. Dieser Abstand ist auch von entsprechenden Überständen an Gebäuden wie Regenrinnen, Brüstungen, etc. einzuhalten.

Anzumerken ist, dass o.g. Werte (*) als Richtwerte anzusehen sind, die im Entwurfsstadium nicht unterschritten werden sollten. Es können im Einzelfall Abweichungen möglich sein, was besonders für die angegebene Bohrtiefe gilt, die verständlicherweise stark bodenabhängig ist.

5.3.2 Einbaustoffe

Beton

Wie aus dem Namen „Ortbetonbohrpfahl" abgeleitet werden kann, stellt Beton den wichtigsten Einbaustoff dar. In Kapitel 2.3 wurden schon Hinweise auf die Anforderungen für den Beton der unbewehrten Pfähle bei überschnittenen Wänden gegeben. Generell wird hier auf die DIN EN 1536 (Kapitel 6.3) [4] verwiesen, wonach für Bohrpfähle Beton der Güte C 20/25 bis C 30/37 einzusetzen ist. Ein Beton höherer Güte (C 40/50) kann eingesetzt werden. Hinsichtlich der Güteprüfungen gelten nach DIN EN 1536 strengere Anforderungen als nach DIN EN 206 [6]. In den zukünftigen Versionen der DIN EN 1536 wird bei Betonangaben auf die EN 206 (Anhang D) verwiesen. Die EFFC/DFI-Leitlinie: Kontraktorbeton für Tiefgründungen [13] gibt praxisnahe Hinweise zur Auswahl und Qualitätssicherung der Betone im Spezialtiefbau.

Weitere Kenndaten nach DIN EN 1536 (Tabelle 5.1):

W/Z-Wert	$< 0{,}6$
Feinkornanteil	$\geq$ 400 kg/m^3 für Größtkorn > 8mm
	$\geq$ 450 kg/m^3 für Größtkorn $\leq$ 8mm
Zementgehalt	$\geq$ 325 kg/m^3 bei Betonieren im Trockenen
	$\geq$ 375 kg/m^3 bei Betonieren im Wasser

Bewehrungsstahl

Die Bewehrung von Bohrpfählen erfolgt in Deutschland normalerweise mit B500B gemäß DIN 488-1:2009.

Die Bewehrungskörbe sind fabrikmäßig vorgefertigt und werden auf die Baustelle transportiert. Bei Korblängen über 20,0 m ist ein Stoßen während des Einbaus in das Bohrloch vorzusehen.

Festlegungen der DIN EN 1536:

- Mindestdurchmesser Längseisen d = 12 mm (Anzahl mindestens 4 Stück)
- Mindestdurchmesser Wendel d $\geq$ 6 mm
- Mindestquerschnittsfläche abhängig vom Pfahlquerschnitt (siehe Tabelle 4 DIN EN 1536)

Die Betondeckung nach DIN EN 1536 muss mindestens betragen:

60 mm (Pfähle d > 60 cm)

50 mm (Pfähle d $\leq$ 60cm)

Hier ist jedoch ganz massiv auf die Erfordernisse des Einbaus in verrohrte Bohrungen hinzuweisen. Eine Standardverrohrung im Durchmesser d = 880 mm weist z.B. eine Wandstärke von 40 mm auf, d.h. zum Einbau des Korbes verbleibt ein lichter Durchmesser von 800 mm. Berücksichtigt man dann noch die notwendigen Einbautoleranzen bzw. den Ringraum zwischen Bohrrohrwandung und Korb, durch den der Beton aufsteigen muss, so ist ein lichtes Maß von mindestens 40 mm einzuhalten. Dies hat zur Folge, dass sich für einen Pfahl von d = 880 mm ein Korbaußendurchmesser von max. 720 mm ergibt (siehe Tabelle 5.3), der jeder Bemessung zugrunde zu legen ist. Gleiches gilt generell für alle anderen Pfahldurchmesser.

Für weitere Details bezüglich der konstruktiven Korbausbildung wird auch auf die ZTVK [7] bzw. EAU [8] verwiesen.

Tabelle 5.3: Aufbau Bohrrohr bzw. Bohrrohr-/Bewehrungskorbmaße

Rohrdurchmesser		**Korbaußenmaß**
außen	**innen**	
(mm)		**(mm)**
620	560	480
750	670	590
880	800	720
1080	1000	920
1180	1100	1020
1300	1220	1140

5.3.3 Statik

Bemessung Pfähle

Im Handbuch Eurocode 7, Band 1 [9] sind die wesentlichen Normen zur Bemessung von Pfählen zusammengefasst.

Bemessung Ausfachung

Bei aufgelösten Bohrpfahlwänden werden üblicherweise Ausfachungen aus Spritzbetonverwendet. Die Ausfachung kann entweder eben, d.h. als Scheibe, oder als Gewölbe ausgebildet werden. Analog dazu erfolgt die Bemessung nach EC 7, wobei die Empfehlungen der EAB [3] zu berücksichtigen sind.

Im Falle des Spritzbetongewölbes, dessen Herstellung auf der Baustelle jedoch nur in standfesten Böden vorgesehen werden sollte, wird die Bemessung nach WEISSENBACH [10] durchgeführt.

Hier ist besonders auf eine einwandfreie Ausbildung der Lasteintragung in die Pfähle zu achten. Im Randbereich von Pfahlwänden ist die Lastabtragung des Gewölbeschubes nachzuweisen.

Bemessung Abstützung

Die Sicherung von Pfahlwänden wird heute im Allgemeinen durch Verpressanker durchgeführt. Hierfür sind die Belange der DIN EN 1537 [11] zu beachten. Die Festlegelast der Anker ist dem gewählten Erddruckansatz anzupassen.

Zu beachten ist bei der Anordnung von Verpressankern in Pfahlwänden, dass der Lasteintrag der Anker in die Pfähle durch geeignete Maßnahmen sichergestellt wird. Dies betrifft sowohl die Bewehrung der Pfähle (hier der Nachweis der Querkraft, der i.A. entweder nach LEONHARDT oder OBST [8] geführt wird) als auch die Auflagerung der Ankerplatte.

5.4 Fallbeispiele

Überschnittene, geneigte Bohrpfahlwand als Unterfangung

Zur Herstellung einer wasserdichten Baugrube waren Pfahlwände von 62 bzw. 88 cm Durchmesser vorgesehen.

Während der Bohrarbeiten wurde in einem Teilbereich mit unmittelbar angrenzender Nachbarbebauung festgestellt, dass die Gründung des Gebäudes auf einem gemeinsamen Fundament mit der abgebrochenen Altbebauung stand. Da zudem die Gründungsebene im Kulturschutt, d.h. auf eigentlich nicht tragfähigem Baugrund lag, konnte das ursprünglich vorgesehene Pfahlwandkonzept nicht ausgeführt werden. Weitere Randbedingungen für die Festlegung eines neuen Verbaukonzeptes waren:

- Max. Platzverlust durch Verbau 50 cm
  (ab Vorderkante aufgehendes Gebäude)
- GW-Absenkung nicht möglich
- Freie Wandhöhe ca. 6,0 m
- Gebäudelast 4 Stockwerke als Giebelwand

In Zusammenarbeit aller Beteiligten (Statiker, Bodengutachter, Prüfingenieur, Bauherr und Baufirma) wurde folgendes Konzept erarbeitet:

a) Die Giebelwand sollte über einen Stahlbetonbalken abgefangen werden.

b) Das Auflager des Balkens bildete die beidseitig an den Giebel anschließende Pfahlwand.

c) Wegen der hohen Auflagerlasten wurde in Balkenmitte eine überschnittene Pfahlwandscheibe, die im Einbindebereich zusätzlich nachverpresst wurde, als mittleres Auflager angeordnet.

d) Nach Lastumlagerung des Giebels auf den Balken bzw. die Pfahlwand werden die Altfundamente des Giebels abgebrochen und die eigentliche geneigte Pfahlwand erstellt.

e) Alle Anschlüsse der Pfahlwände werden nachverpresst, um eine ausreichende Wasserdichtigkeit zu gewährleisten.

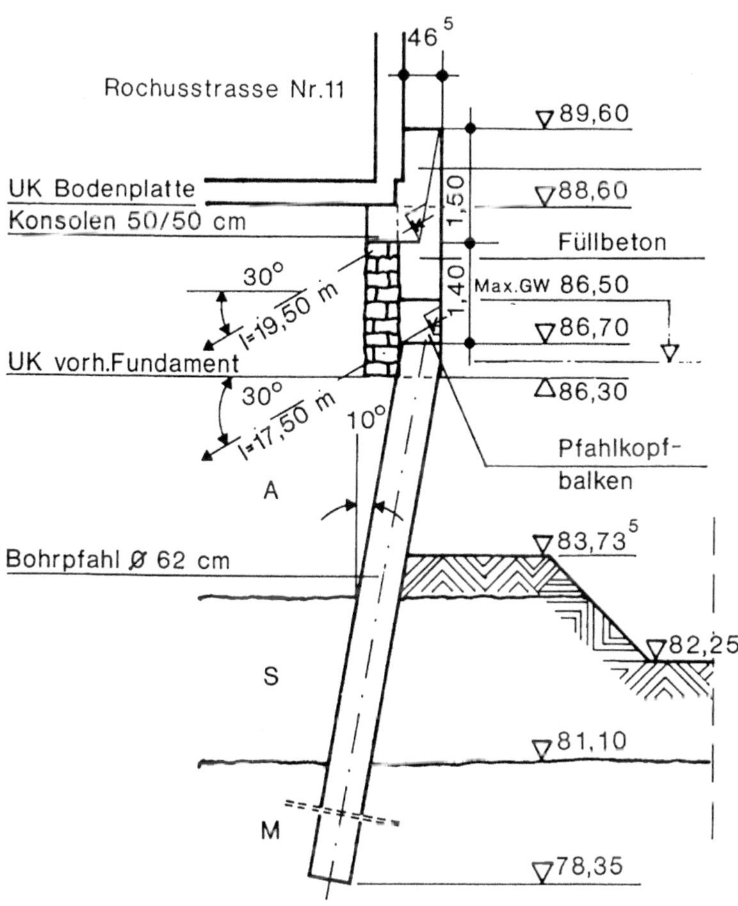

Bild 5.4: Systemschnitt Pfahlwand

VDW-Wände

Mitte der achtziger Jahre wurden die ersten VDW-Bohrgeräte hergestellt. Die Bezeichnung ***VDW bedeutet Vor-der-Wand*** und ist auch als ***ADW = An-der-Wand*** bekannt.

Diese Geräte zeichnen sich dadurch aus, dass der beim konventionellen (Kelly-) Drehbohren überstehende Drehantrieb nur noch so groß konstruiert ist, dass er nicht mehr über das Bohrrohr hinausragt. Damit können Bohrungen unmittelbar an bestehenden Bebauungen abgeteuft werden, was im Vergleich zu konventionellen Bohrgeräten an nachfolgendem Bild gezeigt ist.

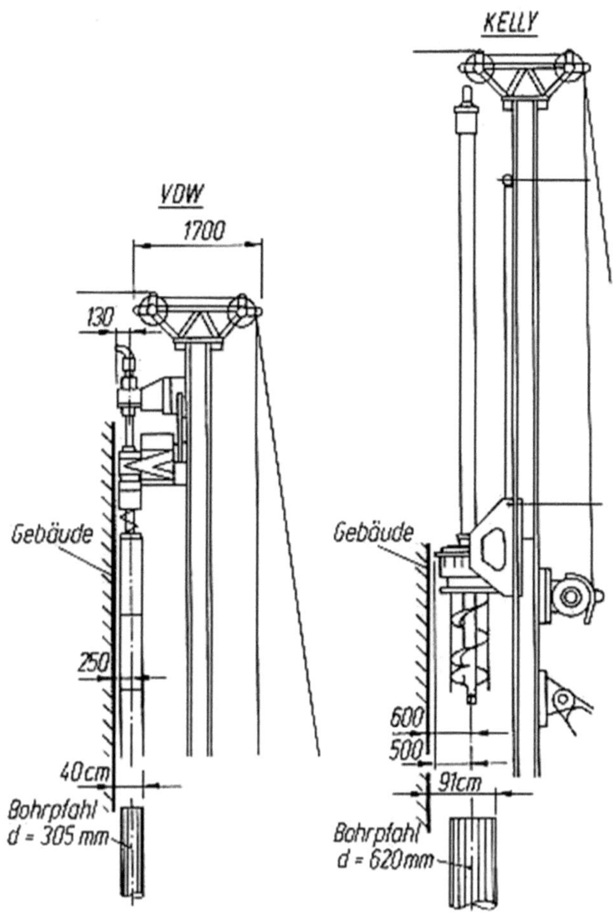

Bild 5.5: Vergleich VDW-System – konventionelles Bohren

Da die Drehantriebe in ihrer Leistung aufgrund der kompakten Bauart jedoch begrenzt sind, werden bis dato überwiegend Wände mit einem Durchmesser bis 620 mm und einer Tiefe von ca. 22 m hergestellt. Derzeit sind jedoch Weiterentwicklungen der einzelnen Hersteller im Gange, so dass zukünftig ein breiteres Spektrum zur Verfügung stehen wird.

Als Bohrverfahren werden sowohl das Doppeldrehbohrverfahren (Verrohrung + Schnecke) als auch das Endlosschneckenbohrverfahren (SOB) eingesetzt.
Die Pfähle werden entweder bewehrt mit Beton oder als Stabwände (I-Träger mit Zementsuspension) hergestellt, wobei die Varianten unabhängig vom Bohrverfahren sind.

Wegen der geringen Momentenkapazität bzw. Steifigkeit werden die Pfähle zumeist als tangierende Wände ausgeführt. Die Ausführung von überschnittenen Wänden ist erst ab einem Durchmesser von größer 400mm gesichert möglich.
Generell anzumerken ist, dass wegen der o.g. geringen Wandsteifigkeit besondere Sorgfalt bei der Konstruktion von VDW-Wänden anzuwenden ist. Die gilt insbesondere für die Ausbildung der Abstützung bzw. der Bewehrung der Pfähle. Die Anordnung eines Stahlbetonkopfbalkens empfiehlt sich immer bei benachbarten, hochbelasteten Gebäuden.

5.5 Zusammenfassung

Die zuvor gezeigten Fallbeispiele können zweifelsohne nur einen groben Überblick über die Möglichkeiten von „Verbauelementen aus Bohrpfählen" geben. Es ist im jeweiligen Einzelfall eine Lösung zu suchen, die allen technischen, wirtschaftlichen und in der heutigen Zeit auch ökologischen Belangen Rechnung trägt.

Die Weichen zu einer solchen optimalen Lösung können nur in Zusammenarbeit aller an einem Projekt Beteiligten, d.h. Bauherr, Fachingenieure, Bodengutachter, Prüfingenieure und der jeweiligen ausführenden Firma gestellt werden.

5.6 Literaturverzeichnis

Das nachfolgende Verzeichnis stellt nur einen Auszug der Literatur zur Pfahlherstellung dar.

[1] Empfehlungen des Arbeitskreises „Pfähle" – EA-Pfähle, 2. Auflage
Herausgegeben von der Deutschen Gesellschaft für
Geotechnik e.V., Verlag Ernst und Sohn, Berlin, 2012

[2] Schnell, W. Verfahrenstechnik zur Sicherung von Baugruben
B.G. Teubner, Stuttgart

[3] Empfehlungen des Arbeitskreises „Baugruben" – EAB, 4. Auflage
Herausgegeben von der Deutschen Gesellschaft für
Geotechnik e.V., Verlag Ernst und Sohn, Berlin, 2006

[4] DIN EN 1536: 2010 – Bohrpfähle
Beuth Verlag, Berlin

[5] Harder, H., Blümel, W.
Vorträge des 7. Christian Veder Kolloquiums Graz 1992

[6] DIN EN 206 – Beton
Beuth Verlag, Berlin

[7] ZTVK, Zusätzliche technische Vorschriften für Kunstbauten
Verkehrsblatt-Verlag, Ausgabe 1996

[8] Empfehlungen des Arbeitsausschusses „Ufereinfassungen" – EAU
Herausgegeben von der Deutschen Gesellschaft für
Geotechnik e.V., Verlag Ernst und Sohn, Berlin, Ausgabe 2004

[9] Handbuch EC 7-1: Handbuch Eurocode 7 – Geotechnische Bemessung, Band 1. Allgemeine Regeln. 1 Auflage, Beuth Verlag, Berlin 2011

[10] Weißenbach, A., Baugruben, Teil 1-3
Verlag Ernst und Sohn, Berlin

[11] DIN EN 1537:2014 – Verpressanker
Beuth Verlag, Berlin

[12] Obst, A., Bemessung von Kreisquerschnitten auf Schub
Beton- und Stahlbetonbau 12/1981

[13] EFFC/DFI-Leitfaden: Kontraktorbeton für Tiefgründungen,
1 Auflage 2016, Deutsche Übersetzung durch die Bundesfachabteilung
Spezialtiefbau des Hauptverbandes der Deutschen Bauindustrie

6 Holzpfahlgründungen
Heute noch technisch und wirtschaftlich sinnvoll?

Klaus Smettan, Bernd Gebauer

6.1 Allgemeines

6.1.1 Einleitung

Während im Ingenieurhoch- und Brückenbau – z. B. Aussichtstürme, Verkehrsbrücken u. Ä. – sowie im Wohnungsbau – z. B. Holzständerbauweise – der Einsatz des Baustoffes Holz u. a. unter dem Aspekt des erneuerbaren Rohstoffes eine starke Renaissance erlebt hat, ist einer der ursprünglichen Einsatzbereiche, nämlich der Einsatz als Gründungspfahl o. Ä., fast nicht mehr gebräuchlich.

In den Vorlesungen mancher Universitäten wird die Gründung mittels Holzpfählen bereits nur noch in dem Kapitel „historische Bauweisen" behandelt.

Ursache hierfür ist weniger, dass sich Holzpfähle für die Bauwerksgründung nicht bewährt haben – auch wenn in der letzten Zeit vermehrt über die Nachgründung schadhafter Holzpfahlgründungen berichtet wurde, wie z. B. Schloss Schwerin „Venedig", sondern dass die rechnerische Gebrauchsdauer von Holzpfählen gegenüber der planlichen Lebensdauer der darüber liegenden Bauwerke beschränkt ist und nicht durch entsprechende Holzschutzmaßnahmen so weit verlängert werden kann, wie dies im Hochbau (konstruktiver Holzschutz!) möglich ist.

Darüber hinaus sind Holzpfähle sicherlich nicht so universell einsetzbar wie eine Vielzahl moderner Rammpfahlsysteme. Jedoch sind, wie im Folgenden gezeigt werden soll, für bestimmte Anwendungen und Böden Holzpfähle weiterhin eine technisch und wirtschaftlich sinnvolle Alternative.

Einleitend einige allgemeine Hinweise und Erläuterungen zum Baustoff „Holz"

6.1.2 Holzarten

Im Folgenden eine Übersicht der wichtigsten heimischen Naturholzarten:

Tab. 6.1: Übersicht Holzarten

Holzart	Bemerkung / Eigenschaften
Nadelhölzer	
Fichte *(Picea abies)*	Gute Festigkeits- und Elastizitätseigenschaften, in großen Mengen vorhanden.
Tanne (Weißtanne) *(Abies alba)*	Ähnlich Fichte, etwas spröder, nur regional häufig.
Kiefer / Föhre *(Pinus sylvestries)*	Festigkeits- und Elastizitätseigenschaften ähnlich Fichte. Kernholz weist erhöhte natürliche Pilzresistenz auf → höhere Gebrauchsdauer.
Lärche *(Larix decidua)*	Hohe Festigkeits- und Elastizitätseigenschaften, härter als Fichtenholz. Durch hohen Harzanteil sehr dauerhaft, nur regional häufig.
Douglasie *(Pseudotsuga menziezii)*	Ähnlich Kiefer, jedoch höhere Witterungsbeständigkeit, nur beschränkt verfügbar.
Laubhölzer	
Eiche *(Quercus robus)*	Sehr gute Festigkeits- und Elastizitätseigenschaften, hohe Dauerhaftigkeit des Kernholzes.
Ulme *(Ulmus glabra – carpinifolia)*	Gute Festigkeitseigenschaften, geringe Pilzresistenz / Dauerhaftigkeit über Wasser, geringes Angebot.
Erle *(Almus glatinosa)*	Geringe Tragfähigkeit und Elastizität (Weichholz), hohe Dauerhaftigkeit unter Wasser.
Esche *(Fraxinus excelsior)*	Gute Tragfähigkeit und Elastizität, geringe Pilzresistenz über Wasser.
Robinie *(Robina pseudoacacia)*	Sehr gute Festigkeit bei gleichzeitig hoher Elastizität und Stehvermögen, höchste Dauerhaftigkeit aller einheimischen Hölzer, aber nur sehr geringes Angebot.

Aufgrund des Marktangebotes werden daher heutzutage, abgesehen von Sonderbauwerken, für Pfahlgründungen im Wesentlichen Fichten-, untergeordnet auch Lärchen-, Eichen und Tannenpfähle eingesetzt.

Darüber hinaus wurden früher oftmals insbesondere im Wasserbau tropische Hölzer eingesetzt, die eine wesentlich höhere Tragfähigkeit und Resistenz (Dauerhaftigkeit) aufweisen. Aus Gründen des Umweltschutzes sollte, neben wirtschaftlichen Gründen (Transportkosten), hiervon gänzlich abgesehen werden.

Die wichtigsten Kenndaten (Mittelwerte) heimischer Hölzer sind in folgender Tabelle wiedergegeben:

Tab. 6.2: Mittlere Kurzdaten heimischer Holzarten bei einer Holzfeuchte von ca. 12% (aus [1])

Holzart (Kurzzeichen)	**ROHDICHTE G/CM³**	**E-MODUL**) N/MM²**	**Resistenzklasse*) DIN 68 364 prEN 350 T.2**	**Verwendungsbereiche**
Nadelhölzer				
Fichte / Tanne (FI / TA)	0,47	10000	4	Alle aufgeführten Nadelhölzer eignen sich für Pfahlgründungen im Hafen- und Kanalbau, Anbindpfähle, Schwimmfender, Dalben sowie als Pfähle für den Lahnungsbau und die Ufersicherung. Stege, Brückenbeläge und Spundwände können aus Kiefern-, Lärchen- und Douglasienhölzern gefertigt werden. Tanne eignet sich besonders für Beplankungen.
Kiefer (KI)	0,52	11000	3 - 4	
Lärche (LA)	0,59	12000	3 - 4	
Douglasie (DGA)	0,54	12000	3 - 4	
Laubhölzer				
Edelkastanie (EKE)	0,57 – 0,63	9000	2	Spundwände, Stülpwände.
Eiche (EI)	0,67	13000	2	Eiche kann in allen Bereichen des Wasserbaus eingesetzt werden.
Erle (ER)	0,55	7700 – 11760	5	Pfahlgründungen, Spundwände, Stülpwände, Faschinen aus Reisig.
Robinie (ROB)	0,73	13500	1 - 2	Spundwände, Stülpwände.
RÜSTER (ULME) (RU)	0,68	11000	4	Buhnenpfähle, Spund- und Stülpwände.

*) Resistenzklassen: 1 = sehr resistent, 2 = resistent, 3 = mäßig resistent, 4 = wenig resistent, 5 = nicht resistent

**) Die Werte für Elastizitäts- und Schubmodulen sind abzumindern:
- um 1/6 bei vorübergehender Durchfeuchtung
- um 1/4 bei dauernder Durchfeuchtung

6.1.3 Dauerhaftigkeit / Lebensdauer von Holzpfählen

Die Lebensdauer von Gründungselementen aus Holz hängt im Wesentlichen von Schutz bzw. deren Resistenz gegen Zersetzung / Verrottung infolge Pilz- und Bakterienbefall ab.

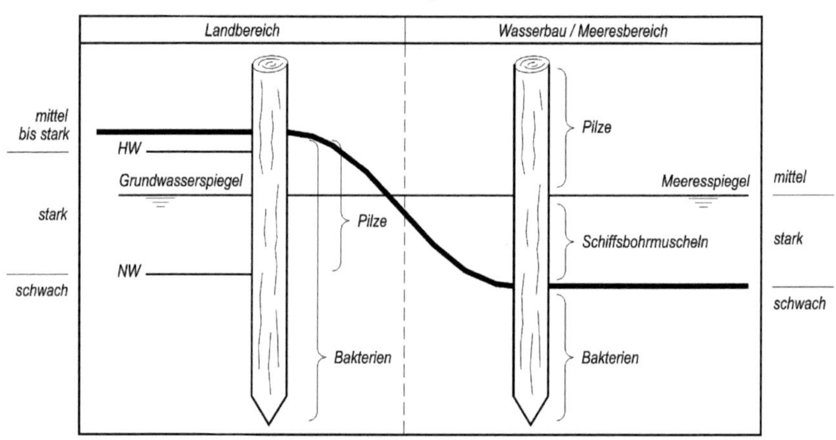

Bild 6.1: Gefährdungsbereiche (verändert nach [1])

Während ständig unter Wasser (Niedrigwasser) liegende Holzteile infolge des weitgehenden Luftabschlusses keiner Gefahr einer Schädigung durch Pilze unterliegen, stellt die Wasserwechselzone bzw. der Einbindebereich in das nicht wassergesättigte Erdreich für Holzkonstruktionen den hinsichtlich Dauerhaftigkeit kritischen Schwachpunkt dar.

Nach [3] wird die Gebrauchsdauer für diesen Bereich für Kernholz unter mitteleuropäischen Klimaverhältnissen wie folgt angegeben (Richtwerte):

Fichte		<	10	Jahre
Tanne		<	10	Jahre
Kiefer	10	-	15	Jahre
Lärche	10	-	15	Jahre
Douglasie	10	-	15	Jahre
Eiche	15	-	25	Jahre

Für die Lebensdauer von Holz unter Wasser gibt es keine vergleichbaren Angaben. In Gutachten von Holzsachverständigen wird für Fichten- / Tannenpfähle in der Regel von einer Lebensdauer von ca. 100 Jahren ausgegangen. Die Lebensdauer von Eichen- / Erlenpfählen liegt bei ständiger Bettung unter Wasser > 100 Jahre.

Ähnlich hohe Dauerhaftigkeiten wie bei einer ständigen Bettung unter Wasser ergeben sich nach unseren Erfahrungen an historischen Bauten bei einer weitgehend luftdichten Bettung in wassergesättigten Schluffen / Tonen auch oberhalb des Grundwasserspiegels.

Bild 6.2: Freigelegte Eichenpfähle einer Gründung aus dem 17. / 18. Jahrhundert. Die Pfähle lagen zwar innerhalb der Wasserwechselzone, waren jedoch durch die umgebenden bindigen Böden (Auelehme) weitgehend vor Sauerstoffzutritt geschützt.

Beim Einsatz im Meerwasserbereich mit Mindestwassertemperaturen > + 5°C und einem Salzgehalt von 0,7 – 0,9% besteht zusätzlich eine erhebliche Gefährdung durch die so genannte Schiffsbohrmuschel sowie im Tidebereich durch die durch Pilze verursachte Moderfäule und Holzbohrasseln.

6.1.4 Holzschutz / Imprägnierung

Zur Verlängerung der Lebensdauer bzw. zur Erhöhung der Resistenz gegen organische Schädlinge (Pilze, Bakterien) wurden vor allem im Wasserbau häufig mit Holzschutzmitteln imprägnierte Hölzer eingesetzt.

Genauere Festlegungen hierzu finden sich in der DIN 68 800. Folgende Verfahren wurden bzw. werden hierzu verwendet:

- Kesseldruckimprägnierung
- Wechseldruckimprägnierung

Als Holzschutzmittel wurden Steinkohleteer-Imprägnieröle sowie wasserlösliche Salze mit Bor- und Fluorverbindungen eingesetzt. Aus Gründen des Umweltschutzes ist deren Einsatz jedoch nur bedingt ratsam.

Darüber hinaus hat sich in letzter Zeit aber auch wieder vermehrt sowohl der Gedanke des konstruktiven Holzschutzes als auch die Bedeutung des Einschlagzeitpunktes und des Wachstumsbildes des verwendeten Holzes durchgesetzt. Eine höhere Dauerhaftigkeit von engständig gewachsenem Holz – d. h. die Jahresringe haben geringere Abstände – aus einem Wintereinschlag ist unzweifelhaft.

Verbindliche Angaben über die Dauerhaftigkeit von imprägnierten Hölzern liegen nicht vor. Für teeröl-imprägniertes Kiefernholz beträgt nach Literaturangaben die Lebensdauer bei ständigem Erdkontakt ca. 50 Jahre. Die Erhöhung der Dauerhaftigkeit von Fichtenholz durch Imprägnierung ist wesentlich geringer.

Für ausschließliche Gründungspfähle, deren Pfahlkopf in der Regel unter Wasser liegt, ist hingegen ein Imprägnierung nicht üblich bzw. auch nicht erforderlich.

6.2 Einsatzbereiche für Holzpfahlgründungen

Während heutzutage dem Ingenieur im Falle einer erforderlichen Tiefgründung eine Vielzahl von Gründungssystemen (Ortbetonbohrpfähle, Verpresspfähle, Stahlrammpfähle etc.) zur Verfügung stehen, waren bis zum Beginn des 20. Jahrhunderts Holzpfähle nahezu die einzige Möglichkeit einer Tiefgründung auf nicht tragfähigen Böden.

Dies führte zwangsläufig dazu, dass Holzpfähle auch in nicht oder nur bedingt für den Einsatz geeigneten Untergrundverhältnissen eingebaut wurden. Dies hat zur Folge, dass eine Vielzahl der damaligen Gründungen, insbesondere bezüglich ihrer Dauerhaftigkeit, als problematisch zu bewerten sind.

Heutzutage beschränkt sich der Einsatz von Holzpfahlgründungen nur noch auf wenige Sondereinsatzbereiche:

- Wasserbau (z. B. Anlegestege, Festmachpfähle, Bootshütten)
- Hierbei wird in der Regel das Holz sowohl als Gründungs- wie auch konstruktives Element eingesetzt, so dass hier der in der Wasserwechselzone gelegene Teil den kritischen Punkt der Konstruktion darstellt.
- Hilfsfundamente für Leergerüste im Brückenbau
- Infolge der beschränkten Nutzungsdauer ist hier die Dauerhaftigkeit nur von untergeordneter Bedeutung.
- Gründungen auf schwimmenden Pfahlrosten bei extremen Weichböden (z. B. Seetonen, Aueablagerungen, Torf, Klei- und Schlickbande).

Auch wenn die folgenden Ausführungen sich im Wesentlichen auf den Einsatzbereich der letztgenannten Gruppe beziehen, so gelten sie auch für die beiden erstgenannten Einsatzbereiche (Wasserbau- und Hilfsfundamente) sinngemäß.

Erstaunlich ist hierbei, dass alle drei Einsatzbereiche in Verbindung mit dem Wasser, sei es als offenes Wasser oder als wassergesättigter Boden, stehen, obwohl – wie eingangs genannt – gerade der Übergangsbereich Wasser / Luft den kritischen Bereich für die Dauerhaftigkeit von Holzpfählen darstellt.

Wo liegen in den genannten Einsatzbereichen die Vorteile der Holzpfahlgründung?

- Holzpfähle haben ein relativ geringes spezifisches Gewicht, d. h. die Tragfähigkeit des Pfahles wird nur in sehr geringem Grad durch das Gewicht des Pfahles beansprucht.
- Trockene Holzpfähle zeigen bei einer Rammung in wassergesättigtem Boden einen so genannten Ansaugeffekt. D. h. aus dem umgebenden, meist weichen / breiigen Boden wird durch das Holz Wasser entzogen und so gegenüber anderen Materialien (Stahl / Beton) eine relativ hohe Mantelreibung erzielt.
- Aufgrund des geringen spezifischen Gewichtes erfordern Holzpfahlrammungen nicht unbedingt einen Großgeräteeinsatz, was gerade bei gering tragfähigen Boden vorteilhaft ist.
- Bei Wasserbaustellen können Holzpfähle ohne großen Aufwand bis zum Rammort eingeschwommen werden.

6.3 Hinweise zur Planung und Ausführung

Wesentliche Vorgaben für eine Holzpfahlgründung sind in EN 12 699 (Verdrängungspfähle) enthalten.

- Durchmesser der Pfähle

  Der mittlere Durchmesser eines Holzpfahles sollte, bezogen auf die Pfahllänge, folgende Werte nicht unterschreiten:

Pfahllänge l [m]	**mittlerer Durchmesser [cm]**
< 6	25
≥ 6	20 + l (l in Meter)

  Als mittlerer Durchmesser wird dabei der in der Mitte des unter der Ramme gewonnenen Pfahles gemessene Durchmesser bezeichnet, nicht der Mittelwert. Der Pfahl muss sich gleichmäßig verjüngen, wobei der Durchmesser je Meter um 1 cm, maximal 1,5 cm, kleiner werden darf.

- Holzgüte

  Für Holzpfähle verwendetes Holz muss den Anforderungen nach ENV 1995-1-1 entsprechen. Die zugerichteten Pfähle müssen gleichmäßig konisch sein. Die Querschnittsmaße sollten sich um max. 1,5 cm je m ändern.

  Darüber hinaus ist, insbesondere im Hinblick auf die Haltbarkeit, möglichst langsam (engständig) gewachsenes Holz aus Wintereinschlag zu verwenden. Es ist zu vermuten, dass trockene Holzpfähle mit geringem Wassergehalt beim Einbau gegenüber dem Einbau von unter Saft stehendem Holz insbesondere im wassergesättigten Weichboden eine wesentlich höhere Mantelreibung durch den so genannten Ansaugeffekt erzielen.

- Zurichten der Pfähle

  Es sind nur entrindete Pfähle zu verwenden, wobei eine durch die Entrindung aufgeraute Oberfläche einer möglichst optimalen Mantelreibung nicht abträglich ist.

  Inwieweit eine Kerbung der Pfahloberfläche zu einer wirksamen Erhöhung der Mantelreibung führt, ist nicht gesichert. Jedoch ist davon auszugehen, dass bei Weichböden die Kerben durch den Rammvorgang rasch verfüllt werden und infolge der geringeren inneren Reibung des Bodens keine wesentliche Verbesserung erfolgt.

Die DIN fordert weiterhin für Holzpfähle eine axial und symmetrisch angeschnittene Pfahlspitze. Erfahrungen in Weichböden (Seetone, Beckenschluffe) zeigen jedoch sowohl rammtechnisch als auch hinsichtlich Tragfähigkeit keine relevanten Unterschiede zwischen angespitzten und stumpfen Pfählen. Lediglich in dichter gelagerten bzw. steiferen Böden erscheint ein Anspitzen sinnvoll, wobei in diesen Böden ein Einsatz von Holzpfählen in der Regel keine Vorteile bringt.

- Pfahlverbindungen

  Holzpfähle sollten, soweit möglich, in einem Stück, d. h. nicht als gestückelte Teillängen eingebracht werden, da Pfahlverbindungen eine Schwachstelle hinsichtlich Knicksicherheit darstellen. Die in der älteren Literatur (siehe 0) angegebenen Holzpfahlaufpfropfungen sind kaum praktikabel, bzw. wurden meist nur einfache Dornverbindungen, die keinerlei Knickstabilität gegen exzentrische Lasten aufweisen, verwendet.

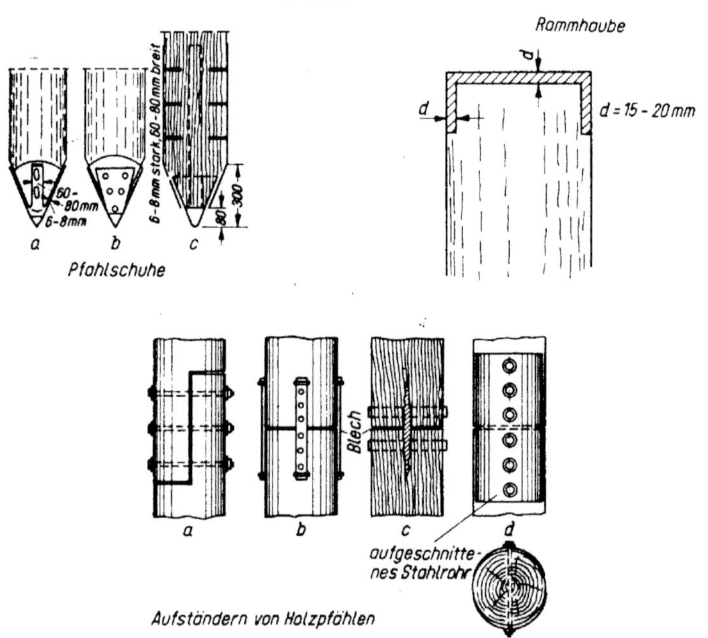

Bild 6.3: Pfahlverbindungen
(aus Grundbautaschenbuch nach SCHENCK 1955) [9]

Als praktikabel erwies sich der Einsatz von Stahlrohrhülsen, Wanddicke ≥ 10 mm, mit einer Mindestübergreifungslänge von 1 m, die auf den vorbereiteten Pfahlkopf aufgesetzt werden.

Daneben gibt es auch noch Pfahlkupplungssysteme verschiedener Hersteller (z. B. System Häring) bzw. enthält die EN 12 699 den Vorschlag einer Kombination von Dorn / Dübel und Blechumhüllung.

Bild 6.4: Verzinkte Rohrstahlhülsen
als Übergangselement zum Brückenüberbau
in der Wasserwechselzone
(im Hintergrund eine bereits auf Solltiefe gerammte Pfahlgruppe).

- Pfahlaufsätze

  Aufgrund der geringen Haltbarkeit von Holzpfählen in der Wasserwechselzone bzw. oberhalb des Grundwassers werden oftmals Kombipfähle eingesetzt, bei dem der in der Wasserwechselzone bzw. oberhalb des niedrigsten Grundwasserstandes gelegene Teil entweder als Stahl- oder Betonaufsatzpfahl ausgebildet wird.

  Im Wasserbau hat sich dabei der Einsatz von Stahlrohraufsatzpfählen (siehe Abb. 4) bewährt, während es für Gründungen an Land verschiedene Betonaufsatzsysteme gibt.

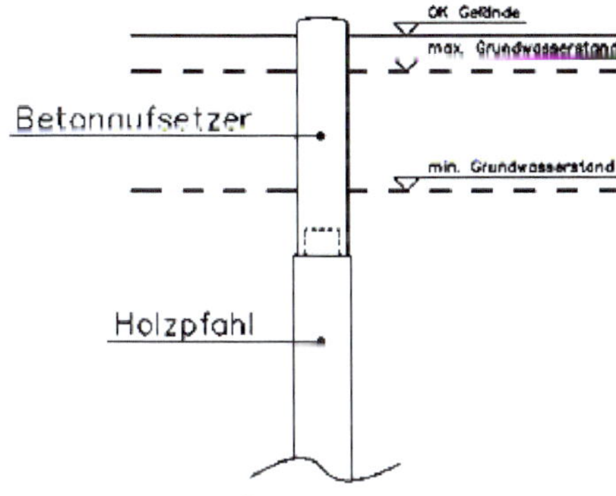

Bild 6.5: Betonaufsetzer für Holzpfähle
wie sie vor allem in den Niederlanden verwendet werden

- Rammung

  Auch beim Einsatz im extremen Weichboden sind möglichst schlagkräftige Rammen für das Einbringen der Pfähle zu verwenden. Werden nur gering dimensionierte Rammen eingesetzt, ergibt sich aufgrund der Adhäsion des Pfahles zum bindigen Boden eine zu starke Federung.

  Diese kann infolge der dadurch bedingten hohen Schlagzahlen zu einer dynamischen Belastung des umgebenden Bodens und damit zu einer weiteren Verschlechterung der Tragfähigkeit führen. Beim Einsatz von Explosionsrammen ist zu beachten, dass es bei Weichböden infolge des geringen Rammwiderstandes vermehrt zu Fehlzündungen kommen kann.

  Die durch das Rammsystem aufgebrachte Energie sollte so gewählt werden, dass die während des Rammens erzeugte maximale Druckspannung den 0,8fachen Wert der Druckfestigkeit in Faserrichtung nicht überschreitet.

Bild 6.6: Holzpfahlgründung für Seebrücke vom Schwimmponton aus.

- Tragfähigkeit

  Als Richtwerte für die Tragfähigkeit von Holzpfählen können zum einen die Angaben der DIN 1054, Tabelle C3, (≙ der alten DIN 4026, Tabelle 2) zum anderen die Angaben von SCHENCK 1966 im Grundbautaschenbuch gelten.

Tab 6.3: Zulässige Druckbelastung von Rammpfählen aus Holz nach DIN 1054-2005

Einbindetiefe in den tragfähigen Böden	**R2, k [kN] dFuß [cm]**				
[m]	**15**	**20**	**25**	**30**	**35**
3	100	150	200	300	400
4	150	200	300	400	500
5	--	300	400	500	600

Bodenart		**Bereich unter OK der tragfähigen Schicht[1]) [m]**	**Mittlere Mantelreibung (für abgewickelten Umfang) τ_{mf} [kN/m²]**	**Spitzendruck (umrissener Umfang des Pfahlfußes) σ_{sf} [MN/m²]**
nichtbindige Böden		bis 5 5 – 10 > 5	20 – 45 40 - 65	2 – 3,5 3 – 7,5
I_c nach	I_c = 0,5–0,75		5 – 20	-
	I_c = 0,75 – 1		20 – 45	0 – 2
[1]) Für τ_{mf} ist das die Einbindetiefe t, für σ_{sf} die Rammtiefe in der tragfähigen Schicht (siehe DIN 4026)				

Tab. 6.4: Spitzendruck σsf und Mantelreibung τmf nach Erfahrungen aus Probebelastungen für Rammpfähle (nach SCHENCK 1966)

Dass es sich hierbei nur um sehr grobe Orientierungswerte handelt, zeigt sich an der darin verwendeten Definition: „Einbindetiefe in den tragfähigen Boden".

D. h. die genannten Werte gelten nicht für schwimmende Pfahlgründungen mit ausschließlicher Mantelreibung. Neuere Ergebnisse aus Probebelastungen liegen nur sehr vereinzelt – insbesondere von Sanierungen schadhafter Pfahlgründungen – vor, was unter anderem dadurch bedingt ist, dass in tiefgründigen Weichböden, dem überwiegenden Einsatzbereich von schwimmenden Holzpfahlgründungen, eine fachgerechte Probebelastung mit entsprechenden Reaktionsankern sehr aufwendig und damit kostenintensiv ist. So konnte auch bei dem in Beispiel 2 beschriebenen Bauvorhaben nur eine Ballastierung als vereinfachte Probebelastung durchgeführt werden. Bemessungen erfolgen daher meistens aufgrund örtlicher, oft subjektiver Erfahrungswerte.

Bild 6.7: Probeballastierung einer Pfahlgruppe

Grundsätzlich ist bei der Abschätzung der Tragfähigkeit von schwimmenden Holzpfählen zu unterscheiden, ob der Lastabtrag ausschließlich über die Mantelreibung erfolgt – dies gilt im Wesentlichen für wassergesättigte Seetone und Beckenschluffe –, oder ob durch die Pfähle bzw. das verdrängte Bodenvolumen eine Verdichtung und damit Erhöhung der Tragfähigkeit des umgebenden Bodens erfolgt.

So wurde z. B. bei der Sanierung des Reichstages in Berlin durch entsprechende Probebelastungen nachgewiesen, dass zwar infolge von Holzfäule die in Teilbereichen vorhandenen Pfähle keine effektive Mantelreibung mehr aufweisen, der umgebende Boden jedoch durch das verdrängte Pfahlvolumen eine bleibende Verbesserung der Tragfähigkeit aufweist und somit die Holzpfähle auch weiterhin zum Lastabtrag mit herangezogen werden [8].

Eine Abschätzung der Tragfähigkeit über einschlägige Rammformeln ist zwar oftmals hilfreich, kann aber bei zu gering ausgelegtem Rammen in bindigen Böden zu erheblichen Fehleinschätzungen führen.

Oben beschriebene Probleme bei der Ermittlung der Tragfähigkeit von schwimmenden Pfahlgründungen in bindigen Böden sind jedoch nicht auf das System Holzpfahl beschränkt, sondern gelten für alle schwimmenden Pfahlgründungen.

Insbesondere langfristige Sekundärsetzungen durch plastische Kriechverformungen sind nur schwer zu erfassen und bleiben bei schwimmenden Pfahlgründungen ein nur schwer abschätzbares Risiko.

Die Erfahrung aus einer Vielzahl von Bauwerken zeigt jedoch, dass gerade für diesen Bereich Holzpfähle gegenüber Stahl- und Betonpfählen eine höhere Tragfähigkeit aufweisen. Wünschenswert wäre, wenn durch entsprechende Setzungsmessungen und Probebelastungen bei zukünftigen Bauvorhaben eine besser abgesicherte Bemessungsgrundlage geschaffen werden könnte.

- Wirtschaftlichkeit
  Neben der im Wesentlichen nur empirisch belegten höheren Tragfähigkeit im Weichboden weisen Holzpfähle bei Gründungen für spezielle Einsatzbereiche weitere Vorteile auf, die sich bezüglich Herstellkosten positiv auswirken können:
  - Geringeres Gewicht und damit einfachere Handhabbarkeit - z. B. sind keine schweren Hebwerkzeuge erforderlich, was beim Einsatz auf gering tragfähigen Böden vorteilhaft ist.
  - Beim Wasserbau / Brückenbau u. Ä. können Pfähle zum Rammort mit geringem Aufwand eingeschwommen werden.
  - Pfähle können mit geringem Aufwand auf Sollhöhe gekappt werden.

6.4 Beispiele

Im Folgenden werden drei neuere Bauvorhaben mit schwimmender Holzpfahlgründung sowie ein klassischer Schadensfall einer bestehenden Holzpfahlgründung vorgestellt.

Beispiel 1 – Gaststätte im Uferbereich des Chiemsees

Der Uferbereich des Chiemsees besteht aus nacheiszeitlichen Verlandungsböden mit sehr rasch wechselnder Zusammensetzung (Feinsande, Schluffe, Seetone etc.).

Für die Gründung des Bauwerkes war eine Plattengründung auf einem Teilbodenaustausch (Kieskoffer) vorgesehen. Aufgrund der auf der Gründungssohle anstehenden Böden war ein 0,20 m bis 1,00 m mächtiger Kieskoffer ausgeschrieben. Darüber hinaus sollten nicht unterkellerte Bereiche auf Pfählen gegründet werden.

Da jedoch der tiefer führende Aushub für den Kieskoffer einerseits zu Problemen mit der Standsicherheit der Baugrubenböschung / Verbau geführt hätte und andererseits durch die unterschiedliche Stärke des Kieskoffers infolge dessen höherem spezifischen Gewicht Setzungsdifferenzen und damit Schiefstellungen sowie Setzungsdifferenzen zu den auf Pfählen gegründeten nicht unterkellerten Teilen nicht auszuschließen waren, wurde durch die ausführende Firma alternativ ein Holzpfahlrost angeboten und ausgeführt.

Aufgrund der überwiegend feinsandigen Bodenstruktur konnte davon ausgegangen werden, dass der Lastabtrag nicht nur über die Mantelreibung der Pfähle erfolgt, sondern durch die Pfähle auch eine Verdichtung und damit Erhöhung der mittragenden Wirkung des Bodens erzielt wird.

Die Herstellung der Pfähle erfolgte mit entsprechendem Leerschlag von GOK, um nicht durch das Trägergerät die Trägfähigkeit des stark sensitiven Bodens auf der Gründungsebene zu beeinträchtigen.

Beispiel 2 – Seebrücke Tettenhausen

An der Engstelle zwischen Waginger und Tachinger See war im Zuge des Radwegbaus ein Brückenbauwerk zu errichten. In diesem Bereich stehen bis in Tiefen > 35,00 m weich-breiige unkonsolidierte Seetone und Beckenschluffe an.

Da die parallel verlaufende Straßenbrücke und Damm infolge von Setzungen bereits mehrfach saniert werden mussten, war davon auszugehen, dass sich diese im labilen Gleichgewicht befinden. D. h. durch das neue Bauwerk sollten keine zusätzlichen Belastungen auf den bestehenden Damm / Brückengründung erfolgen. Es wurde daher eine möglichst leichte Stegkonstruktion aus Stahl und Holz gewählt. Die Mindesttragfähigkeit war für ein 12 t-Fahrzeug auszulegen. Die Gründung der Brückenpfeiler erfolgte über „schwimmende“ Holzpfahlgruppen von 6 – 8 Pfählen, die bockartig gegeneinander geneigt sind (Eisdruck).

Die planliche Pfahllänge betrug 18 m, davon eine Mindesteinbindetiefe in den Seeboden von 14 m. Bei zu niedriger Schlagzahl wurden die Pfähle um 6 m verlängert. Für die Wasserwechselzone (Schwankungsbereich zwischen NW und HHW) wurde auf die Holzpfähle eine 3 m lange Stahlhülse aufgeschoben, die zugleich als Übergangskonstruktion zu der darüber liegenden Pfahljochkonstruktion diente.

Bild 6.8: Vorbereitete Pfahlköpfe zur Aufnahme der Stahlrohrhülsen.

Bild 6.9: Stahlrohrhülsen bei der Montage
Anschließend wird der Pfahl auf Solltiefe
(Holzpfahlkopf unter Niedrigwasserlinie) weitergerammt.

Als Hauptproblematik bei der Herstellung erwies sich das lagegenaue Rammen der Pfähle vom Ponton aus, da trotz ständig laufender messtechnischer Kontrolle der Pfahllage und Neigung bei Feststellung einer Abweichung mit vertretbaren Aufwand keine Lagekorrektur mehr möglich war.

Da im Bereich der anschließenden Dammstrecken keine Untergrund verbessernden Maßnahmen vorgesehen waren, mussten die beiden Brückenwiderlager hinsichtlich Setzungen eine Mittelfunktion zwischen der aus den Brückenjochen zu erwartenden Setzung und der Dammstrecke darstellen.

Es wurde daher unter jedem Widerlager ein Pfahlrost aus sechs Kurzpfählen, l = 6 m, hergestellt und darüber ein lastverteilender, mit Geogitter bewehrter Kieskoffer eingebaut. Zusätzlich erfolgte bis zum Einbau der Längsträger der Brücke eine Vorballastierung.

Bild 6.10: Vorbereitung des mit Geogitter bewehrten Kieskoffers über dem Holzpfahlrost der Widerlager

Für die Holzpfähle wurde wintergeschlagenes Fichtenholz verwendet.

Beispiel 3 – Schiffshütten Chiemsee

Die Chiemseeschifffahrt benötigt für die Beschickung und Versorgung ihrer Schiffe den heutigen Anforderungen entsprechende Schiffshütten. Hierzu wurden im Hafen Prien – Stock am Chiemsee eine ca. 40 x 50 m große Schiffshütte mit zwei getrennten Hafenbecken errichtet.

Untergrund:
Im Bereich der Schiffshütte stehen bis in eine Tiefe von 17 – 19 m uGOK / Seespiegel nur sehr gering tragfähige Seetone bzw. im oberen Bereich Verlandungsböden an.

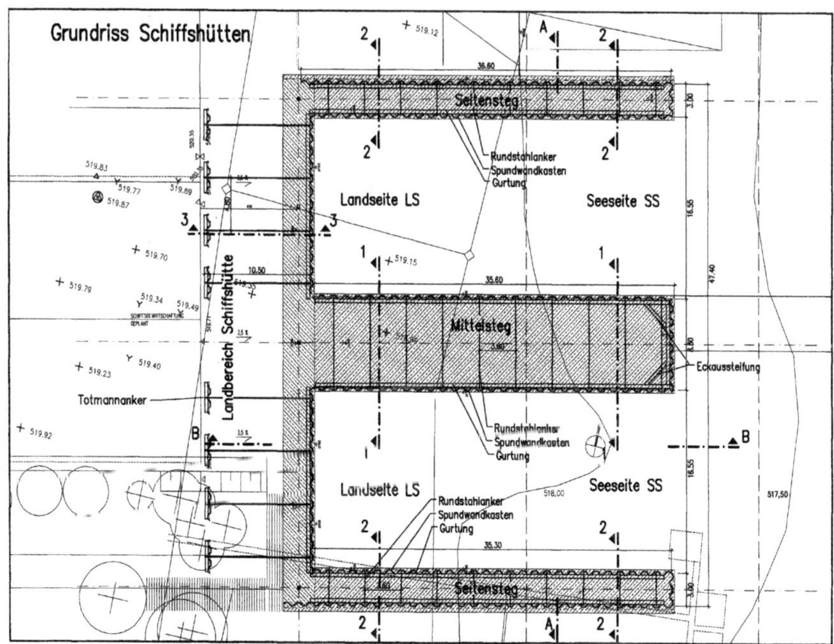

Bild 6.11: Grundriss Neubau Schiffschütte

Da der geplante Standort der Schiffshütte teilweise im See liegt, konnte die Baugrunderkundung nur bis zum anfahrbaren Uferbereich mit der Drucksonde (CPT) erfolgen. Für den im Wasser gelegenen Bereich musste die Erkundung mit der Rammsonde (DPH) vom Ponton aus erfolgen.

Gründung / Bauverfahren:

Aufgrund der Ergebnisse verschiedener Variantenuntersuchungen zur Gründung sowie der Erfahrungen mit den Gründungen der bestehenden Hafengebäude wurde entschieden, den Neubau als Spundwandkasten über einem schwimmenden Holzpfahlrost und zusätzlicher Auflastschüttung zur Vorkonsolidierung auszuführen.

Bei der Berechnung wurde davon ausgegangen, dass 40 % der Bauwerkslasten durch den Pfahlrost und der Rest durch den Spundwandkasten / Bodenplatte abgetragen werden.

Die einzelnen Bauphasen sind in den Abbildungen 4.1 – 4,5 dargestellt.

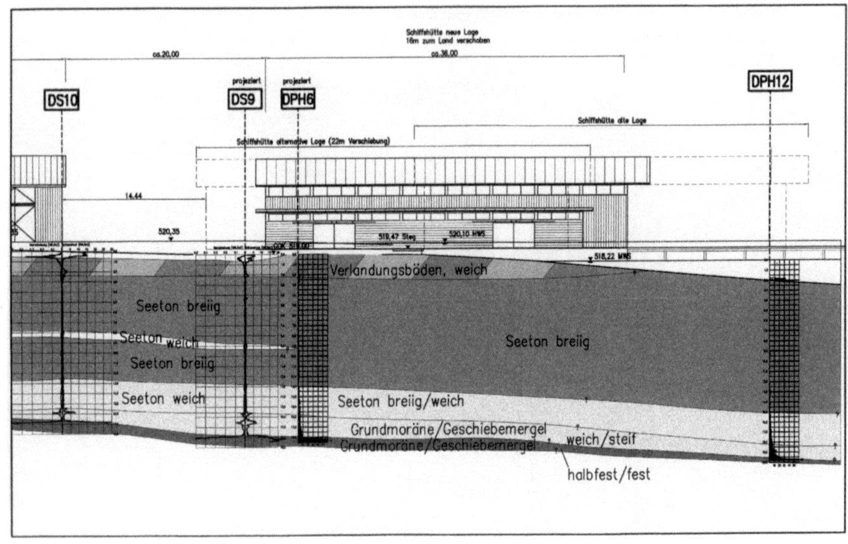

Bild 6.12: Geologischer Schnitt Standort Schiffshütte

Phase 1 Herstellung Arbeitsplanie und Holzpfähle

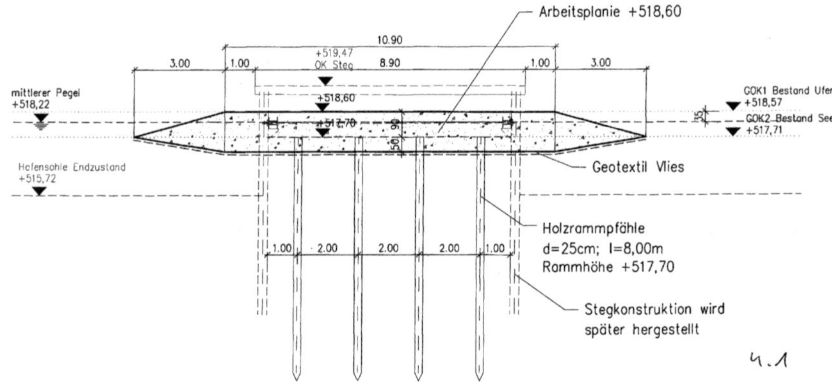

Phase 2 Herstellung Kieskoffer

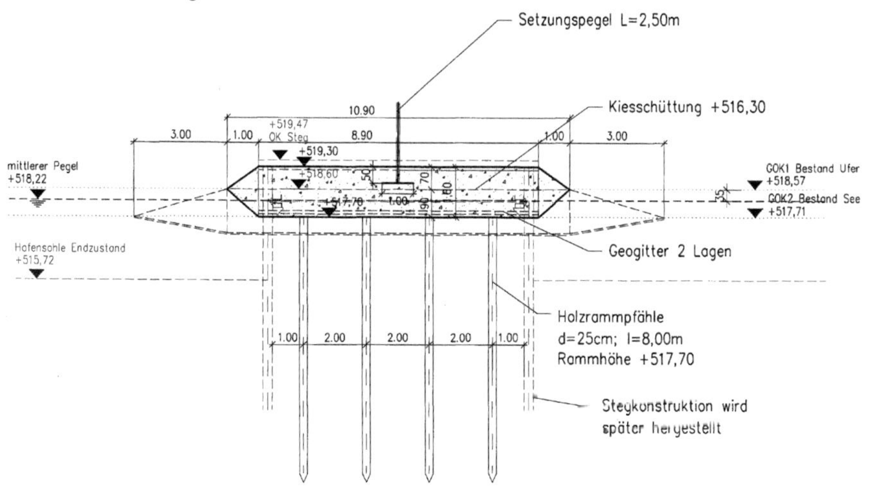

Phase 3 Herstellung Auflastschüttung

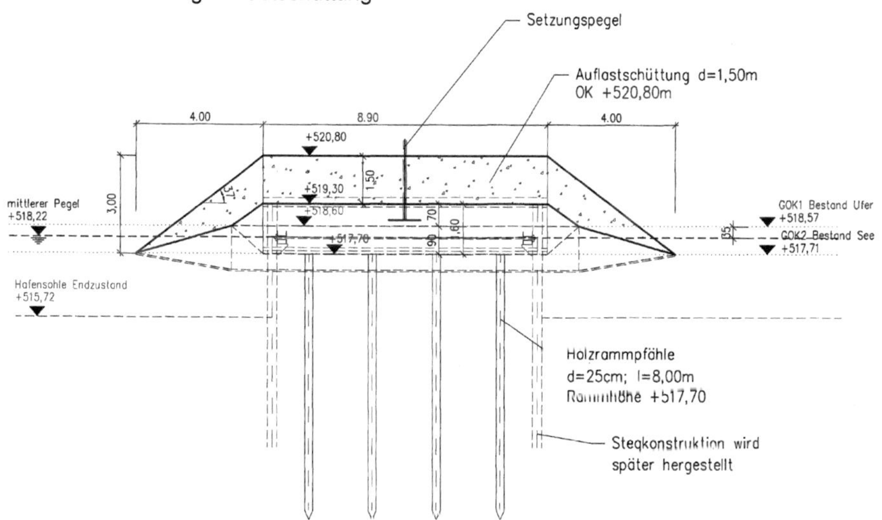

Phase 4 Herstellung Spundwandkasten und Bodenplatte

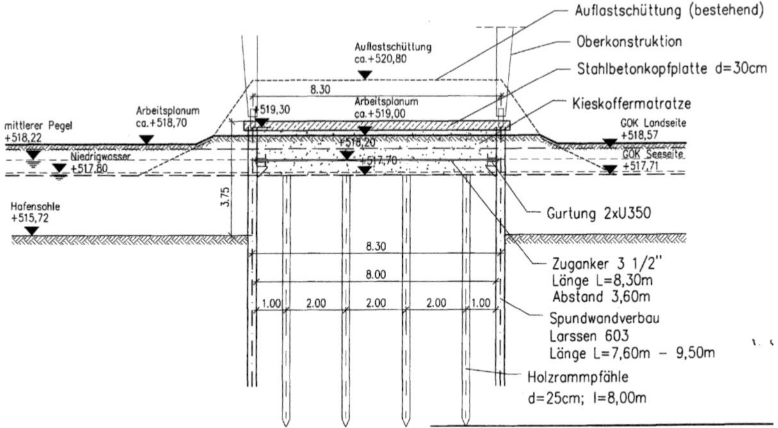

Phase 5 Endzustand Mittelsteg Schiffshütte

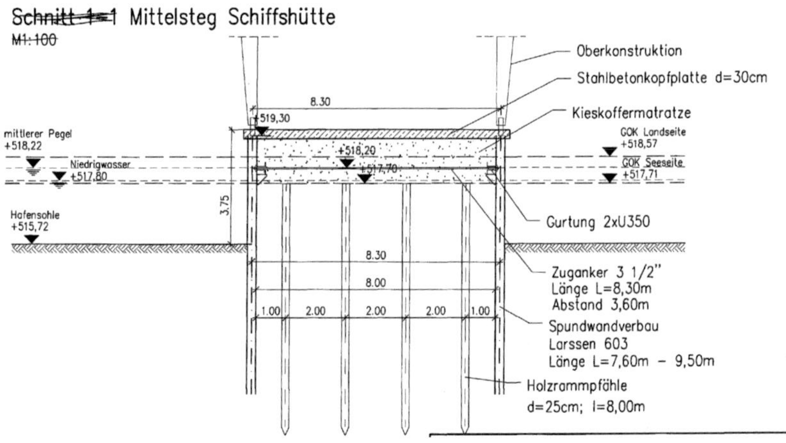

Setzungsprognose / Setzungsverlauf

Für das gewählte Gründungskonzept wurden während der geplanten Vorballastierungsdauer von ca. 1 Jahr Setzungen von 20 – 30 cm erwartet.

Bereits nach kurzer Zeit zeigte sich jedoch, dass sich die seeseitigen Bereiche trotz annähernd gleichem Bodenaufbau wesentlich stärker setzten und in diesem Bereich mit lang anhaltenden Setzungen zu rechnen ist.

Seit Fertigstellung der Bodenplatte im Frühjahr 2006 bzw. der Überbauten Ende 2006 wurden nur noch geringfügige Setzungen im Rahmen des prognostizierten Bereiches festgestellt.

Beispiel 4 –
Schädigung von Holzpfahlköpfen durch Absenkung des Grundwasserspiegels

In der Nähe des Schliersees wurde Ende der 60er Jahre eine Industriefertigungshalle errichtet. Im Bereich des Baufeldes stehen oberflächennah mehrere Meter Torf und darunter bis zu einer Tiefe von 20 – 25 m uGOK breiige bis breiig-weiche Seetone / Beckenschluffe an. Das Liegende bilden gut tragfähige Moräneböden.

Das Bauwerk wurde über einen Stahlbetonrost auf bereits vorhandenen angeblich 20 m langen Holzpfählen gegründet. Ein daneben liegendes Bauwerk wurde auf einem schwimmenden Pfahlrost mit lediglich 6 m langen Pfählen gegründet.

Im Zuge der Errichtung der Kanalisation Ende der 70er Jahre wurde die Kanalverfüllung mit zwar gut verdichtbarem aber stark durchlässigem Kiesmaterial ohne Querschotte o. Ä. durchgeführt. Hierdurch kam es zu einer Absenkung des Grundwasserspiegels, die Setzungen der oberflächennahen Torfe zur Folge hatte.

Infolgedessen kam es zum einen zu einer Schiefstellung des auf dem schwimmenden Kurzpfahlrost gegründeten Nebengebäudes, zum anderen gelangten die Pfahlköpfe der Gründung der Fabrikationshalle in den Grundwasserwechselbereich. Schiefstellungen sind trotz der teilweise mangelhaften bzw. nicht fachgerechten Holzpfahlgründung nicht eingetreten.

Insbesondere bei Torfböden wird immer wieder übersehen, dass diese gegenüber ihrer unmittelbaren Umgebung einen erheblich höheren Grundwasserstand aufweisen und jeglicher Eingriff, der die Durchlässigkeit zur Umgebung erhöht, zu erheblichen Grundwasserabsenkungen führt. So sieht man heute in den für die landwirtschaftliche Nutzung „trocken gelegten" Moorgebieten oftmals die Fundamente / Pfahlköpfe der Brücken der Feldwege frei in der Luft stehend, da die Grundwasserabsenkung und dadurch bedingte Setzungen des Moorbodens weit über das vorgesehene Maß fortgeschritten sind.

Bild 6.13: Durch „Moorsackung" freigelegte Holzpfahlköpfe der Widerlager einer Feldwegbrücke (Brucker Moos)

6.5 Literaturverzeichnis und Normen

[1] Informationsdienst Holz / EGH, CMA (Hrg): Heimisches Holz im Wasserbau (1990).

[2] Highly, T. L.: Protecting Piles (Douglas-fir) from decay: End treatments (different fungicides). Material Organismen. (Berlin: 1984).

[3] Peek, R. D. / Willeitner, H.: Behaviour of wooden pilings in long time service. Proc. X. Ing. Conf. Int. Soc. Soil Mech. Found. Ing., Stockholm, Schweden Vol. III, 9/23, pp. 147 – 152 (1981).

[4] Mombächer, R.: Die Verwendung von Holz im marinen Wasserbau. Holz-Zentralblatt 91 (1965), 9, 128 – 131.

[5] Teichmann, S.: Einheimisches Holz im Wasserbau. Heimische Hölzer im Wasserbau Schleswig-Holsteins aus historischer und aktueller Sicht. T 1 – 4. Holz-Zentralblatt (1987).

[6] Böttcher, P.: Auswertung von Langzeituntersuchungen über das Verhalten von geschütztem und ungeschütztem Douglasienholz im Vergleich zum Kiefernholz bei Verwendung im Wasserbau. Braunschweig: Fraunhofer-Institut für Holzforschung (1987).

[7] Lavers, G. M.: The strength properties of timbers. Forest Products Research Laboratory, Princes Risborough (1967).

[8] Andrä, H. P. / Funk, R.: Untersuchungen aus der historischen Holzpfahlgründung und am historischen Mauerwerk beim Umbau des Reichstagsgebäudes zum Sitz des Deutschen Bundestags in Berlin. 4. Int. Kolloquium Werkstoffwissenschaften zur Bauinstandsetzung. Fraunhofer IRB Verlag (Esslingen: 1996).

[9] Schenck, W.: Pfahlgründungen, Grundbautaschenbuch, Band I, Verlag Wilhelm Ernst & Sohn, Berlin 1955

Normen:

DIN 68 800	Teil 3	Holzschutz
DIN 68 810		Imprägnierte Holzpfähle
DIN 68 364		Kennwerte von Holzarten
PrEN 350	Teil 2	Holz und Holzprodukte – Natürliche Dauerhaftigkeit von Holz
DIN 1054-2005		Baugrund (Sicherheitsnachweise im Erd- und Grundbau)
EN 12 699		Verdrängungspfähle
ENV 1995-1-1		

7 Gründungen mit Tiefenrüttlern

Steffan Binde

7.1 Einleitung

Dieses Kapitel soll einen Überblick in die Verfahren geben und auch einem „Nicht"-Spezialisten ermöglichen, die Verfahren vereinfacht zu verstehen.

In der Gesamtheit der Gründungsvarianten bilden die Tiefenrüttelverfahren eine Untergruppe, die sowohl bei den Flachgründungen als auch bei den Tiefgründungen eingeordnet werden kann.

Die Rütteldruckverdichtung und auch die Rüttelstopfverdichtung sind Flachgründungen, da es hier um eine reine Bodenverbesserung geht, bei der keine starren Elemente (Beton) eingesetzt werden.

Sowohl die Betonrüttelsäulen (BRS mit Lieferbeton) als auch die erst bei der Herstellung vermörtelten Betonstopfsäulen (VSS oder BSS) sind bei den Tiefgründungen angesiedelt, da es sich hier im Prinzip um tiefergelegte Betonquerschnitte (quasi Pfähle) handelt.

Alle diese Verfahren nutzen den Tiefenrüttler (Frequenz ca. 50 Hz), um in den Boden einzudringen und diesen sowie das Einbaumaterial zu verdichten.

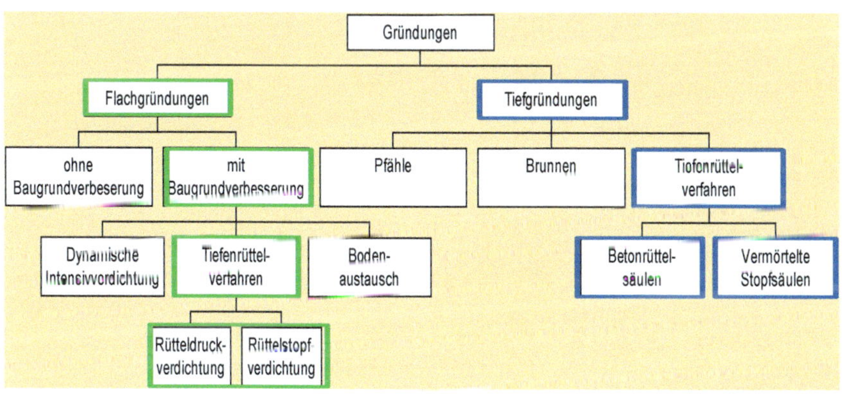

Bild 7.1: Gründungsverfahren

Die Anfänge der Tiefenrüttelverfahren liegen in Deutschland in den dreißiger Jahren. Diese Verfahren wurden im Laufe der Jahre stets weiterentwickelt und machen bei den Gründungen, bei denen keine extremen Einzellastabträge notwendig sind, einen großen Anteil des Marktes aus.

Die Einsatzgebiete reichen von Stadien, Infrastrukturmaßnahmen über Logistikzentren und großen Geschäftsgebäuden bis hin zu Einfamilienhäusern.

7.2 Grundlagen der Verfahren

Um das Einsatzgebiet eines Verfahrens aufzuzeigen, kann hier eine kurze Übersicht anhand der Anwendungsgrenzen in der Kornverteilung einen guten Einblick geben.

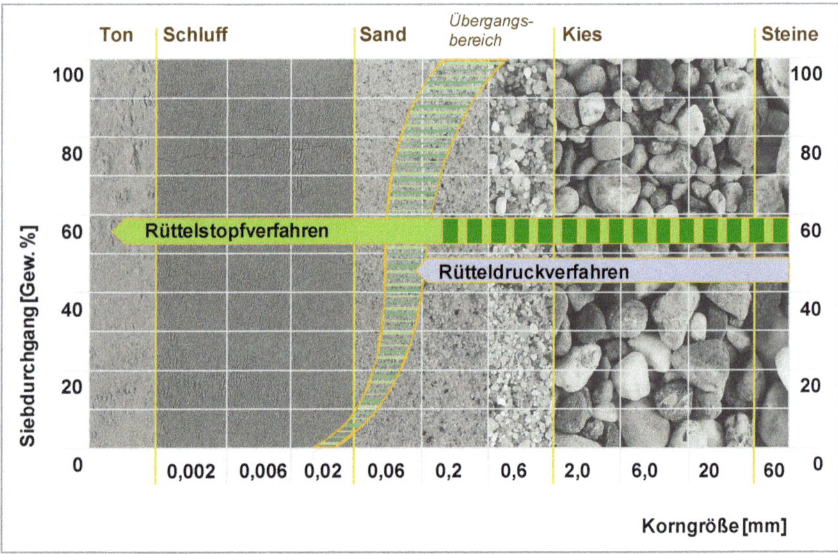

Bild 7.2: Anwendungsgrenzen der Tiefenrüttelverfahren

7.3 Rüttelverfahren

7.3.1 Rütteldruckverfahren (RDV)

Dieses hat sein Einsatzgebiet in den körnigen Böden und ist bis zu einem maximalen Schluffanteil von ca. 5 % nutzbar. Geht es über diesen Feinanteil hinaus, ist die Rüttelstopfverdichtung das optimale Verfahren. Hier wird das Material (Kies / Schotter) durch das Innere des Rüttlers an dessen Spitze gefördert und dann verdichtet. Dieses Verfahren wird bis in tonige Böden angewandt.

Die technische Grundlage der Tiefenrüttelverfahren ist der Einsatz eines Tiefenrüttlers mit Elektromotor, der im Innern des Rüttlers eine Unwucht antreibt. Hieraus resultiert beim Eindringen in den Boden und bei dessen anschließender Verdichtung die Verdrängung des Bodens und die Kornumlagerung.

Beim **Rütteldruckverfahren** wird durch das Innere des Rüttlers **kein** Fremdmaterial zugegeben, sondern lediglich die durch Kornumlagerung auftretenden Volumenverluste von oben mit zusätzlichem körnigem Material aufgefüllt.

Hierbei werden die Korngerüste des Bodens so optimiert, dass die Kornzwischenräume, die zu Setzungen führen können, verringert und quasi an die Oberfläche geführt werden.

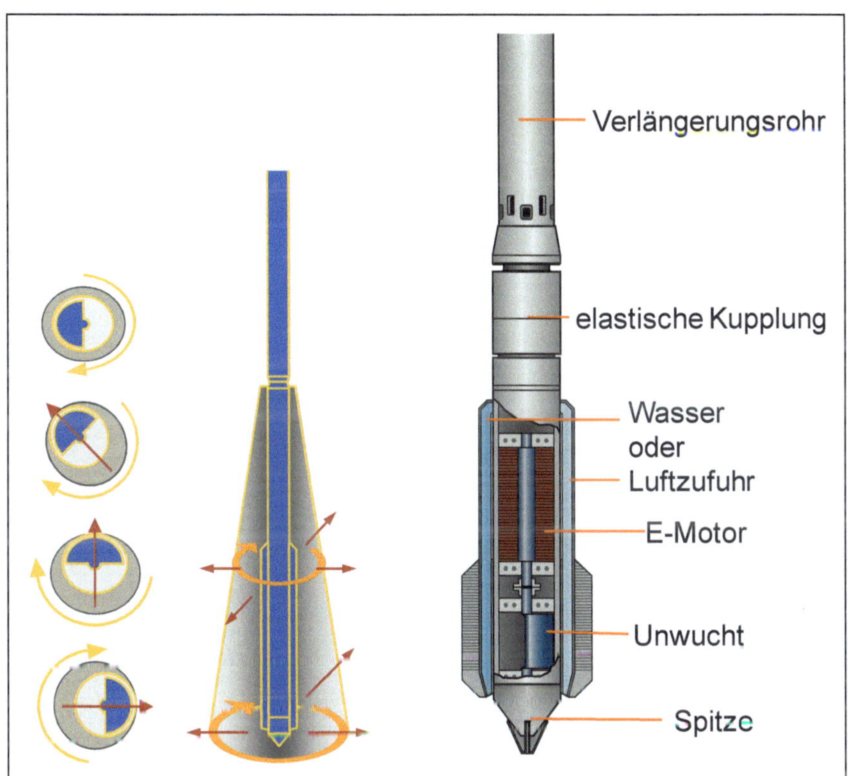

Bild 7.3: Prinzip des Rütteldruckverfahrens

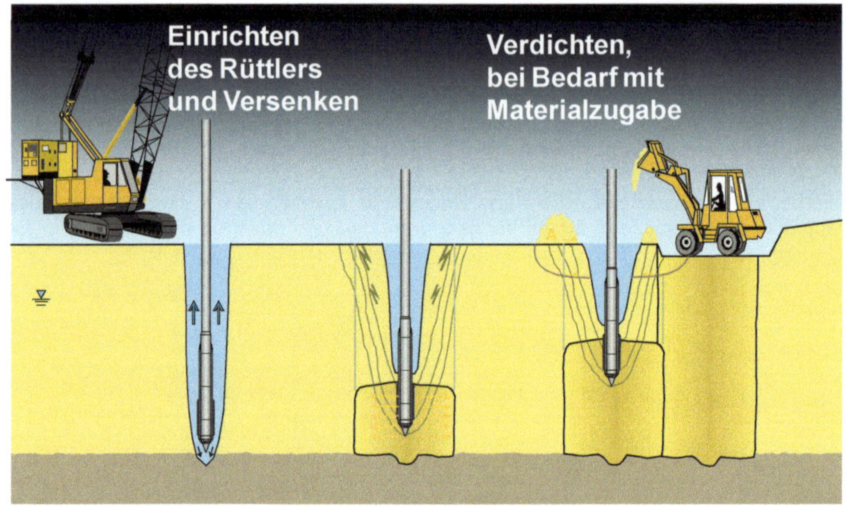

Bild 7.4: Rütteldruckverdichtung in grobkörnigen Böden

Bild 7.5: Rüttler mit Absenktrichter

Die Anordnung der Verdichtungspunkte erfolgt in einem Raster. Hier werden Dreiecksraster den Rechtecksrastern bevorzugt und je Verdichtungspunkt werden ca. 5 - 12 m² ausgeführt . Die Anordnungen können natürlich je Anwendungsfall variieren.

Die Verbesserung des Bodens ist durch Drucksondierungen, die vor und nach dem Einsatz des Verfahrens ausgeführt werden, sehr gut sichtbar.

Diese Drucksondierungen werden auch zur Qualitätssicherung und gleichzeitigem Nachweis des Verdichtungserfolges verwendet. In selteneren Fällen werden Probebelastungen durchgeführt.

Diese Verfahren sind bereits seit Jahrzehnten bewährt.

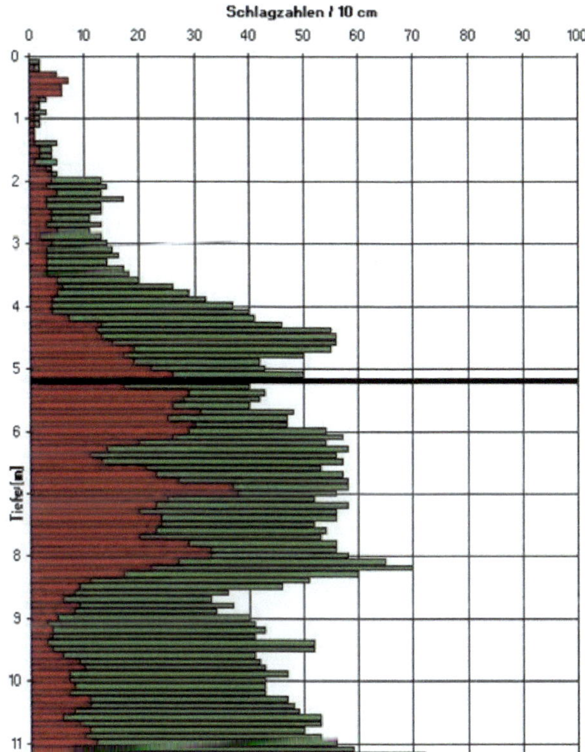

Bild 7.6: Rammsondierungen vor und nach der Bodenverbesserung mit RDV

Beispiele Rütteldruckverdichtung

Sicherlich sind Ihnen Beispiele bekannt, die überhaupt nur mit der Rütteldruckverdichtung entstehen konnten.

Hierbei sind die künstlichen, palmenförmigen Inseln vor Dubai oder die Landgewinnung in Singapur nur die bekanntesten Anwendungsgebiete für diese Gründungsform.

Bei Infrastrukturprojekten wie Dämmen, großen Tankgründungen und auch im Küstenbereich kommt die Rütteldruckverdichtung vielfach zum Einsatz.

Bild 7.7: Aufgeschüttete und verdichtete Palm Islands vor Dubai

Bild 7.8: Palm Islands vor Dubai mit Geräten zur Rütteldruckverdichtung

7.3.2 **Rüttelstopfverfahren** (RSV)

Bei der **Rüttelstopfverdichtung** wird, im Gegensatz zu der Rütteldruckverdichtung, das bodenverbessernde Material durch den Rüttler über eine Schleuse an die untere Spitze gefördert.

Dies ist quasi als senkrechter Bodenaustausch mit umgebender Bodenverdichtung zu sehen.

Das Eindringen des Tiefenrüttlers in den Boden erfolgt mit gebäudeunschädlichen 50 Hz bis in die tragfähigen Schichten oder auch schwimmend.

Ein großer Vorteil des Verfahrens besteht darin, dass keine Einbindung in den tragfähigen Boden notwendig ist. Diese muss im Gegensatz dazu bei Pfählen minimal 3 m betragen.

Somit können auch sehr variierende tragfähige Schichten mit diesem Verfahren abgetastet werden und sind so eine sehr kostengünstige Gründungsvariante. Dies trifft auch besonders für Hanglagen zu. Bei zwischenliegenden Weichschichten oder gar Hohlräumen wird durch das pilgerschrittartige Ausstopfen die Säule automatisch verbreitert und verbessert somit diese Schwachstellen.

Die Anordnung erfolgt typischerweise unter Flächenlasten auch in Rastern. Bei Einzel- und Streifenfundamenten sind Säulenmindestabstände bei ca. 1 m empfohlen.
Im Gegensatz zu Pfählen beeinflusst ein geringerer Mindestabstand **nicht** die Einsatzfähigkeit des Systems. Im Anschluss sehen Sie die oft beeindruckenden Vorteile der Rüttelstopfverdichtung:

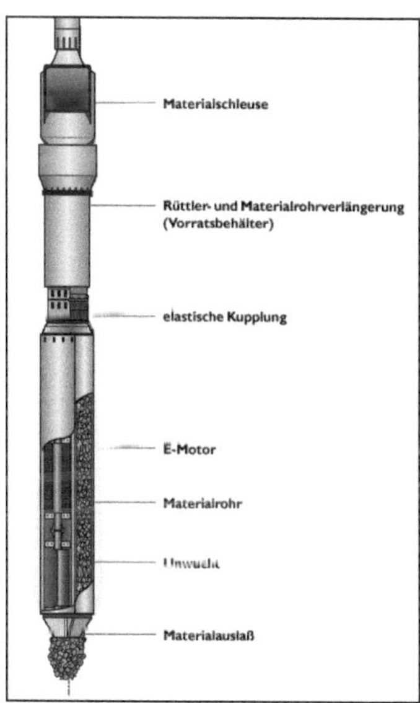

Bild 7.9: Gerät für Rüttelstopfverdichtung (Schleusenrüttler)

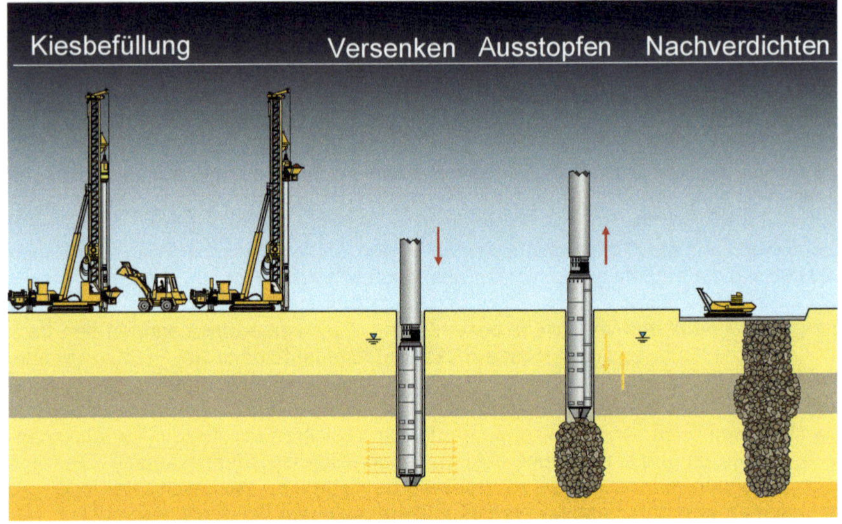

Bild 7.10: Rüttelstopfverfahren in gemischt- und feinkörnigen Böden

Vorteile der Rüttelstopfverdichtung gegenüber herkömmlichen Bohrpfahlgründungen:

- Kein direktes Versagen
- Keine systembedingten Schadensfälle
- Befahrbar jederzeit
- Keine Mindestabstände
- Keine Kapparbeiten
- Keine Frostprobleme
- Keine Einbindung
- Logistikvorteile
- Elastische Bettung
- Drainageeffekt
- Keine Beton QS
- Keine Integritätsprobleme
- Optimaler Carbon Footprint

Bild 7.11: Vorteile der Rüttelstopfverdichtung

7.3.3 Betonsäulen

Tiefenrüttelverfahren als tiefergeführte Betonquerschnitte

Da oft eine Vielzahl von Abkürzungen verwirrend wirkt, dies aber historisch gewachsen ist, sollen hier vorab einige Begriffe erklärt werden:

RDV (Rütteldruckverdichtung – s. o.) & **RSV** (Rüttelstopfverdichtung – s. o.)

BRS (Betonrüttelsäule – Herstellung mit Pumpe und Lieferbeton)

BSS (Betonstopfsäule – Herstellung vor Ort mit eigener Mischung)

VSS (vermörtelte Stopfsäule – Herstellung mit injizierter Zementmilch – auch nur zur Abdichtung)

Die verschiedenen Einsatzgebiete und die passenden Gründungselemente werden je nach Anforderung des Bauprojektes bzw. der jeweiligen Geologie optimiert. So kann es oftmals logistisch ratsam sein, den Beton vor Ort selbst zu mischen.

Der Herstellungsprozess basiert auf dem gleichen Prinzip und das Vordringen zu den tragfähigen Schichten erfolgt durch den vibrierenden Tiefenrüttler. Bei Erreichen und geringfügiger Einbindung in die tragfähigen Schichten tritt aus der Rüttlerspitze der Beton aus und wird in den Boden „gestopft".

Hierbei wird der Boden durch die Auflast des Rüttlers schon mit ca. 20 t vorkonsolidiert.

Anschließend wird der Rüttler nach oben gezogen und füllt / stopft den geschaffenen Raum mit Beton aus.

So entstehen pfahlähnliche Elemente, die auch teilweise mit Bewehrung versehen werden können. Die Mindestabstände entsprechen hier den Vorgaben für Pfähle, sodass man sich hier ungefähr an der Faustregel 3 x d orientieren kann.

Der große Vorteil dieser Gründungssysteme liegt wiederum in der nicht notwendigen Einbindung in den tragfähigen Boden.

Die Herstellung kann sehr schnell erfolgen und in der Regel fällt hierbei kein Bohrgut an. Gerade bei kontaminierten Böden ist dies ein Vorteil gegenüber anderen Gründungsvarianten.

Für diese Betonsäulen bestehen bauaufsichtliche Zulassungen.

Ein Nachweis der tatsächlichen Belastbarkeit kann durch Probebelastungen sowohl statisch als auch dynamisch erfolgen.

Für all diese Verfahren ist die Qualitätssicherung von größter Bedeutung. Diese erfolgt durch das kontinuierliche Erfassen aller Einbauparameter mittels elektronischer Datenaufzeichnung.

Hierbei können u. a. die erreichten Tiefen, die Anordnung und als Qualitätskriterium der Stromverbrauch lückenlos aufgezeichnet werden.

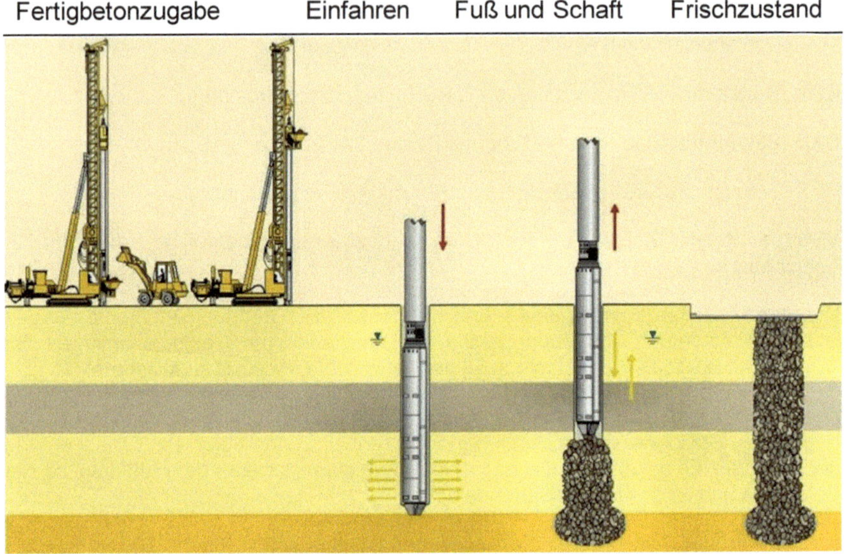

Bild 7.12: Betonstopfsäulen (BSS) und Fertigmörtelstopfsäulen (FSS)

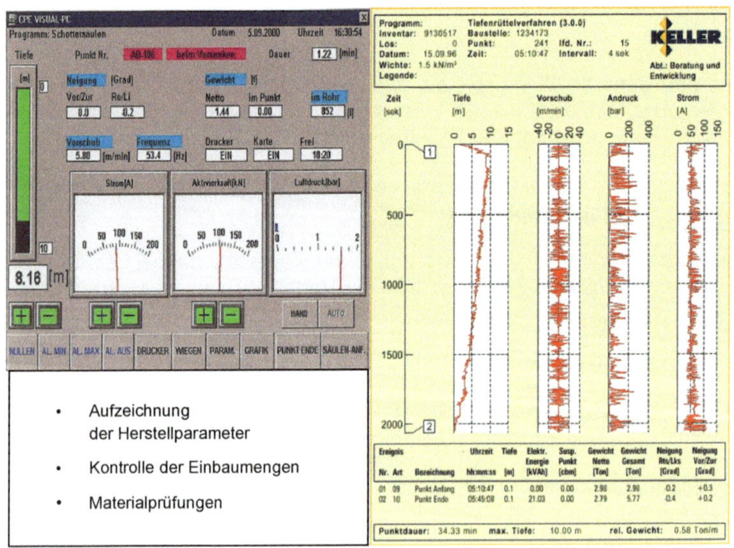

Bild 7.13: Qualitätssicherung durch Aufzeichnung der Herstellparameter, Kontrolle der Einbaumengen und Materialprüfungen

Praktische Tipps und Faustregeln für den Einsatz der Tiefenrüttelverfahren

Welche Tiefen erreichen wir ?

- •Standard 11 m
- •Gerät bis 18 m (Sonderfälle bis ca. 28 m)
- •Bis ca. 15-20 Schläge der DPH

Welchen Abstand zu Bauwerken bei Rüttlern ?

- •Faustregel: Abstand = Eindringtiefe
- •Im Einzelfall bis an den Bestand (ca. 2 m, STS ca. 0,5m)
- •Achsabstände der Pkt. mind. 1,3 – 1,5 m (STS ca. 0,5m)

Welche Lasten können abgetragen werden ?

•RSV	ca. 200 - 500 kN/m²
•BSS/BRS	ca. 400 - 1000 kN/Punkt

Bild 7.14: Faustformeln für Planer I

Welche Leistungen sind machbar ?

•RSV/BSS	**ca. 200-400 m/Tag**
•BRS	**ca. 250-700 m/Tag**
•STS	*ca. 200-1000 m/Tag*
•TBV	*ca. 80 - 120 m/Tag*

Was kostet das Ganze ?

• BE/BR von ca. 8.000 – 12.000 €

•RSV	**ca. 20-30 € / m**
•BSS/BRS	**ca. 35-50 € / m**
•STS	*ca. 10-15 € / m*
•TBV d=60 m	*ca. 55 € / m*

Bild 7.15: Faustformeln für Planer II

8 Injektions- und Düsenstrahltechnik im Spezialtiefbau

Jörg Uhlendahl

8.1 Injektionstechniken

8.1.1 Injektionen nach DIN

Grundlagen der Injektionsarbeiten bilden die Normen:
DIN EN 12715 – "Injektionen" – Oktober 2000
DIN 4093 – "Bemessung von verfestigten Bodenkörpern" – November 2015 und
VOB/C DIN 18309 – "Einpressarbeiten" – September 2016

8.1.2 Aufgaben der Injektion

Die Injektion ist eine im Grundbau häufig eingesetzte Maßnahme zur Stabilisierung, Verfestigung oder Abdichtung des Baugrunds.

Ihre Aufgabe ist die:
- Erhöhung der Tragfähigkeit des Baugrunds
- Reduzierung der Durchlässigkeit (Abdichtung)
- Verfüllung von Hohlräumen
- Hebung von Bauwerken bzw. Ausgleich von Bauwerkssetzungen

Nach DIN EN 12715 werden Injektionen grundsätzlich unterschieden in Injektionen ohne Baugrundverdrängung und mit Baugrundverdrängung. Ohne Baugrundverdrängung sind Poren- und Kluftinjektionen sowie Hohlraumverfüllungen. Mit Baugrundverdrängung sind Verdichtungsinjektionen sowie Hebungsinjektionen mit hydraulischer Rissbildung, wie z.B. das Soilfrac®-Verfahren.

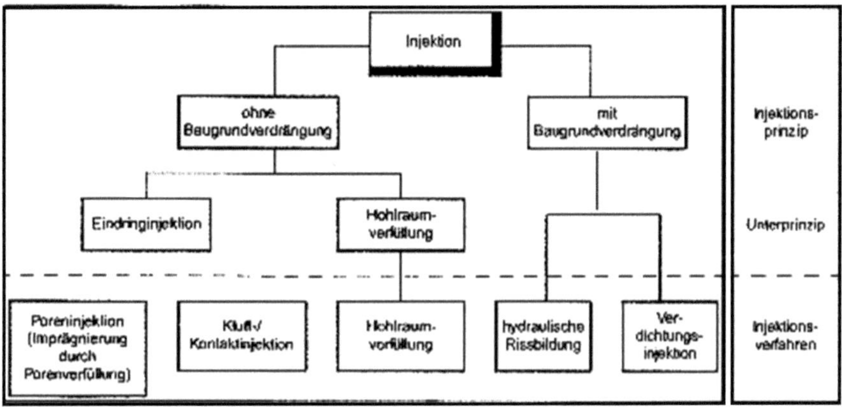

Bild 8.1: Injektionsprinzipien und -verfahren

8.1.3 Anwendungsgrenzen

Die Anwendungsgrenze für Injektionen ohne Baugrundverdrängung liegt für Zementsuspensionen im Übergangsbereich vom Kies zum Sand und kann durch Einsatz von Ultrafeinzement bis in den Fein- / Mittelsandbereich reichen.
Beim Einsatz von Silikatgelen (Wasserglas) ist die Anwendung bis in den Feinsandbereich mit einem Grobschluffanteil von max. 10 % möglich.

Injektionen mit Baugrundverdrängung sind in allen Böden, die mit hydraulischem Druck aufgerissen (Soilfrac®-Verfahren) oder verdrängt werden (Verdichtungsinjektion) können, anwendbar.

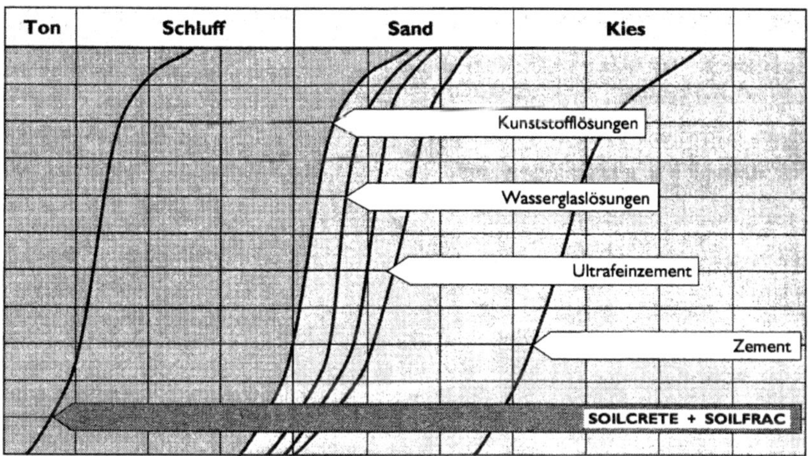

Bild 8.2: Injektionsmittel in Abhängigkeit von der Bodenkörnung

8.1.4 Herstellung der Injektion

Die Injektionen können mittels einfacher Injektionslanzen, Injektionsleitungen mit Fußventil oder mehrfach beaufschlagbaren Manschettenrohren ausgeführt werden.
Die Injektionslanze ist gleichzeitig das Bohr- bzw. Rammgestänge, welches bohrend oder rammend, mit oder ohne Spülung bis zur erforderlichen Endtiefe eingebracht wird.
Am Ende der Injektionslanze befindet sich eine sogenannte „Verlorene Spitze“, die beim Ziehen der Lanze abfällt und somit ein stufenweises oder kontinuierliches Injizieren des Bodens während des Ziehvorgangs ermöglicht.

Manschettenrohre oder Injektionsleitungen mit Fußventil werden hingegen in, durch Rammung oder Bohrung hergestellte, verrohrte Bohrlöcher eingebaut. Beim Ziehen der Verrohrung wird der Ringraum mit einer Bindemittelsuspension verfüllt. Diese Ringraumverfüllung wir auch als Mantelmischung bezeichnet. Nach Abbinden der Mantelmischung kann gezielt über das Fußventil oder mittels eines Doppelpackers im Manschettenrohr jede Injektionsöffnung gezielt mit Suspension beaufschlagt und somit der Boden zielgenau injiziert werden.

Bild 8.3: Injektionslanzen mit Fußventil

Bild 8.4: Manschettenrohr mit Doppelpacker

8.1.5 Ausführungsbeispiele

8.1.5.1 Auftriebssichere Injektions-Dichtsohle

Vielfach ist es erforderlich tiefe Baugruben im Grundwasser herzustellen, die folgende Rahmenbedingungen erfüllen müssen:

- ⇨ das Grundwasser außerhalb der Baugrube darf nicht wesentlich abgesenkt werden.
- ⇨ Setzungsschäden an der Nachbarbebauung aus Grundwasserabsenkungen sollen vermieden werden.
- ⇨ die Menge des abgepumpten Grundwassers soll so gering wie möglich sein.
- ⇨ es ist kein natürlicher horizontaler Stauer in erreichbarer Tiefe vorhanden.

Die seitliche Abdichtung dieser Baugruben kann mit den folgenden Systemen erfolgen:

- ⇨ Spundwand mit Schlossabdichtung
- ⇨ Dichtwand mit eingestellter Spundwand
- ⇨ Dichtwand / Schlitzwand
- ⇨ Bohrpfahlwand

Falls kein natürlicher horizontaler Stauer (dichte Bodenschicht) vorhanden ist, wird es erforderlich, eine künstliche horizontale Abdichtung der Baugrube herzustellen.

Verfahrensüberblick horizontale Abdichtung von Baugruben

Trockene Baugruben können u.a. unter Einsatz folgender Techniken hergestellt werden

Injektionssohle in auftriebssicherer Tiefe
Düsenstrahlsohle in auftriebssicherer Tiefe oder rückverankert
Schwergewichts- oder rückverankerte **Unterwasser-Beton-Sohle**

Die Herstellung des erstgenannten Systems wird in diesem Beitrag näher betrachtet.

Entwurfsgrundlagen für eine auftriebssichere Dichtsohle

⇨ **Die Rahmenbedingungen**:
Die Baugrubensituation allgemein, Lage der Baustelle, Lage des Vorfluters für das Restwasser.

⇨ Das **Bohrraster** wird abgestimmt auf die Bohrtiefe und die Bodenart im Sohlenbereich.

⇨ Das **Injektionsmittel** und die **Injektionsgutmenge** werden beeinflusst von der Bodenart, den Bodenkennwerten: Lagerungsdichte und der Kornverteilung des Bodens im Sohlenbereich.

⇨ Die Größe und Form der Baugrube führen ggf. zur Einteilung der Baugrubenfläche in **Bauabschnitte**, die durch vertikale Dichtwände getrennt sind.

⇨ Die **Art der vertikalen Abdichtungswand** bestimmt die Anordnung der Injektionspunkte im Randbereich.

⇨ Der **Grundwasserstand während der Bauzeit** sowie die **Aushubtiefe und erforderliche Absenkung** in der Baugrube sind die Grundlagen für die Tiefenlage der Sohlabdichtung.

⇨ Der **Wasserdruck auf die Dichtsohle** hat Einfluss auf die Dicke der Sohlabdichtung.

Hinweise zur Auftriebssicherheit von Dichtsohlen:

Die Auftriebssicherheit einer horizontalen Dichtsohle wird mit der Bedingung definiert, dass die einwirkenden Kräfte auf die Dichtsohle (Wasserdruckdifferenz) kleiner sein müssen, als die rückhaltenden Kräfte (Bodenauflast innen einschl. restlichen Grundwassers).
Der Nachweis erfolgt mit den Sicherheitsbeiwerten nach DIN 1054 (12/2010) Tabelle A2.1.

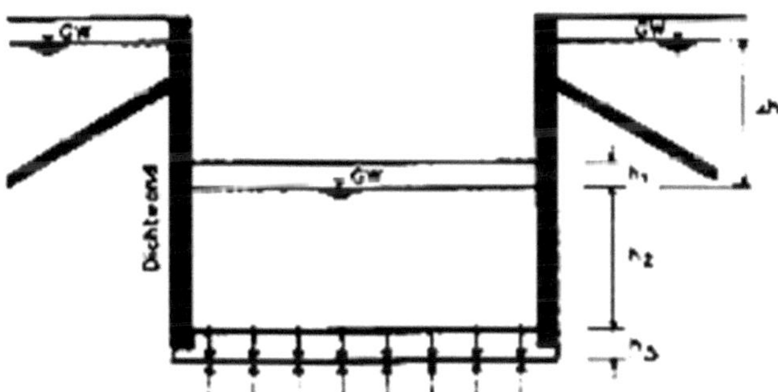

Bild 8.5: Nachweis der Auftriebssicherheit

Die Dichtsohle selbst übernimmt keine statischen Kräfte – sie hat nur dichtende Funktion und muss erosionsstabil sein.

Ausführungsgrundlagen für die Herstellung von Injektionssohlen

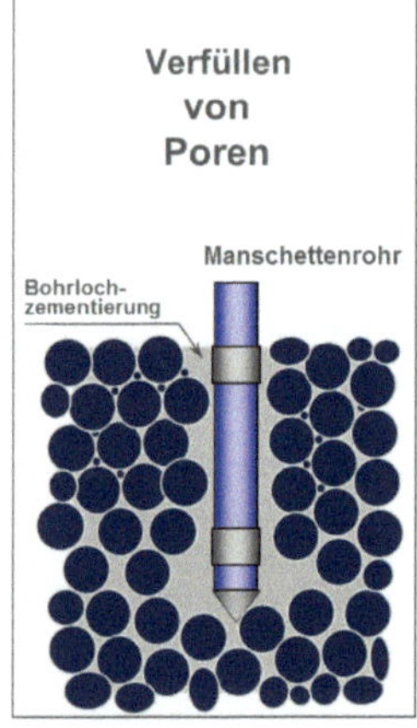

Bild 8.6: Injektion von Poren im Baugrund

Die Ausführung der Injektionsarbeiten erfolgt auf der Basis von DIN EN 12715 (Okt. 2000) – Injektionen.

Das Ziel der Injektionsarbeiten ist das dichtende Verfüllen von Poren im Boden. Das Korngerüst wird in seiner Lage nicht verändert.

Sohldicke:

Bei den üblichen Wasserdruckdifferenzen (bis ca. 5 – 6m) wird die Sohle in einer planmäßigen Dicke von 1 m hergestellt. Ist der Wasserdruck auf die Sohle höher, kann die Sohldicke größer gewählt werden (1,5 bis 2 m).

Injektionsraster:

Die Injektionslanzen werden in einem Dreiecksraster eingebracht, das einem gleichseitigen Dreieck entspricht. Dies gewährleistet einen gleichmäßigen Abstand der Injektionspunkte.

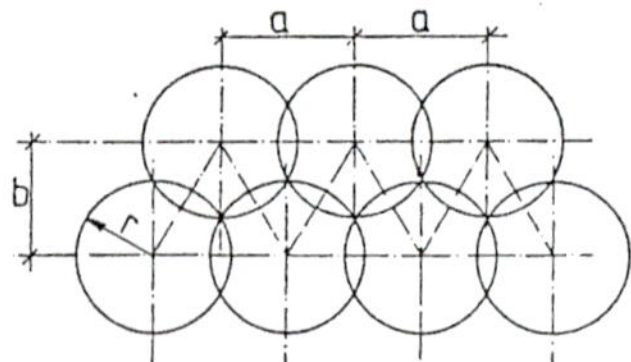

Der Abstand der Bohrungen wird an die Bohrtiefe, die Bodenverhältnisse, das Porenvolumen und die Art des Injektionsmittels angepasst und liegt i.d.R. zwischen 1,0 und 2,0 m.

Fläche/Punkt = $0,866 * a^2$
b = $0,866 * a$

Bild 8.7: Injektionsraster als gleichseitiges Dreieck

Lage und Anzahl der Injektionspunkte:

Die Injektionspunkte liegen nur im Sohlenbereich. Sie werden durch Verlängerungsrohre bis auf die Arbeitsebene geführt.

Die Anzahl der Injektionspunkte im Sohlenbereich wird bestimmt durch:

⇨ Sohldicke
⇨ Aufbau der Dichtsohle
⇨ Anforderungen an die Dichtsohle

Injektionsmittel:

Als Injektionsmittel kommen in der Regel Zementsuspensionen und Wasserglaslösungen zum Einsatz.

Die mengenmäßige Verteilung orientiert sich an den angetroffenen Bodenverhältnissen und den Anforderungen an die Abdichtung.

Kombinations- / Mehrphasen-Sohlen:

Häufig werden sogenannte „Kombinations- oder Mehrphasen-Sohlen" hergestellt, die so aufgebaut sind, dass die Sohle in zwei oder drei Lagen aufgeteilt wird.
Im ersten Injektionsdurchgang wird zunächst mittels des „groben" Injektionsmittels „Zementsuspension" ein „Deckel" von ca. 50 cm Dicke, der die groben Poren im Boden verfüllt, hergestellt. In der zweiten Injektionsstufe wird das eigentliche Dichtungsmittel „Weichgel" unterhalb des Deckels ebenfalls in einer Dicke von ca. 50 cm eingebracht. Bei Drei-Phasen-Injektionssohlen wird im zweiten Injektionsdurchgang mittels Zementsuspension ein „Boden" ca. 50 cm unterhalb des „Deckels" injiziert, bevor der dazwischen liegende Bereich mit Weichgel verpresst wird.

Die Menge des eingepressten Injektionsmittels sollte aus Gründen der Systemdichtigkeit größer sein, als das Porenvolumen des Bodens.

Der Vorteil dieser Methode ist die gute Anpassungsmöglichkeit der verschiedenen Injektionsmittel an die Bodenart im Sohlenbereich durch unterschiedliche mengenmäßige Verteilung des Injektionsgutes.

Eigenschaften der Injektionsmittel:

Bei der Herstellung von horizontalen Abdichtungssohlen spielt das Abbinde- bzw. Kippverhalten der eingesetzten Injektionsmittel eine große Rolle.

Es ist bekannt, dass **Zementsuspensionen** erst nach längerer Zeit anfangen abzubinden – während der Injektion kann sich somit das Injektionsmittel Zementsuspension ohne seitliche Begrenzung im Boden ausbreiten und bevorzugte Fließwege suchen. Dies kann dazu führen, dass das Injektionsgut ohne große Abdichtungswirkung in stark durchlässige Bodenschichten abfließt.

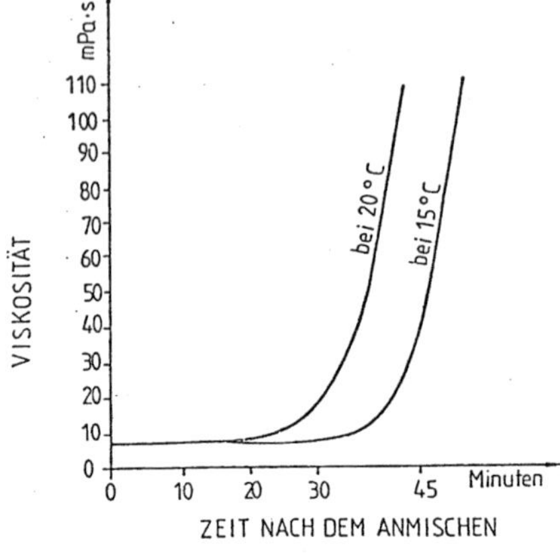

Das **Weichgel** hingegen beginnt schon nach relativ kurzer Zeit (i. d. R. ca. 30 – 50 Minuten) zu kippen und wird steif. Dadurch wird das weitere Eindringen in den Boden verhindert und der Abdichtungseffekt wird zuverlässig erreicht, da dieses Material auch in feinere Bodenschichten unter relativ geringem Druck eindringen kann.

Bild 8.8: Reaktionsverlauf der Gelbildung und Viskositätsentwicklung einer Weichgel-Lösung bei verschiedenen Temperaturen

Druckverlauf während der Injektion:

Zunächst muss die Mantelmischung aufgebrochen werden bevor sich der eigentliche Injektionsdruck einstellen kann. Es entstehen die folgenden typischen Druckbilder:

Zeit

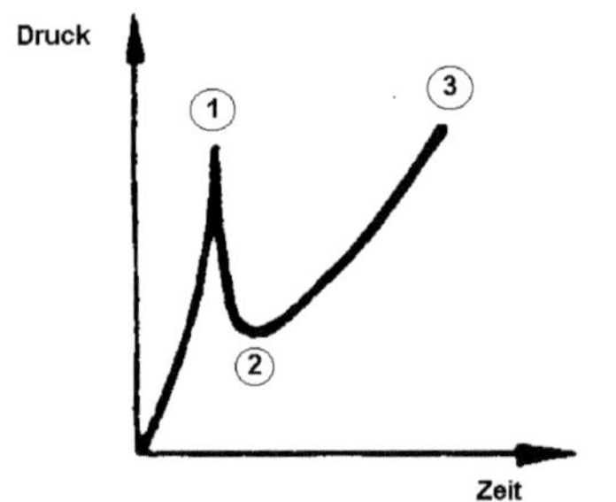

1 – Aufreißen der Mantelmischung
2 – Beginn Injektion
3 – Sättigungsdruck

Bild 8.9: Typischer Druckverlauf während der Injektion

Mögliche Kontrollen während der Herstellung von Injektionssohlen:

- ⇨ Einbautiefe der Injektionspunkte.
- ⇨ Überprüfung des Rasters.
- ⇨ Behandlung der Rand- und Eckbereiche.
- ⇨ Eindeutige Erkennbarkeit der jeweiligen Injektionsstufe auf der Arbeitsebene.
- ⇨ Eindeutige Kennzeichnung der Injektionsrohre nach der Injektion.
- ⇨ Feststellen von ungewollten Injektionsaustritten auf der Arbeitsebene mit nachfolgender Nachinjektion.
- ⇨ Überwachung der Injektionsmischungen (rheologische Eigenschaften, Abbindeverhalten).
- ⇨ Aufzeichnen und Auswerten der aufgezeichneten Daten des Verpressverlaufes.
- ⇨ Bei Injektionssohlen ist, wie die Erfahrung gezeigt hat, die Durchführung von Kernbohrungen wenig sinnvoll.

Kontrollen nach Herstellung der Dichtsohle:

Damit eventuelle Nachbesserungen an der Dichtsohle und seitlichen Umschließung der Baugrube noch vor den Aushubarbeiten und somit über dem Grundwasserspiegel erfolgen können, empfiehlt sich die Durchführung eines **Pumpversuches** unmittelbar nach der Fertigstellung der Dichtsohle. Das Ergebnis dieses Versuches ist der Nachweis der Dichtigkeit des Gesamtsystems Sohle und Wand.

Versuchselemente:

⇨ Absenkbrunnen bis max. 1 – 2 m über die Sohle.
⇨ Falls erforderlich: Neutralisationsanlage für das Restwasser.
⇨ Wassermessvorrichtung.
⇨ Pegel zur Wasserstands-Kontrolle innen und außen.

Diese Absenk- und Kontrollanlage führt nicht zu Mehrkosten, da sie ohnehin für die Wasserhaltung während der Bauzeit benötigt wird.

8.1.5.2 *Injektionssohle für den Neubau eines Regenüberlaufbeckens (RÜB) in Waghäusel*

Bauherr: Stadt Waghäusel
Auftraggeber: Lintz & Hinninger GmbH & Co. KG, Mosbach
Bodengutachter: Baugeologisches Büro Biller & Breu, Waghäusel-Kirrlach
Ausführung: 2011

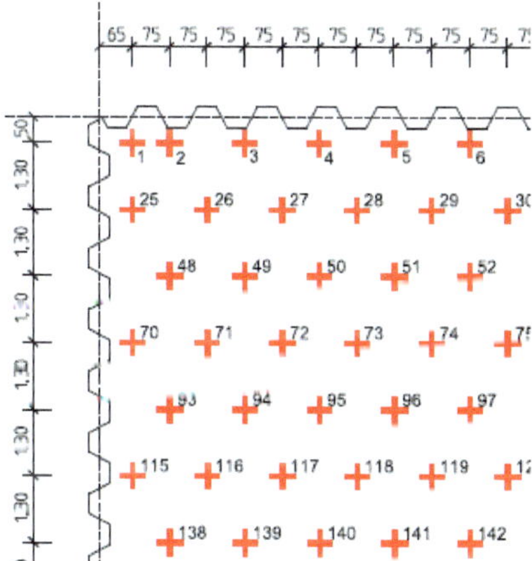

Bild 8.10: Grundrissausschnitt

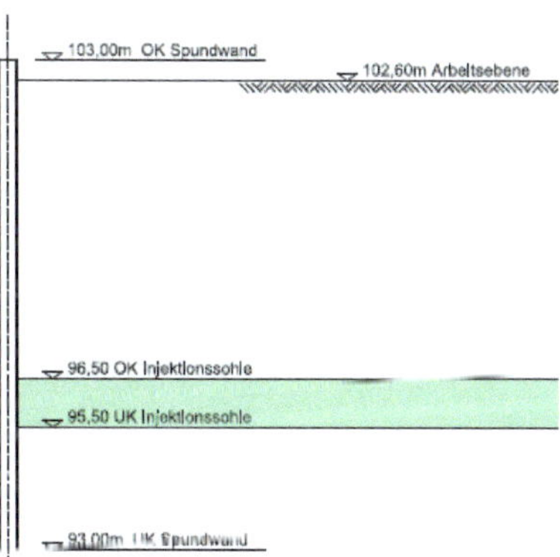

Bild 8.11: Schnitt durch die Baugrube

Baugrubenverbau: Spundwand

Grundwasserspiegel: ca. 102,40 müNN, Absenkung bis auf ca. 99,50 müNN = Absenkung 3 m.

Bodenschicht im Bereich der Sohle: Mitteldicht gelagerter Fein- bis Mittelkies, grobsandig.

Sohle: Injektionssohle als Kombinationssohle mit 2 Stufen, 1 m dick, Raster 1,3 m x 1,5 m, Sohlenfläche 1.700 m²

Bild 8.12: Einbringen der Injektionsrohre

Bild 8.13: Injektion

Injektionsmenge: Porenanteil ca. 35%, ca. 850 Liter Injektionsgut je Injektionspunkt. Überdosierung von ca. 40% für Randbereiche, Verluste etc.

Injektionsrohre: Injektionslanzen mit Fußventilen, eingebracht mit Aufsatzrüttlern, gesamt 935 Lanzen mit 1.870 Injektionspunkten

Ergebnis: **Restwassermenge < 1,5 l / sec. je 1000 m²**

Das Restwasser hatte einen PH-Wert von 9,5. Die Ableitung erfolgte nach der Neutralisation in Versickerungsbrunnen neben der Baugrube.

8.1.5.3 Soilfrac®-Hebungsinjektion

Die Ausführung der Injektionsarbeiten erfolgt auf der Basis von DIN EN 12715 (Okt. 2000) – Injektionen.

Das Ziel der Injektionsarbeiten ist die Erzeugung hydraulischer Rissbildung mit Baugrundverdrängung.

Nach Einbau der Manschettenrohre und Abdichtung des Bohrlochs mit Mantelmischung erfolgt die Stufenweise Injektion der Feststoffsuspension zur Erzeugung der Risse (Fracs).
Durch wiederholte Injektion kommt es zur Verdrängung des Baugrunds und damit verbundenen
Hebungen.

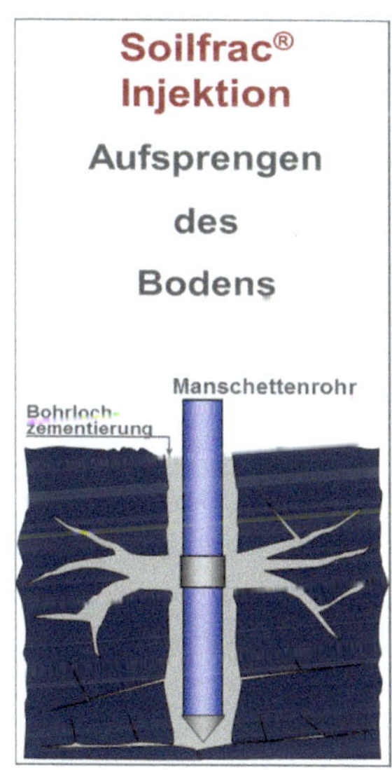

Bild 8.14: Injektion mit Rissbildung

Zweck:

⇨ Gründungssanierung nach Setzungsschäden
⇨ Stabilisierung und Verdichtung des Baugrunds
⇨ Vorhebung zur Reduzierung erwarteter Setzungen, z.B. im Tunnelbau

Soilfrac® – Hebungsinjektion für das Hochregallager eines Stahlhandels in Fellbach

Bauherr: Heine & Beisswenger, Fellbach
Auftraggeber: Heine & Beisswenger, Fellbach
Bodengutachter: Geologische Beratungsgesellschaft Dr. Alexander Szichta, Neuhausen
Ausführung: 2008

Ausgangssituation: Keller Grundbau wurde zur Beratung und Entwicklung eines Sanierungskonzeptes hinzugezogen.

Zur Ausführung kam das Soilfrac®-Verfahren aus einem Schacht neben dem Hochregallager.

Neben der Möglichkeit des Rückstellens der Setzungen und der Stabilisierung des Baugrunds hat das Soilfrac®-Verfahren den großen Vorteil, dass die Arbeiten von außen, ohne Störung des Lagerbetriebs ausgeführt werden können.

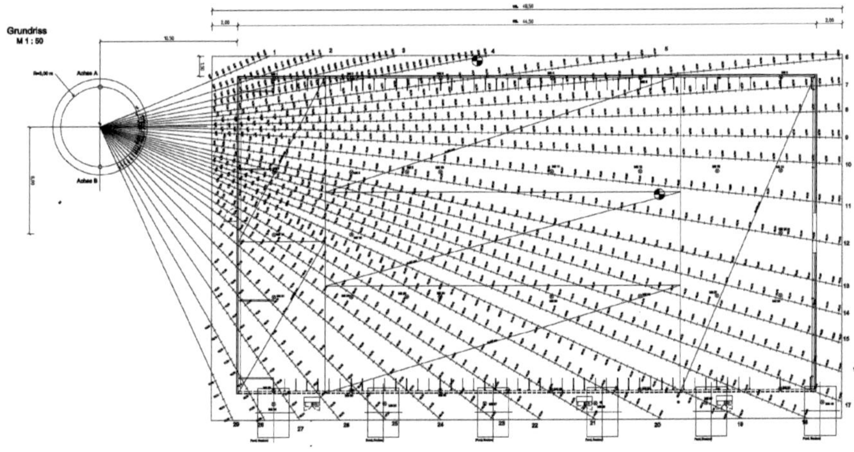

Bild 8.15: Grundriss Soilfrac®-Fächer

Ausführungsdaten:

Manschettenrohrlänge	ca. 1.250 m
Einzelrohrlänge	bis ca. 60 m
Verpressmenge	ca. 450 to
Hebungsbetrag	zwischen 10 und 70 mm
Ausführungsdauer	ca. 6 Monate

Bild 8.16: Blick in den Bohr- / Injektionsschacht

8.2 Düsenstrahlverfahren:

8.2.1 Düsenstrahlverfahren nach DIN und Zulassung

Grundlagen des Düsenstrahlverfahrens bilden die Normen:
DIN EN 12716 – "Düsenstrahlverfahren" – Dezember 2001
DIN 4093 – "Bemessung von verfestigten Bodenkörpern" – November 2015 und
VOB/C DIN 18321 – "Düsenstrahlarbeiten" – September 2016

Für die Düsenstrahl-Verfahren sind vom Deutschen Institut für Bautechnik, Berlin, den qualifizierten Fachfirmen **Allgemein bauaufsichtliche Zulassungen** für deren spezielle Verfahren erteilt worden. In den Zulassungsbescheiden sind die zugelassenen Verfahren, die Anwendungsgrenzen und die vorzunehmenden Kontrollen und Aufzeichnungen vor, während und nach der Herstellung von Düsenstrahl-Verfestigungen festgelegt.

Deutsches Institut für Bautechnik DIBt

Zulassungsstelle für Bauprodukte und Bauarten
Bautechnisches Prüfamt
Eine vom Bund und den Ländern gemeinsam getragene Anstalt des öffentlichen Rechts
Mitglied der EOTA, der UEAtc und der WFTAO

Allgemeine bauaufsichtliche Zulassung

Datum: 13.05.2015

Geschäftszeichen: I 63-1.34.24-15/14

Zulassungsnummer:
Z-34.4-1

Geltungsdauer
vom: **13. Mai 2015**
bis: **13. Mai 2020**

Antragsteller:
Keller Grundbau GmbH
Kaiserleistraße 8
63067 Offenbach

Zulassungsgegenstand:
"SOILCRETE"

Bild 8.17: Soilcrete® – Zulassung von Keller Grundbau

8.2.2 Entwicklung der Düsenstrahltechnik

Die Ursprünge der bautechnischen Anwendung der Hochdrucktechnik liegen in Japan. Dort wurde 1970 ein „Verfahren zum Herstellen von unterirdischen Säulen" patentrechtlich angemeldet.

In Deutschland entwickelte Keller Grundbau im Jahre 1979 ein mit der japanischen Technik vergleichbares Verfahren und setzt es seitdem erfolgreich bei der Lösung schwieriger Aufgaben zur Bodenvermörtelung ein.
Das **Düsenstrahlverfahren** wird vielfach unterschiedlich bezeichnet:

Soilcrete®	(Firma Keller Grundbau)
HDI	(**H**och**d**ruck**i**njektion)
Jetting	(in der Schweiz gebräuchlich)
HDBV	(**H**och**d**ruck-**B**oden-**V**ermörtelung)
Jet Grouting	(internationale Bezeichnung)

Keller Grundbau unterscheidet drei unterschiedliche Techniken des Düsenstrahlverfahrens:

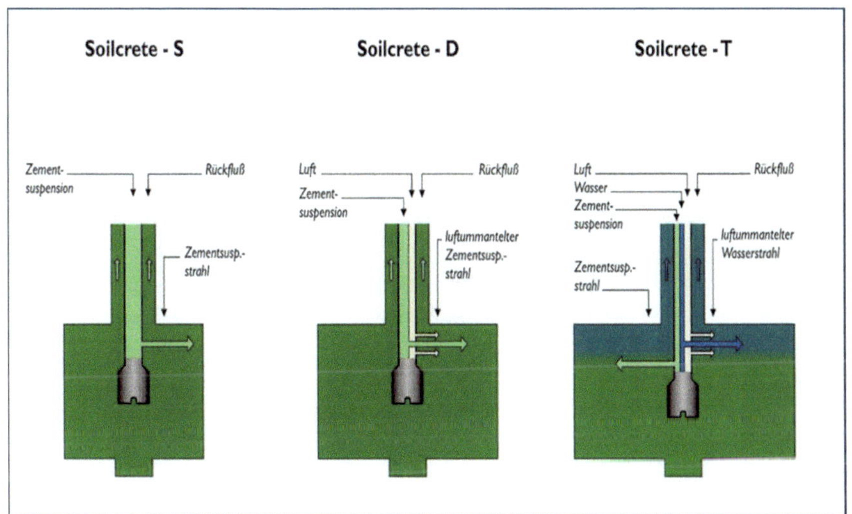

Bild 8.18: Unterschiedliche Düsenstrahlverfahren von Keller Grundbau

Soilcrete®-S: Schneidstrahl mit Zementsuspension, ohne Luftzusatz

Soilcrete®-D: Schneidstrahl mit Zementsuspension, luftummantelt

Soilcrete®-T: Schneidstrahl Wasser, luftummantelt, Zementsuspension separat

Grundsätzlich können alle Verfahren für alle Aufgabenstellungen eingesetzt werden. Es hat sich jedoch gezeigt, dass für einzelne Verfahren Vorteile bei verschiedenen Bodenarten und Randbedingungen bestehen.

Da beim Düsenstrahlverfahren der Boden erodiert und nicht, wie bei der Injektion verfüllt, aufgesprengt oder verdrängt wird, können von der Form her definierte Bodenvermörtelungskörper hergestellt werden. Durch entsprechende Drehung bzw. Teildrehung des Gestänges sind z.B. auch Halb- oder Viertelsäulen herstellbar.

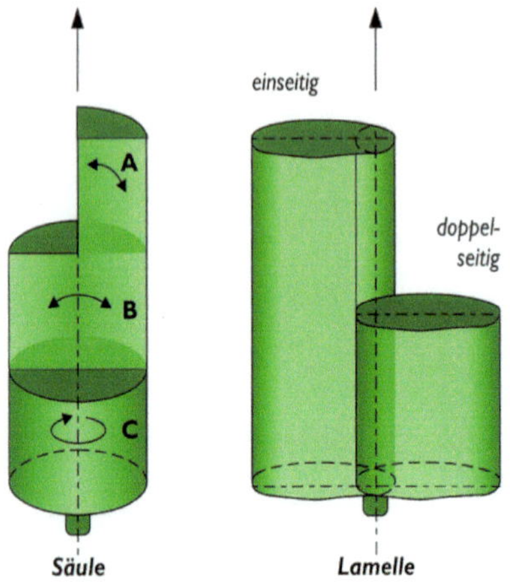

Bild 8.19: Säulenformen

8.2.3 Anwendung der Düsenstrahltechnik im Grundbau

Das Düsenstrahl-Verfahren wird im Grundbau zur Lösung folgender Bauaufgaben eingesetzt:

- ⇨ Unterfangung von Gebäuden zur Herstellung von Baugruben
- ⇨ Herstellung von Abdichtungswänden und wasserdichten Baugrubenumschließungen
- ⇨ Herstellung von horizontalen Abdichtungssohlen
- ⇨ Herstellung von tief liegenden horizontalen Aussteifungen von Baugrubenwänden
- ⇨ Gründungssanierung von historischen oder mangelhaft gegründeten Gebäuden
- ⇨ Herstellung von Sicherungsschirmen für den Tunnelvortrieb im Lockerboden

8.2.4 Grundlagen der Düsenstrahltechnik

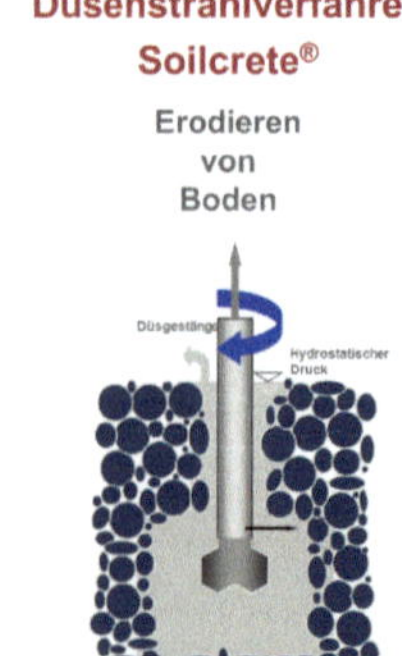

Im Gegensatz zur Injektionstechnik, bei der Poren verfüllt werden, wird
beim Düsenstrahl-Verfahren der Boden mit einem Flüssigkeits-Schneidstrahl erodiert (die Kornstruktur des Bodens wird umgelagert). Gleichzeitig wird der Boden mit Zementsuspension vermischt, und das überschüssige Boden-Suspensions-Gemisch tritt über den Ringraum der Bohrung drucklos (nur hydrostatischer Druck) am Bohrlochmund aus. Auf diese Weise entstehen definierte Bodenvermörtelungskörper relativ hoher Homogenität.

Bild 8.20: Prinzip des Düsenstrahl-Verfahrens

Die Strahlparameter sind auszulegen auf:

⇨ die Bauaufgabe und den gewünschten Durchmesser der Säulen
⇨ die angetroffenen Bodenverhältnisse
⇨ erforderliche Schneid- bzw. Spülleistung, Strahlgeschwindigkeit
⇨ Düsenart, Düsendurchmesser
⇨ Einwirkzeit – Rotationsgeschwindigkeit
⇨ Strahlmedium (Wasser oder Zementsuspension)
⇨ Erforderliche Festigkeit des Bodenmörtels

Hieraus ergeben sich folgende Kennwerte des Verfahrens:

⇨ Druck an der Düse
⇨ Durchflussmenge Schneid- / Verfestigungsmedium
⇨ Düsendurchmesser
⇨ effektive Reichweite des Düsenstrahls
⇨ Zieh- und Drehgeschwindigkeit des Gestänges
⇨ Ausrichtung des Strahls (Winkelstellung der Düse)
⇨ Abförderung des entspannten Strahlmediums mit dem gelösten Boden (Bohrdurchmesser)
⇨ Wasser-Bindemittel-Faktor der eingesetzten Suspension

Die Anwendung und die Ausgestaltung des Düsenstrahl-Verfahrens mit den entsprechenden physikalischen und technischen Einrichtungen muss für jeden Einsatz spezifisch ausgelegt werden.

8.2.5 Geräteausstattung einer Düsenstrahl-Baustelle

Die standardmäßige Baustelleneinrichtung besteht aus Mischanlage, Hochdruckpumpe und Bohrgerät und ist im nachfolgenden Bild näher bezeichnet.

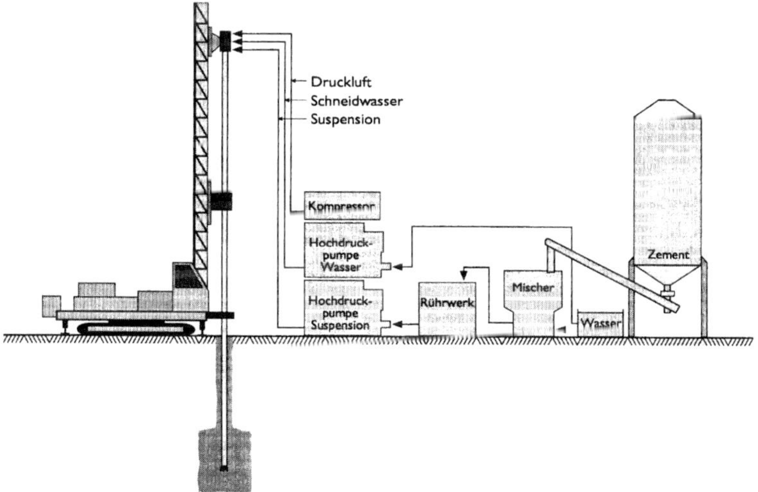

Bild 8.21: Baustelleneinrichtung Düsenstrahlverfahren Soilcrete®-T

Als Bohrgeräte können Großgeräte mit einer Arbeitshöhe von bis zu 30 m oder auch Kleingeräte für beengte Verhältnisse mit Arbeitshöhen von 2 m zum Einsatz kommen.

Bild 8.22: Großbohrgerät KB6

Bild 8.23: Kleinbohrgerät KB1

Die eingesetzten Hochdruckpumpen erzeugen bei Betriebsdrücken von 300 bar bis 600 bar und Verwendung von Düsen mit Durchmessern von 1,5 bis 6,0 mm Strahlgeschwindigkeiten von 150 bis 300 m/s.

Der Einwirkbereich des Düsenstrahls hängt außer von der Strahlgeschwindigkeit und der Festigkeit des zu erodierenden Bodens davon ab, wie schnell sich der Strahl entspannen kann, das heißt wie die überschüssige Flüssigkeit mit dem erodierten Bodenanteil abfließen kann. Die Reichweite des Strahls wird wesentlich bestimmt durch den Zustand des Mediums, welches der Strahl durchschießen muss, um die Lösearbeit weiter in den Boden hineinzutragen. In Abhängigkeit des Energieverlustes auf diesem Weg wird eine Entfernung, das heißt ein Einwirkradius erreicht, bei dem die Strahlenergie aufgebraucht ist und bei noch so langer Verweildauer keine weitere Lösearbeit mehr verrichtet wird.

8.2.6 Anwendungsgrenzen / Bodenarten / Säulendurchmesser / Festigkeiten

Da die Düsenstrahltechnik von der klassischen Injektionstechnik ausging, zeigen die Anwendungsgrenzen der verschiedenen Injektionsverfahren (Bild 24) besonders deutlich die großen Anwendungsmöglichkeiten des Verfahrens.

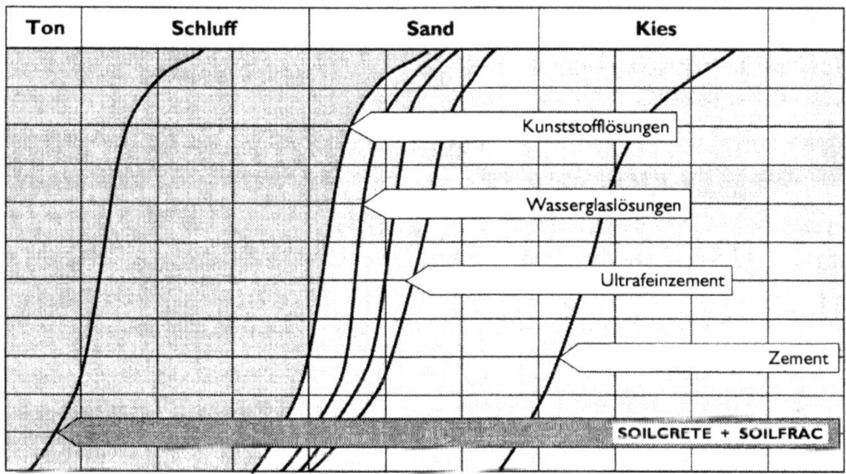

Bild 8.24: Anwendungsgrenzen verschiedener Injektionsverfahren

In Abhängigkeit von Kornverteilung, Lagerungsdichte und Festigkeit, nach denen zum Beispiel Keller Grundbau für das Soilcrete®-Verfahren die nicht bindigen Böden in Klassen A, B und C unterscheidet (Tabelle 1), wird in Tabelle 2 ein Vergleich der erzielbaren Säulendurchmesser bei unterschiedlicher Verfahrensanwendung in verschiedenen Böden aufgezeigt. Die verwendeten Zementsuspensionen zur Herstellung des Bodenmörtels haben in der Regel einen Wasser-Zement-Faktor von *W/Z* = 0,5 bis 1,5.

Tabelle 8.1: Lagerungsdichte und Festigkeit nicht bindiger Böden (ungefähre Werte)

Soilcrete®-Klasse	**Nicht bindige Böden**	**Lagerungsdichte D** $D = \frac{\max n - n}{\max n - \min n}$	**Spitzendruck MN/m²**
A	Sehr lockere Lagerung Lockere Lagerung	< 0,15 0,15 bis 0,30	< 5 5 bis 10
B	Mitteldichte Lagerung	0,30 bis 0,50	10 bis 15
C	Dichte Lagerung Sehr dichte Lagerung	> 0,50	> 15

Tabelle 8.2: Standard-Säulendurchmesser in verschiedenen Böden (Erfahrungswerte)

Bezeichnung des Bodens	**Soilcrete® S**	**Soilcrete® D**	**Soilcrete® T**
toniger Schluff	0,5 – 0,8 m	1,0 – 1,5 m	0,8 – 1,2 m
schluffiger Sand	0,8 – 1,0 m	1,2 – 1,8 m	1,0 – 1,3 m
sandiger Kies	0,8 – 1,2 m	1,2 – 2,6 m	1,2 – 1,8 m

Da der Boden den Zuschlagsstoff der Bodenverfestigung bildet, hängt die erzielbare Festigkeit stark von der angetroffenen Bodenart ab. Die nachfolgende Tabelle gibt hierzu Richtwerte, die auf Erfahrungen ausgeführter Baustellen beruhen.

Tabelle 8.3: Erreichbare Festigkeiten in verschiedenen Böden (Erfahrungswerte)

Bodenart	**Ton**	**Schluff**	**Sand**	**Kies**
Druckfestigkeit (N/mm^2)	≤ 1 – 3	≤ 2 – 7	≤ 5 – 10	≤ 10 – 20

8.2.7 Qualitätssicherung

Die „Allgemeine bauaufsichtlichte Zulassung" des Verfahrens enthält folgende Hinweise zur Qualitätsüberwachung:

Bei der Planung der Arbeiten sind folgende Randbedingungen zu beachten:

- ⇨ Die Bohrneigung darf maximal 60° zur Senkrechten sein.
- ⇨ Bezüglich der Abmessung der Düsenstrahlkörper ist DIN 4093, Abschnitt 4.4.6.2 zu beachten.
- ⇨ Ohne Einschränkung hinsichtlich der Kohäsion darf das Verfahren nur in nicht bindigen oder in bindigen Böden und in schwach organischen Böden, sowie in Auffüllungen aus solchen Böden angewendet werden.
- ⇨ Bindige Böden, die in nicht bindige eingelagert sind, müssen eine undränierte Scherfestigkeit $c_u < 15$ kN/m² aufweisen oder
  bei bindigen Böden mit $c_u > 15$ kN/m² sind Probesäulen als Eignungsprüfung vorzusehen die bei der Festlegung der Arbeitsparameter berücksichtigt werden.
- ⇨ Bei organischen Böden darf die Schicht mit > 10 Gewichts-% organischer Anteile nicht mächtiger als 1,5 m sein.
- ⇨ Der Wasser/Bindemittel-Wert der Suspension bewegt sich in einem Bereich von 0,5 und 1,5.
- ⇨ Zum Nachweis der Eignung sind Eignungsprüfungen gemäß DIN 4093, Abschnitt 4.8 durchzuführen
- ⇨ In kohäsiven Böden mit $c_u > 25$ kN/m² ist ein Vorschneiden mit Wasser über die gesamte Tiefe zulässig.

Vor der Ausführung der Probesäulen sind die folgenden Arbeitsparameter festzulegen:

- ⇨ Bindemittelart, Zusammensetzung und Aufbereitungsart der Suspension
- ⇨ Wasser/Bindemittel-Wert der Suspension
- ⇨ Ziehgeschwindigkeit des Bohrgestänges
- ⇨ Drehgeschwindigkeit des Bohrgestänges
- ⇨ Pumpendruck des Schneidmediums
- ⇨ Durchmesser und Anzahl der Schneiddüsen

- ⇨ Menge des Schneidmediums je Zeiteinheit
- ⇨ ggf. Menge der Verfüllsuspension
- ⇨ ggf. Verfülldruck der Zementsuspension
- ⇨ ggf. Durchmesser und Anzahl der Verfülldüsen

Die Herstellparameter sind zu protokollieren.

Bei der Ausführung der Arbeiten sind folgende Bedingungen zu beachten:

- ⇨ Die angepassten Arbeitsparameter der Eignungsprüfung bzw. Probesäulen sind einzuhalten.
- ⇨ Die Versenktiefe des Bohrgestänges ist festzustellen und zu dokumentieren.
- ⇨ Das Düsenstrahlelement ist immer von unten nach oben herzustellen.
- ⇨ Während der Ausführung ist darauf zu achten, dass eine ausreichende Druckentlastung für den Rückfluss der Überschusssuspension gewährleistet ist und dass er kontinuierlich austritt.
- ⇨ Die Unterbrechung der Herstellung eines Düsenstrahl-Körpers ist zulässig, wenn die Düsenstrahlelemente ohne Fehlstellen übereinander liegen.
- ⇨ Bei Abdichtungsmaßnahmen muss darauf geachtet werden, dass sich die einzelnen Düsenstrahlkörper ausreichend überlappen.

Baustelleneigene Produktkontrollen:

- ⇨ Überprüfung der eingesetzten Geräte:
  - Durchmesser des Düsgestänges mindestens 60 mm.
  - Das Gestänge ist an der Bohrlafette mindestens an zwei Stellen zu führen.
  - Die Rotations- und Ziehgeschwindigkeit muss einstellbar sein und konstant gehalten werden können.
  - Die Schneidpumpe muss in der Lage sein, mindestens einen Druck von 300 bar erreichen zu können.
  - Die Durchflussmengen und die Drücke müssen gemessen und protokolliert werden.
  - Es können Durchlauf- oder Chargenmischer eingesetzt werden. Die Toleranz der Messeinrichtung darf höchstens 3 % betragen.
- ⇨ Die Bohrabweichungen sind bei der Wahl der Bohransatzpunkte zu berücksichtigen. Bei Abdichtungsmaßnahmen können Bohrlochvermessungen oder zusätzliche Prüfbohrungen eingesetzt werden.
- ⇨ Das angelieferte Material ist beim Empfang auf Übereinstimmung mit der Bestellung zu überprüfen.
- ⇨ Die Dichte der Ausgangssuspension ist mindestens 3 x täglich zu überprüfen und aufzuzeichnen.
- ⇨ Die Herstellparameter jeder Düsenstrahl-Säule sind zu kontrollieren und aufzuzeichnen.
- ⇨ Die Bohrtiefe jeder Düsenstrahl-Säule ist zu kontrollieren und aufzuzeichnen.

Bestimmungen für Entwurf und Bemessung:

- ⇨ Es gelten die Bestimmungen der DIN 4093:2012-08

8.2.8 Ausführungsbeispiel:

8.2.8.1 Soilcrete®-Dichtsohle für die Straßenunterführung des Bahnhofs CH-Horw

Bauherr:	Verkehrs- und Tiefbauamt des Kantons Luzern
Auftraggeber:	ARGE Unterführung Horw c/o Gebr. Brun AG, Emmenbrücke
Bodengutachter:	Gysi Leoni Mader AG, Zürich
Ausführung:	2003

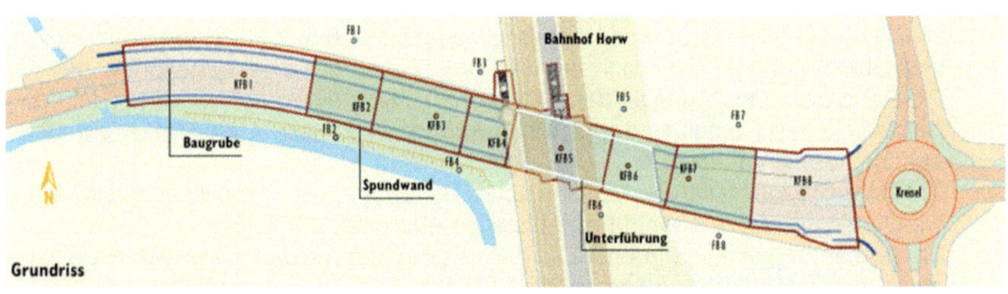

Bild 8.25: Grundriss der Unterführung

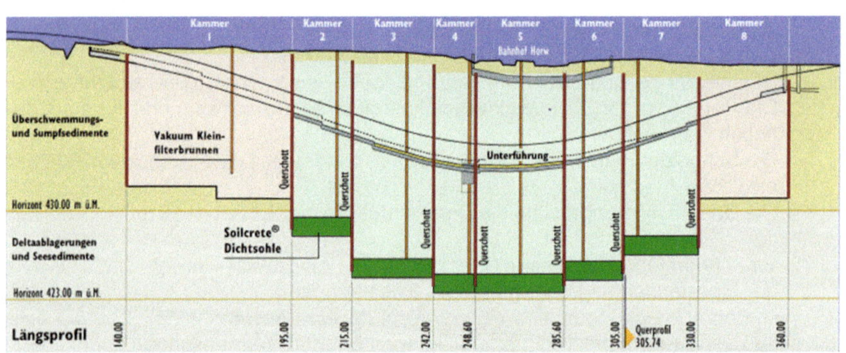

Bild 8.26: Schnitt

Baugrube:	Länge ca. 300 m Breite 15 m bis 20 m Tiefe bis 8 m
Verbau:	Spundwand
Sohle:	Düsenstrahl-Sohle 1,5 m dick Sohlenfläche 2.330 m², davon 400 m² unter Gleisen Tiefenlage zwischen 14,0 m und 18,5 m Säulendurchmesser 3,50 m Raster ca. 2,4 m x 2,1 m

Grundwasserspiegel: gespannt, Absenkung durch Filterbrunnen bis unter die Arbeitsebene.

Boden im Sohlbereich: See- und Bachablagerungen aus Kiesen und Sanden mit Torflinsen.

Raster:

Vor Beginn der Arbeiten werden auf Grundlage der Boden- und Randbedingungen das Raster und die Herstellfolge der Düsenstrahlkörper festgelegt.

Der Durchmesser der Vermörtelungsscheiben hängt wesentlich von der eingesetzten Technik und den gewählten Arbeitsparametern ab. Da eine Abdichtung erzielt werden soll, müssen die Verfestigungsbereiche so groß wie möglich sein.
Das Raster der Bohrungen wird, wie bei der Injektionssohle (siehe Bild 8.10), im Dreiecksraster mit gleichem Abstand der Bohrungen (gleichseitiges Dreieck) ausgelegt und orientiert sich an dem erreichbaren Durchmesser der Scheiben.
Wichtig bei der Festlegung des Rasters sind die möglichen Abweichungen beim erreichten Scheibendurchmesser sowie der Einbezug möglicher Bohrabweichungen.

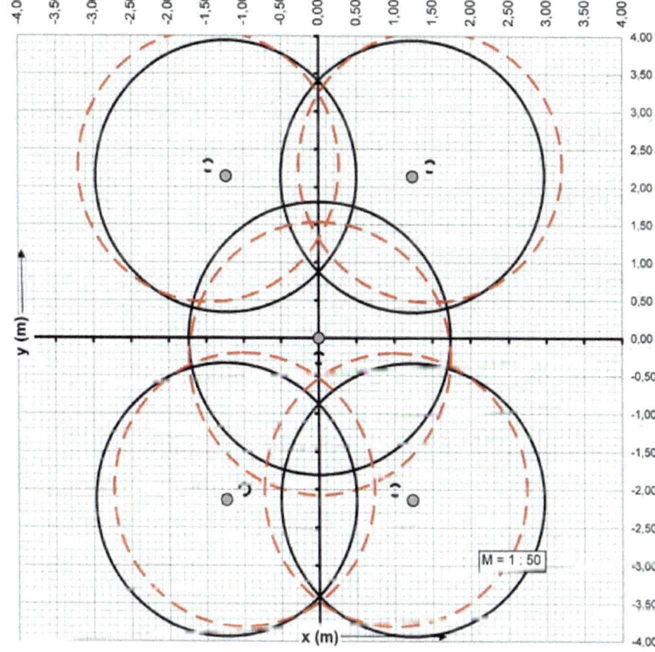

Bild 8.27: Ermittlung des Bohrrasters unter Berücksichtigung von Bohrabweichungen

Herstellfolge:

Die Vermörtelungsscheiben können frisch-in-frisch oder frisch-gegen-abgebunden hergestellt werden.

Bei der frisch-in-frisch hergestellten Sohle werden die Vermörtelungsscheiben in fortlaufender Reihe ohne Unterbrechung hergestellt. Hierbei werden die Nachbarscheiben mit der neu eingebrachten Suspension vermischt. Die Abdichtung mit dieser Arbeitsweise gelingt nur bei der Wahl des geeigneten Verfahrens (Schneidstrahl ist Zementsuspension).
Die Arbeitsweise frisch-gegen-abgebunden kann bei allen Düsenstrahl-Verfahren gewählt werden, zeigt aber keine wesentlichen Vorteile.

Injektionsmittel für eine Düsenstrahl-Sohle:

In der Regel werden Zementsuspensionen mit und ohne weitere Zusatzmittel eingesetzt.
Mögliche Zusatzmittel sind: Steinmehl, Füller, Bentonit o.ä.

Die Suspension vermischt sich verfahrensbedingt während der Scheibenherstellung mit dem anstehenden Boden. Der so entstehende Bodenmörtel bildet den Abdichtungskörper.
Deshalb ist die Qualität der Bodenvermörtelung nur in-situ durch Probenentnahmen festzustellen. Die hierzu erforderlichen Proben können sowohl aus der frisch hergestellten Vermörtelungsscheibe als auch aus Kernbohrungen entnommen werden.

Kontrollmöglichkeiten bei der Herstellung horizontaler Dichtsohlen

Die Ortung von Leckagen ist nur sehr ungenau und nur mit großem Aufwand möglich. Aus diesem Grund muss großer Wert auf die Kontrollen und ihre Auswertung während der Ausführung der Arbeiten gelegt werden.

Kontrollen während der Herstellung von Düsenstrahl-Sohlen:

- ⇨ Bestimmung der Reichweite des Düsenstrahls und damit Bestimmung des Scheibendurchmessers vor Beginn der Arbeiten in einem Versuch.
- ⇨ Überprüfung der Bohrabweichungen, stichpunktartige Kontrollen.
- ⇨ Bohrtiefe und Düsstrecke bei jedem Punkt messen und aufzeichnen
- ⇨ Raster einmessen und kontrollieren, stichpunktartige Kontrollen.
- ⇨ Arbeitsparameter aufzeichnen (Druck, Pumprate, Ziehgeschwindigkeit, Drehgeschwindigkeit).
- ⇨ Regelmäßige und ausführungsnahe Kontrolle der Aufzeichnungen jeden Punktes.

Restwassermenge: < 5 l/sec. je 1000 m² => Anforderung erfüllt.

9 Eigenschaften und Einsatzmöglichkeiten von Bentonit/Zement-Mischungen im Spezialtiefbau

Dietrich Koch

9.1 Einleitung, historische Entwicklung

Bentonit-Zement-Mischungen haben in den vergangenen Jahrzehnten eine zunehmende Bedeutung als Baustoff für Abdichtungsmaßnahmen im Grundbau, Wasserbau und Deponiebau, insbesondere zur Umschließung und Einkapselung von sogenannten „Altlasten" gewonnen. Die Herstellung von Untergrundabdichtungen ist eine der traditionellen Aufgaben des Bauingenieurs.

Das alteste hierbei angewandte Verfahren ist die Injektionstechnik, die in ihren Grundzügen bereits 1802 von Berigny entwickelt wurde [(1)].

Nach einem großen Aufschwung der Injektionstechnik durch den Staudammbau in den Jahren 1920 - 30 wurden die eingesetzten Injektionsmassen ständig verbessert. Seit ca. 1950 konnten durch Zugabe von Bentonit stabile Zementsuspensionen verpresst werden. Der Bentonitzusatz verbesserte das Fließverhalten, die Stabilität und Homogenität sowie die Abdichtungswirkung der Injektionsmassen.

Die Durchlässigkeitsbeiwerte der damit im Staudammbau hergestellten Dichtungsschürzen lagen bei 1 - 5 x 10^{-6} m/s.

Die Grenzen der Injektionstechnik und die aufgetretenen Probleme führten zu Überlegungen, Verfahren zu entwickeln, bei denen der Boden gefördert und ein Abdichtungsmaterial mit definierten Eigenschaften eingebaut werden kann.

Ein solches Verfahren ist die Schlitzwandbauweise, die Anfang der 50er Jahre von Prof. Veder [(2)] gemeinsam mit der italienischen Firma ICOS aus der Bohrpfahltechnologie heraus entwickelt wurde, s. Bild 9.1 *Herstellung von Bohrpfahlwänden nach dem ICOS/VEDER-Verfahren.*

Voraussetzung hierfür war die bereits im Jahr 1929 erfolgte Einführung von Bentonitsuspensionen zur Stützung von tiefen Bohrungen ohne Verrohrung (Rotary-Bohr Verfahren).

Parallel zu der Entwicklung der Schlitzwandbauweise in Europa verlief die Entwicklung von Dichtwänden in den USA. Hier wurde erstmals 1945 ein 1,2 m breiter und bis zu 12 m tiefer Schlitz mit herkömmlichen Aushubgeräten im Schutz einer Bentonitsuspension ausgehoben und mit Ton als Abdichtungsmaterial aufgefüllt[(3)].

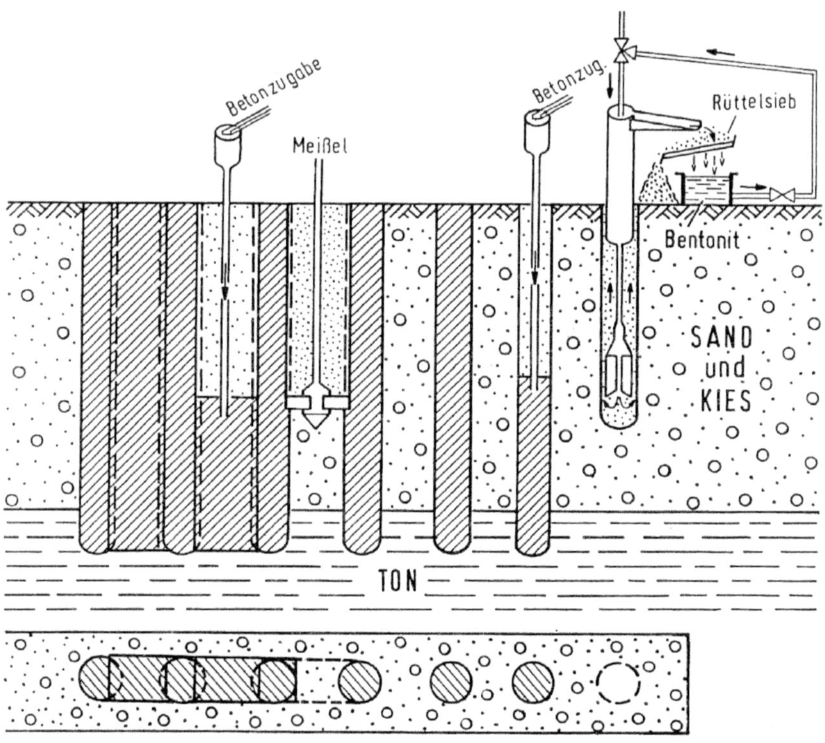

Bild 9.1: Herstellung von Bohrpfahlwänden nach dem ICOS/VEDER-Verfahren.

In weiteren Anwendungen wurde das Aushubmaterial mit Bentonitsuspension und Zement gemischt und anschließend als Dichtungsmaterial wieder in den Schlitz eingebaut.

Mit der Kombination des Schlitzwandverfahrens mit Baustoffen aus Bentonit-Zement-Mischungen wurde ein entscheidender Schritt zur Entwicklung der Dichtwandtechnik vollzogen.

In Tabelle 9.1 sind die verschiedenen Dichtwandsysteme und die hierfür benötigten Dichtungsmaterialien zusammengestellt.

Tabelle 9.1: Aufbau von Dichtwandsystemen

Prinzip	Dichtwand-system	Grundriß	Material
Aushub des anstehenden Bodens und Einbau eines Abdichtungsmaterials	Dichtwand, Einphasen-Verfahren		Bentonit - Zement - Suspension mit / ohne Füllstoff
	Dichtwand, Zweiphasen-Verfahren		Bentonit - Suspension, Erdbeton
	Dichtwand, Kombinationsdichtung		Bentonit - Zement - Suspension, zusätzliche Dichtungselemente (z.B. PEHD-Bahn, Stahlspundwand)
	Überschnittene Bohrpfahlwand		Erdbeton, Beton
Verdrängung des anstehenden Bodens und Einbau eines Abdichtungsmaterials	Schmalwand		Bentonit - Zement - Suspension mit Füllstoff
	Spundwand		Stahl
	Gerammte Dichtwand		Erdbeton, Beton
Verringerung der Durchlässigkeit des anstehenden Bodens	Injektionswand		Zement, Ton - Zement - Suspensionen, Silikatgele
	Düsenstrahlwand (HDI)		Bentonit - Zement - Suspension mit/ohne Füllstoff
	Gefrierwand		Flüssiger Stickstoff, Gefrieranlage

9.2 Zusammensetzung von Dichtwandmassen

Der Abdichtungserfolg einer Dichtwand wird wesentlich von den Eigenschaften der verwendeten mineralischen Dichtwandmasse bestimmt.
Diese besteht aus folgenden Komponenten:

- Bentonit
- Zement
- ggf. Füllstoff
- Additive (in Sonderfällen)
- Wasser

Mit der Weiterentwicklung der Dichtwandtechnik änderten sich die Anforderungen an die Eigenschaften der einzelnen Komponenten, die Zusammensetzung und die Aufbereitung der Mischung. Bevor die Einsatzmöglichkeiten solcher Bentonit-Zement-Dichtwandmassen an einigen Praxisbeispielen dargestellt werden, sollen zunächst die Eigenschaften der Ausgangsstoffe beschrieben werden.

9.2.1 Zement

Den mengenmäßig größeren Anteil bildet die Zementkomponente. Zement ist der wichtigste und charakteristischste Vertreter der sogenannten hydraulischen Bindemittel, die unter Wasser erhärten können. Die europäische Norm für Normalzemente EN 197-1 ist zum 1.4.2001 in Kraft getreten

Darin werden die 27 Normal-Zementarten in fünf Hauptsorten unterteilt.

Tabelle 9.2: Zusammensetzung von Zement nach DIN EN 197-1

Zusammensetzung von Zement (DIN EN 197-1)

Bezeichnung 27 Produkte (Normalzementarten)	Zementart Kurzzeichen	Hauptbestandteile (alle Angaben in M-%) Portland-zementklinker	Hütten-sand	Weitere Bestandteile	
Portlandzement	**CEM I**	95-100			
Portlandhüttenzement	**CEM II**/A-S	80-94	6-20		
	CEM II/B-S	65-79	21-35		
Portlandsilicastaubzement	CEM II/A-D	90-94		6-10	Silicastaub
Portlandpuzzolanzement	CEM II/A-P	80-94		6-20	Natürliches Puzzolan
	CEM II/B-P	65-79		21-35	Natürliches Puzzolan
	CEM II/A-Q	80-94		6-20	Nat. Puzz. getempert
	CEM II/B-Q	65-79		21-35	Nat. Puzz. getempert
Portlandflugaschezement	CEM II/A-V	80-94		6-20	Kieselsäurereiche Fl.A.
	CEM II/B-V	65-79		21-35	Kieselsäurereiche Fl.A
	CEM II/A-W	80-94		6-20	kalkreich
	CEM II/B-W	65-79		21-35	kalkreich
Portlandschieferzement	CEM II/A-T	80-94		6-20	Gebrannter Schiefer
	CEM II/B-T	65-79		21-35	Gebrannter Schiefer
Portlandkalksteinzement	CEM II/A-L	80-94		6-20	Kalkstein L
	CEM II/B-L	65-79		21-35	Kalkstein L
	CEM II/A-LL	80-94		6-20	Kalkstein LL
	CEM II/B-LL	65-79		21-35	Kalkstein LL
Portlandkompositzement	CEM II/A-M	80-94		6-20	Natürliches Puzzolan
	CEM II/B-M	65-79		21-35	Natürliches Puzzolan
Hochofenzement	**CEM III/A**	**35-64**	**36-65**		
	CEM III/B	**20-34**	**66-80**		
	CEM III/C	**5-19**	**81-95**		
Puzzolanzement	CEM IV/A	65-89		11-35	Natürliches Puzzolan
	CEM IV/B	45-64		36-55	Natürliches Puzzolan
Kompositzement	CEM V/A	40-64	18-30	18-30	Nat. P., P getemp.,FLA
	CEM V/B	20-38	31-50	31-50	Nat. P., P getemp.,FLA

Für die Anwendungen in Dichtwandmassen werden üblicherweise Hochofenzemente mit hohem Anteil an Hüttensand eingesetzt.

Bei der Zugabe von Wasser zu Zement kommt es zu Reaktionen, die unter dem Begriff Hydratation zusammengefasst werden [(5)]. Dabei werden die Klinkerminerale in wasserhaltige Verbindungen, die Hydratphasen, umgewandelt.

Die Hydratation umfasst drei aufeinanderfolgende Abschnitte, die als Ansteifen, Erstarren und Erhärten bezeichnet werden[(5)]. Sie verläuft nicht proportional zur Zeit, sondern in der Anfangszeit am schnellsten und strebt allmählich einem Endwert zu. Dabei werden die Klinkerminerale in wasserhaltige Verbindungen, die Hydratphasen, umgewandelt.

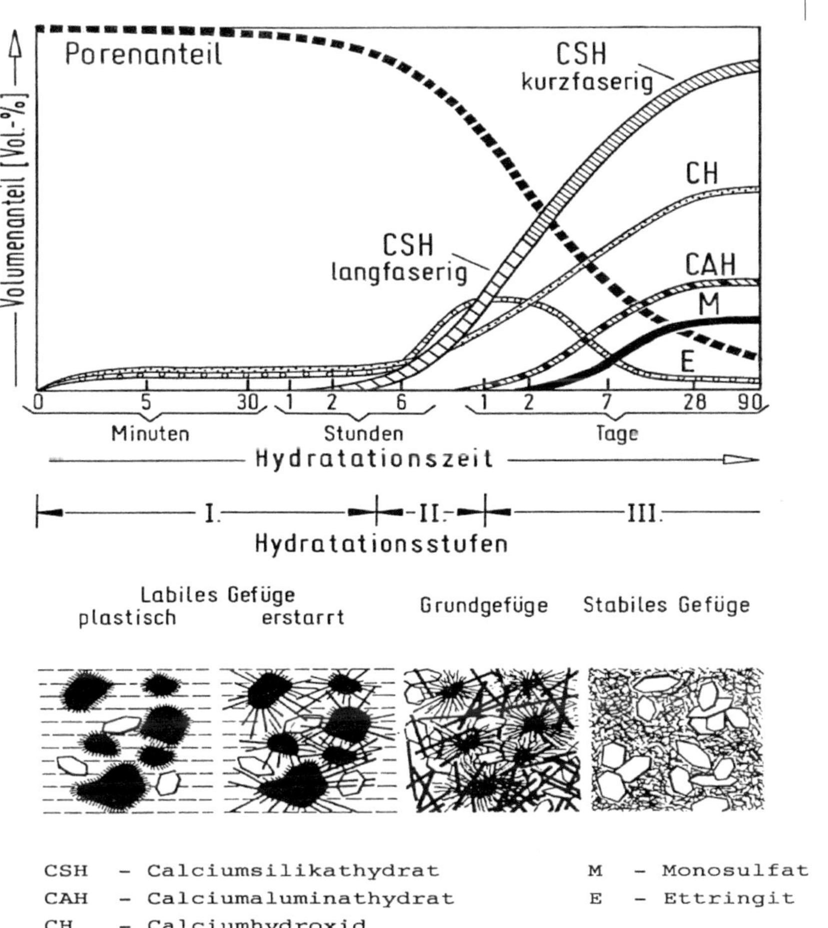

Bild 9.2: Hydratation von Zement.

9.2.2 Bentonit

Die zweite Hauptkomponente von Dichtwandmassen ist der Bentonit. Als Bentonit bezeichnet man ein tonmineralhaltiges Gestein, das seinen Namen nach der ersten Fundstätte bei Fort Benton, Montana (USA) erhielt. Seine ungewöhnlichen Eigenschaften werden durch den Hauptbestandteil bestimmt, das Tonmineral Montmorillonit, das zur Gruppe der Smektite gehört.

Der Mineralname Montmorillonit leitet sich von der südfranzösischen Stadt Montmorillon ab, in deren Nähe ebenfalls solche Tone gefunden wurden. Neben Montmorillonit kann Bentonit noch Begleitmineralien wie Feldspat, Quarz, Glimmer, Kaolinit u. a. enthalten.

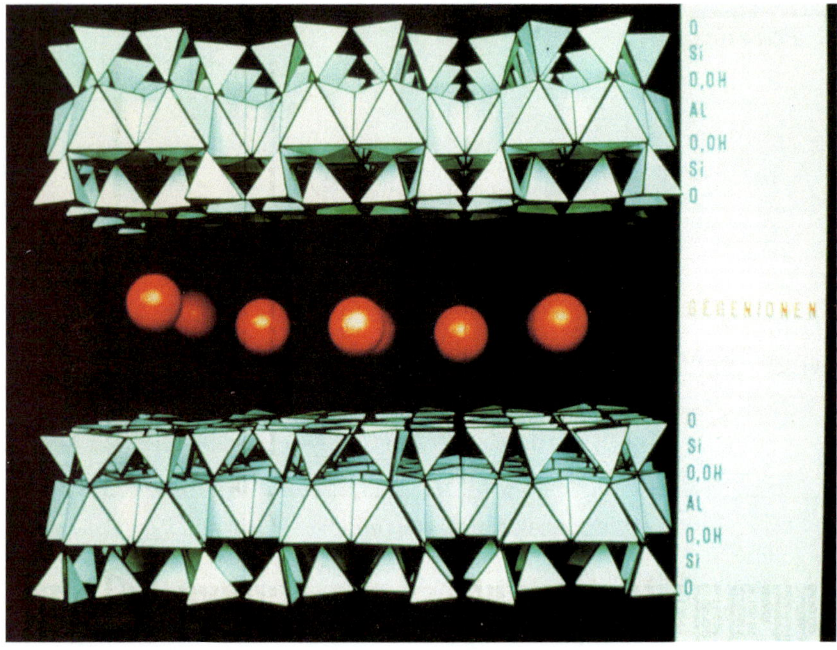

Bild 9.3: Montmorillonit-Modell

Die ungewöhnlichen Eigenschaften des Bentonits lassen sich in folgenden Punkten zusammenfassen:

a) *Aufbau aus sehr kleinen, plättchenförmigen flexiblen Elementarteilchen mit großer Oberfläche.*
b) *Fähigkeit zum Kationenaustausch aufgrund von negativen Oberflächenladungen.*
c) Innerkristalline Quellfähigkeit.

Diese Eigenschaften lassen sich für verschiedenste Einsatzmöglichkeiten nutzen. Durch technische Verarbeitungsprozesse können sie noch verstärkt oder modifiziert werden.

Der in den meisten europäischen Lagerstätten anstehende Rohbentonite sind Erdalkalibentonite, mit austauschfähig gebundenen Ca- und Mg-Ionen. Vereinfacht spricht man von einem *Calciumbentonit*. Durch Ionenaustausch können Ca-Bentonite in Na-Bentonite umgewandelt werden. Dieser auch als „Aktivierung“ bezeichnete Vorgang kann entweder auf natürlichem Weg, z. B. durch Kontakt mit Salzwasser, oder durch technische Verfahren erfolgen.

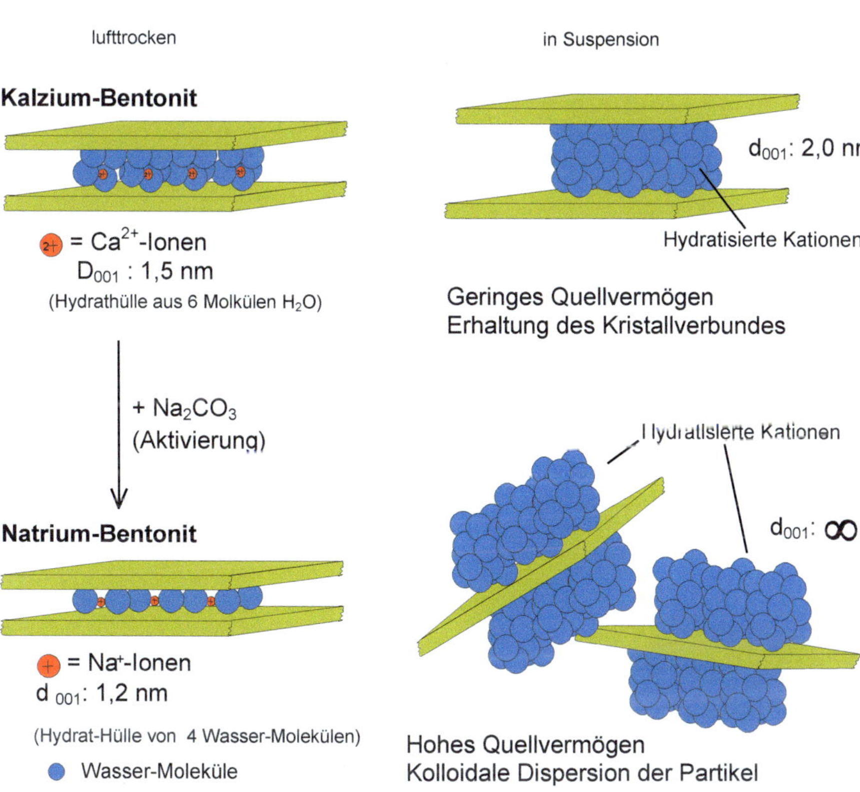

Bild 9.4: Schematische Darstellung der Sodaaktivierung

Allgemein kann man sagen, dass durch eine Sodaaktivierung die bodenmechanischen Kennwerte, das Quell- und Wasseraufnahmevermögen sowie die rheologischen Eigenschaften erheblich verbessert werden.

Für die Herstellung von Dichtwandmassen werden üblicherweise sogenannte „zementstabile" Bentonite verwendet, daneben auch schwächer aktivierte Bentonite (für Schmalwandmassen) und nicht aktivierte Ca-Bentonite, z. B. für hochfeststoffhaltige Dichtwandmassen.

9.2.3 Füllstoffe

Zur Erhöhung des Feststoffgehalts von Dichtwandmassen werden Füllstoffe wie Steinmehl, Tonmehl oder Flugasche verwendet, insbesondere bei den Schmalwandmassen, die mit einer besonderen Technik eingebaut werden, sowie bei Erdbeton, s. Tabelle 9.4.

9.2.4 Additive

In Sonderfällen, wie großen Schlitztiefen, oder bei Dichtwandmischungen mit hohen Feststoffgehalten werden spezielle Additive zur Verbesserung des Fließverhaltens, der Suspensionsstabilität und der Verarbeitbarkeit zugesetzt. In der Praxis bewährt haben sich Ligninsulfonate oder spezielle Silane.

9.2.5 Wasser

Um die vorgenannten Komponenten in eine fließ- und pumpfähige Konsistenz zu bringen, werden sie in Wasser angemischt.

Das verwendete Wasser sollte von mittlerer Härte, < 20°dH, und frei von organischer oder Salzbelastung sein. Es ist daher zu empfehlen, den pH-Wert, die Leitfähigkeit und den Härtegrad des Wassers zu bestimmen. In Sonderfällen ist eine weitergehende chemische Analyse notwendig.

Empfehlungen zur Eignungsprüfung der einzelnen Komponenten für Dichtwandmassen gibt der GDA-Arbeitskreis „Geotechnik der Deponien und Altlasten“ [(10)].

Tabelle 9.3: Eingangsprüfung an Dichtwandbaustoffen aus [(10)]

Material	Prüfung	Prüfgerät	Häufigkeit
Trinkwasser	entfällt	./.	./.
Brauchwasser	pH-Wert Leitfähigkeit Gesamthärte	Messstreifen, pH-Meter Leitfähigkeits-Messgerät chem. Analyse	1 x vor Baubeginn, danach regelmäßige Wiederholungen
Bentonit	nach DIN 4127 - Fließgrenze, - Filtratwasserabgabe Wasseraufnahmevermögen	Pendelgerät Kugelharfe Filterpresse DIN 18132	1 x je Liefercharge sowie Rückstellproben
Mineralische Füllstoffe	Wasseraufnahmevermögen u. U. Überkornanteil ∅ 0,125 mm	DIN 18132 (Alternativ: Filtratwasserabgabe, Absetz-Verhalten) Sieb	1 x je Liefercharge sowie Rückstellproben
Hydraulische Bindemittel	Angabe von Blainewert und Hüttensandanteil auf Lieferschein	Im Bedarfsfall Nachprüfung der Werte durch ein Zementlabor an Rückstellproben	
Fertigmischungen	nach DIN 4127 - Fließgrenze, - Filtratwasserabgabe - Auslaufzeit, - Dichte	Pendelgerät Kugelharfe Filterpresse	1 x je Liefercharge sowie Rückstellproben

Tabelle 9.4: Beispiele für Dichtwandmassenrezepturen auf Basis von Bentonit/Zement-Mischungen (Mengenangaben in kg/m³)

Komponente	Verfahren													
	Zwei-phasen-Dichtwand		Einphasen-Dichtwand							Schmalwand			RPW	HDI
Na-Bentonit [kg]	30	60	35	40	8	-	-	-	-	35	-	-	55	15
Ca-Bentonit [kg]	-	-	-	-	306	153	165	-	-	-	115	-	-	-
Füllstoff [kg]	280	-	-	170	-	153	-	-	-	670	576	-	210	-
Bindemittel [kg]	320	110	200	160	184	183	144	-	-	180	138	-	100	745
Additiv [kg]	-	-	-	-	3	3	3	-	-			-	-	-
Zuschlagstoffe [kg]														
Sand	880		-	-	-	-	-	-	-	-	-	-	1100	-
Kies		1500	-	-		-	-	-		-	-	-		-
Fertigmischung [kg]	-	-	-	-	-	-	-	225	250	-	-	800	-	-
Wasser [kg]	411	395	918	867	814	812	826	921	912	670	645	700	420	745
Wasser-Zementwert	1,28	3,59	4,59	5,42	4,42	4,44	5,74	-	-	3,72	4,67	-	4,2	1
Wasser-Feststoffwert	0,27	0,24	3,91	2,34	1,63	1,67	2,65	4,09	3,65	0,76	0,78	0,88	0,29	0,98
Dichte [Mg/m³]	1,97	2,0	1,15	1,24	1,32	1,29	1,20	1,15	1,16	1,56	1,53	1,50	1,89	1,51

9.3 Herstellung und Eigenschaften von Dichtwandmassen aus Bentonit/Zement

9.3.1 Dichtwände nach dem Zweiphasen-Verfahren

Wie eingangs erwähnt, wurden die ersten Dichtwände durch Vermischen der als Stützflüssigkeit beim Aushub benutzten Bentonitsuspension mit Zement und Bodenaushub hergestellt. Hieraus entwickelt sich das sogenannte Zweiphasenverfahren, bei dem zunächst ein Schlitz unter Bentonitstützung bis zur Solltiefe abgeteuft wird. Danach wird die Bentonitsuspension abgepumpt und im Kontraktorverfahren durch das eigentliche Dichtungsmaterial ersetzt.

Ein großer Vorteil des Zweiphasenverfahrens besteht in der großen Bandbreite der möglichen Dichtwandmassen. Meist werden Tonbetone unterschiedlicher Zusammensetzung verwendet.

Empfehlungen zur Ausführungsprüfung an Zweiphasen-Dichtwänden werden ebenfalls vom GDA-Arbeitskreis gegeben:

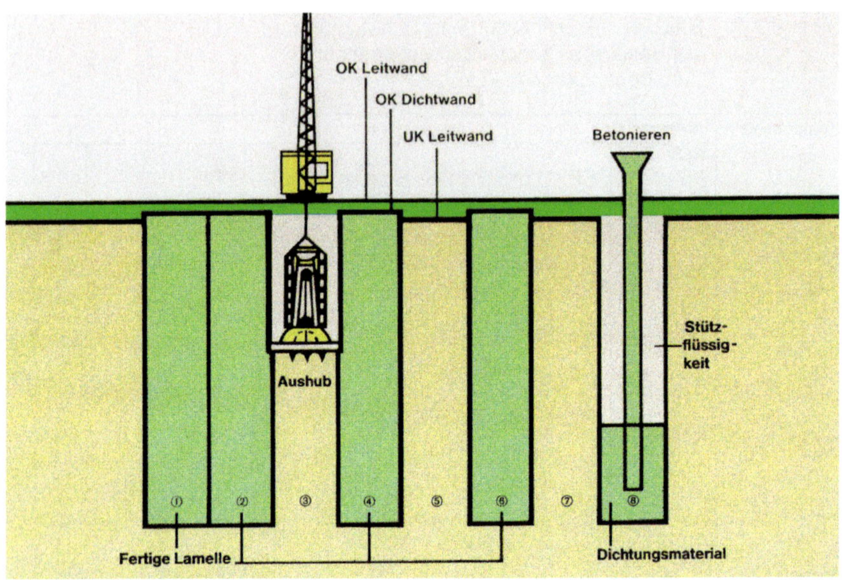

Bild 9.5: Zweiphasen-Verfahren

Tabelle 9.5: Ausführungsprüfungen an Zweiphasen-Dichtwänden aus [(10)]

Prüfung	Prüfgerät	Häufigkeit und Probenentnahmestelle
Phase 1 (Wasser/Bentonit) [1)]		
nach DIN 4127 - Fließgrenze, - Filtratwasserabgabe - Dichte nach DIN 4127 - Fließgrenze, - Dichte	Pendelgerät Kugelharfe Filterpresse Spülungswaage Pendelgerät Kugelharfe Spülungswaage	am Zulauf 1 x pro Schicht aus dem Dichtwandschlitz 1 x pro Element ca. 0,3 m über Schlitzsohle vor Austausch gegen Phase 2
Phase 2 (Dichtwandmasse) [2)]		
- Dichte - Ausbreitmaß Durchlässigkeitsbeiwert einaxiale Druckfestigkeit	Probewürfel-Form (15 x 15 x 15 cm) u. Waage Ausbreittisch nach E 3-2	aus Anlieferung 1 x pro 250 m^2 Wandfläche aus Anlieferung 1 x pro 1.000 m^2 Wandfläche
Lagegenauigkeit [3)]		
Schichtenfolge Tiefe der Dichtwand Einbindemaß des Wandfußes Vertikalität der Dichtwand Überschneidungsmaß der Wandelemente	Aushub Lotung Aushub, Probenentnahme Lotung mit 2 Messseilen an Greiferschalen bzw. Inklinometereinsatz Lotung mit 2 Messseilen an Greiferschalen bzw. Inklinometereinsatz	fortlaufend 1 x pro Element 1 x pro Element 1 x pro Element 1 x pro Element

Anmerkungen

[1] Zur Sicherstellung eines vollständigen Austausches darf die Fließgrenze 70 N/m^2 und die Dichte 1,3 t/m^2 nicht unterschreiten

[2] Zur Sicherstellung eines vollständigen Austausches darf die Dichte 1,8 t/m^2 nicht unterschreiten

[3] Diese Messungen sind vor Einbau der Dichtwandmasse durchzuführen

Den Vorteilen des Zweiphasenverfahrens stehen jedoch auch einige Nachteile gegenüber:

- Während des Betoniervorgangs werden die Lamellen durch Abschalrohre begrenzt, wodurch Fugen und damit mögliche Fehlstellen mit erhöhter Durchlässigkeit zwischen den einzelnen Lamellen entstehen.
- Bei nicht ausreichend großen Dichteunterschieden zwischen der Bentonitsuspension und der Dichtwandmasse kann es zu einer unvollständigen Verdrängung bzw. Vermischung kommen. Fehlstellen in der Wand können nicht ausgeschlossen werden
- Schließlich ist das Zweiphasenverfahren relativ zeit- und kostenaufwendig.

Daher hat es frühzeitig Überlegungen gegeben, die Arbeitsschritte: Ausheben der Schlitze und Auffüllen mit Dichtwandmassen zu vereinfachen und zu beschleunigen. Daraus resultierten etwa Mitte der 70er Jahre Versuche, die Bentonitsuspension mit Zement zu mischen und diese Bentonit-Zement-Mischung sowohl als Stützflüssigkeit während der Aushubphase als auch als permanentes Dichtungselement nach dem Abbindeprozess zu verwenden.

In der Praxis traten dabei erhebliche Probleme auf. Die damals marktüblichen Schlitzwandbentonite ergaben im Gemisch mit Zement instabile Suspensionen, die zu Flockungs- und Absetzerscheinungen neigten, verbunden mit hohen Filtratwasserabgaben. Die Gründe hierfür lagen in der Reaktion der aus dem Zement freigesetzten, hydrolisierten Ca^{+2}-Ionen mit dem Na-Bentonit, dessen Aktivierungsgrad dadurch verringert wurde,

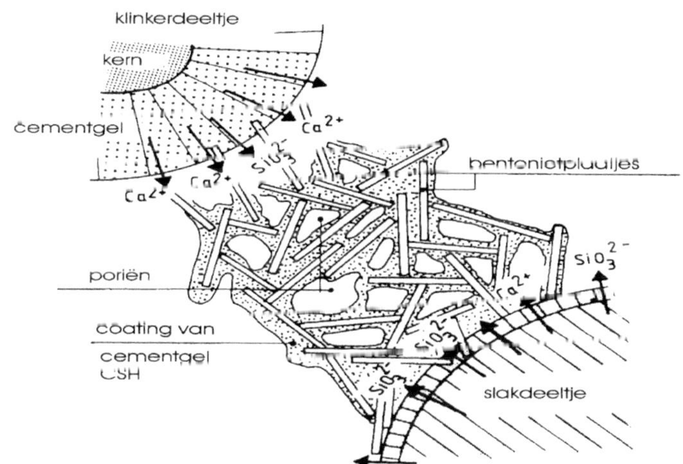

Bild 9.6: Reaktionsmodell für Bentonit/Zement-Mischungen, aus (11).

Durch den Überschuss an Ca^{+2}-Ionen wurde der aktivierte Na-Bentonit mehr oder weniger vollständig wieder in Ca-Bentonit zurück überführt. Bei niedrigen Bentonitgehalten (< 40 kg/m³) haben Ca-Bentonite erheblich schwächere rheologische Eigenschaften als Na-Bentonite.

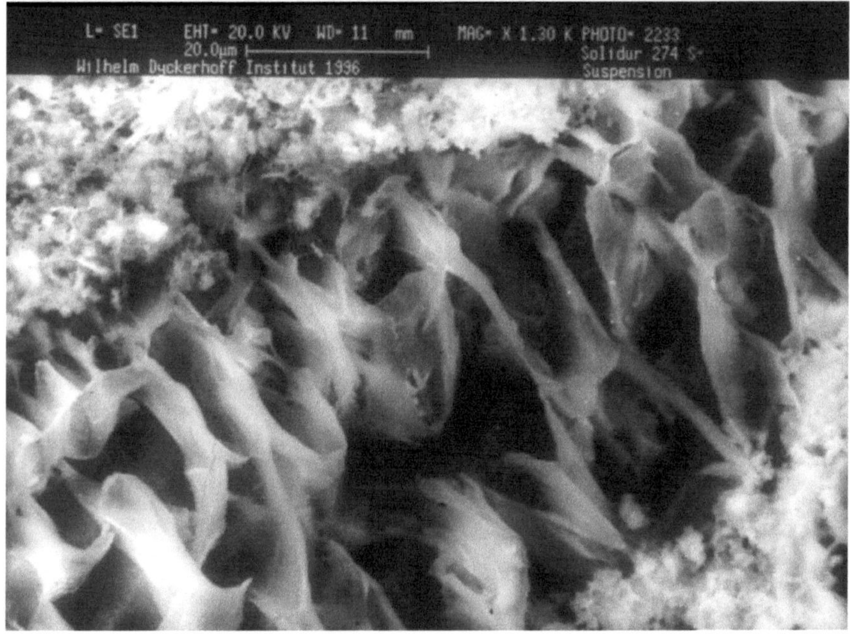

Bild 9.7: Elektronenrastermiskroskopische Aufnahme einer erhärteten Dichtwandmischung

Von Seiten der Bauindustrie wurde daher die Forderung nach einer zementstabilen Bentonitqualität erhoben, die bereits bei niedrigen Gehalten gut zu verarbeitende Dichtwandmassen ergibt. Hauptkriterien waren:

- geringe Filtratwasserabgabe
- wenig oder kein Absetzwasser
- günstige Ergiebigkeiten (d. H. die Forderung, im Gemisch mit 200 kg Zement/m³ eine Marshviskosität von 40 s mit Bentonitgehalten $\leq$ 35 kg/m³ zu erreichen).

Dies führte zur Entwicklung der sogenannten „zementstabilen" Bentonite, die diese Forderungen erfüllten.

Ein Bentonit wird als zementstabil bezeichnet, wenn er in einem definierten Mischungsverhältnis mit einem Überschuss an Zement in wässriger Aufschlämmung eine stabile Suspension bildet. Während der praxisüblichen mehrstündigen Verarbeitungszeit muss die Mischung fließfähig bleiben und darf sich nicht entmischen.

9.3.2 Dichtwände nach dem Einphasen-Verfahren

Mit der Markteinführung der zementstabilen Bentonite in der 2. Hälfte der 70er Jahre wurde das sogenannte „Einphasenverfahren“ zur Herstellung von Dichtwänden entwickelt. Im Gegensatz zum historisch älteren Zweiphasenverfahren verbleibt die aus Bentonit, Zement (evtl. Füllstoffen) und Wasser bestehende Stützflüssigkeit im Schlitz und erhärtet allmählich durch den Zementanteil.

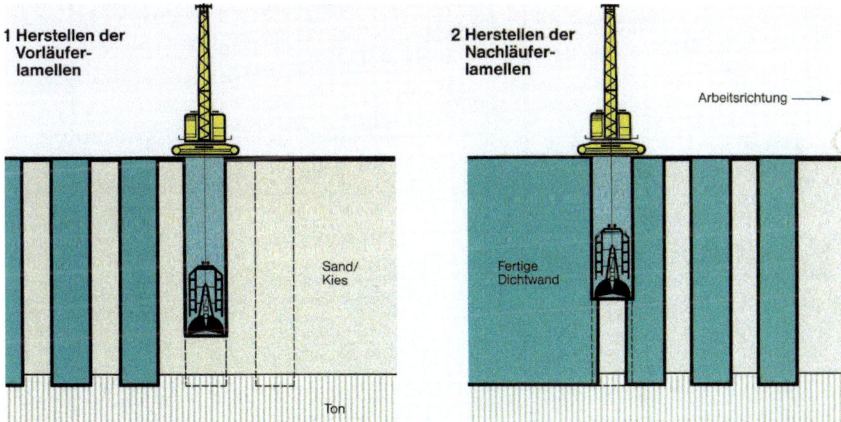

Bild 9.8: Einphasenverfahren mit Schlitzwandgreifer

Die Eigenschaften einer solchen Bentonit-Zement-Mischung verändern sich also im flüssigen Zustand mit fortlaufender Verarbeitungsdauer bis hin zur Verarbeitungsgrenze.

An den für solche Einphasen-Dichtwandmassen geeigneten Bentonit werden folgende Anforderungen gestellt: er hat, wie auch die reine Bentonitsuspension in der „normalen“ Schlitzwandtechnik, die Aufgabe, die Stützkraft der Suspension durch Ausbildung eines Filterkuchens auf das Erdreich zu übertragen, der Dichtwandmasse eine Fließgrenze zu verleihen und die Suspension während der Verarbeitungsphase stabil zu halten, d. h. eine Entmischung und Sedimentation von Zement (und Füllstoffen) zu verhindern. Dabei soll die Mischung fließfähig bleiben, um beim Aushub schnell vom Schlitzwandgreifer abzufließen und damit eine möglichst verlustarme Trennung von Erdaushub und Stützflüssigkeit zu gewährleisten

Da die Hauptfunktion einer Dichtwand in der Verringerung der Wasserdurchlässigkeit besteht, hat der Bentonit in der festen Phase die weitere Aufgabe, die Poren des abgebundenen Zementsteins soweit auszufüllen, dass ein Flüssigkeitsdurchtritt minimiert wird. Weiterhin soll die Dichtwandmasse eine gewisse Elastizität behalten, um sich unter Belastung möglichst rissefrei verformen zu können.

Die Zusammensetzung der Dichtwandmassen bewegt sich in den in Tabelle 9.4 angegebenen Massenverhältnissen (bezogen auf 1 m³ Suspension).

Als Zemente werden Hochofenzemente bevorzugt, da sie im Vergleich zu Portlandzementen eine günstigere Druckfestigkeitsentwicklung zeigen

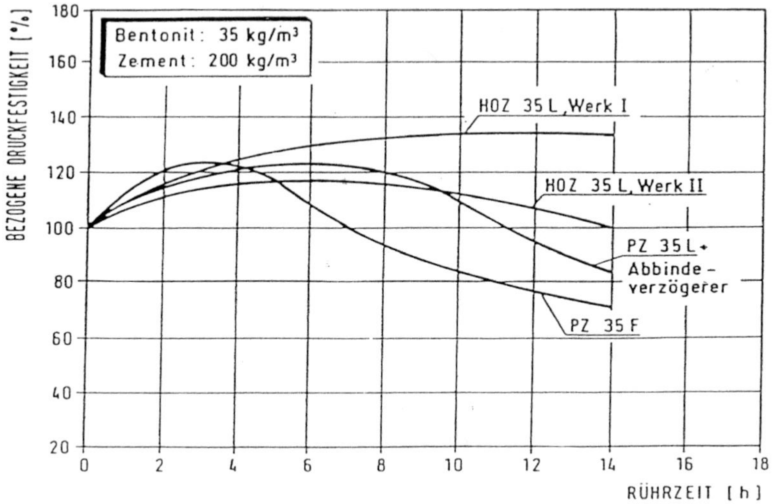

Bild 9.9: Druckfestigkeitsentwicklung in Abhängigkeit von der Zementart aus [(9)]

Bei der Herstellung der konventionellen Dichtwandmasse wird zunächst der Bentonit dispergiert und über mehrere Stunden quellen gelassen, bevor anschließend der Zement zugemischt wird. Die anlagentechnischen Anforderungen an die Bevorratung, die exakte Dosierung und Mischung der verschiedenen Dichtwandkomponenten erfordern eine aufwendige Mess- und Regeltechnik zur Einhaltung der vorgegebenen Mischungsrezepturen.

Üblicherweise werden die Mischungsrezepturen auf 1 m³ Dichtwandmasse berechnet. Tabelle 9.6 gibt hierzu ein Berechnungsbeispiel für eine Standardrezeptur aus 35 kg Bentonit, 200 kg Zement und 918 kg Wasser.

Tabelle 9.6: Mischrezeptur für 1 m³ Dichtwandsuspension

Material	**Masse [kg]**	**Dichte [kg/l]**	**Volumen [l]**
Bentonit IBECO CR 4	35	2,3	35 / 2,3 = 15,27
Zement CEM III/A 32,5	200	3,0	200/ 3,0 = 66,67
Wasser (entionisiert)	1000 - 15,27 - 66,67 = 918	1,0	918 / 1,0 = 918,00
Dichtwandmasse (BZS 35/200/0/918)	35 + 200 +918 = 1.153	1.153/1.000 = 1,153	1.000

Die Ausführungsprüfungen an Einphasen-Dichtwandmassen richten sich ebenfalls nach den GDA-Empfehlungen.

Tabelle 9.7: Ausführungsprüfungen an Einphasen-Dichtwänden aus [(10)]

Prüfung	Prüfgerät	Häufigkeit und Probenentnahmestelle
Dichtwandmischung [1)]		
nach DIN 4127 - Fließgrenze, - Filtratwasserabgabe - Auslaufzeit - Wichte - Sandgehalt (nicht am Zulauf)	Pendelgerät Kugelharfe Filterpresse Marsh-Trichter Spülungswaage Sandgehalt-Messger. nach API	am Zulauf 2 x pro Element, mind. 3 x pro Schicht aus d. Dichtwandschlitz v. Kopf- u. Fußbereich d. Wand je 250 m^2 Wandfläche (125 m^2 je Prüfung)
Durchlässigkeitsbeiwert, einaxiale Druckfestigkeit	nach E 3-2	aus dem Dichtwandschlitz vom Kopf- u. Fußbereich d. Wand je 1 x pro 1.000 m^2 Wandfläche (500 m^2 je Prüfung)
Lagegenauigkeit [2)]		
Schichtenfolge	Aushub	fortlaufend
Tiefe der Dichtwand	Lotung	1 x pro Element
Einbindemaß des Wandfußes	Aushub, Probenentnahme	1 x pro Element
Vertikalität der Dichtwand	Lotung mit 2 Messseilen an Greiferschalen bzw. Inklinometereinsatz	1 x pro Element
Überschneidungsmaß der Wandelemente	Lotung mit 2 Messseilen an Greiferschalen bzw. Inklinometereinsatz	1 x pro Lamelle

Anmerkungen

1) Für die Probengewinnung ist ein Entnahmegerät zu verwenden, welches die Materialentnahme aus der gewünschten Tiefe des Wandelements sicherstellt

2) Bei kontinuierlichem Aushubbetrieb mit Tieflöffel-Bagger eine Überprüfung pro 10 m Wandlänge

Im Laufe der letzten 20 Jahre haben sich die Anforderungen an den Bentonit für solche Einphasen-Dichtwandmassen zum Teil gewandelt.

Die aus wirtschaftlichen Erwägungen heraus gestellten Forderungen früherer Jahre nach geringstmöglichen Bentonitgehalten zur Erzielung stabiler Dichtwandsuspensionen wurden schon bald durch Überlegungen zur Langzeitbeständigkeit in Frage gestellt. Das Resultat dieser Überlegungen war, in Umkehrung der bisherigen Denkweise, höhere Feststoffgehalte pro m³ Dichtwandmasse anzustreben, ohne dabei die Verarbeitbarkeit und die Feststoffeigenschaften zu beeinträchtigen. Zur Erhöhung des Gesamtfeststoffgehalts boten sich mehrere Alternativen an:

a) Erhöhung des Bentonitanteils
b) Erhöhung des Zementanteils
c) Zugabe von Füllstoffen

Alle Alternativen wurden erprobt. Infolge von Viskositätserhöhungen stieß man jedoch schnell an die Grenzen der Verarbeitungsmöglichkeit.

Erste Untersuchungen zur Verwendung von nichtaktivierten Ca-Bentoniten in Dichtwandmassen zeigten, dass man damit den Bentonitanteil zwar in etwa versechsfachen konnte, dass derart hergestellte Ca-Bentonit/Zementsuspensionen jedoch sehr hohe Filtratwasserabgaben hatten. Diese geringere Filterstabilität sowie auf Viskositätsanstiege zurückzuführende Verarbeitungsschwierigkeiten bei hochfeststoffhaltigen Dichtwandmassen mit Ca-Bentoniten können mit Hilfe von chemischen Zusätzen (z. B. Dynagrout DVR-C) verbessert werden.

Eine weitere Materialalternative für Einphasen-Dichtwandmassen wird seit ca. 20 Jahren von der Zementindustrie in Form von sogenannten Fertigmischungen angeboten. Hierin sind der Bentonit und der Zement, bzw. ein zementartiges Bindemittel, bereits in einem definierten Feststoffverhältnis trocken gemischt. Diese Trockenmischungen werden als einheitliches Produkt mit Wasser dispergiert und liefern dann ebenfalls Einphasen-Dichtwandmassen.

Durch Entwicklung spezieller Bindemittel, gezielte Auswahl und Verarbeitung geeigneter Bentonitqualitäten und die sorgfältige Abstimmung der Mischungskomponenten und -rezepturen wurden die normalerweise bei gemeinsamer Aufbereitung von Bentonit und Zement zu erwartenden Nachteile einer „Rückaktivierung" des Bentonits und daraus resultierende Instabilitäten der Stützflüssigkeiten vermieden. Es werden im Gegenteil sowohl bei den rheologischen Werten als auch bei den Feststoffeigenschaften Ergebnisse erzielt, die, bei vergleichbaren Feststoffgehalten, denen von konventionell hergestellten Dichtwandmassen überlegen sind.

Zu Einzelheiten der verschiedenen Produkteigenschaften und Aufbereitungsempfehlungen wird auf die jeweiligen Herstellerangaben verwiesen.

Neben den verbesserten, vorgeprüften Materialeigenschaften werden für solche Fertigmischungen als weitere Vorteile eine vereinfachte Aufbereitung sowie längere Verarbeitungszeiten genannt.

Die bisherige Erfahrung hat gezeigt, dass auch bei Fertigmischungen eine hochtourige Aufbereitung mit intensiven Scherkräften sowie die Verwendung eines Anmachwassers mit geringer Härte zu optimalen Produkteigenschaften führen, insbesondere bei den rheologischen Werten.

9.3.3 Schmalwände

Bei den durch Bodenverdrängung herstellbaren Dichtwänden ist die aus Frankreich kommende Entwicklung der Schmalwände die bekannteste und verbreiteste.

Schmalwände werden durch Einrütteln oder Einrammen von Injektionsbohlen bis zur gewünschten Tiefe in den Boden hergestellt. Beim Ziehen der Stahlbohlen, die i. d. R. eine Steghöhe in der Größenordnung von 80 cm und eine Profilstärke im Bereich der Stege zwischen 6 und 8 cm haben, wird das Dichtungsmaterial in den frei werdenden Hohlraum eingepresst. Je nach Bodengeometrie füllt das Dichtwandmaterial entweder gerade den vom Verdrängungskörper eingenommen Raum aus oder dringt, bei penetrierbaren Böden, noch etwas in den Boden ein. Durch Aneinanderreihen einzelner überlappender Stiche wird so eine fortlaufende Dichtwand hergestellt.

Die Suspension sollte feststoffreich und mit einer Dichte nicht unter 1,5 Mg/m^3 hergestellt werden, um ihre Erosionsbeständigkeit zu erhöhen und Rückverformungen des verdrängten Bodens entgegenzuwirken. Die Suspension ist sowohl beim Einrütteln als auch beim Ziehen der Bohle ständig umzupumpen, um an der Schneide der Bohle gegenüber dem umgebenden Erddruck einen Flüssigkeitsüberdruck zu erzielen. Die Schmalwandrezepturen, die in großem Maßstab im Wasserstraßenbau verwendet werden, enthalten normalerweise Na-Bentonit, s. Tab.9.3.

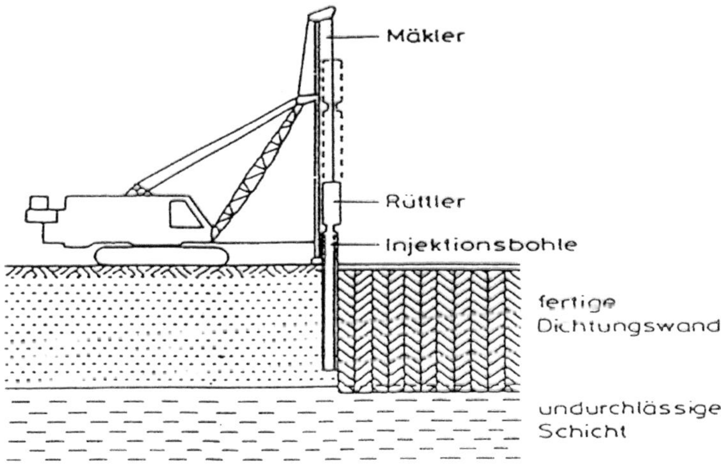

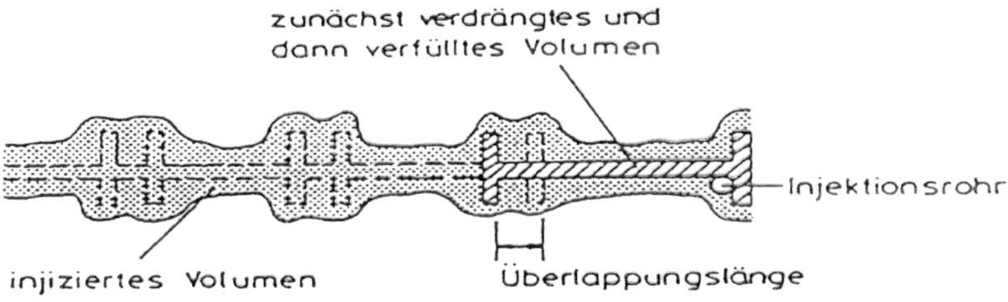

Bild 9.10: Herstellung einer Dichtungsschmalwand, aus (14).

Wegen ihrer vergleichsweise geringen Wandstärke und der mitunter in Zweifel gezogenen Lückenlosigkeit der Wände besteht häufig eine Ablehnung, Schmalwände zur Umschließung von Deponien und Altlasten einzusetzen.

Durch die Ausführung als doppelte Schmalwand in einem sogenannten Kammersystem und der Verwendung einer erhöhten Bentonitmenge (Ca-Bentonit) lassen sich auch die verschärften Sicherheitsanforderungen an den Grundwasserschutz erfüllen. Es wurde 1986 erstmals eine vollständige Deponieumschließung mit einer Ca-bentonithaltigen Dichtwandmasse bei der Wiener Deponie Rautenweg ausgeführt [(13)].

Die Prüfung der Schmalwandmischung während der Ausführung sollte ebenfalls den GDA Empfehlungen entsprechend erfolgen.

9.3.4 Rammprofildichtwand

Ähnlich wie bei Schmalwänden wird hierbei ein unten geschlossenes Hohlkastenprofil bis auf die erforderliche Tiefe gerammt [14], [10]. In das gerammte Profil wird die Dichtmasse, vorzugsweise Erdbeton, eingefüllt, die beim Ziehen des Profils den verdrängten Bodenquerschnitt ausfüllt. Die Zusammensetzung des Erdbetons ist vergleichbar den im Zweiphasen-Verfahren eingebauten Dichtmassen,

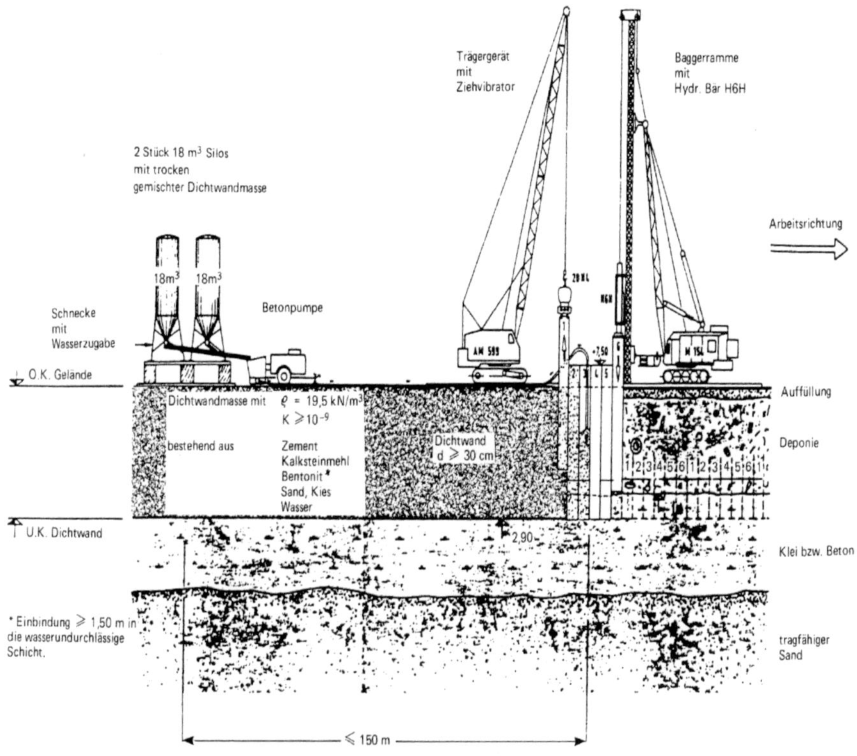

Bild 9.11: Herstellen von Dichtwänden durch Verdrängungsverfahren.

9.3.5 Hochdruck-Injektionswand (HDI)

Bei der HDI wird ein Bohrgestänge mit speziellen Düsenköpfen in den Boden gebracht [10]. Durch einen rotierenden Hochdruckdüsenstrahl aus Suspension wird die Bodenstruktur aufgelöst und mit der Suspension vermischt. Die Suspension besteht aus einer Bentonit/Zement-Mischung mit/ohne Füllstoff. Nach Aushärtung entstehen säulen- oder scheibenförmige Verfestigungskörper, die bei überlappender Ausführung eine Dichtwand ergeben,

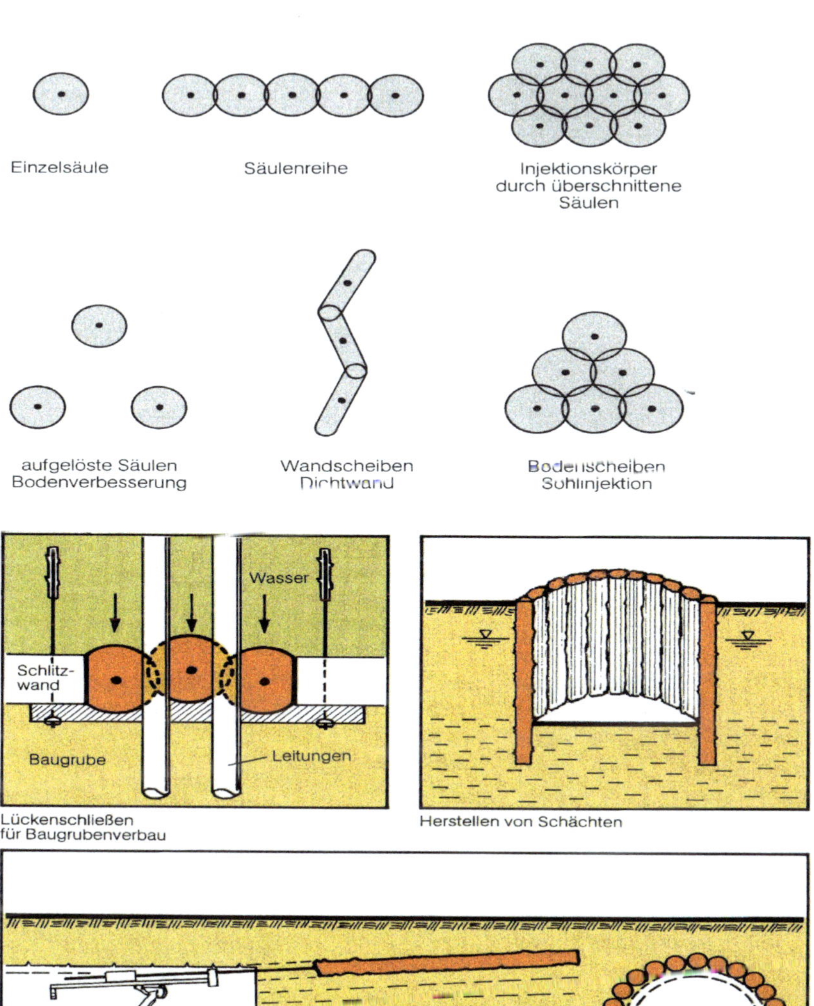

Bild 9.12: Hochdruck-Injektionswände.

9.4 Zusammenfassung

Es wurden die vielfältigen Einsatzmöglichkeiten von Bentonit-Zement-Mischungen als Baustoffe für Abdichtungsmaßnahmen im Grundbau, Wasserbau und Deponiebau aufgezeigt.

Durch die Variationsbreite der Zusammensetzung und Anpassung der verschiedenen Komponenten an die veränderten Anforderungen an Dichtwandmassen und an die unterschiedlichen Einbringungstechniken haben diese innovativen Baustoffe aus Bentonit/Zement-Mischungen eine verbreitete Anwendung gefunden.

Deren Entwicklung verlief in den verschiedenen europäischen Ländern durchaus unterschiedlich. Während im deutschsprachigen Baumarkt die vorgefertigten und vorgeprüften Trockenmischungen überwiegend Verwendung finden, da sie dem Anwender eine vereinfachte Handhabung ohne langwierige vorhergehende Eignungsprüfungen ermöglichen, bevorzugen die Anwender in Frankreich und Benelux die konventionell hergestellten Dichtwandmischungen.

Durch Zusatz von adsorptiv wirkenden Komponenten ist es grundsätzlich möglich, bestimmte Schadstoffe wie z. B. Schwermetalle oder toxische organische Stoffe nachhaltig in die Dichtwand-Matrix einzubinden und damit einen erhöhten Schutz der Umwelt zu erreichen.

9.5 Literatur

(1) Cambefort, H. *Bodeninjektionstechnik,* Deutsche Bearbeitung von K. Back, Bauverlag (1969)

(2) Veder, C., *Die Schlitzwandbauweise - Entwicklung, Gegenwart und Zukunft*, Österreichische Ingenieur-Zeitschrift, Heft 8 (1975)

(3) Hajnal, J., Marton, J. u. Regele, Z., *Construction of diaphragm walls*, John Wiley & Sons (1984)

(4) Rostasy, F. S., *Baustoffe*, Verlag W. Kohlhammer (1983)

(5) Locher, F. W. *Chemie des Zements und der Hydrationsprodukte,* Zement Taschenbuch, Buchverlag GmbH, 48. Auflage (1984)

(6) Jasmund, K. u. LAGALY, G., *Tonminerale und Tone*, Steinkopfverlag Darmstadt, (1993)

(7) Vogt, K., *Mineralogische und chemische Untersuchungen an Niederbayrischen, amerikanischen und japanischen Bentoniten*, Dissertationsschrift TU München (1975)

(8) Endell, Patent-Nr. 613037 *Verfahren zur Gewinnung hochquellfähiger anorganischer Stoffe* (1933)

(9) Meseck, H., *Mechanische Eigenschaften von mineralischen Dichtwandmassen*, Mitteilung des Instituts für Grundbau und Bodenmechanik, Technische Universität Braunschweig, Heft Nr. 25 (1987)

(10) Empfehlungen des Arbeitskreises *Geotechnik der Deponien und Altlasten* - GDA, Hrsg. Deutsche Gesellschaft für Erd- und Grundbau, 2. Auflage (1993)

(11) „Afdichtingswanden van cement-bentoniet" BSW rapport nr. 91-13, Hrsg. Bouwdienst Rijkswaterstaat, Uetrecht, NL (1992)

(12) Müller-Kirchenbauer, H. et al *Dichtwände und Dichtwandmasse,* in *Alternative Dichtungsmaterialien im Deponiebau und in der Altlastensanierung*, Hrsg. Burkhardt G. und Egloffstein Th., Schr. Angew. Geol. Karlsruhe 30 (1994)

(13) Radl, F. u. Kiefer, M., *Umschließung einer Großdeponie in Theorie und Praxis*, Mitteilung des Instituts für Grundbau, Bodenmechanik und Felsbau, TU Wien, Heft 4 (1987)

(14) Ruppert, F. R. et al, *Neuartige Herstellung von Dichtwände mit dem Verdrängungsverfahren",* Baumaschine und Bautechnik, Heft 1 (1988)

10 Verfüllbaustoffe im Spezialtiefbau

U. Höhne

Abstract

The development of new application areas in special civil engineering requires higher performance profiles of the applied building materials. These requirements are mostly not specified in standards or guidelines. In the following report properties and tests of cement-bound building materials are explained and specific application areas will be presented.

Zusammenfassung

Die Entwicklung von neuen Anwendungsmöglichkeiten im Spezialtiefbau stellt an die verwendeten Baustoffe gesteigerte Anforderungen, die größtenteils nicht in Normen oder Richtlinien geregelt sind. Im folgenden Beitrag werden Eigenschaften und Prüfungen von zementgebundenen Baustoffen erläutert und einzelne Anwendungsgebiete dargestellt.

10.1 Historie der Fertigprodukte

Der allgemeine Trend zum Einsatz von Fertigbaustoffen setzte bereits in den 60er-Jahren ein. Als wesentliche Gründe sind

Einsparungspotenziale bei der Baustelleneinrichtung
Rezeptoptimierung der Rohstoffe für Sonderanwendungen
Gewährleistungsvorteile durch die Belieferung aus „einer Hand“ und
Schulung von Baustellenpersonal durch Hersteller zu nennen. Die ersten Einsätze mit Fertigbaustoffen zum Anmischen von hydraulischen Füllmörteln erfolgten als Sackware im Steinkohlenbergbau. Da die herkömmliche Erstellung von Dämmen aus Mauersteinen zeit- und materialaufwendig war, setzten sich fließfähige Baustoffe in Holz- und Gewebeschalungen besonders bei Gefahrensituationen durch. Mit der Aufstellung von übertägigen Baustoffmischanlagen und hydromechanischem Transport der Suspensionen durch Schachtleitungen ließen sich leistungsfähige Ausbaukonzepte unter Tage verwirklichen. Die gewonnenen Erfahrungen aus den neu entstandenen Anwendungsmöglichkeiten von zementgebundenen Dammbaustoffen wurden zeitnah in den Spezialtiefbau übernommen und führten 1968 zum ersten Patent „Dämmer®“.

Neben Produkten zur Verfüllung von Stollen und stillgelegten Kanälen, die in Transportbetonwerken angemischt wurden, wurde das aus der Erdölindustrie bekannte Injektormischverfahren für den Tiefbau modifiziert.

Bild 10.1: Stationäre Baustoffanlage

Bild 10.2: Injektormischverfahren

10.2 Anforderungen und Prüfungen

10.2.1 Rohstoffe

Hydraulisch erhärtende Verfüllbaustoffe setzen sich aus Zementen nach DIN EN 197 oder DIN 1164 als Anreger und unterschiedlichen Füllstoffen zusammen. Im Vordergrund der Rezeptauswahl steht der bautechnische Einsatzfall. Daraus leitet sich die Konsistenz und Zusammensetzung eines Produktes ab. Die Sorte des Zementes, die Auswahl der Füllstoffe und das Mischungsverhältnis aus Wasser und Baustoff ergeben die Eigenschaften der angemischten Suspension. Parallel zu den physikalischen Daten ist eine Prüfung der Einhaltung von relevanten Normen, technischen Regeln und umwelthygienischen Vorschriften erforderlich.

Festigkeitsklasse	Druckfestigkeit [MPa]			
	Anfangsfestigkeit		Normfestigkeit	
	2 Tage	7 Tage	28 Tage	
22,5 [1]	-	-	≥ 22,5	≤ 42,5
32,5 L [2]	-	≥ 12,0		
32,5 N	-	≥ 16,0	≥ 32,5	≤ 52,5
32,5 R	≥ 10,0	-		
42,5 L [2]	-	≥ 16,0		
42,5 N	≥ 10,0	-	≥ 42,5	≤ 62,5
42,5 R	≥ 20,0	-		
52,5 L [2]	≥ 10,0	-		
52,5 N	≥ 20,0	-	≥ 52,5	-
52,5 R	≥ 30,0	-		

[1] Gilt nur für Sonderzemente VLH nach DIN EN 14216.
[2] Gilt nur für Hochofenzemente mit niedriger Anfangsfestigkeit.

Bild 10.3: Normfestigkeiten der Zementklassen [1]

Die Prüfung der Zementdruckfestigkeit nach Norm wird an einem Mörtel aus einem Teil Zement, drei Teilen CEN-Normsand und einem halben Teil Wasser (Wasser / Zement Verhältnis 0,5) bei 20 °C Lagerungstemperatur durchgeführt.
Bei der Bewertung der Wirkungsweise von Zementen in Bezug auf Frühfestigkeit und Verarbeitungszeit sind weitergehende Untersuchungen unter baupraktischen Gesichtspunkten notwendig. Wesentliche Unterscheidungskriterien der Zemente sind die Zusammensetzung (CEM I bis CEM V) und die Korngrößenverteilung. Insbesondere bei Außenbaustellen im Winter ergeben sich gravierende Unterschiede zwischen dem Einsatz von Portlandzementen und Hüttensandzementen.

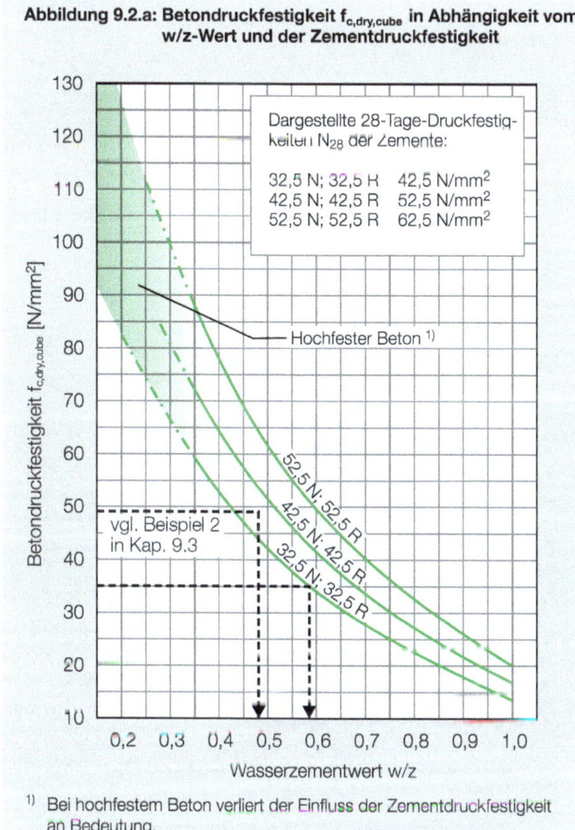

Bild 10.4: Betondruckfestigkeit bei unterschiedlichen w/z Werten [2]

Für den Bereich Spezialtiefbau werden im Wesentlichen folgende Füllstoffe verwendet:

- Kalksteinmehle mit unterschiedlichen Tongehalten
- Flugaschen aus der Steinkohlenverbrennung mit Prüfzeichen
- Flugaschen aus diversen Verbrennungsprozessen ohne Prüfzeichen

- Gemahlene Hüttensande aus granulierten Hochofenschlacken
- Natürliche und aufbereitete Bentonite
- Natürliche Rundkornsande und kubische Brechsande

Besonders bei der Verwendung von industriellen Nebenprodukten ist auf eine gleich bleibende Qualität zu achten, da es sich nicht um eine zielgerichtete Produktion handelt.

Für die im Spezialtiefbau eingesetzten Verfahren ergeben sich unterschiedliche Anforderungsprofile an die verwendeten Baustoffe.

10.2.2 Angemischter Baustoff

Für einen angemischten Baustoff zum Verfüllen von Ringräumen beim Relining von Kanalrohren lassen sich folgende Anforderungen stellen:

- Hohe Fließfähigkeit und ausreichende Verarbeitungszeit der Suspension
  Messung mit Viskomat oder Fließrinne
- Ausreichende Dichte zum Verdrängen von Restwasser
  Messung mit Spülungswaage oder Litergefäß
- Homogene und sedimentationsfreie Suspension
  Messung des Absetzmaßes nach 24 h im 1 l Standzylinder
- Niedrige Wärmeentwicklung beim Abbindeprozess bei Inlinern aus Kunststoffen
  Adiabatische Temperaturmessung im Klimaschrank

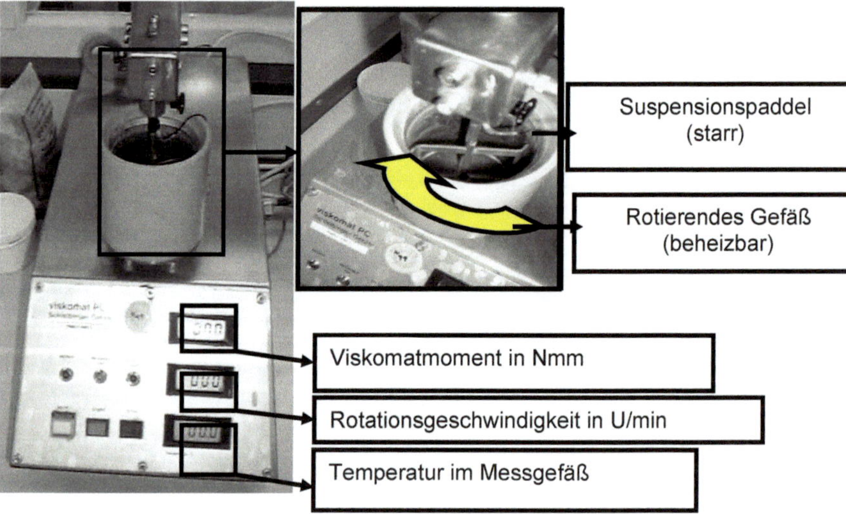

Bild 10.5: Untersuchung der Verarbeitungseigenschaften mit dem Viskomat PC

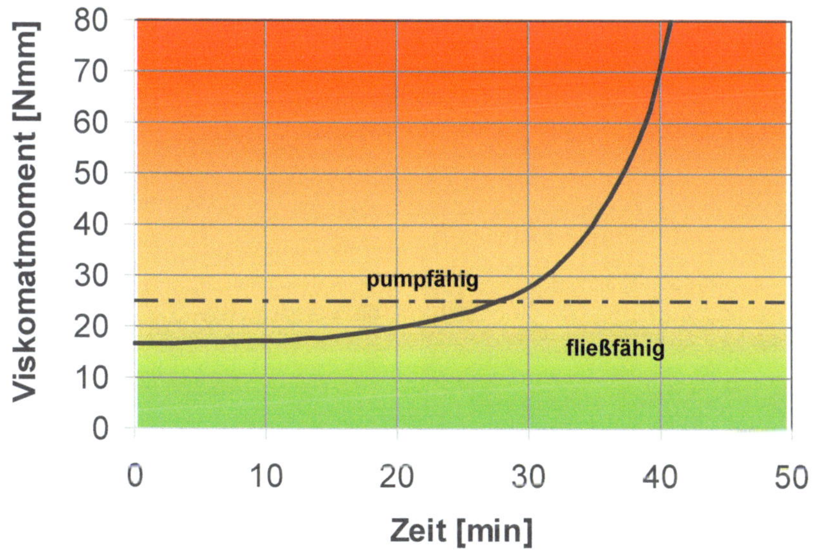

Bild 10.6: Fließkurve eines frühfesten Verfüllbaustoffes im Viskomatversuch Verarbeitungszeit 35 Minuten

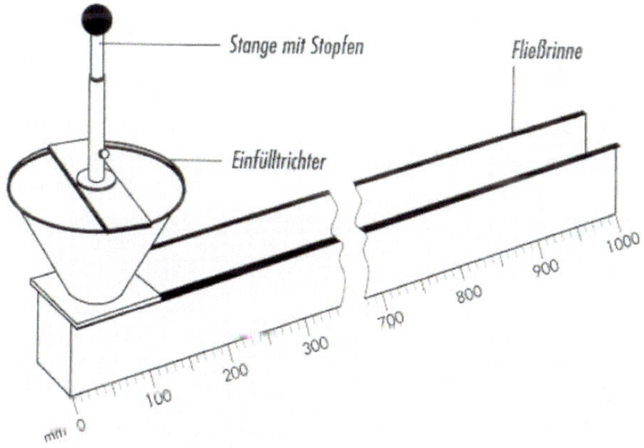

Bild 10.7: Prüfung auf der Baustelle nach DAfStb-Richtlinie Vergussbeton und Mörtel

10.2.3 Abgebundener Baustoff

An den abgebundenen Baustoff lassen sich folgende Anforderungen stellen:

- Kraftschlüssiger Verbund zwischen Produkt- und Mantelrohr
- Korrosionsschutz bei Kontakt mit Stahl oder Grauguss durch ph-Wert

- Ökologisch unbedenkliche Inhaltsstoffe
- Hohe Dichtwirkung (k_f-Wert < 10^{-8} m/s)
- Erosionsbeständigkeit durch Zementsteinbildung

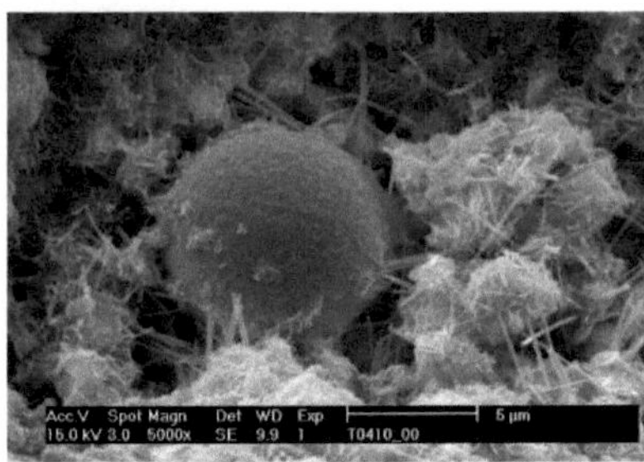

Bild 10.8: Rasterelektronenmikroskop-Aufnahmen von abgebundenem Baustoff

Verfüllbaustoffe mit Wasser / Feststoffwerten größer 0,8 bilden nach der Erhärtung ein schwammförmiges Gefüge, in dem Überschusswasser eingelagert wird. Die Durchlässigkeit des abgebundenen Baustoffes nach 28 Tagen liegt bei 1,5 x 10^{-10} m/s. Eine Frostbeständigkeit ist ohne Zusatzmittel nicht gegeben.

10.2.4 Anforderungen an die Umweltverträglichkeit

Durch die Verwendung von Komponenten nach DIN oder CE Zertifizierung lassen sich Unsicherheiten in der Qualität ausschließen.

Für die Einzelkomponenten können folgende Normen herangezogen werden:

- Zement nach DIN 1164 oder EN 197
- Flugasche nach DIN EN 450
- Gesteinsmehle nach DIN 12620

Da die Hauptanwendungsgebiete für Baustoffe im nicht genormten Bereich liegen, greifen für Fertigprodukte weder Normen noch Bauproduktenrichtlinien oder Zulassungen des Institutes für Bautechnik. Für die Bereiche Spritzbeton, Dauer- und Temporäranker im Grundbau und Verpressen von Spannbetonkanälen greifen die aktuellen Normen.

Zur Beurteilung der Umweltverträglichkeit von Baustoffen sind Zeugnisse und Gutachten mit unterschiedlichsten Prüfverfahren und Beurteilungskriterien im Umlauf. Ein einheitliches Verfahren ist in Deutschland nicht festgelegt. Als Bewertungshilfe werden zum Teil die Grenzwerte der Richtlinie der Ländergemeinschaft Abfall (LAGA 20) herangezogen.

Die Verfahren lassen sich in zwei Gruppen einteilen:

- Feststoffanalysen von Trockenproben zur Bestimmung des Langzeitpotentials der Inhaltsstoffe

- Eluatanalysen von abgebundenen Proben (Umströmung der Probekörper mit Prüfflüssigkeit und Analyse der abgeströmten Inhaltsstoffe)

Die Ergebnisse beider Prüfmethoden sind nicht vergleichbar, da bei ausgehärteten Probekörpern mit niedriger Durchlässigkeit Inhaltsstoffe in einem wirtschaftlichen Prüfzeitraum beim Anströmen nur in geringem Maße freigesetzt werden. Daher bietet die Feststoffanalyse von Trockenproben ein wirksames Mittel, um kurzfristige Überprüfungen von Lieferungen durchzuführen.

Zur grundlegenden Dokumentation der Qualitätssicherung auf der Baustelle sollten folgende Maßnahmen auf der Baustelle durchgeführt werden:

- Datenblätter und Prüfzeugnisse des Produktes vom Hersteller
- Original Herstellerlieferscheine mit Datum, Produkt, Werk und Liefermenge
- Führen eines Baustellenprotokolls
- Entnahme von Trockenproben aus dem LKW / Sack als Rückstellprobe
- Entnahme von Suspensionsproben nach dem Anmischvorgang (Prismen ; Würfel)
- Eigenschaften der Frischsuspension (Dichte ; Absetzmaß ; Konsistenz)

10.3. Einbauverfahren

Der Einbau von Verfüllbaustoffen im Spezialtiefbau lässt sich einteilen in

- Kleinmengen = Transportbetonwerke
Sackware mit Chargen- oder Durchlaufmischer
Trockenmörtelsilos

- Großmengen = Baustoff in Silofahrzeugen über Injektormischverfahren
Stationäre Baustellenmischanlagen

Der Vorschub der Suspension erfolgt über

- hydrostatischen Druck (1 m Einfüllhöhe ~ 0,15 bar bei Suspensionsdichte 1,5 t/m^3)

- Pumpen (bis 4 mm Korngröße sind Schneckenpumpen möglich)

Kostenfaktoren für Verfüllungen

- Verfüllmenge ; Haltungslänge
- Maschinenleistung des Unternehmers
- Baustoffsorte (Bedarfsmenge ; Rohstoffkosten)
- Transportkosten
- Baustellenbedingungen (Zugänglichkeit für LKW ; Wasserversorgung)

Bild 10.9: Durchlaufmischer / Monopumpe Bild 10.10: Anlieferung über TB-Fahrzeug

Die maximale Verfüllleistung bei der Verwendung von Sackware liegt bei 5 m³ / Stunde. Der Einsatz von Transportbetonfahrzeugen bietet bei beschränkter Befahrbarkeit oder bei längeren Stillständen zwischen einzelnen Abschnitten Vorteile. Für den Einsatz von Injektormischanlagen ist eine Befahrbarkeit mit 42 Tonnen Silofahrzeugen notwendig. Für eine zeitgerechte Entleerung der Fahrzeuge wird eine Anmachwassermenge von mindestens 20 m³ / Stunde benötigt. Bei optimalen Baustellenverhältnissen sind Leistungen von 50 m³ / Stunde und Anlage möglich.

Bild 10.11: Injektormischkanone mit Silofahrzeugbelieferung

Neben dem eigentlichen Einbauvorgang ist die Vorbereitung einer Verfüllung maßgeblich für den Erfolg einer Baumaßnahme verantwortlich. Die Füll- und Entlüftungsleitungen sind ausreichend zu dimensionieren. Schalungen und Abmauerungen sind wasserdicht zu erstellen und gegenüber dem wirksamen hydrostatischen Druck auszulegen.

Bild 10.12: Ringraumverfüllung zwischen Produkt- und Vortriebsrohr

Bild 10.13: Ringraumabdichtung

Bild 10.14: Vollverfüllung von Gasrohr

Bild 10.15: Anordnung von Füll- und Entlüftungsleitungen

Eine Verfüllung sollte vom Tiefpunkt der Haltung aus erfolgen. Nach Austritt der Suspension am Hochpunkt kann von einer vollständigen Verfüllung ausgegangen werden. Sind einzelne Hochpunkte im Streckenverlauf vorhanden, müssen diese mit separaten Entlüftungen versehen werden. Bei großvolumigen Verfüllarbeiten mit mehrtägiger Ausführung sind Verfüllkonzepte mit unterschiedlich langen Verfülleitungen anzuwenden. Besonders bei Ringraumverfüllungen sind der Auftrieb des Produktenrohres und der maximale Beuldruck zu beachten. Bei Produktenrohren aus Kunststoffen ist die maximale Abbindetemperatur von 40°C zu beachten, da darüber hinaus ein Erweichen des Werkstoffes eintritt. Die Auslegung der Schalung sollte auf den gesamten hydrostatischen Druck und auf den maximalen Pumpendruck erfolgen.

Bei der Brunnenzementierung oder der Unterwasserverfüllung ist mit einem Zementationsgestänge im Kontraktorverfahren zu arbeiten. Die frische Suspension wird am Grund eingebracht und unterschichtet aufgrund der höheren Dichte das Wassers. Um Verwirbelungen zu verhindern, wird das Zementationsgestänge in die frische Suspension eingetaucht und mit steigendem Suspensionsspiegel gezogen. Die Baustoffsuspensionen dürfen nicht fallend durch Wasserschichten eingebaut werden, da dies zu starker Vermischung und Erhöhung des Wasser / Zement-Verhältnisses führt.

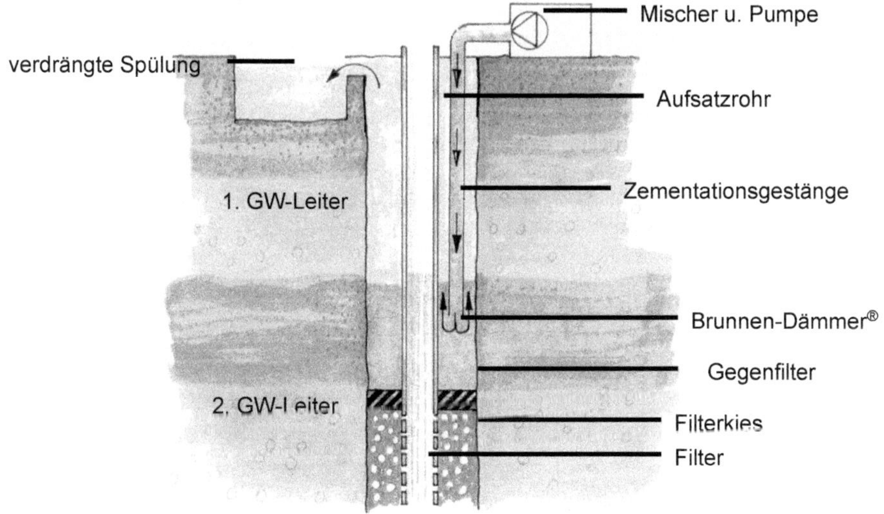

Bild 10.16: Ringraumverfüllung im Brunnenbau

10.4 Anwendungstechnische Spezialverfahren

10.4.1 Bergschadensbeseitigung

Die Standsicherheit von unverfüllten Hohlräumen aus dem untertägigen Abbau von Wertstoffen, aus Bunkeranlagen des Krieges oder aus stillgelegten Tunnelanlagen kann mit zunehmendem Alter abnehmen. Durch Verrottung der Ausbaumaterialien oder durch Ausschwemmung der Deckschichten können Tagesbrüche entstehen. Nach dem schnellen Verfüllen der Einbrüche erfolgt das Abbohren und Verpressen der Sanierungsfläche.

Bild 10.17: Tagesbruch Altbergbau [1]   Bild 10.18: Nachverpressung

Durch eine Teilverfüllung der Tunnelsohle kann die Standsicherheit des Gewölbes verbessert werden. Der direkte Einbau von Füll- und Entlüftungsleitungen in begehbaren Tunneln reduziert den Arbeitsaufwand gegenüber Füllbohrungen von der Oberfläche aus.

Bild 10.19: Tagesbruch Tunnelbau   Bild 10.20: Sohlverfüllung und Leitungsbau

Bild 10.21: Verfüllanlage   Bild 10.22: Restverfüllung

10.4.2 Hebungsinjektion

Zum Ausgleich von Setzungen an Gebäuden oder Verkehrswegen können Verfahren der Niederdruckinjektion mit dünnflüssigen Medien durchgeführt werden [Bild 10.21, Position 2]. Durch wiederholtes Verpressen über Packer und Ventilrohre werden Bodenschichten verdichtet und Hebungen erzeugt.

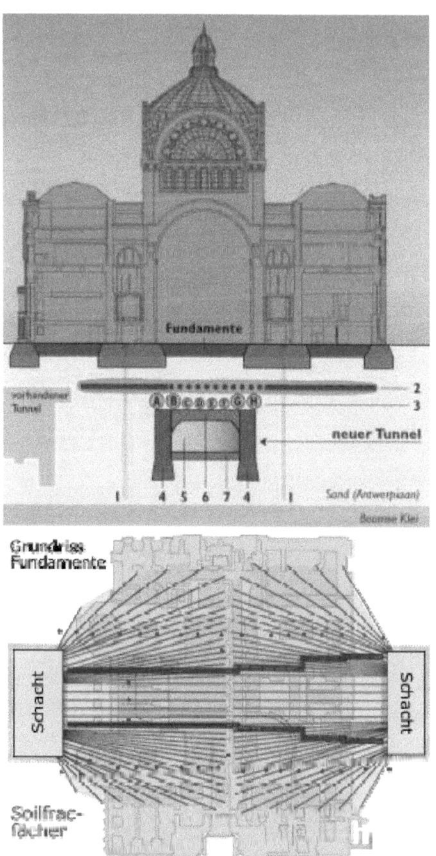

Bild 10.23: Hebungsinjektion für Tunnelneubau [2]

Durch die Modifizierung von Rezepturen und Verpressverfahren lassen sich Hebungsraten und Erhärtungsprozesse beschleunigen, um Sperrzeiten von Verkehrswegen zu minimieren.

Bild 10.24: Stabilisierung von Holräumen unter Autobahnspuren

10.4.3 Dickstoffverpressung

Im Unterschied zu Niederdruckinjektionsverfahren werden beim Dickstoffverfahren pastöse Mörtel direkt durch das Bohrgestänge beim Aufwärtsziehen unter Verwendung von Betonpumpen verpresst. Das Verfahren eignet sich besonders in durchlässigen Böden, in denen flüssige Injektionsmedien nicht lagegenau eingebaut werden können.

Bild 10.25: Verpressung von Fundamenten

Bild 10.26: Mörtelmischer und Betonpumpe

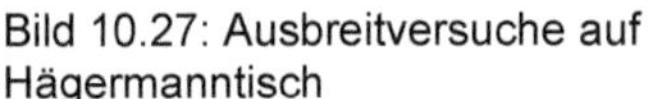

Bild 10.27: Ausbreitversuche auf Hägermanntisch

Bild 10.28: Mörtel nach Versuchsende

10.4.4 Jet-Grouting / Düsenstrahlverfahren

Unter hohem Druck wird der anstehende Boden durch eine Zementsuspension aufgeschnitten und vermischt. Durch gleichzeitiges ziehen und rotieren des Bohrgestänges entstehen säulenförmige Mörtelkörper. Überschüssige Suspension und gelöster Boden steigen im Bohrkanal auf und treten als Rückflusssuspension an der Oberfläche aus. Durch Variation der Parameter können unterschiedliche Durchmesser und Austragsraten eingestellt werden.

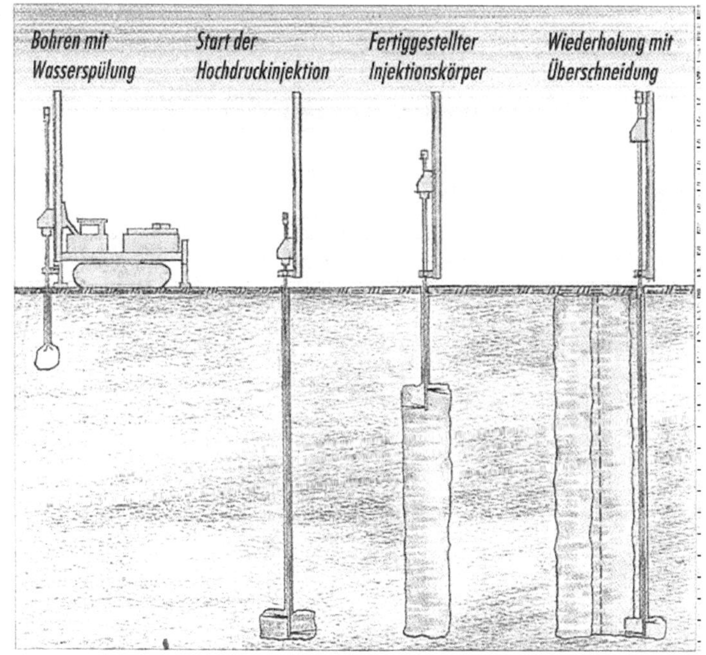

Bild 10.29: Herstellung von Düsenstrahlsäulen

Neben der Herstellung von Säulen kann das Verfahren auch zur Erstellung von tiefliegenden Sohlen verwendet werden.

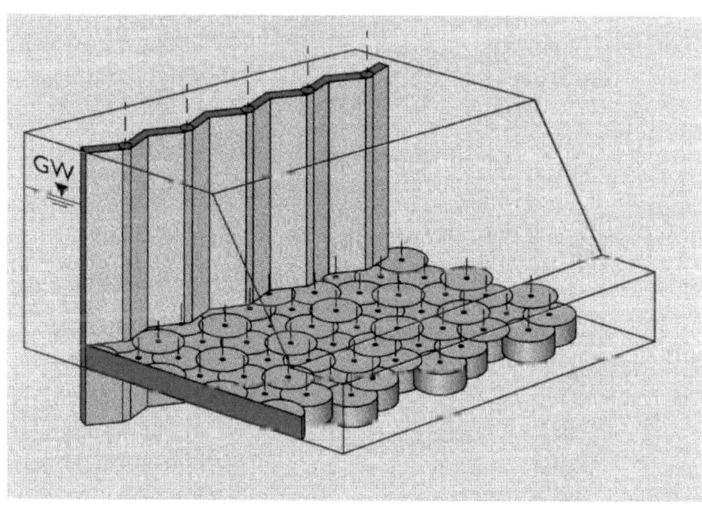

Bild 10.30: Dichtsohle

Der für die Herstellung der Suspension eingesetzte Baustoff ist auf die Anlagenparameter und auf den anstehenden Boden abzustimmen. Besonders bei ton- und huminsäurehaltigen Böden können Festigkeitsabminderungen auftreten. Bei unterschiedlichen Bodenschichten können in einer einzelnen Säule die Festigkeiten der Rückflusssuspension bei gleichen Anlagenparametern stark schwanken [Bild 10.28; 30m=Sand; 10m=Ton].

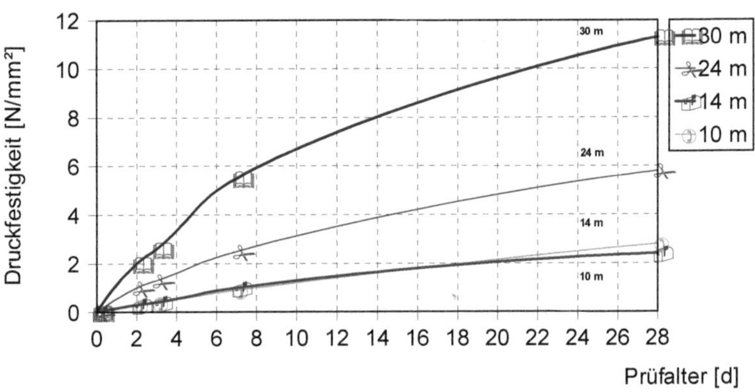

Bild 10.31: Festigkeiten in Bohrtiefen einer einzelnen Säule

10.4.5 Hinterfüllmaterialien für Erdwärmesonden und Hochspannungskabel

Einen Beitrag zur Reduktion der CO_2-Emission kann die Nutzung der Erdwärme durch erdgekoppelte Wärmepumpen liefern. Dem Erdreich wird Wärme auf einem geringen Temperaturniveau entzogen und unter Zuhilfenahme elektrischer Energie auf ein höheres, zur Wärmeversorgung nutzbares Temperaturniveau angehoben. Eine zentrale Komponente dieses Systems bilden die eingesetzten Wärmetauscher. Überwiegend werden Erdwärmesonden in der Form eines Doppel-U-Rohres bis in Tiefen von 100 Metern in Bohrungen eingebaut. Entscheidend für die Effizienz der Erdwärmesonden ist deren gute thermische Anbindung an das umliegende Erdreich. Nach dem Abteufen der Bohrung werden die Sonden eingebaut und der verbleibende Ringraum mit hochwärmeleitfähigem hydraulischen Baustoff vergossen.

Damit die im Norden gewonnene Windenergie überall in Deutschland genutzt werden kann, braucht es den Netzausbau mit Höchstspannungsleitungen. Neben der überwiegenden Verlegung auf Hochspannungsmasten wird aktuell auch erdverlegt an kritischen Punkten ausgeführt. Die stark Wärme abgebenden Stromkabel werden in wärmeleitfähigem Spezialbeton verlegt, um die bei Stromfluss entstehende Stauwärme an die Umgebung abzuleiten, da sonst die Durchleitungsrate sinkt. Unter Straßen und Wasserwegen wird mittels grabenlosem Rohrvortrieb ein Hüllrohr vorgetrieben, in das das Stromkabel eingezogen und anschließend mit hochfließfähigem Baustoff verpresst wird.

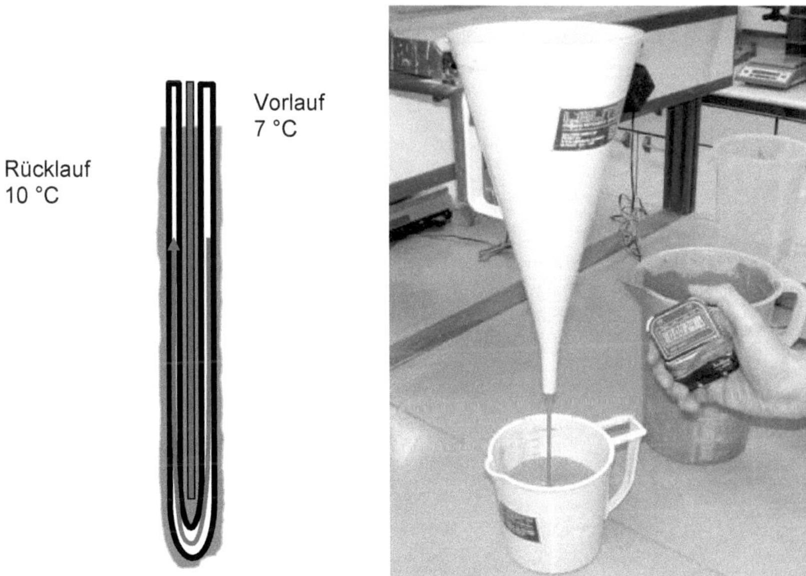

Bild 10.32: Erdwärmesonde

Bild 10.33: Fließfähigkeit Marshzylinder

Erdwärmesonden können in den Wintermonaten zur Beheizung von Gebäuden und in den Sommermonaten zur Kühlung verwendet werden.

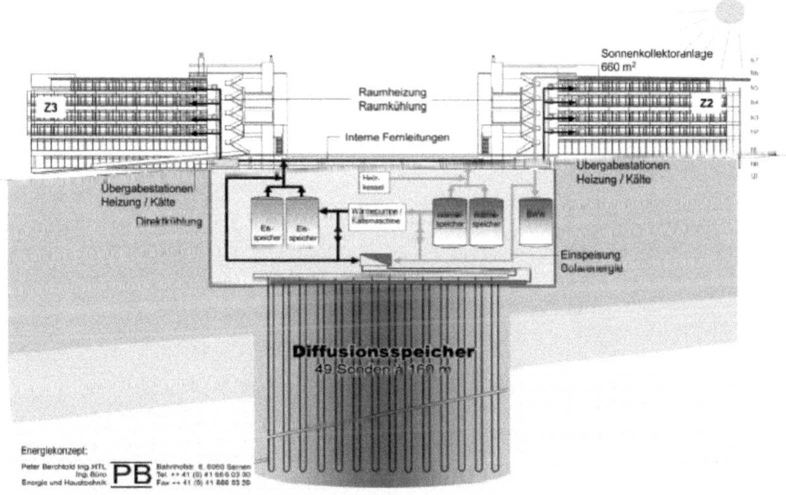

Bild 10.34: Klimatisierung von Gebäuden durch Erdwärmesonden

Bild 10.35: Verpressung Stromkabelhüllrohr

Bild 10.36: Baustoffaustritt Ziel–baugrube

Literatur

[1] Focus 2/2000;Die Zeitbombe im Pott; Seite 38

[2] Keller Holding GmbH; Projekte; Soilfrac© Belgien; www.kellergrundbau.com

11 Bentonitvergütete Abdichtungen

D. Koch

11.1 Einleitung

Für Abdichtungsmaßnahmen im Grund- und Wasserbau werden Bentonite bzw. bentonithaltige Massen seit vielen Jahren eingesetzt. In en USA verwendet man Bentonite seit über 50 Jahren zur Abdichtung von Dämmen, Klärteichen und Deponien [1].

Etwa seit 1980 werden auch in der Bundesrepublik Deutschland bei der Herstellung von Deponieabdichtungen Bentonite eingesetzt, um die Durchlässigkeit der Deponiesohlen bzw. -oberflächen auf ein Minimum zu verringern.

11.2 Gesetzliche Anforderungen

Für die Ablagerung von Abfällen gibt es inzwischen eine Reihe einschlägiger Regelungen, Vorschriften und Merkblätter (2) - (9).

Neben der TA-Abfall (2) und der TA-Siedlungsabfall [3] sind insbesondere das LAGA-MERKBLATT M 3 der Länder-Arbeitsgemeinschaft Abfall [4] sowie Regelungen der Bundesländer Niedersachsen, Bayern und Nordrhein-Westfalen zu erwähnen.

Die Kriterien zur Auswahl von Deponiestandorten, zur geologischen Barriere und zum Grundwasserschutz sind in allen Merkblättern und Richtlinien sehr ähnlich bzw. zum großen Teil identisch.

Bei der Planung und Ausführungen von Deponien wird heute weitgehend das „Multibarrierenkonzept" [10,11,12] beachtet, s. Bild 11.1 Prinzip des Multibarrierenkonzepts, aus [12]

Gemäß der TA-Abfall [2] sind hierbei mehrere Barrieren zu schaffen, die ein mögliches Freisetzen und Ausbreiten von Schadstoffen verhindern. Komponenten des Multibarrierenkonzepts sind:

- die Oberflächen- bzw. Endabdeckung,
- der Abfall selber durch entsprechende Vorbehandlung und verdichteten Einbau,

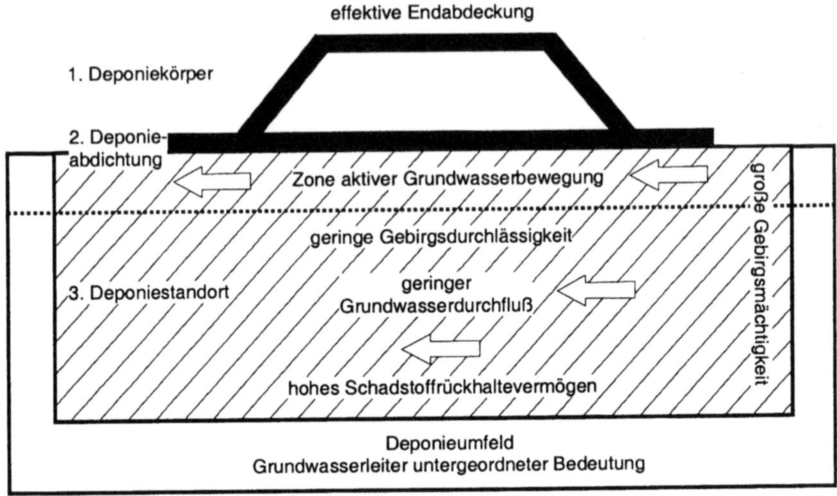

Bild 11.1: (nach [12]) Prinzip des Multibarrierenkonzepts

- die Basisabdichtung,
- der Deponieuntergrund (geologische Barriere).

Die nachfolgenden Ausführungen konzentrieren sich auf das Barriereelement Basisabdichtung, s. Bild 11.2, Basisabdichtung, nach [2], insbesondere auf die mineralische Dichtungsschicht.

Sowohl in der TA-Abfall wie auch in der TA-Siedlungsabfall sind als die beiden Hauptanforderungen an die mineralische Barriere:

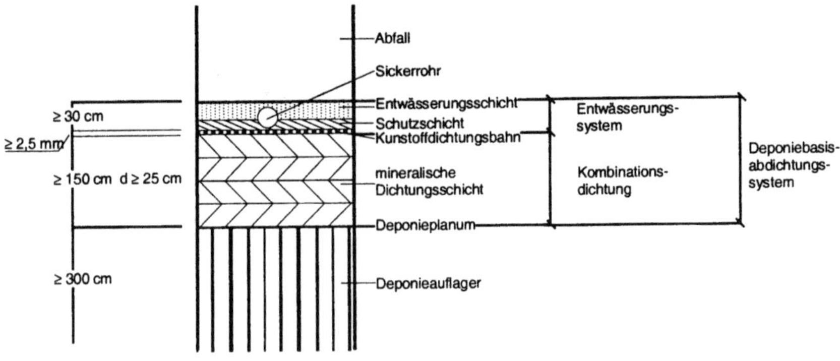

Bild 11.2: (nach [2]) Basisabdichtung

- eine möglichst geringe Durchlässigkeit und
- ein hohes Rückhaltepotential

genannt, s. Tab. 11.1: Vergleich der Anforderungen der verschiedenen Richtlinien an die mineralische Deponieabdichtung.

		TA Abfall	TA Siedl.-abfall	LAGA-Merkbl. M 3	Richt-linien-entwurf NRW
Deponieauflager					
- Mächtigkeit	(m)	3	3	*	*
- K_f-Wert	(m/s)	1 x 10^{-7}	1 x 10^{-7}	*	*
- hohes Adsorptions-vermögen		+	+	*	*
Basisabdichtung					
- Schichtdicke	(m)	≥ 1,5	0,5-0,75[a]	≥ 0,75	*
- K_f-Wert, bei i=30 (m/s)	(m/s)	≤ 5 x 10^{-10}	≤ 5 x 10^{-10}	≤ 5 x 10^{-10}	≤ 1x 10^{-10}
- Feinstkornanteil < 2 µm	%	≥ 20	≥ 20	≥ 20	≥ 20
- hohes Adsorptions-vermögen		+	+	*	*
Tonmineralanteil	%	≥ 10[b]	≥ 10	*	≥ 10
Suffusionsbe-ständigkeit		+	+	+	*
Gehalt an organischer Substanz	%	≤ 5	≤ 5	*	≤ 10 (im Feinkorn)
Carbonatgehalt	%	≤ 15	≤ 15	≤ 20	≤ 15
plastische Verform-barkeit		+	+	*	+
Verdichtungsgrad Dp_r	%	> 95	> 95	> 95	> 95

[a] abhängig von Deponieklasse; [b] Anhang E
+ Anforderungen ohne Wertangaben
* keine Angaben

Tabelle 11.1: Vergleich der Anforderungen der verschiedenen Richtlinien an die mineralische Deponieabdichtung

Zur Spezifizierung der Rohstoffe für die mineralische Dichtungsschicht werden primär die nach dem Einbau zu erreichenden Eigenschaften wie K_f-Wert, chemische Stabilität, Wassergehalt, Proctordichte usw. genannt. Zur Einengung von Stoffeigenschaften werden Ausschlußkriterien wie max. Gehalte an Pyrit, Karbonat und organischen Bestandteilen beschrieben.

Während zur Beschreibung der Permeabilität üblicherweise der K_f-Wert herangezogen wird, ist das geforderte hohe Rückhaltevermögen überhaupt nicht definiert.

Im Anhang E der TA-Abfall wird lediglich festgehalten, daß der Anteil und die Art von Tonmineralen auf das im Einzelfall erforderliche Adsorptionsvermögen abzustimmen ist (mind. 10 Gewichtsprozent).

Für die geologische Barriere wird die Forderung nach einem hohen Adsorptionsvermögen als erfüllt angesehen, wenn das Untergrundgestein Tonminerale enthält. Eine Spezifizierung der Art der Tonminerale wird in diesem Zusammenhang nicht gegeben.

Damit stellt sich die Frage, welche Tonminerale kommen für den Einbau in eine mineralische Dichtungsschicht infrage und wie sollten sie zweckmäßigerweise eingebaut werden?

11.3 Welche Tonminerale werden in der Baupraxis zur Abdichtung von Deponien eingesetzt?

Vom geowissenschaftlichen Standpunkt aus ist Ton zunächst nur ein Gesteinsname, hinter dem sich eine unendliche Vielfalt von Erscheinungsformen verbergen kann.

Tone, tonige Erdstoffe, zum Teil auch bindige Böden sind die klassischen Dichtungsmaterialien im Wasserbau. Aufbauend auf den Erfahrungen mit der Abdichtungswirkung von Tonbarrieren im Wasserbau werden seit einigen Jahren die natürlichen Eigenschaften der Tone in der Deponietechnik zur Einkapselung von Schadstoffen genutzt.

Zum besseren Verständnis dieser Abdichtungswirkung ist es zweckmäßig, sich näher mit den mineralogischen und physikalisch/chemischen Eigenschaften der Tonminerale zu beschäftigen. Generell sind Tonminerale aus sehr kleinen, plättchenförmigen Teilchen mit Durchmessern häufig < 0,2 µm aufgebaut.

Zwei besonders geartete Tongesteine sind der *Bentonit* und der *Kaolin*. Beide Gesteine zeichnen sich in der Regel durch hohe Tonmineralgehalte aus.

Der Hauptmineralbestandteil des Gesteins Bentonit ist das quellfähige Dreischicht- Silikat *Montmorillonit*, der des Gesteins Kaolin das nicht quellfähige Zweischicht-Silikat *Kaolinit*.

Die Bezeichnung *Illit* gilt nicht für ein bestimmtes Mineral, sondern stellt einen Sammelbegriff dar für glimmerartige Tonminerale, die nicht innerkristallin quellen [13]. Da es praktisch keine hochwertigen Illit-Lagerstätten gibt, kommen für die Deponiepraxis als quell- und schrumpfungsunempfindliche Dichtungsstoffe nur kaolinitische Tone infrage [14].

Smektit ist ein Sammelbegriff für quellfähige Dreischichtsilikate, die sich in der unterschiedlichen Besetzung der Gitterpositionen mit verschiedenen Metallatomen unterscheiden und deren wichtigster und für die Deponiepraxis bedeutendster Vertreter der Montmorillonit ist.
In der Praxis werden die Begriffe Smektit, Montmorillonit und Bentonit häufig synonym gebraucht, s. Tabelle 11.2.

dioktaedrisch:
$((Al_x\ Fe^{3+}_y\ Mg_z)_2\ (Si_{4-(u+v)}\ Fe^{3+}_v\ Al_u)\ O_{10}\ (OH)_2)\ M^{+}_{u+v+z}$
Montmorillonit: : u,v,y = 0
Beidellit : v,y,z = 0
Nontronit : v,x,z = 0
trioktaedrisch:
$((Mg_{3-z}\ Li_z)\ (Si_{4-u}\ Al_u)\ O_{10}\ (OH)_2)\ M^{+}_{z+u}$
Hektorit : z > 0
Saponit : z = 0
[(u+v+z) kann variieren von 0,25 - 0,6]

Tabelle 11.2: (nach [15]) Chemische Zusammensetzung der Smektite

11.4 Eigenschaften des Tonmineralgesteins Bentonit

Zur Erklärung des Adsorptionsvermögens, der Quellfähigkeit und der Ionenaustauschkapazität ist es erforderlich, den Gitteraufbau der Tonminerale näher zu betrachten.

Deren kleinste Bausteine sind Siliziumdioxid-Tetraeder, bei denen ein Siliziumatom von 4 tetraedrisch angeordneten Sauerstoffatomen umgeben ist und Aluminiumoxid Oktaeder, mit einem zentralen Aluminiumatom und sechs oktaedrisch angeordneten Sauerstoffatomen.

Durch Verknüpfung und Aneinanderreihung dieser Bausteine bilden sich ebene Elementarschichten (Lamellen) mit unterschiedlichem Aufbau. Je nachdem aus wieviel Schichtlagen eine Elementarschicht aufgebaut ist unterscheidet man zwischen Zwei-, Drei- und Vier-Schicht-Mineralen.

Wichtigster Vertreter der Zweischichtminerale ist der Kaolinit. Bei ihm ist die Elementarschicht aus einer SiO_2-Tetraederschicht und einer Al_2O_3-Oktaederschicht aufgebaut, s.Bild 11.3, Modellbild eines Zweischichtminerals.

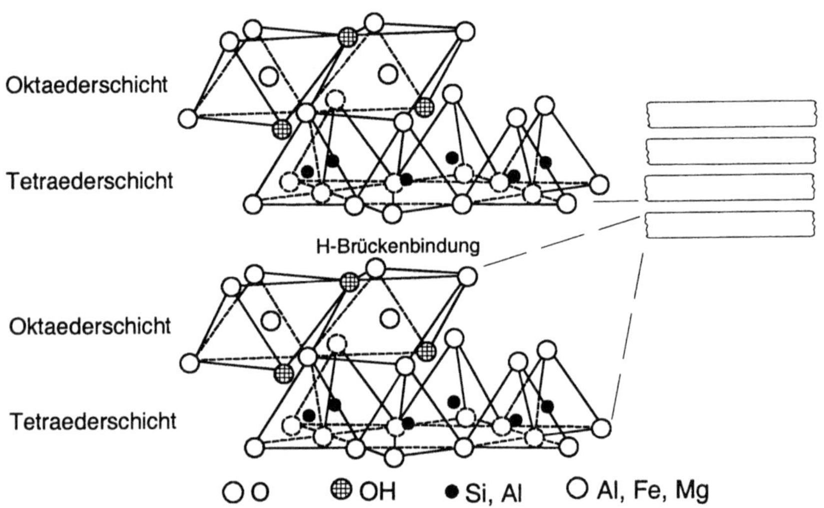

Bild 11.3: Modellbild eines Zweischichtminerals

Bei den Dreischichtmineralen besteht die Elementarschicht aus zwei äußeren Tetraederschichten und einer inneren Oktaederschicht. Wichtigster Vertreter sind der schon erwähnte nicht quellfähige Illit mit nicht austauschbaren Kaliumionen als Zwischenschicht-Kationen und der quellfähige Montmorillonit mit austauschbaren Calcium- bzw. Natriumionen als Zwischenschichtkationen, s. Bild 11.4, Modellbild eines Dreischichtminerals.

Tabelle 11.3 gibt einen Überblick über die wesentlichen Eigenschaften der drei für den Deponiebau wichtigsten Tonminerale.

Die Zunahme der Oberfläche vom Kaolinit zum Illit läßt sich durch dessen wesentlich höheren Anteil der Teilchen $< 0{,}2\ \mu m$ erklären, s. Bild 11.5, Kornverteilung von Kaolinit, Illit und Bentonit.

Dagegen läßt sich die Zunahme der Oberfläche vom Illit zum Montmorillonit nur verstehen, wenn man weiß, daß der Montmorillonit innerkristallin quellen kann.

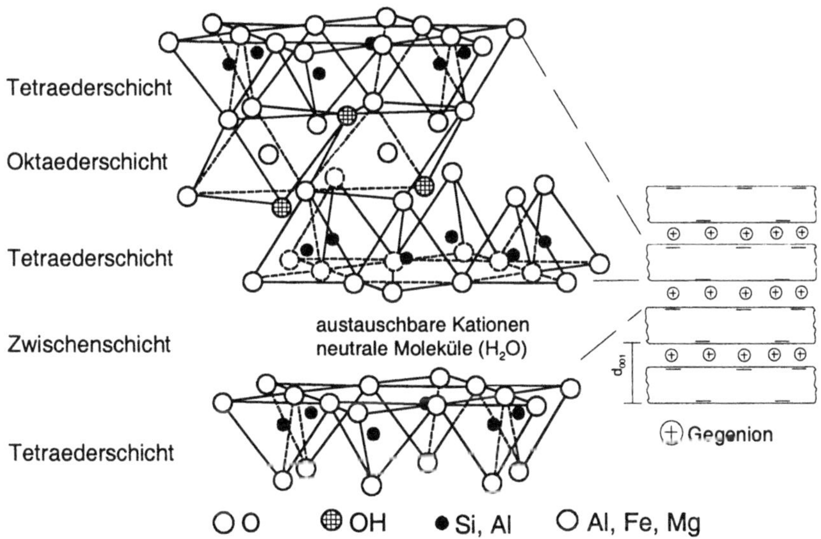

Bild 11.4: Modellbild eines Dreischichtminerals

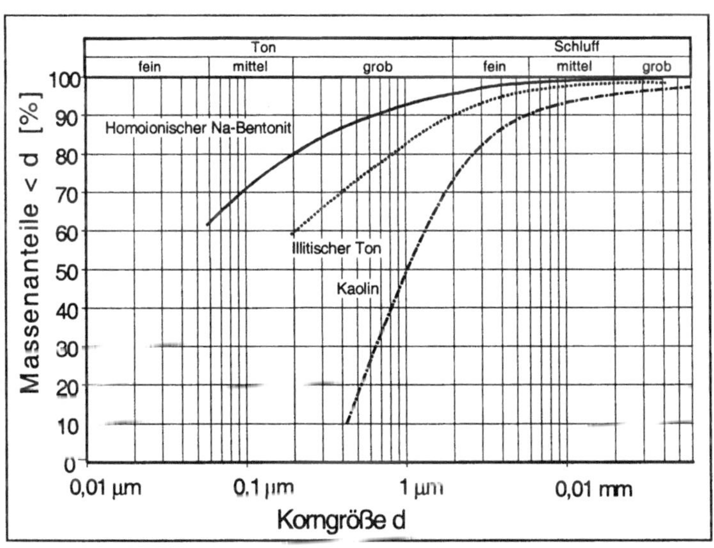

Bild 11.5: Korngrößenverteilung von Kaolinit, Illit und Bentonit

Tonmineral		Kaolinit	Illit	Montmorillonit
Chem. Analyse (Beispiele)	(MA %)			
SiO_2		46.30	49.44	56.04
Al_2O_3		38.50	32.45	20.60
Fe_2O_3		0.36	0.40	4.71
TiO_2		0.35	0.09	0.32
CaO		0.10	0.45	2.04
MgO		Spur	1.93	3.36
K_2O		1.00	8.43	1.40
Na_2O		0.10	0.31	3.02
G.V.		12.82	6.06	8.51
Spez. Oberfläche	(m^2/g)	25	100	800
Kationenumtausch-kapazität	(meq/100 g)	4	35	120
Kationen-zentration	(mol/l)	0.1	0.9	3.0
Schichtabstand	(nm)	32	8	1
Enslin-Neff-Wert	(%)	60	170	200-800
Größenordnung der Durchlässigkeit nach Darcy, K_f-Wert	(m/s)	10^{-9}	10^{-10}	10^{-12}

Tabelle 11.3: Einige typische Kennwerte der Tonminerale Kaolinit, Illit und Montmorillonit (z. T. nach [17])

Dieser Quellvorgang kommt dadurch zustande, daß Wasser zwischen die Elementarschichten eindringt und ihren Abstand verändern kann. Ein Montmorillonitkristall ist aus etwa 15 - 20 Elementarschichten aufgebaut. Zwischen diesen Elementarschichten befinden sich neben dem Kristallwasser austauschfähige Kationen, die die negativen Überschußladungen des Gitters kompensieren. Diese Kationen sind entweder zweiwertige Calcium- oder Magnesiumionen, wie bei den meisten Bentonitlagerstätten, oder auch einwertige Natriumionen, wie z. B. bei den nordamerikanischen Wyoming-Bentoniten. Diese Kationen sind nicht sehr fest gebunden, sie sind austauschbar und können durch andere Kationen ersetzt werden, z. B. durch Schwermetallkationen, aber auch durch positiv geladene organische Moleküle.

Die im Zwischenschichtraum angeordneten Kationen haben bei Anwesenheit von Wasser das Bestreben sich zu hydratisieren, d. h. sich mit einer räumlich orientierten Wasserhülle zu umgeben. Aufgrund ihrer positiven Ladungen ziehen sie die Dipolmoleküle des Wassers zwischen die Elementarschichten, wodurch sich deren Abstand vergrößert. Die in das Innere des Kristallgitters eingedrungenen Wasserdipole umgeben nicht nur die Kationen mit einer Hydrathülle, sondern bilden auch an der negativ geladenen Silikatoberfläche eine mehrere Moleküle dicke Schicht von geordnetem adsorptiv gebundenem Wasser.

In einem wassergesättigten Montmorillonit kann das Wasser also in verschiedenen Erscheinungsformen vorliegen:

a) als Adsorptionswasser, welches in einer Schichtdicke von mehreren Molekülen die Tonmineraloberfläche umgibt und auch in das Innere des Kristallgitters eindringen kann. Es unterliegt hohen Oberflächenspannungen (bis zu 2000 MN/m^2) und gilt als nicht beweglich, s. Bild 11.6 Modellhafte Darstellung zur Hydratation von Tonmineraloberflächen und Gegenionen [18, 19].
b) als Hydratationswasser, das die Kationen mit einer Hydrathülle umgibt und durch elektrostatische Kräfte gebunden wird,
c) als freies Porenwasser, dessen Dipolmoleküle noch frei beweglich sind.

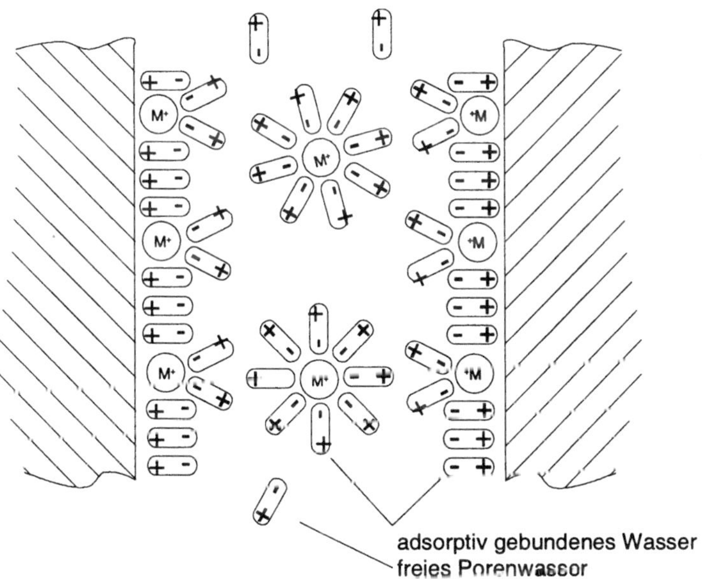

Bild 11.6: Modellhafte Darstellung zur Hydratation von Tonmineraloberflächen und Gegenionen

Die geringe Durchlässigkeit montmorillonitreicher Tone erklärt sich also nicht nur durch ihre geringe Teilchengröße, sondern auch durch den sehr hohen Anteil an geordnetem Wasser zwischen den Elementarschichten. Jedes hierin befindliche Kation ist mit einer Hydratations-wasserhülle umgeben, die, wie auch die Kationen selbst, aus elektrostatischen Gründen mit dem Porenwasser nicht weitertransportiert werden [18].

Enthält die umgebene Flüssigkeit gelöste Stoffe und besteht ein Konzentrationsunterschied zwischen dem Wasser im Zwischenschichtraum und der Außenlösung, so kann aufgrund einer Differenz der osmotischen Drücke eine weitergehende Quellung (osmotische Quellung) erfolgen. Weil die Zwischenschichtionen aus elektrostatischen Gründen fixiert sind, wird zum Konzentrationsausgleich Wasser in die Zwischenschicht aufgenommen, wenn dort ursprünglich eine höhere Ionenkonzentration vorlag. Die osmotische Quellung hängt stark von der Elektrolytkonzentration und von der Wertigkeit der gelösten Ionen ab. Der Austausch der Zwischenschichtionen gegen die in der umgegebenden Flüssigkeit enthaltenen Ionen ist also dann zu erwarten, wenn diese in einem Konzentrationsüberschuß vorliegen.

Bei der Betrachtung des Quellvorgangs ist also zu unterscheiden zwischen der sogenannten „innerkristallinen Quellung", d. h. der Aufweitung des Abstandes der Elementarschichten des Montmorillonitkristalls durch Eintritt von überschüssigem (unbelasteten) Wasser und der „osmotischen Quellung", die durch Konzentrationsunterschiede zwischen „Innenlösung" und „Außenlösung" zustande kommt.

Für die Verhältnisse einer mineralischen Abdichtungsschicht ist in erster Linie die innerkristalline Quellung maßgebend, wenn man davon ausgeht, daß ein relativ unbelastetes Wasser zur Einstellung des optimalen Wassergehaltes beim Einbau des Tonminerals verwendet wurde.

Erfolgt die Quellung eines Montmorillonits in einem begrenzten Volumen, z. B. innerhalb des verdichteten Porenraumes eines gemischtkörnigen Dichtungsminerals, so wird ein Quelldruck aufgebaut, der je nach Dichte des eingesetzten Materials mehrere bar erreicht.

Dieser Quelldruck wird durch die Salinität eines Grundwasser bzw. Sickerwassers kaum beeinflußt, solange bestimmte Konzentrationsverhältnisse nicht überschritten werden. Dies wurde durch schwedische Untersuchungen im Zusammenhang mit der Verwendung von Montmorilloniten für die Endlagerung von radioaktiven Abfällen bestätigt [20].

Im Hinblick auf das von TA Abfall geforderte Adsorptionsvermögen bzw. Rückhaltepotential für Schadstoffe ist es also für die Konzipierung einer Barrierewirkung wichtig zu wissen, welche der verschiedenen Tonminerale hierfür überhaupt geeignet sind.

Die Fähigkeit zum Ionenaustausch und zur Anlagerung von positiv geladenen Teilchen, die z. B. auch Schadstoffe in einem Deponiesickerwasser sein können, ist für die einzelnen Tonminerale charakteristisch und schwankt in weiten Grenzen innerhalb der einzelnen Gruppen. Wie aus Tabelle 11.3 hervorgeht ist die Austauschfähigkeit von Montmorillonit am höchsten.

Da Adsorptionsvorgänge Oberflächenreaktionen sind, ist das geforderte Adsorptionsvermögen auch eine direkte Funktion der verfügbaren spezifischen Oberfläche des Tonminerals. Auch hier zeigt die vergleichende Übersicht in Tabelle 11.3, daß die spezifische Oberfläche eines Montmorillonits um ein vielfaches größer ist als die eines Illits bzw. Kaolinits.

Wenn man die bisherigen Ausführungen über die Eigenschaften der verschiedenen Tonminerale zusammenfaßt, ist festzuhalten:

---

1. Die 3 Tonminerale Kaolinit, Illit und Montmorillonit sind im Prinzip aus den gleichen Grundbausteinen:

   SiO_4 - Tetraedern
   AlO(OH) - Oktaedern

   zusammengesetzt.
2. Unterschiede bestehen in der räumlichen Anordnung dieser Bausteine (Gitteraufbau), im Schichtabstand und in der Korngrößenverteilung sowie in der durch „isomorphe Substitution" erzeugten Oberflächenladung.
3. Daraus folgen unterschiedliche Bindungsstärken zwischen den Elementarschichten, d. h. Kaolinit und Illit sind nicht bzw. kaum quellfähig. Montmorillonit hat, je nach Vorbehandlung, ein hohes Quellvermögen (innerkristalline und osmotische Quellung).
4. Die Adsorptionsfähigkeit und die IUK sind beim Montmorillonit um ein vielfaches größer als bei Kaolinit und Illit.
5. Damit zeigt Montmorillonit eine höhere Reaktionsbereitschaft gegenüber Elektrolytlösungen und sonstigen polaren Verbindungen, die bei sachgerechter Anwendung positiv genutzt werden kann (Adsorptionsschicht).

Tabelle 11.4: Zusammenfassender Vergleich der Eigenschaften von Kaolinit, Illit und Montmorillonit

11.4.1 Auswirkungen der verschiedenen Aktivierungsverfahren auf die Eigenschaften der Bentonite

Die bisher aufgezeichneten Eigenschaften des Bentonits/Montmorillonits lassen sich für verschiedenste Einsatzmöglichkeiten nutzen. Durch technische Veredelungsprozesse, sogenannte „Aktivierungen" des bergmännisch abgebauten Rohtons können sie noch verstärkt oder modifiziert werden.

Der einfachste Verarbeitungsschritt ist ein Mahltrocknungsprozess, der als Ergebnis einen nichtaktivierten *Ca-Bentonit* liefert.

Durch Austausch der Ca-Ionen gegen Na-Ionen (alkalische Aktivierung) erhält man einen technisch hergestellten *Na-Bentonit*, auch als *aktivierten Bentonit* bezeichnet. Durch den Grad der Aktivierung lassen sich bestimmte anwendungstechnische Eigenschaften wie z. B. Wasseraufnahmevermögen oder Viskositäten gezielt steuern.

Allgemein kann man sagen, daß durch eine Sodaaktivierung die bodenmechanischen Kennwerte, das Quell- und Wasseraufnahmevermögen sowie die rheologischen Eigenschaften erheblich verbessert werden.

Auch ein auf natürlichem Weg aktivierter Bentonit, ein sogenannter natürlicher Na-Bentonit, läßt sich durch verfahrungstechnische Maßnahmen in seinen Eigenschaften noch verändern.

Wenn man den Rohbentonit mit starken Mineralsäuren behandelt, werden die säurelöslichen Alkali- und Erdalkalianteile sowie Aluminium- und Eisen-Verbindungen herausgelöst. Zurück bleibt ein Kieselsäuregerüst, die *„Bleicherde"*, die hauptsächlich in der Nahrungsmittel- und Mineralölindustrie zur Entfärbung von Ölen und Fetten eingesetzt wird [21].

Durch Austausch der Alkali- und Erdalkali-Ionen gegen langkettige polare organische Gruppen, erhält man sogenannten organophile Bentonite, deren Eigenschaften sich von denen des Ausgangsmaterials deutlich unterscheiden. Je nach Art der organischen Gruppen haben diese organophilen Bentonite mehr oder weniger hydrophoben, d. h. wasserabweisenden Charakter. Sie werden daher vorzugsweise in organischen Lösungsmittelsystemen eingesetzt, beispielsweise in der Farben- und Lackindustrie.

Seit einiger Zeit wird die Verwendung solcher organophilen Bentonite auch im Deponiebau diskutiert, um bei Sickerwässern mit überwiegend organischen Inhaltsstoffen eine zusätzliche Adsorption dieser Schadstoffe zu erreichen. Derartige Überlegungen befinden sich noch Projektstadium, so daß bisher noch keine Praxiserfahrungen hierzu vorliegen.

11.5 Abdichtungsmöglichkeiten mit bentonithaltigen Systemen im Deponiebau und in der Altlastensicherung

Für die Ausführung von Basis-, Seiten- oder Oberflächenabdichtungen von Deponien und Altlasten sind, je nach örtlichen Bodenverhältnissen, nach zu erwartender bzw. vorhandener Schadstoffbelastung und daraus abgeleiteten Sicherheitsanforderungen grundsätzlich mehrere unterschiedliche Lösungen hinsichtlich des Abdichtungsmaterials und des technischen Einbaus möglich.

Bild 11.7 gibt eine Übersicht über bentonithaltige Abdichtungsverfahren [22]. Die Aufgabe des Bentonits in den hierbei verwendeten Dichtungsmaterialien besteht im wesentlichen in der Verringerung der Durchlässigkeit. Bei den Dichtwandmassen, über die in einem separatem Vortrag berichtet wird, ist der Bentonit außerdem maßgebend für die rheologischen Eigenschaften der Stützflüssigkeit verantwortlich. Bei Schmalwandmassen und Tonbetonen dient der Bentonit zur Plastifizierung, beeinflußt die Fließfähigkeit, das Abbindeverhalten und die Druckfestigkeit.

Zur Erfüllung der von der TA-Abfall/TA-Siedlungsabfall gestellten Anforderungen an die mineralische Deponieabdichtung kommt als Baustoff für die mineralische Barriere entweder ein geeigneter örtlich anstehender grubenfeuchter Rohton in Frage, der nach entsprechendem Homogenisierungsaufwand lagenweise eingebaut wird oder ein in der Nähe des Deponiestandorts anstehendes gemischkörniges mineralisches Material, dem bestimmte Mengen an Spezialtonen zugemischt werden.

Letzteres ist eine weit verbreitete Vorgehensweise, die den Vorteil hat, mineralische Grundmaterialien einsetzen zu können, die für sich allein den Anforderungen noch nicht genügen. Durch die Zugabe von relativ geringen Mengen an Spezialtonen mit kaolinitischem oder montmorillonitischem Charakter und entsprechendem Homogenisierungsaufwand lassen sich jedoch ihre Eigenschaften (Kornverteilung, Abdichtungs- und Adsorptionswirkung) soweit verbessern, daß die Eignung als Abdichtungsmaterial gegeben ist. Damit können zunehmend auch solche Stoffe wie Erdaushub oder Recyclingmaterial genutzt werden, die bislang deponiert werden mußten und damit Deponieraum verbrauchten statt neuen zu schaffen.

Solche gemischtkörnigen Abdichtungsmaterialien reagieren gegenüber Witterungseinflüssen (Niederschläge, Sonneneinwirkung) weniger empfindlich als ein grubenfeucht eingebauter Rohton.

Um eine hohe mechanische Stabilität gegen Verformungen auf Grund der zu erwartenden hohen Auflast durch den abzulagernden Abfall zu gewährleisten, sollte das Grundmaterial bereits eine möglichst breite Korngrößenverteilung, vom Schluff- bis zum Kieskorn, aufweisen, s. Bild 5.1 Körnungsband DEPOMIX 20. Zur Ergänzung der Sieblinie im Feinstkornbereich, d. h. zur Resthohlraumver-

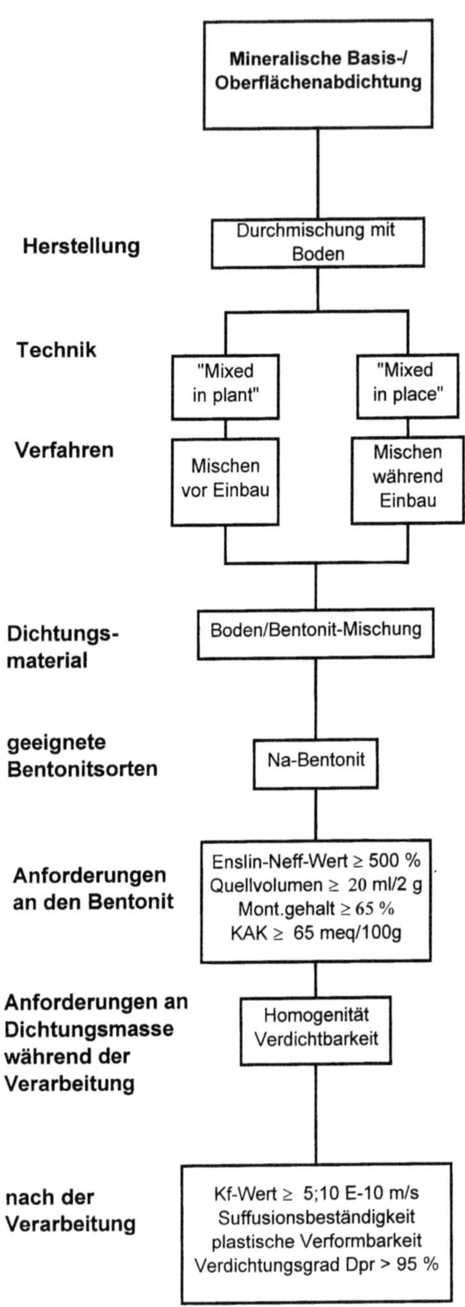

Bild 11.7:
Betonithaltige Systeme zur Deponieabdichtung

füllung werden üblicherweise Tonmehle als Füllmaterial u./o. Spezialtone mit kaolinitischem oder montmorillonitischem Charakter zugesetzt.

Die erforderliche Zugabemenge bestimmt man in Eignungsprüfungen bei unterschiedlichen Mischungsverhältnissen. Die bisherigen Praxiserfahrungen geben dabei eine gute Orientierungshilfe. Nach optimaler Verdichtung bei definiertem Wassergehalt füllt der Bentonit infolge der obenbeschriebenen innerkristallinen Quellung Porenräume innerhalb des Korngefüges vollständig aus. Wegen der räumlichen Begrenzung kann sich sein Quellvolumen nicht völlig frei entfalten.

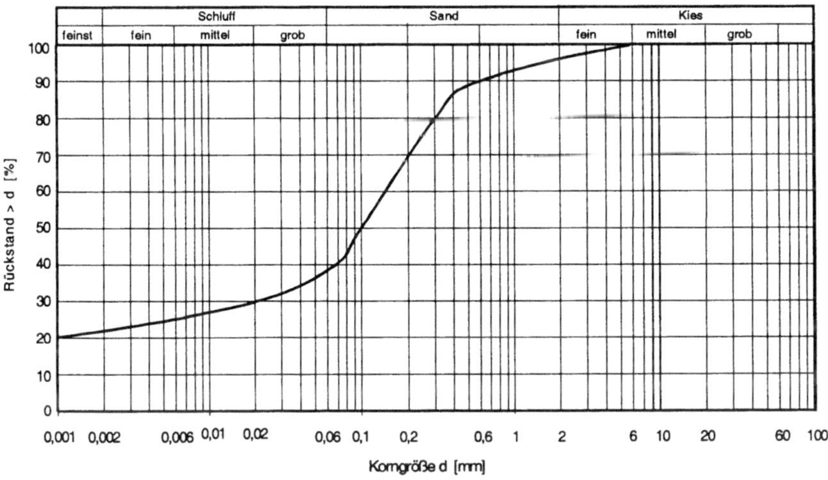

Bild 11.8: Körnungsband DEPOMIX 20

Die Aufteilung der Montmorillonitkristalle in Einzellamellen ist nur begrenzt möglich. Daher steht der Bentonit in einem verdichteten Bodengemisch innerhalb der Porenräume des Korngerüsts unter einem erheblichen Quelldruck. Seine Kristalle „verkeilen" sich quasi in den Bodenporen und bewirken damit eine mechanische Verstopfung.

In Bild 11.9, Kiessand ohne Feinkornanteile, ist schematisch ein stark durchlässiger, sandiger Kiesboden mit relativ großen Hohlräumen dargestellt. Einer anströmenden Flüssigkeiten wird kaum Widerstand entgegengesetzt.

In Bild 11.10, Bentonitvergüteter Kiessand, ist ein vergleichbarer Boden nach Zugabe von Bentonit dargestellt. Nach Wassersättigung und Quellung sind die Hohlräume ausgefüllt und damit die Wasserdurchlässigkeit erheblich verringert.

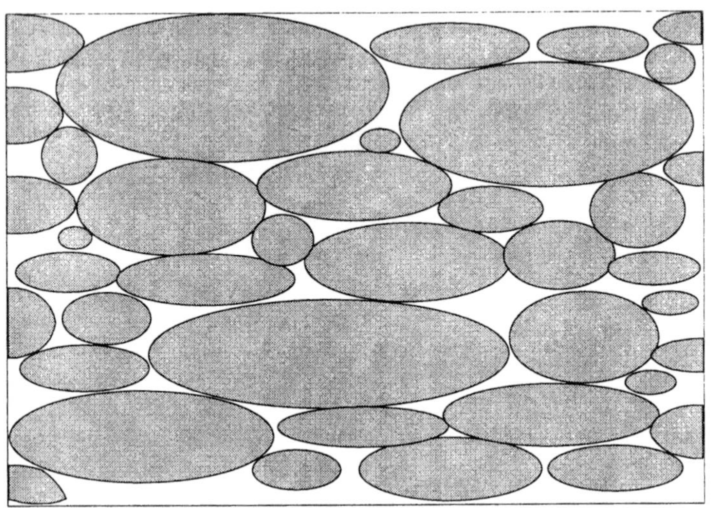

Bild 11.9: Kiessand ohne Feinkornanteile (schematisch)

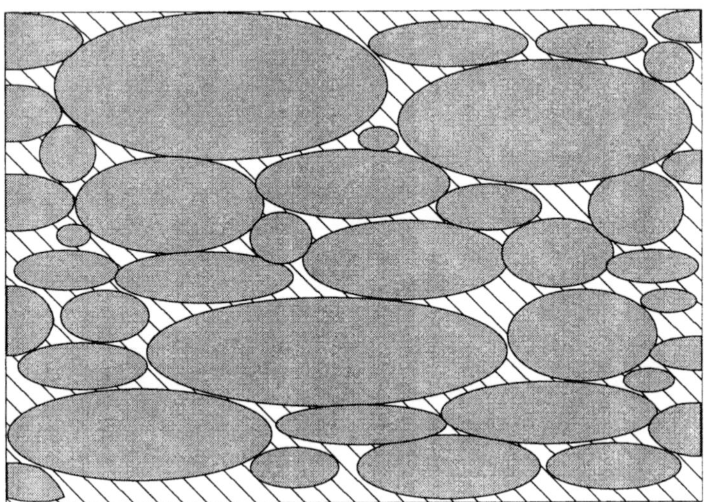

Bild 11.10: Betonitvergüteter Kiessand (schematisch)

Neben diesem mechanischen Effekt wird die Permeabilität noch dadurch weiter reduziert, daß sich auf Grund der elektrochemischen Wechselwirkungen der negativ geladenen Bentonitoberflächen mit den Wasserdipolen Sperrschichten von festgebundenen H_2O-Molekülen bilden, die die Beweglichkeit des freien

Porenwassers behindern. Damit ist gleichzeitig eine hohe Suffusionssicherheit gegeben.

11.6 Chemikalien- und Langzeitbeständigkeit

Deponieabdichtungssysteme werden für eine langjährige Nutzungsdauer geplant und gebaut. Dementsprechend werden an die hierbei zu verwendender Materialien hohe Anforderungen hinsichtlich der Langzeitbeständigkeit gestellt.
So sollen sich bei mineralischen Dichtungsmassen nach einem Kontakt mit Sickerwässern Mineralbestand, chemische Zusammensetzung und bodenmechanische bzw. bodenphysikalische Eigenschaften nicht nachteilig verändern. Die Frage der Prüfung und Beurteilung der Beständigkeit von Ton- oder Mischtonproben unter Deponiebedingungen, beispielsweise die Auswahl einer geeigneten Prüfflüssigkeit, ist ein in Fachkreisen kontrovers diskutiertes Thema [23].

Einzelne organische oder anorganische Lösungen sind für solche Beständigkeitsprüfungen auch dann nicht geeignet, wenn sie nachgewiesene Bestandteile von Deponie-Sickerwässern sind. Ihr möglicher Einfluß auf die Eigenschaften der Mineralkomponenten kann nur in Wechselwirkung mit anderen Sickerwasserkompenten bewertet werden.

Bisherige Untersuchungen über die Reaktionen zwischen tonmineralhaltigen Barrieren und Deponiesickerwässern, insbesondere in jüngster Zeit [24], hatten gezeigt, daß die Tonmineralstrukturen stabil bleiben. Die Durchströmung mit echten Deponie-Sickerwässern hatte keinen nachteiligen Einfluß auf die Durchlässigkeit. In einigen Fällen trat sogar eine deutliche Verringerung des K_f-Wertes während der Durchströmung mit Sickerwässern auf. Eine Beobachtung, die sich auch mit eigenen Erfahrungen deckt. Ursachen dürften Kolmationseffekte sein, d. h. das Verstopfen von durchflußwirksamen Poren mit feinteiligen Sickerwasserkomponenten bzw. Ausfällungsprodukten.

In der Vergangenheit weniger beachtet wurden möglich chemische Reaktionen von Sickerwässern mit nicht tonmineralischen Komponenten, z. B. organischen, karbonatischen, sulfidischen oder redoxreaktiven Bestandteilen der mineralischen Barriere. Mit dieser Fragestellung haben sich wissenschaftliche Arbeitsgruppen erst in jüngster Zeit befasst [25].

Um Unwägbarkeiten hinsichtlich der Langzeitbeständigkeit möglichst auszuschließen, ist bei Auswahl von geeigneten Komponenten zu empfehlen, der mineralogischen Zusammensetzung besondere Beachtung zu widmen. Zwar sind in der TA-Abfall einschränkende Kriterien z. B. im Gehalt an organischen Bestandteilen und im Karbonatgehalt genannnt, doch wird eine Spezifizierung der Tonminerale nicht gegeben. Im Anhang E der TA-Abfall [2] wird lediglich festgehalten, daß der Anteil und die Art von Tonmineralen auf das im Einzelfall erforderliche Adsorpti-

onsvermögen abzustimmen ist (mind. 10 Gewichtsprozent).
Wie bereits ausgeführt, ist auf Grund seiner großen spezifischen Oberfläche sowie seines hohen Quell- und Wasserbindevermögens ein aktivierter Bentonit zur Herstellung von adsorptiv wirkenden mineralischen Barrieren besonders geeignet. Das gleiche gilt auch für einen natürlichen Na-Bentonit.

Unterschiede zwischen einem aktivierten Bentonit und einem natürlichen Na-Bentonit liegen z. B. im pH-Mileu im wassergesättigten Zustand. Aktivierte Bentonite haben einen etwas alkalischeren pH-Wert von 10 - 10,5, natürliche Na-Bentonite einen pH-Wert von 9 - 9,5. Bei der Adsorption von Schwermetallhydroxyden kann ein etwas stärkerer alkalischer pH-Wert von Vorteil sein.

Grundsätzlich ist denkbar, auch einen nichtaktivierten Ca-Bentonit als adsorptiv wirkende Tonmineralkomponente einzusetzen. Da dieser deutlich weniger quillt, als ein Na-Bentonit, kann er umgekehrt auch weniger schrumpfen. Bei bestimmten Problemfällen, in denen mit einer verstärkten chemischen Belastung der Mineralabdichtung gerechnet werden muß, könnte die Verwendung von Ca-Bentoniten Vorteile bieten. In Analogie zu den Dichtwandmassen ist jedoch mit einem erheblich höheren Mengenbedarf an Ca-Bentonit im Vergleich zu einem Na-Bentonit zu rechnen.

11.6.1 Reaktionen von Bentoniten mit organischen Substanzen

Die elektrostatische Absättigung der negativ geladenen Montmorillonitlamellen kann nicht nur durch anorganische Kationen, wie z. B. Schwermetallkationen, sondern auch durch organische Kationen erfolgen.

So führt z. B. die Umsetzung von Montmorillonit mit organischen, kationischen Polymeren, z. B. quaternären Amoniumverbindungen, zu Produkten, die als organophile Bentonite („Organoclays“) bezeichnet werden und deren chemischer Charakter im Vergleich zum Ausgangsbentonit deutlich verändert wurde. Diese organisch modifizierten Bentoniten sind wasserabstoßend (hydrophob), aber in organischen Lösungsmitteln gut dispergierbar.

Ursprünglich als Stabilisierungs-, Verdickung- und Tixotropierungsmittel für die Lack- und Farbindustrie konzipiert, werden Organoclays inzwischen auch als Adsorptionsmittel für organische Schadstoffe in Deponiesickerwässern diskutiert [26].

Im Vergleich zu einem Na- oder Ca-Bentonit (mit hydrophilem Charakter) zeigen sie eine erhöhte Reaktionsbereitschaft mit anderen organischen Stoffen, insbesondere mit solchen mit anionischem oder nukleophilem Charakter.
Es ist also grundsätzlich möglich und im Versuchsmaßstab nachgewiesen, organische Verbindungen aus einem flüssigen Medium (Sickerwasser) an einer organisch modifizierten Tonmineraloberfläche durch Adsorptionskräfte zu bin-

den [26]. Durch gezielte Auswahl und Fixierung von organischen Gruppen an die Bentonitoberfläche kann die Adsorptionsfähigkeit gegenüber bestimmten organischen Schadstoffen gesteuert werden.

Für einen großtechnischen Einsatz in einer mineralischen Barriere zur Deponieabdichtung waren bisher die vergleichsweise hohen Materialkosten der Organoclays ein Haupthinderniss.

Neben dieser erwünschten bzw. angestrebten Bindung von organischen Schadstoffen an einen organisch modifizierten Bentonit stellt sich die Frage nach unerwünschten bzw. unkontrollierten Reaktionen von organischen Verbindungen mit einem aktivierten Na-Bentonit bzw. nichtaktivierten Ca-Bentonit.

Inwieweit kann eine Leckage der standardmäßig vorgesehenen Kunststoffolie einer Kombinationsdichtung und einer darausfolgenden Durchsickerung der tonmineralhaltigen Dichtungsschicht zur irreparabelen Schädigung der Bentonitstruktur und damit zu einem Versagen der Barrierewirkung führen?

Zur Beantwortung der Frage der Beständigkeit von tonmineralhaltigen Deponieabdichtungen in Kontakt mit Deponiesickerwasser und organischen Prüfflüssigkeiten stellt Zeiger in seiner Dissertation [24] fest: "Eine Verschlechterung der Abdichtungseigenschaften der Barrieren durch den Kontakt mit Sickerwasser ist nach dieser Untersuchung nicht zu erwarten".

Die Reaktionsmöglichkeiten zwischen organischen Molekülen und Bentoniten sind vielfältig. Die wichtigste Reaktion ist die Adsorption. Ausmaß und Art der Adsorption hängen von vielen Faktoren ab. Bei Tonmineralien mit geringer Quellfähigkeit, z. B. Ca-Bentoniten, werden sich Adsorptionsreaktionen überwiegend an der Oberfläche abspielen, während bei den stärker quellfähigen Na-Bentoniten auch der Zwischenschichtraum belegt werden kann.

Je nach Größe und Polarität der organischen Moleküle kann sich der Basisabstand der Elementarschichten im Montmorillonitgitter verändern. Durch Einlagerung sehr großer Moleküle kann sich der Kristall aufweiten, bis zu Werten von ca. 50 Å. Umgekehrt können kleine, wenig assoziierte Moleküle eine Verringerung des Gitterabstandes bewirken.

Mit der Adsorption von organischen Substanzen durch quellfähige Bentonite können sich deren Schichtabstände verändern, die Tonmineralstruktur bleibt erhalten.
Zusammenfassend können hinsichtlich der Reaktionen von Bentonit mit organischen Substanzen folgende Feststellungen getroffen werden:

- Positiv geladene (polare) organische Substanzen können durch quellfähige Bentonite adsorbiert werden.

- Aufgrund ihrer größeren spezifischen Oberfläche haben Na-Bentonite eine höhere Adsorptionsfähigkeit als Ca-Bentonite.
- Unpolare oder anionische, organische Substanzen werden durch organophile Bentonite bevorzugt adsorbiert.

11.6.2 Auswirkungen von mechanischer Auflast und Temperaturbelastung auf die Rißbildung

Ein weiterer Aspekt der Langzeit-Funktionsfähigkeit von mineralischen Abdichtungsschichten, der zunehmend Beachtung, auch in Form von wissenschaftlichen Grundlagenuntersuchungen findet, ist eine mögliche Verhaltensänderung bei Wasserentzug [27].

Um einem Boden bzw. einer mineralischen Dichtung Wasser zu entziehen, gibt es grundsätzlich 2 Möglichkeiten:

Austrocknen oder Auspressen.

In beiden Fällen kann eine Veränderung des Feuchtehaushalts der Abdichtungssysteme zu einer Volumenänderung und damit zu Rißbildung führen. Die Risikoabschätzung der Rißgefährdung einer Deponiebasisabdichtung entweder als Folge einer Auflast durch den Deponiekörper oder als Folge einer thermischen Belastung aufgrund exothermer Umwandlungsprozesse innerhalb der Deponie war Gegenstand zahlreicher Forschungsvorhaben [23].

Ein entscheidender Faktor bei der Rißbildung ist der Wasseraushalt des Bodens. Durch die gezielte Auswahl geeigneter Mineralien mit hohem Wasserbindevermögen lassen sich Wasserverluste, sei es durch thermische Einflüsse oder mechanische Auflasten, einschränken.

Wie eingangs erwähnt, ist innerhalb der Tonmineralreihe Kaolinit-Illit-Montmorillonit das Wasseraufnahmevermögen, z. B. durch den Enslin/Neff-Wert ausgedrückt, des Montmorillonits um ein vielfaches höher als bei Kaolinit oder Illit. Eine bentonitvergütete Abdichtungsschicht wird daher den Einbauwassergehalt unter austrocknenden Einflüssen sehr viel zögernder verändern als eine kaolinitisch oder illitisch vergütete Schicht.

Ein weiterer wichtiger Aspekt hinsichtlich möglicher Gefügeänderungen in Folge von Veränderung des Wassergehalts ist der Kornaufbau der Dichtungsschicht. Eine mineralische Barriere, die aus einer Monokomponente mit sehr engem Kornband, z. B. Löslehm, hergestellt wurde, wird auf temperaturbedingte Veränderungen des Wassergehalts, sei es Frost- oder Wärmeeinwirkung, sehr viel eher mit Rißbildung reagieren als ein kornabgestuftes Mineralgemisch.

Die Einbindung eines hochquellfähigen Na-Bentonits z. B. in eine Kies-Sand-Matrix und gemeinsame Kompaktierung führt zu mechanisch sehr belastbaren Dichtungsschichten. Die innerkristalline Quellung des Bentonits wird durch das begrenzte Raumangebot in den Poren des Grobkorn behindert.

Durch die Behinderung der Quellung entstehen hohe Quelldrücke [20], die bei gleichzeitiger Einwirkung von Auflast zu einer Porenraumversiegelung führen. Eine Erhöhung der Auflast, soweit mechanisch noch möglich, bewirkt bei Vergütung mit quellfähigen Mineralien mit hohem Wasserbindevermögen eine weitere Erhöhung des Quelldrucks.

Die räumliche Ausdehnung des Montmorillonitgitters wird durch die allseitige Behinderung durch die Bodenteilchen stark eingeschränkt.

Umgekehrt sind damit mögliche Schrumpfungen durch Verringerung der Gitterabstände infolge von Wasserentzug ebenfalls nur auf das jeweilige Porenvolumen begrenzt. Damit wird die Gefahr von durchgängigen Schrumpfrissen bei kornabgestuften Mineralgemischen deutlich reduziert.

Der Vorgang der Quellung und Schrumpfung infolge von Wasseraufnahme und -abgabe, bei entsprechenden räumlichen Freiheitsgraden, ist bei Bentoniten völlig reversibel, solange der Wasserentzug nicht bei Temperaturen erfolgt, die eine thermische Zerstörung des Montmorillonitgitters verursachen (> 650 °C). Wenn bei bentonitvergüteten mineralischen Dichtmassen mit engabgestuftem Kornband durch Austrocknung Schrumpfungsrisse entstanden sind, so können sich diese bei erneutem Wasserzutritt infolge Quellung wieder schließen. Bei bentonitvergüteten Abdichtungen spricht man daher von einem „Selbstheilungseffekt“, einem wesentlichen Vorteil im Vergleich zu anderen Abdichtungsmaterialien.

Die Untersuchung des Selbstheilungsvermögens mineralischer Dichtmassen war ebenfalls ein Forschungsthema innerhalb des BMFT-Verbundvorhabens [28]. Ein weiteres Forschungsvorhaben (29) beschäftigte sich mit der Möglichkeit, die befürchtete Austrocknung einer tonigen Abdichtungsschicht durch gezielte Bewässerung der mineralischen Basisabdichtung zu verhindern. Mit Hilfe einer inversen Durchströmung soll zugleich ein zusätzlicher Retartationseffekt hinsichtlich möglicher Diffusionsvorgänge erreicht werden

11.7 Misch- und Einbautechniken

Die Vergütung von kornabgestuften Horizontalbarrieren erfolgt in der Regel in Form einer Durchmischung des Bodens mit der zuvor in Eignungsprüfungen ermittelten Bentonitmenge. In der praktische Ausführung unterscheidet man zwischen zwei Techniken:

das ältere „Mixed in place-Verfahren", bei dem der mit Hilfe von Streufahrzeugen über den zu vergütenden Boden ausgestreute Bentonit mit Fräsen eingemischt wird und

das „Mixed-in plant-Verfahren", bei dem die verschiedenen Mineralkomponenten vor dem Einbau durchmischt werden. Hinsichtlich der Mischanlagen gibt es verschiedene Ausführungsformen. Neben stationären Anlagen werden seit einigen Jahren auch mobile Mischanlagen eingesetzt. Auf unterschiedliche Ausführungsformen der jeweiligen Mischanlagen soll hier nicht näher eingegangen werden.

Das Ergebnis des Mischvorgangs muß jedoch in jedem Fall ein homogenes Mineralgemisch mit gleichmäßigem Einbauwassergehalt und definierter Korngrößenverteilung sein.

Ein Vorteil des „Mixed in plant-Verfahrens" liegt darin, daß der Mischvorgang vor dem Einbau erfolgt und damit weniger witterungsabhängig ist als beim „Mixed in-place-Verfahren". Zudem sind bei ungenügendem Mischergebnis bei einem zwischengelagerten Material noch Korrekturen möglich. Bei einer in Mixed-in-place hergestellten Dichtungsschicht muß bei nachgewiesenen Mischungsfehlern dagegen die gesamte Schicht wieder ausgebaut und erneuert werden.

In diesem Zusammenhang muß davor gewarnt werden, einen zu hohen Einbauwassergehalt bei bentonitvergütenden Mischungen durch nachträgliche Kalkzugabe korrigieren zu wollen. Die Folge wäre eine Beeinträchtigung der Bentoniteigenschaften hinsichtlich der Abdichtungs- und Adsorptionsfunktionen.

Beim Einbau und der Verdichtung von bentonitvergütenden Mineralmischungen sind im Vergleich zu nicht bentonithaltigen Abdichtungsmaterialien keine maschinentechnischen Besonderheiten zu beachten. Um innerhalb des abgestuften Kornverbands eine kleinstmögliche Porengröße und damit hohe Quelldrücke für eine optimale Porenraumausfüllung zu erreichen, sind bei der Verdichtungen hohe Amplituten (1,0 – 1,8 mm) der schwingenden Masse des Verdichtungsgeräts erforderlich.

Obwohl die Bestimmungen der TA-Abfall erst seit einigen Jahren in Kraft sind, sind sie inzwischen durch die weitere wissenschaftliche und technische Entwicklung in einigen Punkten bereits überholt. Wenn in der TA-Abfall vorgeschrieben wird, daß die mineralische Barriere mindestens 1,5 m mächtig und in 6 Lagen zu je 25 cm einzubauen ist, so bedeutet dies, daß das Material einheitlich über die gesamte Mächtigkeit zusammengesetzt ist.

Damit werden diesem einheitlich zusammengesetzten Material gleich mehrere Funktionen zugewiesen, neben der Dichtfunktion auch gleichzeitig die Aufgabe der Schadstoffadsorption.

Zur Erreichung dieser Schutzziele wird von den Tonspezialisten in der wissenschaftlichen Forschung auf der Grundlage entsprechender Eignungsprüfungen seit einiger Zeit vorgeschlagen, statt eines einheitlichen Materials den getrennten Aufbau verschiedenartiger Dichtungsmaterialien mit unterschiedlichen Schutzfunktionen vorzusehen:

- Mineralmischungen mit hohem Schadstoffrückhaltevermögen ("bentonitvergütet"),
- Mineralmischungen mit reiner Abdichtungswirkung ohne oder mit nur geringem Schadstoffrückhaltevermögen ("kaolinitvergütet").

11.8 Die multimineralische Barriere

Damit wird das Multibarrierenkonzept auch auf die mineralische Dichtungsschicht übertragen und inzwischen auch in den neuen Bundesländern bei der Ausführung von neuen Deponiebauten verwirklicht. Die Diskussion über die mineralische Mehrfachdichtung hat die Festlegungen der TA-Abfall bereits überholt. Hierfür hat sich inzwischen die Bezeichnung „multimineralische Abdichtung" eingebürgert, obwohl in der Praxis bisher nur zwei unterschiedliche Varianten realisiert werden, vereinfacht als bentonitische und kaolinitische Dichtungsschicht bezeichnet.

Trotz unterschiedlicher Aufgabenstellung muß die Zusammensetzung dieser Schichten den Anforderungen der TA-Abfall entsprechen, d. h. z. B. ein Feinkornanteil < 2 µm von mind. 20 Gewichtsprozent und dabei wenigsten 10 Gewichtsprozent Tonmineralanteil.

Die unterschiedlichen Eigenschaften „abdichtend" und „retadierend" resultieren dann aus der Zugabe der beiden verschiedenen Tonminerale Kaolinit bzw. Montmorillonit.

Während die kaolinitvergütete Schicht als chemisch inert angesehen wird und man unterstellt, daß sie bei Kontakt mit einem belasteten Sickerwasser in ihren Eigenschaften unverändert bleibt, soll die montmorillonitvergütete Schicht aufgrund ihres hohen Rückhaltevermögens in einem Sickerwasser enthaltene Schadstoffe adsorbieren bzw. deren Wanderungsgeschwindigkeit verzögern.

Wenngleich sich die wissenschaftlichen Tonspezialisten darüber einig sind, daß eine multimineralische Barriere eine bessere Schutzwirkung und damit höherer Sicherheit bietet als eine „unimineralische" Dichtungsschicht, so gehen die Meinungen über die optimale Reihenfolge der unterschiedlich vergüteten Dichtungsschichten doch auseinander.

Ob bei der Bauausführung der Kaolinit in die oberen und der Bentonit in die unteren Schichten kommt oder ob die umgekehrte Anordnung, oben Bentonit und unten Kaolinit, mehr Vorteile bietet wird z. Z. noch mit wissenschaftlichen

Argumenten diskutiert. Praktische Langzeiterfahrungen gibt es für beide Varianten noch nicht.

Es zeichnet sich jedoch ab, daß die weitere Entwicklung in die Richtung gehen wird, für jeden Deponietyp die optimale Dichtung zu konzipieren. Je nach den zu erwartenden Sickerwasser-Inhaltsstoffen können die Zusammensetzungen der verschiedenen Dichtungsschichten variiert werden.

Das sogenannte Karlsruher Deponiekonzept [30] sieht für anorganische Sickerwasser-Inhaltsstoffe eine noch weitergehende Differenzierung der bentonithaltigen Schicht in eine obere Natriumbentoniteinheit und untere Calciumbentoniteinheit, s. Bild 11.11, nach [30] vor.

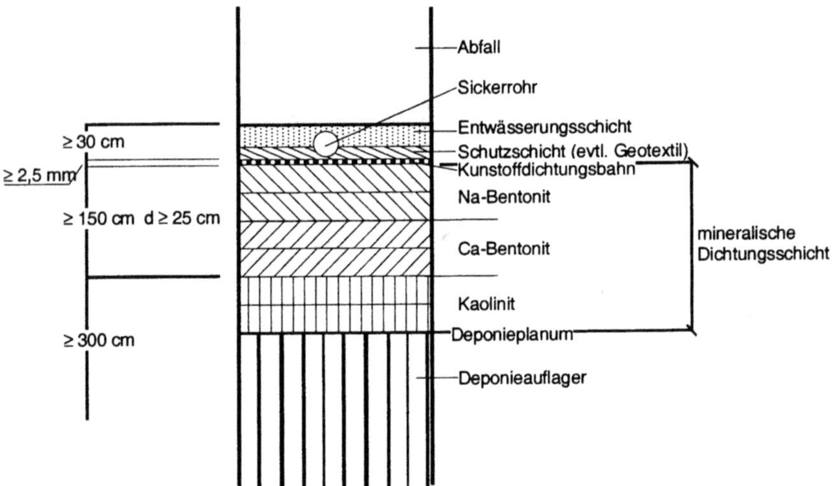

Bild 11.11: Schema eines Deponieabdichtungssystems gegen anorganische Sickerwasserinhaltsstoffe

Der Na-Bentonit soll durch seine gegenüber der Ca-Form besseren Quelleigenschaften bei Sickerwasserzutritt eine erhöhte Dichtwirkung herbeiführen und außerdem seine spezifischen Sorptionseigenschaften mobilisieren. Der Ca-Bentonit entwickelt ebenfalls ein gewisses Expansionsvermögen und hat gegenüber dem Na-Bentonit den Vorteil, daß mehrwertige und organische Kationen diese Mineralform nicht verändern, während der natriumaktivierte Montmorillonit sein Quellvermögen verlieren könnte, was höhere Durchlässigkeiten zu Folge hätte.

Bei überwiegend organischen Inhaltsstoffen des Sickerwassers wird der zusätzliche Einbau von sogenannten organophilierten Bentoniten in der obersten Lage der mineralischen Dichtungsschicht empfohlen.

Bei diesen organophilierten Bentoniten sind die Natrium- bzw. Calciumionen durch organische Kationen ersetzt, wodurch der physikalisch/chemische Charakter des ansonsten unveränderten Tonminerals von hydrophil in hydrophob verändert wird. Damit wird eine bessere Retentionsfähigkeit gegenüber unpolaren organischen Verbindungen erreicht, die ansonsten durch eine rein mineralische Schicht hindurchdiffundieren könnten, s. Bild 11.12, Schema eines Deponiebasisabdichtungssystems gegen organische Sickerwasserinhaltsstoffe, nach [30].

Damit wäre man bei einer Dreifachbarriere angelangt. Unter Umständen sind auch anderen Lagenkombinationen denkbar, über die im Moment noch auf wissenschaftlicher Ebene nachgedacht wird.

Sowohl aus wirtschaftlichen wie auch aus ausführungstechnischen Gründen wäre jedoch eine weitere Aufsplitterung in mehr als drei Lagen nicht mehr vertretbar.

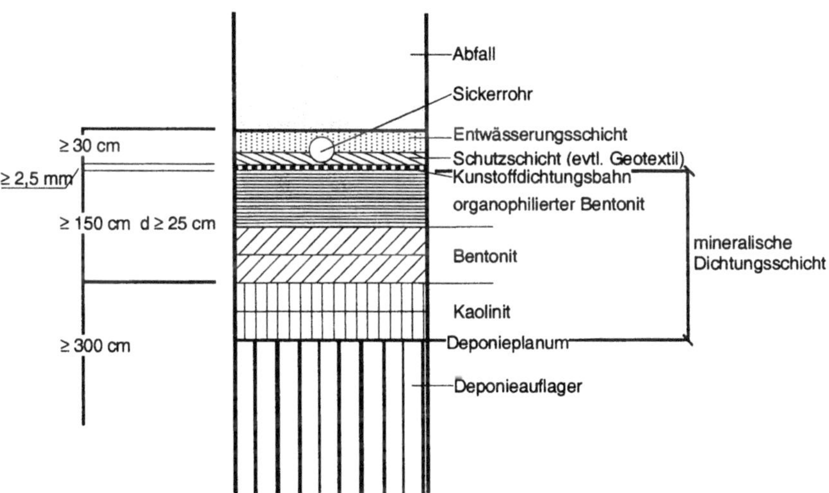

Bild 11.12: (nach [30]) Schema des Deponieabdichtungssystems gegen organische Sickerwasserinhaltsstoffe

11.9 Praxisbeispiele

Beispiele für die Ausführung von multimineralischen Barrieren als Basisabdichtung im Deponiebau gibt es inzwischen sowohl in den alten wie in den neuen Bundesländern.

Bereits 1991 wurde im Zuge einer Erweiterung der Deponie *„Wipperoda"* im Landkreis Gotha um ca. 2,5 ha die Basisabdichtung als multimineralische Barriere ausgeführt.

Hierbei wurden eine Lage à 25 cm mit ca. 11 % kaolinitischem Ton als untere Schicht und darüber zwei Lagen mit jeweils 25 cm mit 5 %iger Bentonitvergütung eingebaut.

Herstellung erfolgt im sogenannten „Mixed-in-Place-Verfahren". Die Ergebnisse der Eigen- und Fremdüberwachung beim Aufbau der insgesamt 75 cm dicken Dichtungsschicht ergab für beide Varianten jeweils K_f-Werte $< 5 \times 10^{-10}$ m/s.

Positiv hervorzuheben war bei der Planung und Ausführung dieses Objekts die Aufgeschlossenheit und Entscheidungsbereitschaft der örtlichen Behörde für eine solche innovative Lösung.

Ein weiteres Beispiel für die Ausführung einer multimineralischen Barriere, diesmal in der Variation: kaolinitische Dichtungsschicht oben, darunter 2 bentonitvergütete Schichten, wurde mit der Deponie *Heuchelheim-Klingen* in Rheinland-Pfalz realisiert.

Die Aufbereitung der Dichtungsmischungen erfolgte in sogenannten „Mixed-in-Plant-Verfahren mit einer mobilen ARAN-Mischanlage. Hierbei wurde das vor Ort anstehende, aus Lößlehmen, Sanden und Kiessanden bestehende Ausgangsmaterial mit 12 % Kaolinit bzw. 5 % Bentonit versetzt und mit Hilfe eines Doppelwellen-Zwangsmischers homogenisiert. Die 2 bentonitvergüteten Schichten bzw. die kaolinitische Schicht wurden mit einer Lagendicke von jeweils 0,26 m eingebaut, d. h. Gesamtdicke der mineralischen Dichtung 0,78 m.

Verdichtungsgrad:		97 %	Dpr
Kf-Wert:	jeweils	$< 5 \times 10^{-10}$	m/s
Deponiefläche:	ca.	70.000	m^2

Wenngleich die mineralische Mehrfachdichtung aus der Sicht der Tonmineralogie bzw. Geochemie „als das z. Z. beste Dichtungssystem angesehen werden kann" (Zitat aus [14]), ist die Umsetzung dieser Erkenntnisse bei den jeweiligen Planungs- und Genehmigungsbehörden in entsprechende Ausschreibungsformulierungen ein sehr schwieriger Prozeß.

11.10 Zusammenfasssung

Die speziellen Eigenschaften des Tonmineralgesteins Bentonits werden vorgestellt und die sich daraus ergebenden Einsatzmöglichkeiten als Abdichtungskomponente im Deponiebau und in der Altlastensicherung erläutert.

Bei Verwendung in horizontalen Barrieren stehen die Adsorptionsfähigkeit, die Ionenaustauschkapazität sowie die durch die besondere Kristallstruktur (innerkristalline Quellfähigkeit) bedingten Abdichtungseigenschaften im Vordergrund.

Bei Dichtwandmischungen für vertikale Dichtwände ist der Bentonit maßgebend für die rheologischen Eigenschaften der Stützflüssigkeiten sowie die Verringerung der Durchlässigkeiten im Feststoffzustand verantwortlich.

Obwohl Bentonit seit vielen Jahren in den vorgenannten Abdichtungstechniken seine praktische Bewährungsprobe als Träger der Abdichtungswirkung zweifelsohne bestanden hat, fehlt es nicht an kritischen Stimmen, die ein mögliches Versagen der Schutzfunktionen nach Einwirkung von ungünstigen Faktoren wie chemischem Angriff, thermischer oder mechanischer Belastung prognostizieren.

Eine absolute, zeitlich unbegrenzte Sicherheit unter allen denkbaren Belastungszuständen kann noch keines der bisher vorgestellten Dichtungsmaterialien bieten.

Die genaue Kenntnis der jeweiligen Stoffeigenschaften, daraus resultierende Anwendungsvorteile unter Beachtung der möglichen Schwachpunkte ermöglicht die Kombination mit anderen Stoffen mit ergänzenden oder ausgleichenden Eigenschaften zu einem dem jeweiligen Stand der Technik entsprechendem Sicherheitsoptimum. Da sich der Stand der Technik kontinuierlich weiterentwickelt, müssen auch die Eigenschaften der Dichtungsmaterialien ständig verbessert werden. Die auch in Zukunft noch steigenden Sicherheitsanforderungen zum Schutz der Umwelt werden sich im Deponiebau und in der Altlastensicherung am ehesten durch kontinuierliche Produktoptimierung, z.B. von selektiv adsorbierenden Mineralstoffen sowie die Kombination verschiedener Materialien in Form von Multibarrien-Systemen erfüllen lassen.

11.11 Literaturverzeichnis

[1] N.N.: Science News Letter (13th March 1937)

[2] Der Bundesminister für Umwelt, Naturschutz und Reaktorsicherheit (1990): Gesamtfassung der zweiten allgemeinen Verwaltungsvorschrift zum Abfallgesetz (TA Abfall) Teil 1, Technische Anleitung zur Lagerung, chemisch/physikalischen, biologischen Behandlung, Verbrennung und Ablagerung von besonders überwachungsbedürftigen Abfällen, Bonn.

[3] Der Bundesminister für Umwelt, Naturschutz und Reaktorsicherheit (1991): Arbeitsentwurf zur sechsten allgemeinen Verwaltungsvorschrift zum Abfallgesetz (TA Siedlungsabfall), Projektgruppe TA-Siedlungsabfall, Bonn.
[4] Länderarbeitsgemeinschaft Abfall (1990): LAGA Merkblatt M3, Die geordnete Ablagerung von Abfällen, Entwurf-, Stand Feb. 1990.
[5] Der Niedersächische Umweltminister (1991), Anforderungen an Deponiestandorte für Siedlungsabfälle,-RdErl.d.MU v. 27.11.1991-504-62812/21 B-GültL 30/56.
[6] Bayrisches Staatsministerium für Landesentwicklung und Umweltfragen und des Innern (1991), Hinweise für die Auswahl von Standorten für Hausmülldeponien und Deponien mit vergleichbaren Anforderungen. Gemeinsame Bekanntmachung vom 19.07.1991 Nrn. 8551-834-35959 und II E 6-8744-024/90.
[7] Landesamt für Wasser und Abfall NRW (1987), Untersuchung und Beurteilung von Abfällen, Teil 2.- Entwurf Richtlinie.-Düsseldorf.
[8] Hessische Landesanstalt für Umwelt (1986): Prüfungskatalog zur Bestimmung von Deponiestandorten für Hausmüll und hausmüllähnliche Gewerbeabfälle der Kategorie I.
[9] Landesanstalt für Umweltschutz Baden Württemberg (1991): Bestimmung der Gebirgsdurchlässigkeit. Materialien zur Altlastenbearbeitung Band 8. Karlsruhe.
[10] STIEF, K., Das Multibarrierenkonzept als Grundlage von Planung, Bau, Bau, Betrieb und Nachsorge von Deponien, Müll und Abfall, 18. Jg. (1986), Heft 1, Seite 15, 20
[11] THOME-KOZMIENSKY, K., Abdichtung von Deponien und Altasten", EF-Verlag für Energie und Umwelttechnik GmbH (1992)
[12] STIEF, K., DÖRHÖFER; G., Geologische und hydrogeologische Anforderungen an die geologische Barriere und das Deponieumfeld, in [10], S. 83 f
[13] JASMUND, K., Die silikatischen Tonminerale, Verlag Chemie GmbH, Weinheim, 2. Auflage (1955)
[14] KOHLER, E., Die Eignung von Tonen zur Abdichtung, in [10]
[15] GRIM, R.E., GÜVEN, N., Geology-Bentonites, Mineralogy, Properties and Uses, Developments in Sedimentology, Elsevier, 24 (1978)
[16] HEIM, D., Tone und Tonminerale, S. 22/23, Enke Verlag (1990)
[17] MÜLLER-VONMOOS, M. et al., Einige grundsätzliche Überlegungen zur Abdichtung von Deponien durch Ton, Mitteilungen der schweizerischen Gesellschaft für Boden- und Felsmechanik, (114); 15–17
[18] KEDZI, A., Handbuch der Bodenmechanik, Band 1, Bodenphysik VEB-Verlag für Bauwesen, Berlin (1969)
[19] SIMONS, H., REUTER, E., Mitteilung des Instituts für Grundbau und Bodenmechanik, Technische Universität Braunschweig, Heft Nr. 18 (1985)
[20] PUSCH, R., Swelling Pressure of Highly Compacted Bentonite, KBSTR 80 - 13 (1980)
[21] ECKART, O., WIRZMÜLLER, A, Die Bleicherde, Verlag Dr. Serger und Humpel (1929)
[22] KOCH, D., Einsatzmöglichkeiten bentonithaltiger Systeme zur Deponieabdichtung, BR Baustoff-Recycling und Deponietechnik, 6–89
[23] BAM, Bundesanstalt für Materialforschung und -prüfung, Berlin, BMFT-Verbundvorhaben Deponieabdichtungssysteme, Tagungsband 2. Arbeitstagung 17.-19.März 1993.
[24] ZEIGER, F.G., Beständigkeit von tonigen Deponieabdichtungen im Kontakt mit Deponiesickerwasser und organischen Prüfflüssigkeiten, Schriftenreihe angewandte Geologie, Karlsruhe, 24 (1993)

[25] GORANTONAKI, A., ECHLE, W., OBERNOSTERER, I., DÜLLMANN, H., Redoxabhängige mineralogische und chemische Stoffumsätze in tonigen Deponieabdichtungen und ihre bodenmechanischen Auswirkungen, in (23)

[26] STOCKMEYER, R., Organophilic Bentonites for Composite Liner Systems, Beiträge zur DTTG Jahrestagung Hannover (1992)

[27] HOLZLÖHNER, U., Transportvorgänge und Bodendeformation unter Einwirkung von Austrocknung und äußeren Spannungen, in (23)

[28] SAWIDIS, S., MALIWITZ, K., Selbstheilungsvermögen mineralischer Dichtmassen hinsichtlich Durchlässigkeit in gestörten Dichtschichten/Dichtungssystemen in Deponien, in [23]

[29] MÜNNICH, K., COLLINS, H.J., Möglichkeiten der Verringerung des Stoffdurchgangs durch mineralische Abdichtungsschichten, Bauingenieur 68 (1993), 67–69

[30] CZURDA, K.A., Funktion geologischer und mineralischer Barrieren im Deponiebau, Tagungsband Seminar über multimineralische Deponie-Basisabdichtungen, GLA Rheinland-Pfalz, Bingen-Rüdesheim/Rhein (1990).

12 Mikrotunnelbau: Eine bewährte Bauweise bei der Herstellung von Abwasserkanälen und Druckrohrleitungen

Jens Hölterhoff

12.1 Einführung

Die Mikrotunnelbauweise hat in den letzten 30 Jahren eine sprunghafte Entwicklung gehabt. Kaum ein anderer Bereich in der Bauverfahrenstechnik hat in diesem Zeitraum so viele Innovationen aufzuweisen. Obwohl das grabenlose Bauen und Instandhalten von Leitungen herausragende technische, ökonomische und ökologische Chancen bieten, ist der Anteil dieser Technologien am gesamten Bauvolumen im Rohrleitungs- und Kanalbau nur gering.

Bei entsprechenden Randbedingungen, wie teuren Straßenbelägen, Bodenaustausch, hohen Grundwasserständen, kann die grabenlose Bauweise schon in relativ geringen Tiefenlagen wirtschaftlicher sein als die konventionelle Bauweise. Es ist schwer nachvollziehbar, warum die großen Vorteile der geschlossenen Bauweise gerade in Städten mit beengten Platzverhältnissen und hoher Verkehrsdichte so wenig genutzt werden. Offensichtlich werden die volkswirtschaftlichen Einsparungen, wie die Vermeidung von Staus, Schonung der Umwelt und der Wegfall von witterungsbedingten Ausfallzeiten, nach wie vor zu gering bewertet.

Schwerpunkt der Ausführungen soll der Mikrotunnelbau und der Pilotrohr-Vortrieb nach DIN EN 12889 sein, zumal mehr als 90 % aller Kanäle und Druckrohrleitungen in Deutschland kleiner als 800 mm i.L. sind.

Herkömmliche und neue Verfahren der grabenlosen Rohrverlegung werden gegenübergestellt und Perspektiven aufgezeigt.

12.2 Bedeutung der Bodeneigenschaften

Allen Verfahren und Techniken der grabenlosen Bauweisen gemeinsam ist die Bedeutung der bodenmechanischen Eigenschaften, die in vielfältiger Weise die Bauwerkskonstruktion und die Bauausführung beeinflussen:

- Erddrücke und Verkehrslasten (zur Rohrdimensionierung)
- schwimmende Bodenarten und Bohrhindernisse
- Schneid- und Förderfähigkeit des Bodens
- Verdrängungsfähigkeit des Bodens
- Bodenauflockerung am Schneidschuh durch „ständigen Grundbruch“
- Bodensetzungen über der Vortriebsstrecke
- Haft- und Gleitreibung zwischen Rohrwand und Boden.

Da Bodenarten und Grundwasserstände von erheblicher Bedeutung sind, sollen Bodenuntersuchungen frühzeitig die Voraussetzungen für eine optimale Entscheidung liefern. Unzureichende Beschreibungen der anstehenden Bodenarten und Bodengruppen verursachen vielfach bautechnische Schwierigkeiten, weil das falsche Verfahren, die falsche Vortriebsmaschine oder das falsche Abbauwerkzeug gewählt wurden. Die Einstufung der Bodenklassen sollte generell nach der ATV / DIN 18319 – Rohrvortriebsarbeiten – VOB Teil C erfolgen. Die neue Systematik der Baugrundbeschreibung DIN 18319 Ausgabe 2016-09 mit Hilfe von Homogenbereichen wird allerdings von der Fachwelt kontrovers diskutiert. Mit der GSTT (German Society for Trenchless Technology e.V.) Information 28-2a wurde eine Arbeitshilfe für Planer und Ausführende geschaffen, die die Anforderungen der neuen Systematik mit den Vorteilen des bisherigen Systems verknüpft.

12.3 Nichtsteuerbare Rohrvortriebsverfahren

Nichtsteuerbare Verfahren werden auch in Zukunft aus wirtschaftlichen Gesichtspunkten, für kurze Vortriebsstrecken, neben den besseren steuerbaren Verfahren bestehen können.

Die Wahl des Verfahrens hängt ab von

- der erforderlichen Lagegenauigkeit
- der Entfernung zu anderen Ver- und Entsorgungsleitungen
- dem Außendurchmesser
- der Vortriebslänge
- den Baugrundverhältnissen und
- der Mindestüberdeckung

Der Einsatz der nichtsteuerbaren Verfahren sollte jedoch hier auf kurze Vortriebsstrecken mit möglichst homogenen Bodenverhältnissen begrenzt werden. Von den in der DIN EN 12889 aufgeführten Verfahren sollten im Nennweitenbereich < 200 mm Verdrängungshämmer und Horizontalrammen mit geschlossenem Rohr nur in Ausnahmefällen zum Einsatz kommen. Der Einsatz von Horizontal-Pressanlagen sollte auf Hausanschlusspressungen mit Längen unter 10 m beschränkt werden.
Bei Nennweiten > 200 mm werden Horizontalrammen mit offenem Rohr bzw. Horizontal-Pressbohrverfahren für den Vortrieb von Schutzrohren eingesetzt, in welche später die Produktrohre eingezogen werden. In Abhängigkeit von der Nennweitendifferenz zwischen Produkt- und Schutzrohr lassen sich hierbei kleine Abweichungen von Gefälle und Richtung ausgleichen.

Da diese Verfahren während des Vortriebes nicht beeinflusst werden können, hängt der Erfolg wesentlich von der Erfahrung und Qualifikation der ausführenden Firma, dem Durchmesser des Verdrängungshammers bzw. des Produktrohres und von den Bodenverhältnissen ab.

Inhomogenitäten im Baugrund, wie Findlinge oder schräge Schichtverläufe, können leicht zu Abweichungen führen. Beschädigungen bei parallel verlaufenden bzw. kreuzenden Leitungen sind nicht selten die Folge.

Einen Sonderfall stellen Rohrberst- und Rohr-Ausziehverfahren dar. Durch die im Regelfall fehlende Stabilität der Rohrwerkstoffe bei Freispiegelleitungen findet das Ausziehverfahren ausschließlich im Druckrohrbereich Verwendung. Das Rohrberstverfahren hingegen ist ein kostengünstiges Erneuerungsverfahren mit dem Nachteil, dass das neue Rohr auf den Scherben des alten Rohres gegründet wird.

12.4 Steuerbare Rohrvortriebs-Verfahren

Mit den steuerbaren Verfahren können gegenüber den ungesteuerten Verfahren aufgrund der größeren Genauigkeiten bedeutend längere Vortriebsstrecken unterirdisch aufgefahren werden. Folgende Vorteile der grabenlosen Bauweise haben beim Kostenvergleich mit der konventionellen offenen Bauweise direkten Einfluss:

- Verringerung von Straßenaufbrüchen
- Wegfall von Aushub und Transport großer Bodenmassen
- Reduzierung von Leitungsumlegungen
- Wegfall bzw. Einschränkung von Grundwasserhaltungen.

Die nachfolgend genannten Vorteile werden nach wie vor zu wenig bewertet, bieten volkswirtschaftlich betrachtet jedoch noch weitere teilweise enorme Einsparungen:

- Beschränkung von Verkehrsbeeinträchtigungen
- Verringerung von Lärm- und Emissionsbelastungen
- Reduzierung von Unfallgefahren
- Verminderung von Schäden an benachbarten Baulichkeiten
- Wegfall von witterungsbedingten Ausfallzeiten
- Verminderung der Beeinträchtigung der Anlieger / des Handels
- Schonung der Vegetation

12.4.1 Horizontalspülbohrverfahren

Bei dem Horizontalspülbohrverfahren wird der anstehende Boden durch eine unter Druck austretende Wasser-Bentonit-Suspension geschnitten, gelöst und durch den um das Bohrgestänge geschaffenen Hohlraum abgefördert. Die Ortung der Raumlage und der Stellung des (schräg angeschnittenen) Bohrkopfes erfolgt bei den kleineren Bohrsystemen nach dem Sender-Empfänger-Prinzip, die Steuerung über die Drehung des Gestänges und die schiefe Ebene. In Abhängigkeit von dem Maschinentyp und den Bodenverhältnissen kann die Steuerbohrung durch Zurückziehen eines Backreamers mehrfach aufgeweitet werden bis das Rohr eingezogen wird. Zwischenzeitlich übernimmt die Wasser-Bentonit-Suspension die Stützung des Tunnels.

Die Anwendungsbereiche des Horizontalspülverfahrens haben sich von der PEHD-Rohrverlegung erweitert zur grabenlosen Verlegung von duktilen Gussrohren mit zugfesten Steckmuffenverbindungen und von Stahlrohren für Druckrohrleitungen.

Gegenüber der Mikrotunneltechnologie wirken sich die deutlich geringeren Investitionskosten sowie die enorme Mobilität der Horizontalspülbohrsysteme vorteilhaft aus. Ein Nachteil liegt in der „Trägheit" der verwendeten Steuersysteme und der damit verbundenen größeren Ungenauigkeit sowie in den Anwendungsgrenzen des Systems vor allem bei kiesigen Böden.
Für Freispiegelleitungen sollte das Horizontalbohrverfahren trotz gelegentlicher Literaturhinweise keine Anwendung finden. Für Druckrohrleitungen bietet dieses System allerdings enorme Vorteile gegenüber dem deutlich aufwendigeren Mikrotunnelverfahren.

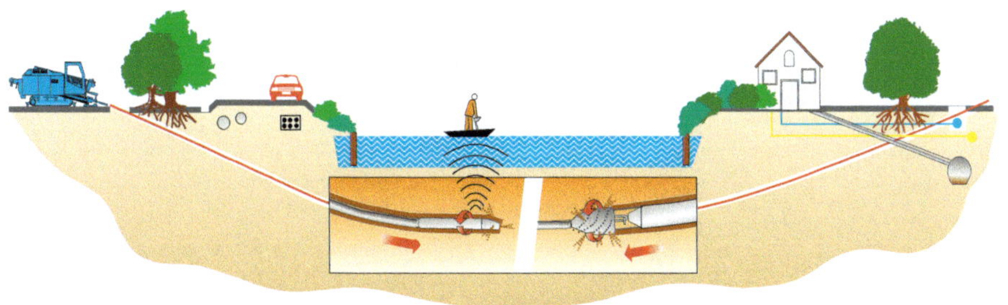

Bild 12.1: Horizontal Spülbohrsystem (Fa. Tracto Technik)

12.4.2 Mikrotunnelbau

12.4.2.1 Arbeitsweise von Mikrotunnelmaschinen

Die Entwicklung der gesteuerten Mikrotunnelsysteme hat seinen Ursprung in Japan, die grabenlosen Technologien haben in den letzten 20 Jahren eine sprunghafte Entwicklung gehabt. Kaum ein anderer Bereich in der Bauverfahrenstechnik hat in diesem Zeitraum so viele Innovationen aufzuweisen, und viele dieser Entwicklungen kommen aus Deutschland. Das Grundprinzip der Schild-Rohrvortriebssysteme für die Neuverlegung von Kanälen und Druckrohrleitungen im Nennweltenbereich DN 250 – 4000 ist gleich. Ein durch drei bis vier Hydraulikzylinder steuerbarer Stahlgelenkkopf baut mit einer Schürfscheibe den anstehenden Boden ab. Der gelöste Boden wird mit speziellen Förderschnecken abgefordert oder im Einlauftrichter mit Wasser bzw. Bentonit gemischt und abgepumpt. Die Lage des Kopfes wird bei gradlinigen Vortrieben durch das Auftreffen eines Laserleitstrahles auf einer, in der Regel elektronischen Zieltafel, ermittelt.

Zusätzlich geben Inklinometer (elektrische Neigungsmesser) Auskunft über das Gefälle und die Verrollung des Kopfes. Alle gemessenen Werte werden von einem Rechner registriert und auf einem Monitor sichtbar gemacht.

Der Maschinenfahrer kann eventuelle Abweichungen durch Steuerbewegungen des Stahlgelenkkopfes kompensieren.

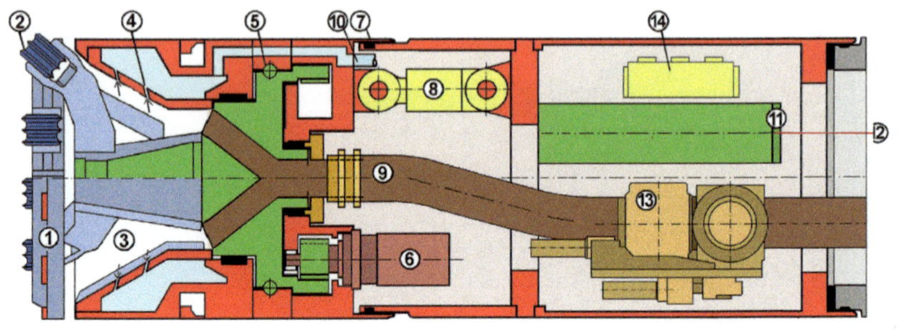

1. Schneidrad
2. Abbauwerkzeug
3. Brecherraum
4. Düsen
5. Hauptlager
6. Drehantrieb
7. Schildgelenkdichtung
8. Steuerzylinder
9. Förderleitung
10. Speiseleitung
11. Zieltafel
12. Laserstrahl
13. Bypass
14. Ventilblock

Bild 12.2: Mikrotunnelbau Schild-Rohrvortriebssystem (Fa. Herrenknecht)

Neben den bereits genannten Fördersystemen, der Schneckenförderung und der hydraulischen Förderung muss der Vollständigkeit halber noch die pneumatische Förderung aufgeführt werden. Da die Anwendung der pneumatischen Förderung deutlich aufwendiger ist als die beschriebenen Systeme wird sie vereinzelt bei bindigen, schwer separierbaren Böden eingesetzt, aber auch in Zukunft eher zu den Exoten unter den Fördersystemen gehören.

12.4.2.2 Mikrotunnelmaschinen mit Schneckenförderung

Bei der Schneckenförderung besteht die Möglichkeit die Schürfscheibe mit der Schnecke anzutreiben, d. h. auf einen zusätzlichen Antrieb im Kopf kann verzichtet werden. Diese Systeme sind unkomplizierter im Aufbau, für die Kompensation der Verrollung wird allerdings in der Regel eine steuerbare Verrollungsflosse benötigt, da durch die Neigung der Förderschnecke die Drehrichtung des Abbauwerkzeuges vorgegeben ist und die Verrollung über die Produktrohre nicht kompensieren kann. Die Anwendungsmöglichkeiten sind bei dem Schneckensystem eingeschränkt. Grenzen werden vor allem durch den Grundwasserstand sowie durch die möglichen Vortriebslängen gesetzt. Steinhindernisse können durch die geringen Drehmomente und die im Verhältnis zum Außendurchmesser kleinen Förderschnecken auch nur bedingt abgebaut bzw. abgefördert werden.

Das Grundwasser kann an der Ortsbrust durch Druckluftbeaufschlagung bedingt verdrängt werden. In Abhängigkeit von den Bodenverhältnissen und der Nennweite können Grundwasserstände von maximal 2 Metern bzw. Vortriebslängen von im Mittel 70 Metern beherrscht werden. Bei den unter 4.3 aufgeführten Pilotrohr-Vortriebssystemen werden zellradschleusenähnliche Konstruktionen eingesetzt, mit denen bereits auch etwas höhere Grundwasserstände mit der Schneckenförderung beherrscht werden können.

12.4.2.3 *Mikrotunnelmaschinen mit Spülforderung*

Die hydraulischen Systeme haben einen direkten Antrieb der Schürfscheibe im Steuerkopf. Der gelöste Boden wird im Kopf mit Wasser bzw. Bentonit gemischt und abgepumpt. Der Boden wird anschließend separiert, die Förderflüssigkeit geht wieder in den Kreislauf. Die Verrollungskompensation erfolgt über Rechts- bzw. Linksdrehung der Schürfscheibe.
Durch die Möglichkeit, das Fördermedium im Steuerkopf mit Überdruck zu fahren, kann jeder Grundwasserstand mit diesem System beherrscht werden. Nach dem Steuerkopf und einem Stahlnachlaufrohr folgen die Produktrohre, so dass nach dem Erreichen der Zielbaugrube nur noch Kopf, Nachläufer und die Versorgungs- und Förderleitungen demontiert werden müssen.

Bild 12.3: Steuerköpfe mit unterschiedlichen Abbauwerkzeugen (Foto: Hölterhoff)

Den erreichbaren Vortriebslängen werden bei der Spülforderung nur Grenzen durch die Mantelreibung und dem Laserleitstrahl gesetzt. Beim Mikrotunnelvortrieb mit kleinen Nennweiten sollten die Strecken nicht länger als 100 – 140 Meter sein. Bei größeren Nennweiten sind in Abhängigkeit von den Bodenverhältnissen, durch den Einsatz von Dehnerstationen zur Minimierung der Mantelreibung, auch deutlich größere Vortriebsstrecken möglich. Bei geraden Strecken kann der Laser mit einem Referenzmodul erweitert werden, zum Schutz gegen Refraktionen wird eine zusätzliche Schlauchwasserwaage für gerade Vortriebe bis zu 400 Metern, zur Ermittlung der vertikalen Abweichung, eingesetzt. Noch längere Strecken, Steigungen und Kurvenfahrten ermöglicht ein im Bohrkopf installierter nordsuchender Kreiselkompass, der keinen Sichtkontakt zum Referenzmodul im Startschacht benötigt.

12.4.2.4 Pipe-eating

Die erfolgreiche Entwicklung des Mikrotunnelbaues war die Veranlassung über die Modifizierung, der ursprünglich nur für den Neubau eingesetzten Vortriebssysteme, zum gesteuerten Überfahren schadhafter Kanäle, nachzudenken. Gegenüber der Sanierung bietet das Pipe-eating die Möglichkeit der Querschnittvergrößerung, der Lageoptimierung durch die exakte Steuerbarkeit sowie einer wesentlich längeren Lebensdauer der qualitativ hochwertigen Vortriebsrohre. Durch das Zerfräsen und Abfördern des alten Rohrmaterials ist außerdem ein exakt definiertes Auflager gewährleistet. Zeitgleich wurden 1986, sowohl in Berlin als auch in Hamburg, Mikrotunnelmaschinen modifiziert. Das Pipe-eating Verfahren ist durch das zwischenzeitliche Überpumpen von Hausanschlüssen und Vorflutkanälen allerdings sehr aufwendig.

12.4.3 Kombiniertes Horizontalspülbohr- / Mikrotunnelverfahren

Die Firma Herrenknecht konzipierte als erstes das sogenannte Direct Pipe Verfahren. Es kombiniert die Vorteile der etablierten grabenlosen Verfahren Mikrotunnelbau und Horizontalbohrtechnik (HDD). In einem einzigen, kontinuierlichen Arbeitsschritt werden die grabenlose Verlegung eines vorgefertigten Rohrstranges und die gleichzeitige Erstellung des hierfür erforderlichen Bohrlochs ermöglicht. Koppelzeiten von Rohren (Mikrotunnelbau) oder Bohrgestängen (HDD) entfallen bei diesem Verfahren, wodurch der grabenlose Einbau von Pipelines wesentlich vereinfacht wird. Wie beim Rohrvortrieb erfolgt der Bodenabbau mittels einer Mikrotunnel-Vortriebsmaschine. Sie fördert den Abraum über einen Spülkreislauf über Tage und ist steuerbar. Die Vermessung der Position entlang der vorgegebenen Bohrtrasse erfolgt gemäß den gängigen und bewährten Techniken des gesteuerten Rohrvortriebs. Die für das Einschieben der Rohrleitung erforderliche Kraft wird über eine Schubvorrichtung, dem so genannten Pipe Thruster, über einen variablen Klemmring auf den Rohrstrang übertragen. Für die notwendige Anpresskraft auf den Bohrkopf und die zu überwindende Mantelreibung stehen bis zu 500 t Schub- bzw. Zugkraft zur Verfügung. Im Gegensatz zum konventionellen Rohrvortrieb besteht bei diesem Verfahren die Rückzugsmöglichkeit der Vortriebsmaschine samt Rohrstrang durch den Pipe Thruster.

Bild 12.4: Kombiniertes Horizontalspülbohr- / Mikrotunnelverfahren (Firma Herrenknecht)

12.4.4 Pilotrohr-Vortrieb

12.4.4.1 Pilotrohr-Vortrieb mit Bodenverdrängung

In den letzten Jahren wurden die ursprünglich für die unterirdische Herstellung von Hausanschlusskanälen DN 150 konzipierten Vortriebssysteme, für den Bau von Sammelkanälen DN 200 und größer, erweitert.
Die wesentlich robusteren Maschinen können mit größeren Drehmomenten und höheren Pressenkräften Vortriebslängen von bis zu 100 Meter auffahren.
Die Systeme sind im Aufbau wesentlich einfacher als die bisher vorgestellten Anlagen, sie arbeiten in der Regel in drei Stufen:

1. *Stufe Pilotbohrung*

Die Pilotbohrung erfolgt im Verdrängungsverfahren. Der Kopf des Pilotgestänges ist beim Vortrieb über eine schräge Ebene steuerbar. Mit der Rotation des Gestänges kann die schiefe Ebene beim Vortrieb in jede Richtung gebracht werden. Durch ein Hohlgestänge kann die Lage des Kopfes mit einem Theodoliten mit einer speziellen Videooptik und einer
beleuchteten Zieltafel im Kopf jederzeit beobachtet werden.

2. *Stufe Aufweitungsstufe*

Nachdem die Pilotbohrung die Zielbaugrube erreicht hat, wird im Pressschacht das Aufweitungsrohr an das letzte Pilotgestänge angekoppelt. Im Gegensatz zur 1. Stufe wird der Boden beim Vortrieb des Aufweitungsrohres abgebaut und mit einer Schnecke in den Pressschacht gefördert. Das Pilotgestänge wird in der Zielbaugrube demontiert.

3. *Stufe Produktrohr*

Analog der 2. Stufe wird nun mit dem Produktrohr das Aufweitungsrohr in die Zielbaugrube geschoben und dort demontiert. Da das Aufweitungsrohr den gleichen Außendurchmesser wie das Produktrohr hat, braucht bei der dritten Stufe kein Boden mehr abgebaut zu werden.

Dieses dreistufige Verfahren hat im Kanalbau die in der Vergangenheit beim Mikrotunnelbau gängige Nennweite DN 250 weitestgehend durch die Nennweite DN 200 verdrängt. Mit aktiven Aufweitköpfen lassen sich aber auch Nennweiten bis zu DN 1400 realisieren. Zunehmend werden die Vorteile des Verfahrens aber auch für die Gas- und Wasserversorgung genutzt. Durch die relativ geringen Investitionskosten, in Verbindung mit kürzeren Rüstzeiten, gegenüber der herkömmlichen Mikrotunneltechnologie, ist die Anwendung dieser Mikrotunnelvariante auch für kürzere Vortriebsstrecken interessant.

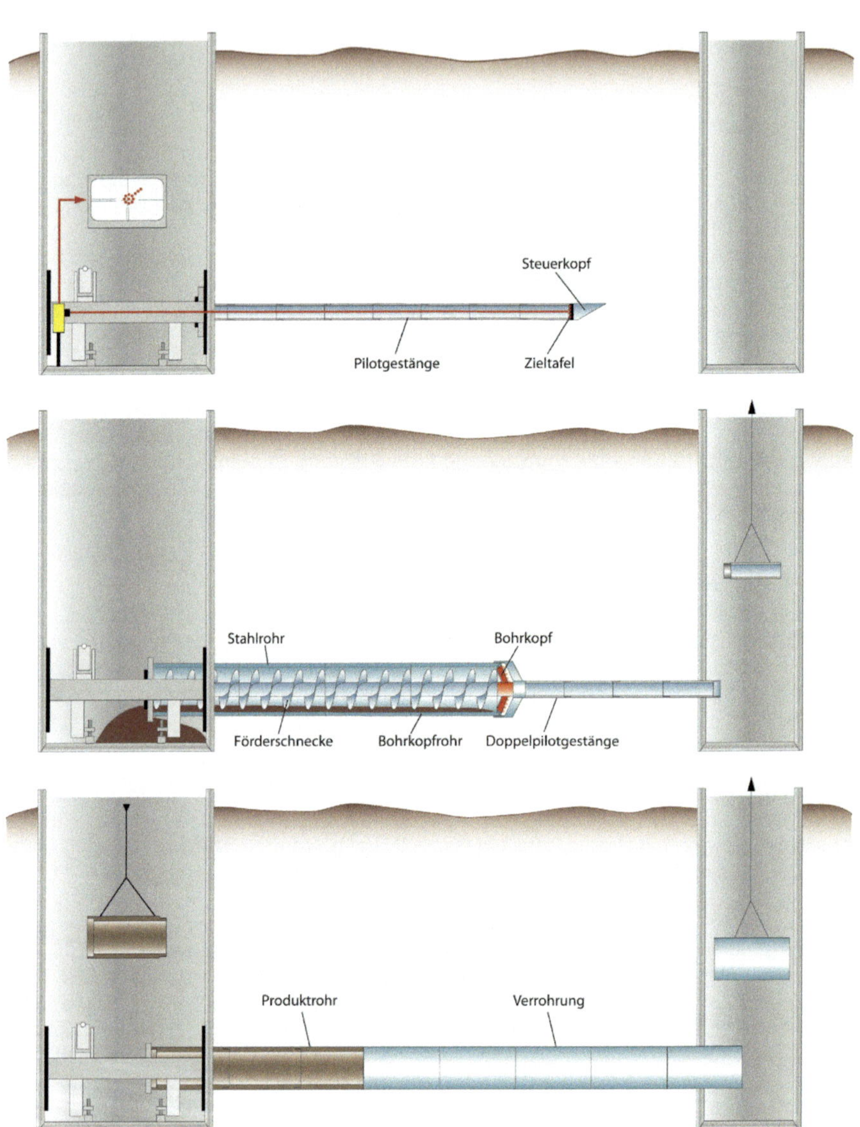

Bild 12.5: Dreistufiges Verfahren (Firma Bohrtec)

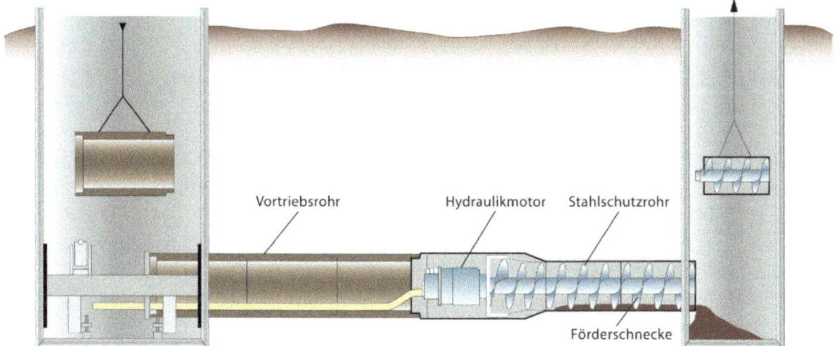

Bild 12.6: Aufweitung mit aktiver Aufweitstufe (Firma Bohrtec)

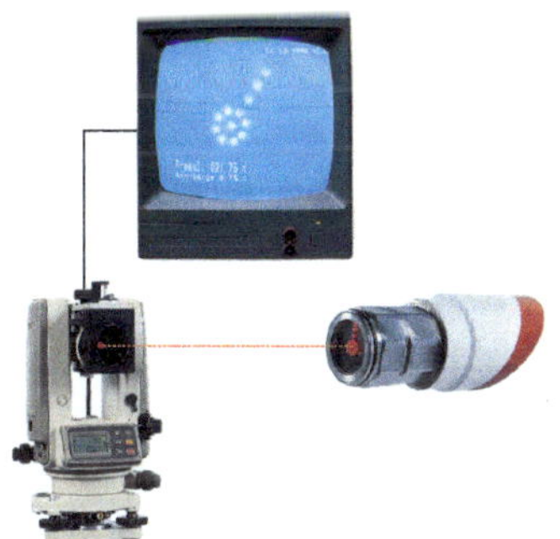

Bild 12.7: Steuerelemente (Theodolit, Monitor, Steuerkopf – Fa. Bohrtec)

Bild 12.8: Aktive Aufweitstufe Firma Bohrtec (Foto: Hölterhoff)

12.4.4.2 *Pilotrohr-Vortrieb mit Bodenentnahme*

Eine Weiterentwicklung des Pilotrohrvortriebes speziell für schwierigere, nicht verdrängbare, dicht gelagerte Böden bis zum Fels, ist das so genannte Front-Steer-Verfahren der Firma Bohrtec. Das System arbeitet ebenso mit einem optischen Vermessungssystem bestehend aus Theodolit mit CCD-Kamera, Monitor und LED-Zieltafel. Das Abbauwerkzeug baut den Boden/Fels durch Rotation kontinuierlich ab, mittels Hohlbohrschnecken mit optischer Gasse wird der Abtransport durch Stahlschutzrohre, in den Pressschacht gewährleistet. Das Steuerrohr nutzt die Bodenreaktionskraft zur Steuerung. Über ein Bedien- und Steuerpult, das die jeweilige Steuerposition des Kopfes anzeigt, können wahlweise im Hand- oder Automatikbetrieb Steuerbewegungen vorgenommen werden, indem das Steuerrohr räumlich verwinkelt wird.

Wenn der Steuerkopf die Zielbaugrube erreicht hat, werden die Produktrohre nachgeschoben und dabei die Stahlschutzrohre mit den Hohlbohrschnecken in der Zielbaugrube ausgebaut. Das Verfahren steht zur Zeit für den Nennweitenbereich DN 300 bis DN 800 zur Verfügung.

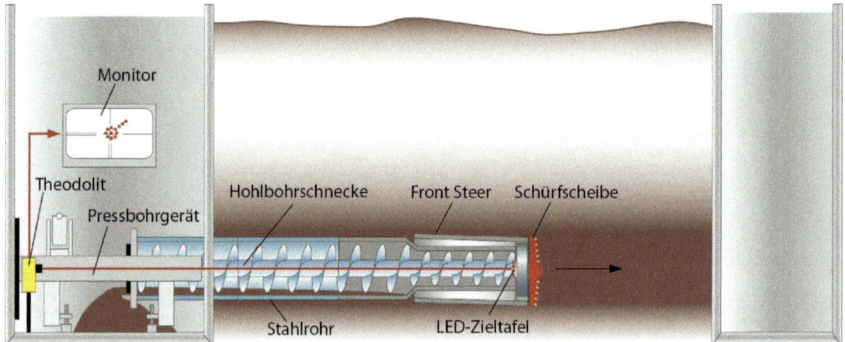

Bild 12.9: Pilotrohr-Vortrieb mit Bodenentnahme Firma Bohrtec

Bild 12.10: Front Steer Bohrkopf Firma Bohrtec

Die beschriebene Maschine kann eingesetzt werden in nicht verdrängbaren Böden mit dichter Lagerung bis hin zu leichtem Fels mit bis zu 40 MPa. In Kombination mit einem pneumatisch angetriebenen Imlochhammer (Bild 12.11) kann mit einem modifiziertem Bohrkopf Fels mit bis zu 250 MPa abgebaut werden. Der minimale Außendurchmesser des Bohrkopfes beträgt 324 mm.

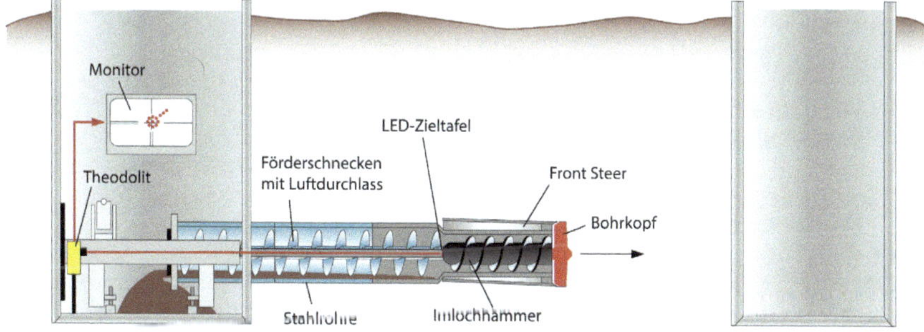

Bild 12.11: Front Steer Bohrkopf mit Imlochhammer (Firma Bohrtec)

Bild 12.12: Felsbohrkopf mit integriertem Imlochhammer (Firma Bohrtec)

12.5 Ausblick

Der gesteuerte Rohrvortrieb gehört zwischenzeitlich weltweit zu den Standardbauverfahren im Kanal- und Rohrleitungsbau, wobei hier vor allem die Mikrotunnelmaschinen mit Spülförderung und die Pilotrohrvortriebe dominieren.

Wegen der größeren Verlegetiefe werden hauptsächlich Freispiegelleitungen mit diesen Verfahren gebaut.
In Deutschland werden rund 5 % aller neu gebauten Kanäle grabenlos erstellt, einzelne Netzbetreiber, wie z.B. die Berliner Wasserbetriebe haben in den letzten Jahren mehr als 50 % ihrer Kanäle mit dieser Bauweise realisiert.

Der gesteuerte Mikrotunnelvortrieb hat durch die weiterentwickelten Pilotrohr-Vortriebe eine wesentliche Bereicherung erfahren.

Im Gegensatz zu den sehr aufwendigen und kostspieligen konventionellen Mikrotunnelbohranlagen steht mit der weiterentwickelten Technologie eine sehr einfache und wirtschaftliche Alternative zur Verfügung. Diese Technik kann sich sicherlich nicht mit den Leistungen konventioneller Mikrotunnelbohranlagen messen, bei hohen Grundwasserständen bzw. langen Vortriebsstrecken werden nach wie vor Systeme mit Spülforderung und Laser- beziehungsweise Kreiselkompass Steuerung zum Einsatz kommen.

Die Pilotrohr-Verfahrenstechnik für die Verlegung von Dimensionen im Bereich DN 200 bis DN 1400 lässt sich aber in einer Vielzahl von Anwendungsfällen einsetzen und braucht hier den wirtschaftlichen Vergleich zur offenen Bauweise nicht scheuen.

Für den grabenlosen Durckrohrleitungsneubau stehen zahlreiche unterschiedliche Vortriebsverfahren zur Verfügung. Die Wahl des jeweils geeigneten Verfahrens wird durch technische und wirtschaftliche Gesichtspunkte vorgegeben. Nicht steuerbare Verfahren können durch die relativ geringen Investitionskosten vor allem bei kurzen Vortriebsstrecken kostengünstig angeboten werden. Bei den gesteuerten Verfahren wirkt sich bei dem Horizontalspülbohrverfahren, neben dem gegenüber der Mikrotunneltechnologie annähernd um die Hälfte geringeren Investitionskosten, vor allem die enorme Mobilität dieser Systeme aus. Die Nachteile solcher Systeme liegen in der wesentlich ungenaueren Steuerung, wodurch es zu ungewollten „Schlangenlinien" des Rohrstranges kommen kann. Die kleineren mobilen Systeme haben im Vergleich zu den Presskräften der eingesetzten Mikrotunnelmaschine von 120 – 160 Tonnen nur Zugkräfte von 10 – 20 Tonnen zur Verfügung. Großbohranlagen mit vergleichbaren Zugkräften haben eine bedeutend größeren Platzbedarf und lange Anfahrstrecken bedingt durch den relativ großen Biegeradius der Bohrgestänge.

Mikrotunnel- und auch Pilotrohrvortriebsverfahren haben daher beim Bau von Druckrohrleitungen durchaus auch ihre Berechtigung. Vor allem bei schwierigen Bodenverhältnissen, langen Vortriebsstrecken und größeren Nennweiten ist es in Ballungsgebieten oftmals wirtschaftlicher, eine Mikrotunnelmaschine einzusetzen.

Es steht vor allem im Grenzbereich zwischen ungesteuerten Durchörterungen auf kurzen Längen und Vortrieben über lange Strecken im Grundwasser mit Mikrotunnelverfahren, mit dem Pilotrohrvortrieb ein Verfahren zur Verfügung, welches nicht nur technische sondern vor allem wirtschaftliche Vorteile bietet.

13 Spritzbetontechnologie Stand der Technik

Klaus Eichler

13.1 Einleitung

Beim Auffahren von unterirdischen Hohlräumen ist nach dem Ausbruch der Spritzbeton als Erstsicherung zu einem unverzichtbaren Baustoff geworden. In Verbindung mit Ankern, Stahlbögen und Bewehrungsmatten ist Spritzbeton als integrierter Bestandteil der Philosophie der „Neuen Österreichischen Tunnelbaumethode" (NÖT) zu sehen; in dieser Betrachtungsweise wird vielerorts auch von der Spritzbetonbauweise gesprochen. Dabei muss der Spritzbeton schnelle und hohe Frühfestigkeiten aufweisen, es müssen zielsicher geforderte Endfestigkeiten erreicht werden und darüber hinaus werden Anforderungen an dichte Gefüge, an hohe Widerstandsfähigkeit und Dauerhaftigkeit u.a. gestellt.

In der Vergangenheit wurde zum Schutz der Menschen, die die Tunnel bergmännisch auffahren, primär auf Frühfestigkeiten geachtet. Diese wurden unter Verwendung von Normenzementen und verschiedenen Beschleunigerarten i.d.R. auch erreicht, oft ungeachtet der unterschiedlich hohen Dosiermengen und der damit verbundenen schwankenden Spritzbetongüten und -endfestigkeiten.

So wurde bei diversen Tunnelbaumaßnahmen nach kurzer Zeit der Inbetriebnahme Auslaugungserscheinungen der Spritzbetonaußenschale, verursacht durch anstehendes Bergwasser, festgestellt. Diese Auslaugungen traten als u.a. Calciumcarbonatausfällungen in den Drainagen offen zu Tage und führten teilweise zu Verstopfungen dergleichen.

Darüber hinaus konnten erhöhte Alkali-Ionen Konzentrationen (Na, Ka) aus den zum Einsatz gekommenen alkalihaltigen Erstarrungsbeschleunigern festgestellt werden. Hierin sehen einige Ökologen ein mögliches Verunreinigungspotential des Grundwassers und im Zuge der allgemeinen Sensibilität gegenüber Baustoffen und Bauverfahren wurde u.a. auch beim Spritzbeton der Ruf nach Umweltverträglichkeit immer lauter. Daneben wird von Seiten der TBG im Zuge des Gesundheitsschutzes für die Beschleunigertypen eine deutliche Reduzierung der Alkalität (pH-Wert < 11. 5) gefordert.

Ziel der künftigen Spritzbetonbauweise muss sein, oben genannte und weitere Begleiterscheinungen auf ein umweltverträgliches Maß zu minimieren; dies bedeutet, dass neben rein bautechnischen Eigenschaften auch umweltrelevante Eigenschaften nachzuweisen sind.

Die bautechnischen Anforderungen betreffen die Festigkeit, die Festigkeitsentwicklung, das Schwinden und Kriechen, den E-Modul, die Dichtigkeit u.a.; sie ergeben sich aus der Gebirgsgeologie, dem Vortriebsverfahren sowie aus der Aufgabenstellung an die Spritzbetonschale.

Die umweltrelevanten Anforderungen ergeben sich aus der Ökologie, des Ressourcenerhalts und des Arbeitsschutzes; Parameter sind bei der ökologischen Bewertung die Entsorgung von Tunnelausbruch und von Spritzbetonrückprall (Transport und Lagern), das Eluationsverhalten von Spritzbetonrückprall und von der eigentlichen Spritzbetonschale, beim Ressourcenerhalt ist die Verwertung des Ausbruchmaterials (vgl. Wirtschaftskreislaufgesetz) und der damit verbundenen Schonung wertvollen Deponieraums von Bedeutung und zuletzt sind im Rahmen der Humanisierung der Arbeitsbedingungen bei der Arbeitshygiene die Alkalität der Werkstoffe, das Staub- und Aerosolverhalten sowie das „Flugverhalten" von Rückprallmaterial und die anfallende Rückprallmenge selbst in Abhängigkeit des Arbeitsplatzstandortes kritisch zu bewerten und zu überdenken.

Moderner, umweltgerechter Spritzbeton beinhaltet folglich die verbesserten, umweltverträglichen Eigenschaften von Spritzbeton bzgl. den Arbeitsbedingungen und des Umweltbelastungspotentials beim Bau und Betrieb von Spritzbetonbauteilen, insbesondere von Spritzbetonschalen im Tunnelbau; d.h. bezüglich Umweltverträglichkeit und ökologischer Nachhaltigkeit muss Spritzbeton vergleichbare Eigenschaften wie Normalbeton aufweisen, ohne die geforderten bautechnischen Eigenschaften ungünstig zu beeinflussen.

Da bisher primär die Bautechnik (Anforderungen und Eigenschaften) im Vordergrund stand, besteht Klarheit was die einzelnen Parameter betrifft (vgl. DIN 18551, Österreichische Spritzbetonrichtlinie u.a.); das gleiche gilt für die Prüfmethoden und die Prüftechnik. Anders sieht es im Bereich der umweltrelevanten Parameter aus; diesbezüglich gibt es keine Norm oder Richtlinie, wohl aber einzelne Empfehlungen und Vorschriften.

Auf das veränderte Anforderungsprofil der künftigen Spritzbetonbauweise haben u.a. die neuen Bindemittel- und Beschleunigereigenschaften sowie die Weiterentwicklungen in der klassischen Betontechnologie nebst der damit zumindest teilweise neuen Verfahrenstechnik einen wesentlichen Einfluss, worüber im Folgenden berichtet wird.

13.2 Begriffsbestimmung „Spritzbeton"

Der Begriff „Spritzbeton" steht für einen Baustoff, ein Betonierverfahren und eine Bauart. Als Baustoff ist Spritzbeton in aller Regel ein Normalbeton im Sinne der DIN 1045 / DIN EN 206 bzw. ÖNORM B 4200, der sich lediglich durch das Herstellverfahren (Spritzverfahren anstelle des Zentralmischverfahrens) vom üblichen Frischbeton unterscheidet.

Unter dem Betonierverfahren versteht man die Förderung von Beton (trocken oder nass) in einer geschlossenen, druckfesten Schlauch- oder Rohrleitung zur Spritzdüse, um anschließend durch den eigentlichen Spritzvorgang appliziert und verdichtet zu werden.

Die Bauart Spritzbeton kann u. a. als große Flächenausdehnung, stufenloser Wechsel verschiedener Auftragsstärken innerhalb von Flächen, an geometrische Vorgaben nicht gebunden, gute Haftungseigenschaften an Untergründen und als selbstverdichtend dargestellt werden.

Die DIN 18551 definiert Spritzbeton als einen Beton, der in einer geschlossenen, überdruckfesten Schlauch- oder Rohrleitung zur Einbaustelle gefördert und dort durch Spritzen aufgetragen und dabei verdichtet wird [40]. Spritzbeton ist im Sinne dieser Norm die Differenz aus dem Spritzgemisch und dem Rückprall; unter dem Begriff Spritzgemisch ist jenes Gemisch zu verstehen, das die Spritzdüse verlässt. Des- weiteren wird zwischen Spritzbeton und Spritzmörtel differenziert; der Unterschied beruht in der Begrenzung des Größtkorns, d.h. Spritzmörtel weist ein Größtkorn von max. 4mm bei Rundkorn und von max. 5mm bei gebrochenem Zuschlag auf.

Die Österreichische Spritzbetonrichtlinie beschreibt Spritzbeton (SpB) als einen Beton, der durch Spritzen mit hoher Auftreffgeschwindigkeit aufgetragen und bei diesem Vorgang verdichtet wird [30].

13.3 Bindemitteltechnologie

Unter der Bindemitteltechnologie wird hier das Zusammenwirken von Erstarrungsbeschleuniger und Zement sowie der daraus resultierenden Erstarrungs- und Erhärtungskinetik nebst deren Beeinflussung verstanden; gleichermaßen gilt dies auch für die Spritzbetonzemente, bei denen gezielt in die Kinetik eingegriffen wird [10] und deren Vorteil im gänzlichen Verzicht von Erstarrungsbeschleunigern liegt.

Um die Wirkungsweisen der neuentwickelten alkalifreien Erstarrungsbeschleuniger sowie der Spritzbetonzemente und deren Auswirkungen auf die Spritzbetoneigenschaften besser darstellen zu können, werden vorab einige Grundlagen aus den komplexen Vorgängen, die bislang nur grob erforscht sind, beschrieben.

13.3.1 Zusatzmittel

Bestimmte Spritzbetoneigenschaften (Erstarrungs- und Erhärtungsverhalten, Pumpfähigkeit u.a.) können durch Zusatzmittel gezielt verändert werden; dabei können Materialeigenschaften des Frisch- oder Festbetons und/oder verfahrensbedingte Eigenschaften des Herstellungs- bzw. Förderprozesses im Interesse der Beeinflussung liegen.

13.3.1.1 Beschleuniger

Primär kommen beim Spritzbeton im Tunnelvortrieb, unabhängig vom Spritzverfahren, i.a. Erstarrungsbeschleuniger (BE) zum Einsatz; daneben gibt es Erhärtungsbeschleuniger, die die Entwicklung der Frühfestigkeit von Beton beschleunigen, mit oder ohne Einfluss auf die Erstarrungszeit.

Mit Ausnahme bei Trockenbeton, bei dem bereits ein pulverförmiger BE im Bereitstellungsgemisch untergemischt sein kann, kommen flüssige BE-Mittel zum Einsatz. Sie müssen i.d.R. ein gültiges Prüfzeichen des Institutes für Bautechnik, Berlin, haben; bei Verwendung der Produkte ist in jedem Fall unter Baustellenbedingungen eine Eignungsprüfung durchzuführen, um die Eigenschaften und Wirkungsweise dergleichen zu kennen. Als Wirkstoffe der Erstarrungsbeschleuniger werden i.d.R. wasserlösliche Salze der Alkalimetalle verwendet; am bekanntesten sind die Chloride, Silikate, Karbonate und Aluminate.

Als Silikate werden sogenannte „Wassergläser" eingesetzt, die üblicherweise als Natrium- oder Kaliumsalze vorliegen. Sie sind wasserlöslich und bestehen aus dem Kieselsäureanteil (SiO_2) und dem Alkalianteil (Me_2O). Je niedriger das Molverhältnis SiO_2:Me_2O ist, desto alkalischer sind die entsprechenden Alkalisilikate.

Carbonate kommen in Form von Soda (Natriumcarbonat) oder Pottasche (Kaliumcarbonat) zum Einsatz. Als Aluminate werden überwiegend Natrium- oder Kaliumaluminate eingesetzt, die infolge ihres hohen pH-Wertes ätzend auf Haut und Schleimhäute wirken.

Für Stahlbetonbauteile scheiden die Chloride (z.B. Calciumchlorid) wegen ihrer Korrosionsgefahr für die Armierungen aus; ebenso scheiden die Alkalisilikate (Wasserglas), die wie die Chloride hoch dosiert werden müssen (>20 M%), aufgrund ihres enormen Festigkeitsabfalls in der Endfestigkeit im Vergleich zum Nullspritzbeton für dauerhafte Spritzbetonschalen aus.

Stand der Anwendungen sind Alkalialuminate (Na, Ka) allein oder in Kombination mit Hydroxiden und/oder Carbonaten. Im Zuge des umweltverträglichen Spritzbetons sind insbesondere diese Produkte aufgrund ihrer Alkalität (ätzend) bzgl. der Arbeitssicherheit und ihrer auslaugfähigen Alkalien bzgl. des Grundwassers in die Schlagzeilen geraten. Mittlerweile sind diese Produkte in Deutschland, der Schweiz und in Österreich von den Baustellen verbannt.

Die neue Generation von alkalifreien Beschleunigern begann mit pulverförmigen Produkten auf Basis amorphem Aluminiumoxid/-hydroxid (pH-Wert 3 – 5); Weiterentwicklungen dieser Produkte zu einer Suspension (pH-Wert 5 – 6) sind mittlerweile Stand der Technik. Eine zweite Rohstoffbasis ist Aluminiumsulfat, das in Abhängigkeit vom Kristallwassergehalt eine unterschiedliche Wasserlöslichkeit aufweist und als Pulver, als Lösung oder wässrige Dispersion, letzteres ist die häufigste Anwendungsform, eingesetzt wird.

13.3.1.2 Fließmittel

Für das zielsichere Erreichen bestimmter physikalischer und chemischer Eigenschaften des Frisch- und Festbetons, insbesondere bei Anwendung des Nassspritzbetonverfahrens, ist die Verwendung sogenannter wasserreduzierender Zusatzmittel (Fließmittel) unabdingbar. Fließmittel sind polymere Moleküle mit einer negativen Ladungsdichte am Polymer. Die Bausteine dieser Makromoleküle können sehr unterschiedlich sein.

Als Rohstoffe spielen in der modernen Betontechnologie Ligninsulfonate, Naphthalinsulfonate, Melaminsulfonate, Polyacrylate und seit wenigen Jahren diverse Polycarboxylatverbindungen eine Rolle. Die Molekülstruktur bzw. die Bausteine der wichtigsten Fließmitteltypen zeigt Bild 13.1 [37].

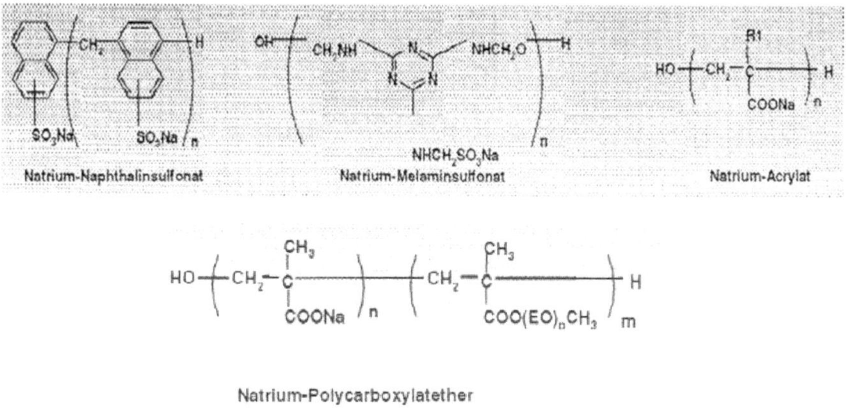

Natrium-Naphthalinsulfonat Natrium-Melaminsulfonat Natrium-Acrylat

Natrium-Polycarboxylatether

Bild 13.1: Molekülstruktur von Fließmitteln [37]

Chemisch gesehen sind diese Fließmittel-Rohstoffe wasserlösliche organische Polyelektrolyte, die zur Kategorie der polymere Dispergiermittel gezählt werden können.

Lignin ist ein komplexer, hochpolymerer Naturstoff, der zusammen mit Cellulose den Hauptbestandteil des Holzes bildet und durch Hydrolyse und Sulfonierung von der Cellulose getrennt wird, weshalb man die entstehenden Ligninsulfonate auch als modifizierte Naturprodukte ansehen kann.

Naphthalin entsteht während der trockenen Destillation der Steinkohle infolge einer Zersetzungsreaktion. Durch das Sulfonieren von Naphthalin und der Umsetzung mit Formalin (Formaldehyd) erhält man sulfoniertes Naphthalin (Kondensationsprodukt).

Bei den Melaminsulfonaten handelt es sich um sulfitmodifizierte Melamin-Formalin-Kondensationsprodukte, die i.a. eine gute Zementverträglichkeit – moderate Performances - aufweisen.

Bei den Polycarboxylaten werden in der Regel die Natriumsalze der entsprechenden Formen eingesetzt; diese leiten sich von organischen Carbonsäuren ab. Üblicherweise sind dies Acrylate, Maleinate und diverse hiervon abgeleitete Derivate mit Polyglycolethern bzw. Polymerisationsprodukten mit Styrol u.a. Der Aufbau eines solchen Polycarboxylatethers ist in Bild 13.2 schematisch dargestellt.

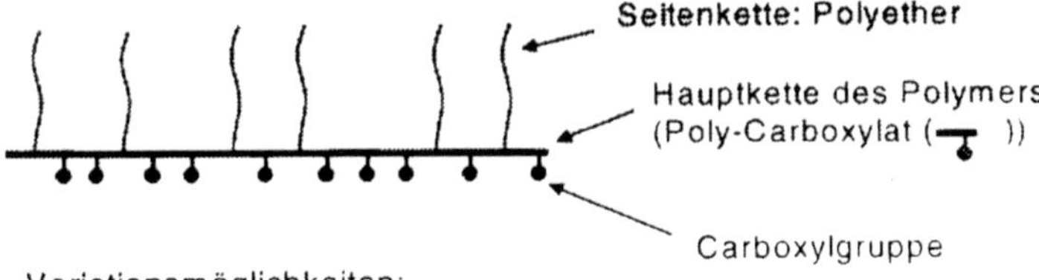

Variationsmöglichkeiten:

- Länge der Hauptkette
- Verhältnis Carboxylgruppen / Polyetherketten
- Länge der Polyetherketten

Bild 13.2: Schematischer Aufbau der Polycarboxylatether [37]

Um die Wirkungsweise von Fließmitteln im Zementleim bzw. im Frischbeton zu verstehen, ist es sinnvoll zunächst das Verhalten von Zement und Wasser zu betrachten. Zementpartikel sind feine, unregelmäßige Körnchen, in deren Kristallgitter auf der Oberfläche positive und negative Ladungsträger sitzen. Über die geladenen Stellen richten sich die Einzelkörnchen aus, um größere Agglomerate zu bilden. Dies führt zu dreidimensionalen Gebilden in denen Wasser eingeschlossen ist und das somit nicht mehr für eine Verbesserung der Konsistenz zur Verfügung steht. Die eigentliche Wirkung von Fließmitteln besteht nun darin, durch Anlagerung (Adsorption) auf der Zementkornoberfläche die agglomerierten Zementpartikel aufzutrennen und die dispergierten Teilchen zu stabilisieren (Bild 13.3). Das zunächst eingeschlossene Wasser wird wieder frei und steht somit der Konsistenzverbesserung zur Verfügung oder kann eingespart werden, wenn die Verarbeitbarkeit ausreichend ist.

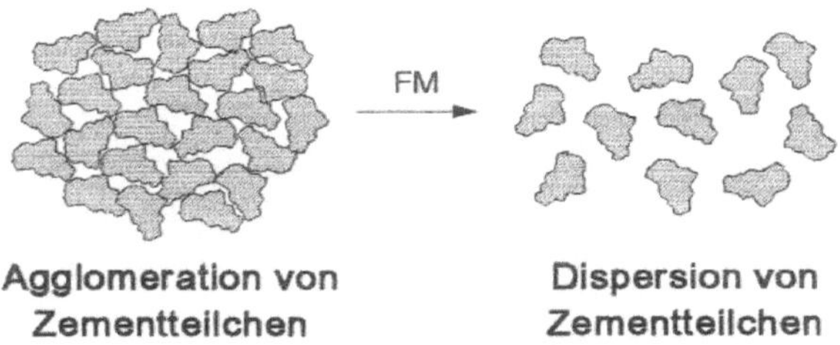

Bild 13.3: Zementkornagglomeration (schematisch) bei Anwesenheit von Wasser

Bei diesem Wirkungsmechanismus kommt dem molekularen Aufbau des Fließmittels eine zentrale Bedeutung zu. Zunächst muss die Ladung des Fließmittels so abgestimmt sein, dass das Fließmittelmolekül an den positiv geladenen Stellen des Zementkorns sich anlagern kann, anschließend muss das erneute Agglomerieren der Zementpartikel verhindert werden (stabilisierende Wirkung). Die Mechanismen der Stabilisierung von Dispersionen sind die sterische, elktrostatische und elektrosterische Stabilisierung.

Die sterische Stabilisierung erhält man durch Adsorption von ungeladenen Polymeren an den einzelnen Partikeln. Bei gegenseitiger Annäherung der Partikel wird die freie Drehbarkeit der Ketten eingeschränkt und dies führt zu einer Abnahme der Entropie und damit zur entropischen Stabilisierung (Bild 13.4).

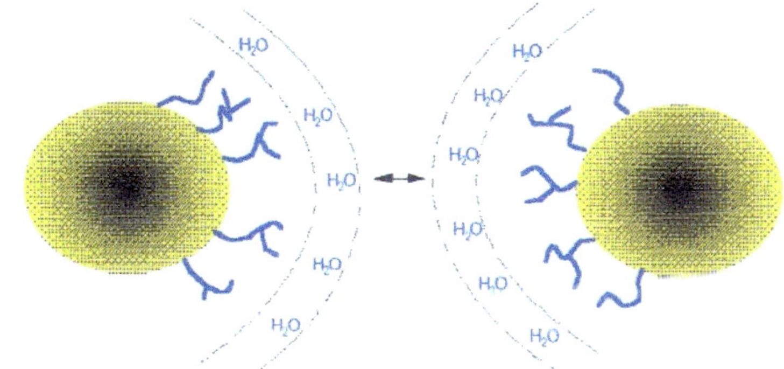

Bild 13.4: Sterische Stabilisierung (schematisch)

Bei der elektrostatischen Stabilisierung werden Polymere mit negativen Seitengruppen adsorbiert. Dadurch kommt es zu einer negativen Oberflächenladung und zu einer verstärkten Abstoßung der Partikel (Bild 13.5).

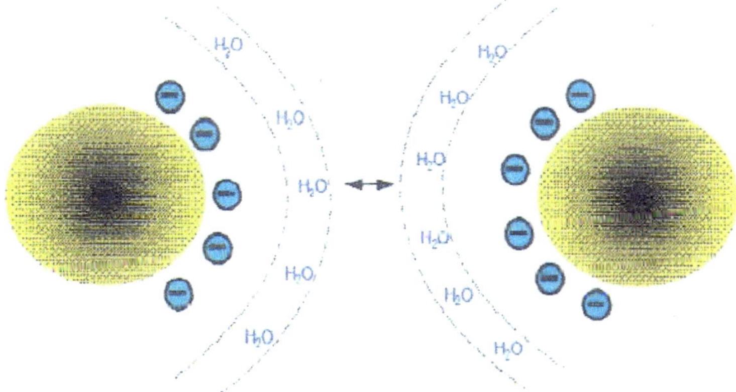

Bild 13.5: Elektrostatische Stabilisierung (schematisch)

Die elektrosterische Stabilisierung ist eine Kombination von sterischer und elektrostatischer Stabilisierung; die Belegung der Partikel erfolgt mit Polymeren, die gleichzeitig negative und sterisch anspruchsvolle Seitengruppen im Molekül enthalten. Dies führt zu einem deutlich geringerem Dispergiermittelbedarf (Bild 13.6).

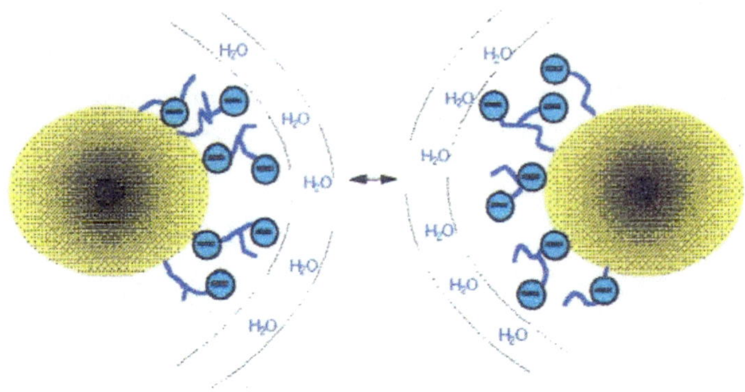

Bild 13.6: Elektrosterische Stabilisierung (schematisch)

Entsprechend dieser Erkenntnisse kann die Wirkungsweise der unterschiedlichen Wirkungsbasen auf den Konsistenzverlauf von Frischbeton qualitativ wie folgt wiedergegeben werden (Bild 13.7).

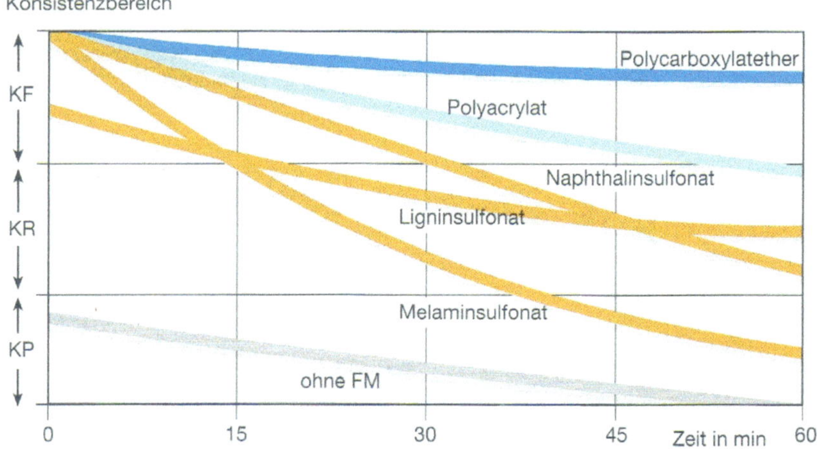

Bild 13.7: Einfluss der Wirkstoffbasis von FM auf den Konsistenzverlauf von Beton [38]

Im Bild 13.8 sind weitere typische Unterschiede der verschiedenen Wirkstoffbasen, hier im speziellen bei gleichem Ausbreitmaß, bzgl. der Wirksamkeit im Frischbeton und der Kapillarporosität im Festbeton, gegenübergestellt [39]. Bedingt durch die hohe Wassereinsparung im Frischbeton ergibt sich eine signifikante Reduktion der Kapillarporosität im Festbeton.

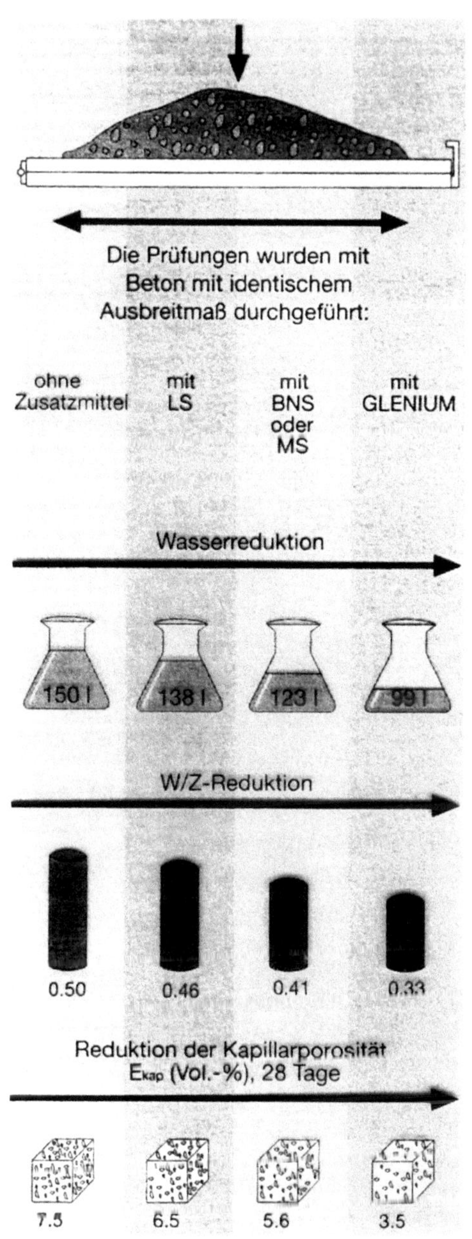

Bild 13.8: Einfluss der Wirkstoffbasis von FM auf den Wasseranspruch von Beton [37]

13.3.2 Bindemittel

Grundsätzlich dürfen alle Zemente nach DIN EN 197 / DIN 1164 sowie alle bauaufsichtlich zugelassenen Zemente verwendet werden. Bedingt durch die gestellten Anforderungen z.B. im Felshohlraum- und Bergbau bei Wasserandrang, schlechtem Gebirge und Einwirkung von Sprengerschütterungen auf jungen Beton, sind besonders schnell erstarrende und erhärtende Bindemittelvarianten gefragt; aus diesem Grund kommen i.a. Portlandzemente zum Einsatz [2].

Portlandzement besteht primär aus den vier Klinkerphasen [3]

Tricalciumsilikat	$3\,CaO \cdot SiO_2$	C_3S	45 – 80 M%
Dicalciumsilikat	$2\,CaO \cdot SiO_2$	C_2S	5 – 32 M%
Tricalciumaluminat	$3\,CaO \cdot Al_2O_3$	C_3A	7 – 15 M%
Tetracalciumaluminatferrit	$4\,CaO \cdot Al_2O_3 \cdot Fe_2O_3$	C_4AF	4 – 14 M%
sowie			
Calciumsulfat (DH, HH, AH)	$CaSO_4 \cdot n \cdot H_2O$	CS	3 – 4,5 M%

als Erstarrungsregler. Durch die Optimierung des Sulfatträgers kann erreicht werden, dass ein Zement – in Abhängigkeit seiner Klinkerkinetik – gutmütig und zuverlässig mit allen Beschleunigertypen reagiert, unabhängig vom Spritzverfahren.

Spritzbetonzemente sind i.d.R. hydraulische Bindemittel auf der Basis Portlandzement-Klinker; sie haben vom Institut für Bautechnik eine für den Anwendungsfall Spritzbeton ausgesprochene Einzelzulassung. Es werden 2 Typen von Spritzbetonzementen [1] unterschieden: Typ LSC (Low Sulfat Content) wird ausschließlich über den Sulfatgehalt gesteuert und weist einen Sulfatgehalt i.a. zwischen 0,5 und 1,0 M% auf und Typ MSC (Medium Sulfat Content) dessen Festigkeitskinetik bei einem Sulfatgehalt von 1,0 – 2,5 M% ggf. durch Zugabe von beschleunigend wirkenden Additiven wie Feinstzement, Alkalien u.a. beeinflusst wird. Im Vergleich hierzu gehört ein Normenzement zur Kategorie Typ HSC (High Sulfat Content) mit einem Sulfatgehalt von i.d.R. 3,0 – 4,0 M%.

13.3.2.1 Portlandzement

Die Hydratation von Portlandzement beruht auf einem komplexen System von chemischen Reaktionen zwischen den einzelnen Klinkerphasen und dem Anmachwasser. Die dabei sofort mit dem Wasser reagierende Oberflächenschicht der einzelnen Zementkörner verwandelt dieses in eine gesättigte bis übersättigte Kalkhydratlösung mit einem pH-Wert über 12, aus der dann Hydratationsprodukte auskristallisieren [4, 5].

Die teilweise gleichzeitig und teilweise aufeinanderfolgend ablaufende Umwandlung des Klinkers in Hydrate erschwert genaue Studien der stattfindenden Reaktionen und deshalb wird vielfach die Hydratation an den einzelnen Klinkerphasen untersucht. Dabei zeigt sich jedoch, dass die Ergebnisse nicht direkt auf die Hydratation von Zement übertragen werden können, weil die chemische Zusammensetzung der einzelnen Hydratationsprodukte und die Struktur durch eine gegenseitige Beeinflussung der einzelnen Komponenten gestört wird [6, 7].

Die Hydratationsgeschwindigkeiten der Klinkerphasen lassen sich qualitativ wie folgt ordnen:

$$C_3A > C_3S > C_4AF > C_2S$$

wobei das C_3A bzgl. des Erstarrens und C_3S bzgl. des Erhärtens jeweils eine Schlüsselfunktion einnehmen.

13.3.2.1.1 Hydratation der Calciumsilikate

Bei der Hydratation der beiden Calciumsilikate C_3S und C_2S werden nadel- oder leistenförmige, wahrscheinlich aus aufgerollten Folien bestehende Calciumsilikathydrate (CSH), die kalkärmer als die wasserfreien Ausgangsprodukte sind und Calciumhydroxid $Ca(OH)_2$ gebildet, das eine gesättigte bis übersättigte Calciumhydroxidlösung bewirkt

$$2\,(3\,CaO \cdot SiO_2) + 6\,H_2O \Rightarrow 3\,CaO \cdot 2\,SiO_2 \cdot 3\,H_2O + 3\,Ca(OH)_2$$
$$2\,(2\,CaO \cdot SiO_2) + 4\,H_2O \Rightarrow 3\,CaO \cdot 2\,SiO_2 \cdot 3\,H_2O + Ca(OH)_2$$

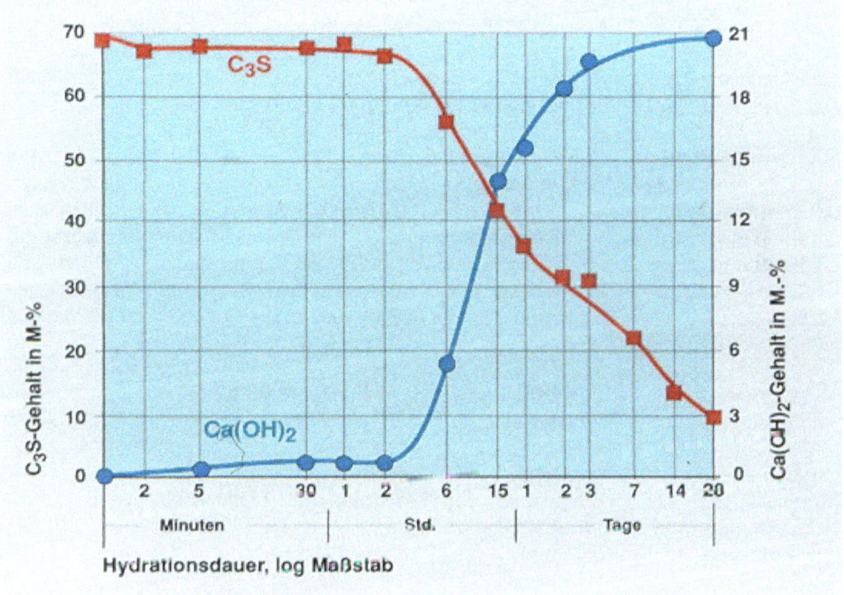

Bild 13.9: Änderung des Gehaltes an C_3S und $Ca(OH)_2$ mit zunehmender Hydratationsdauer [5]

Dabei unterscheiden sich die beiden Klinkerphasen in der Reaktionsgeschwindigkeit, wobei C_3S schneller und C_2S langsamer reagiert und in der Menge des abgespalteten Calciumhydroxids, während die Zusammensetzung des Calciumsilikathydrats für beide Phasen identisch ist.

Bei einem Molverhältnis zwischen CaO/SiO_2 kleiner als 1,5 spricht man von CSH I (plättchenförmige Kristalle) und bei einem von größer 1,5 von CSH II (faserförmige Kristalle, aufgerollte Plättchen). Die Bestimmung des Wassergehaltes der CSH-Phase ist schwierig, da zum einen ein trockener Zustand definiert werden muss, zum anderen die hygrische Stabilität des CSH noch ungeklärt ist.

Bild 13.9 gibt die Änderung des C_3S- und $Ca(OH)_2$-Gehaltes bei mittlerer Reaktionsfähigkeit in den ersten Minuten, Stunden und Tagen wieder [5].

13.3.2.1.2 Hydratation der Aluminatphasen

Tricalciumaluminat bildet mit Wasser Calciumaluminathydrat (CAH); dabei kann man in Abhängigkeit der Verhältnisse CaO/Al_2O_3 vier Reihen unterscheiden (1:1 bis 4:1), die ihrerseits unterschiedliche Wassermengen gebunden haben können [8]. Beim Verhältnis 3:1 existiert nur ein Hydrat (C_3AH_6), das kubisch kristalliert, während alle anderen CAH in Form hexagonaler oder pseudohexagonaler Plättchen kristallieren.

CAH können im Vergleich zu CSH mehr gebundenes Wasser enthalten; außerdem erleiden Ca-Silikate (CS) in gesättigtem Calciumhydroxidwasser Hydrolyse, während die Ca-Aluminate (CA) stärker basische Hydrate bilden. Calciumaluminathydrate (CAH) reagieren zu dem leicht mit Calciumsulfat (Gips – $CaSO_4$) oder Calciumchlorid ($CaCl_2$) zu komplexen Verbindungen (z.B. Ettringit, Friedelsches Salz) [8].

In Anwesenheit von Calciumsulfat und Wasser reagiert ein Teil des Tricalciumaluminats sofort und bildet in sulfatreichen Lösungen den metastabilen, hexagonal säulenförmigen bis nadelförmigen Ettringit ($C_3A \cdot 3\ CaSO_4 \cdot 32\ H_2O$). Die Ettringitbildung dauert so lange, bis die Sulfatkonzentration nicht mehr ausreicht. Nach [9] werden dabei die Ettringithüllen um die Tricalciumaluminate durch den entstehenden Kristallisationsdruck von Zeit zu Zeit aufgesprengt, wobei diese Oberflächenaufbrüche solange durch neue Ettringitbildung abgedichtet werden, bis eben die Sulfatkonzentration nicht mehr zur Ettringitbildung ausreicht.

Liegen kalkreiche oder sulfatarme Lösungen vor, bildet sich kein Ettringit sondern gleich das tafelförmige Monosulfat ($C_3A \cdot CaSO_4 \cdot 12\ H_2O$).

Im weiteren Verlauf erfolgt die Hydratation des Tricalciumaluminates unter Abbau des Ettringits in das stabile Monosulfat, das sich unter dem Einfluss des Kohlendioxids (CO_2) der Luft in Monocarbonat ($C_3A \cdot CaCO_3 \cdot 11\ H_2O$) unter Abspaltung von SO_4 umwandeln kann [10].

Schließlich bildet das Tricalciumaluminat C_3A mit den Calciumhydroxid $Ca(OH)_2$ sulfatfreies Tetracalciumaluminathydrat ($C_4A \cdot 19\ H_2O$), das beim Trocknen an der Luft in die wasserärmere Verbindung $C_4A \cdot 13\ H_2O$ übergeht. Dieses Produkt wird schließlich in die stabile Endform des Tricalciumaluminathexahydrat ($C_3A \cdot 6\ H_2O$) [7] überführt. In Bild 13.10 ist der C_3A-Gehalt in Abhängigkeit der Hydratationsdauer wiedergegeben [5].

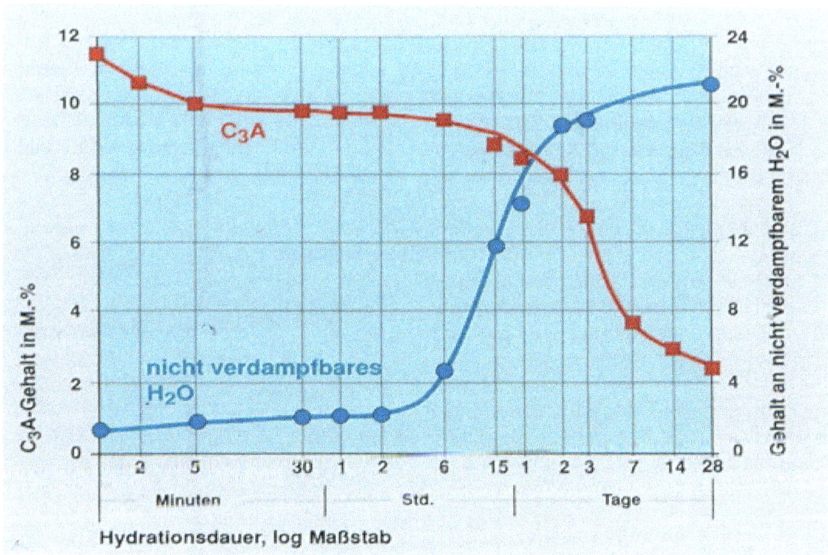

Bild 13.10: C_3A-Gehalt in Abhängigkeit der Hydratationsdauer [5]

Ist kein Sulfat vorhanden, so bildet Tricalciumaluminat C_3A mit Calciumhydroxid $Ca(OH)_2$ zunächst Tetracalciumaluminathydrat, das jedoch sehr schnell in Tricalciumaluminathexahydrat umgewandelt wird [11].

Die Calciumaluminatferrite C_4AF reagieren analog dem Tricalciumaluminat C_3A, jedoch wesentlich langsamer, wobei in deren Hydratationsprodukten das Aluminiumoxid teilweise durch Eisenoxid ersetzbar ist (2 $C_3(A,F) \cdot 6\ H_2O$). Zusätzlich kann in den Sulfathydraten das Calciumsulfat durch Calciumhydroxid ausgetauscht werden.

13.3.2.1.3 Zeitlicher Verlauf der Hydratation von Portlandzement

Das frische Gemisch aus Zement und Wasser wird als Zementleim bezeichnet und ist in den Anfangsminuten eine plastische, zusammenhängende Masse, die aus einer wässrigen Lösung, Klinkerkörnern und ein wenig gepulvertem Gips besteht [12].

Nach Powers [12] gibt es im Anfangsstadium der Zementhydratation vier Stadien; eine lebhafte Anfangsreaktion, eine nachfolgende Periode relativer Inaktivität, eine Beschleunigungsperiode – die sogenannte Abbinde- oder Erstarrungsperiode – und schließlich die Erhärtungsperiode

Die lebhafte Anfangsreaktion, eine recht kurze Periode, beginnt dabei unmittelbar beim Kontakt zwischen Zement und Wasser und es findet ein Inlösunggehen und exotherme (↑) chemische Reaktionen statt. Nach Locher [3] handelt es sich dabei um einen geringen Anteil des Tricalciumaluminats, das in Lösung geht und mit dem gleichfalls gelösten Calciumsulfat unter Bildung von Ettringit reagiert

Die Bildung dieser feinen dünnen Ettringit-Kristalle konnte schon ca. 30 Sekunden nach dem Anmachen von Portlandzement mit Wasser von Schwiete u. Niel [13] beobachtet werden. Dabei besitzt der Ettringit noch praktisch keine Festigkeit, im Gegensatz zu den ohne Sulfatzusatz sofort entstehenden Aluminathydraten, und gewährleistet somit die Verarbeitbarkeit. Es ist während diesen Reaktionen ein schnelles Anwachsen der Wärmeentwicklung zu verzeichnen, die dann nach etwa 5 Minuten rasch abnimmt und ein Zeichen für das Ende des ersten Stadiums ist.

Die anschließende Ruhephase kann bis zu mehreren Stunden dauern und während dieser Zeit sind keine chemischen Reaktionen festzustellen. Elektronenmikroskopische Aufnahmen von Copeland und Schulz [14] zeigen nämlich, dass zu Beginn dieser Phase die Zementkörner zwar einen dünnen Gelüberzug über einen großen Teil ihrer Oberfläche erlangt haben, diesen Zustand jedoch während der Ruhephase nicht merklich verändern.

Das normgemäße Erstarren des Zementleims beginnt 1 – 3 Stunden nach dem Anmachen, d.h. noch in der Ruhephase. Die Ursache hierfür ist eine Rekristallisation der Ettringit-Kristalle, wobei die anfänglich gebildeten größeren Kristalle weiter wachsen und die kleinen sich auflösen.

Diese größeren Ettringit-Kristalle können dann den Zwischenraum zwischen den Zementpartikeln überbrücken und rufen auf diese Weise die erste Verfestigung hervor. Damit verbunden ist eine erneute Zunahme der Wärmeentwicklung, die ihr Maximum etwa 6 Stunden nach dem Mischen, je nach Mahlfeinheit des Zementes, erreicht.

Schließlich reagiert der gebildete Ettringit in Gegenwart von Wasser, Calciumhydroxid und Aluminat und wandelt sich in Monosulfat um. Die zeitliche Umbildung hängt nach [15] sehr stark vom Sulfatangebot ab; es wurde beobachtet, dass bei einem hohen Sulfatangebot die Umbildung in Monosulfat erst nach 28 Tagen und auch nur in einem sehr geringen Umfang stattfindet.

Parallel zur Rekristallisation des Ettringits beginnt das Aufbrechen der Calciumsilikathydratschicht, das nach Powers durch Abtrennung von Stücken der Gelhülle vom darunterliegendem Kristall verursacht wird. Somit ist die Kristalloberfläche an solchen Stellen dem Wasser unmittelbar zugänglich und bildet sofort neues Calciumsilikathydrat, das schließlich zu faserigen CSH-Partikeln wächst und zusammen mit Ettringit ein Grundgefüge mit weitreichenden Verstrebungen bildet [16].

Dieser Vorgang kann bis zu 24 Stunden dauern und danach beginnt die vierte und letzte Phase bei deutlich zurückgegangener Wärmeentwicklung als eigentlicher Erhärtungsprozess.

In Bild 13.11 sind die Hydratphasen bei der Hydratation von Zement als Folge der zeitlichen Entstehung zu sehen.

Wenn auch Erstarrungs- und Erhärtungsprozesse ineinander übergehen und theoretisch nicht scharf trennbar sind, so bedeutet trotzdem rasche Erstarrung nicht automatisch rasche Erhärtung und umgekehrt.

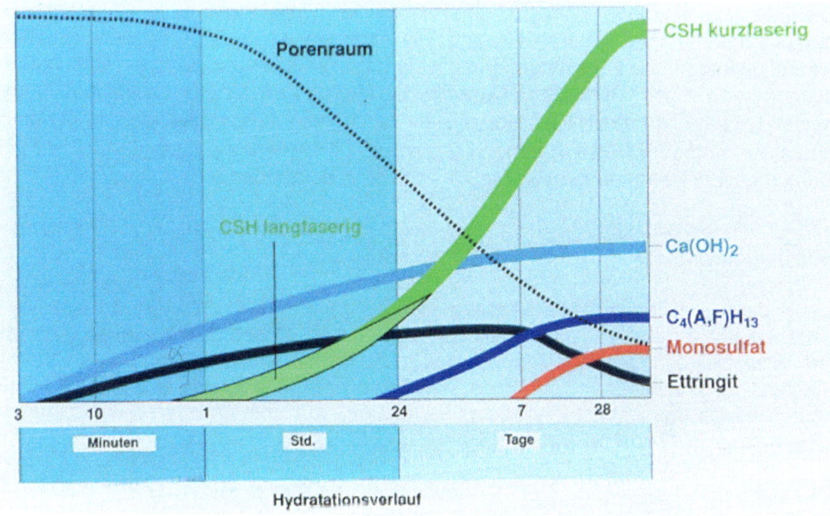

Bild 13.11: Entstehung der Hydratphasen bei der Hydratation von Zement [7]

13.3.2.1.4 Hydratationsmechanismen am Zementkorn

Sofort nach dem Anmachen bildet sich um das Zementkorn eine dünne Schicht von Hydratphasen, die man früher Gelhaut nannte – sowohl diese Schicht wie auch alle Hydratphasen werden deshalb heute noch als Zementgel bezeichnet. Der Begriff stammt aus den Anfängen der Zementchemie, die keine Röntgengeräte und Elektronenmikroskope kannte, sondern nur das Lichtmikroskop, das obigen Zustand als gallertartiges Produkt – Zementgel – wiedergab [18].

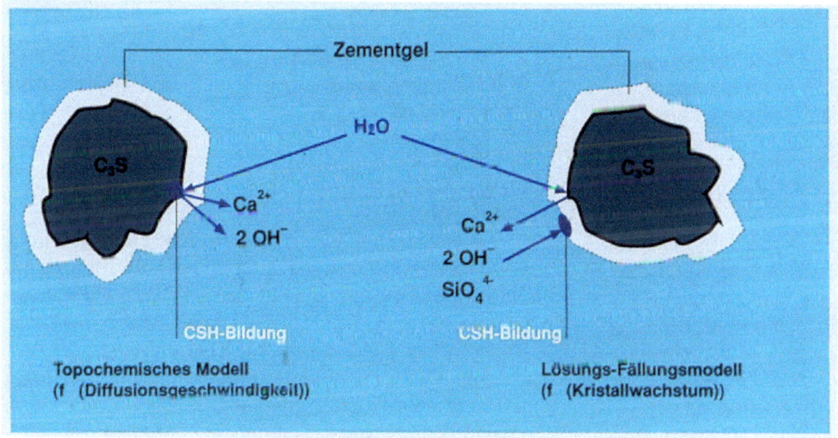

Bild 13.12: Hydratationsmechanismus am Beispiel Tricalciumsilikat [14]

Diese Schicht verhindert zunächst den unmittelbaren Wasserzutritt zum Zementkorn; durch Poren können jedoch einzelne Wassermoleküle in den „abgeschlossenen Raum" gelangen, wie auch umgekehrt aus dem Zementkorn gelöste Ionen nach außen diffundieren können. Durch den Wasserzutritt wird das Zementkorn oberflächlich angelöst, wodurch vor allem Ca^{2+}-Ionen sehr rasch nach außen diffundieren, während die in nur geringem Maße in Lösung gehenden SiO_4^{4-}-Ionen aufgrund ihres großen Durchmessers keine nennenswerte Diffusion nach außen haben.

In dem vorigen Bild 13.12 sind die Hydratationsmodelle am Beispiel von Tricalciumsilikat dargestellt.

Durch den Versuch der Ionen, Wasserhüllen anzulagern, wird die Diffusion von Wassermolekülen durch die „Gelhaut" nach innen verstärkt. Dieser Stoffaustausch, die sogenannte Osmose, erhöht allmählich den osmotischen Druck innerhalb des von der „Gelhaut" umschlossenen Volumens. Am Ende der Ruheperiode platzen die „Gelhäute" infolge des wachsenden Druckes teilweise auf und die oben beschriebenen Vorgänge laufen beschleunigt ab.

Zwar wird sofort eine neue Gelhaut gebildet, vorzugsweise an der Grenzfläche zwischen äußerer Ca^{2+}-Lösung und innerer SiO_4^{4-}-Lösung, doch verläuft die Auflösung des Zementkorns nunmehr beschleunigt, weil die neugebildeten Hüllen sehr dünn und stark durchlässig sind sowie die gelösten Ionen unter Bildung von CSH-Phasen und Ettringitkristallen ausgefällt werden. Dabei führt eine größere Wassermenge an den Zementoberflächen zu einer beschleunigten Auflösung; die Auflösung erfolgt dabei von außen nach innen. Die Kristallbildung der Hydratphasen erfolgt deshalb bevorzugt an Ecken und Kanten des Korns, so dass sich die Nadel- oder Leistenbildung im Gefüge zwangsläufig einstellen.

In der weiteren Zeitfolge werden kontinuierlich weitere Hydratphasen gebildet und die „Gelschichten" verstärken sich durch fortlaufende Auskristallisation von Hydratphasen. Dadurch verlängern sich die Diffusionswege und die Poren werden durch fortlaufende Kristallabscheidung verengt, was zu einer Abnahme der Hydratationsgeschwindigkeit führt.

Das Ende des Erhärtungsvorgangs tritt ein, wenn entweder alle Hohlräume zwischen den Zementkörnern ausgefüllt sind oder eine vollständige Hydratation erreicht bzw. das Wasser vorzeitig verdunstet ist.

13.3.2.1.5 Sulfat als Erstarrungsregler

Wie bereits erwähnt, ist Sulfat bei der Hydratation von Portlandzement beteiligt; lässt man es weg, kann das erstarrungsregelnde Tricalciumaluminat C_3A kein Ettringit bilden, sondern reagiert unter Aufnahme von Calciumhydroxid $Ca(OH)_2$ zu großen, tafelförmigen Kristallen, dem Tetracalciumaluminathydrat C_4AH_{13}. Dieses wird in der Folge in das stabile Tricalciumaluminathexahydrat C_3AH_6 überführt. Dabei werden die sich noch in Lösung befindlichen Ca^{2+}-Ionen vom C_3A sofort abgefangen und damit aus dem chemischen Gleichgewicht entfernt. Die Folge ist eine gegenseitige Beschleunigung der Hydratationsreaktionen der Aluminat- und Silicatphasen (→ Löffelbinderprinzip s.o.). Aus diesem Grund wird den Klinkerphasen Sulfat in Form von Anhydrit

($CaSO_4$), Gips ($CaSO_4 \cdot 2\, H_2O$) und/oder Halbhydrat ($CaSO_4 \cdot 1/2\, H_2O$) zugesetzt; die Zugabemenge ist abhängig von der Tricalciumaluminatmenge, der Verarbeitungstemperatur und der Mahlfeinheit, d.h. je höher bzw. feiner die vorgenannten Einflussgrößen, desto höher muss der Sulfatzusatz sein.

Betrachten wir zunächst den Normalfall, d.h. ein ausgewogenes Verhältnis von C_3A/SO_3, dann bildet das C_3A mit dem Sulfat eine nadelförmige Ettringithülle um das C_3A-Korn; dies bedeutet, dass weiteres Wasser eben nur durch Diffusion durch die „Hülle" zum C_3A-Korn gelangen kann.

In der Folge entstehen durch den Innendruck Aufbrüche in der „Hülle", durch die weiterer Wasserzutritt möglich ist; dabei wird, je nach Gleichgewichtszustand weiteres Ettringit oder sofort das stabile Monosulfat $C_3A \cdot CaSO_4 \cdot 12\, H_2O$ gebildet. Durch die Bildung von Monosulfat werden 2 SO_3 frei, wodurch C_3A selbständig weiteres Monosulfat bildet; dieser Prozess dauert bis zur Erschöpfung von SO_3. Danach bildet das noch vorhandene C_3A mit dem noch vorhandenen Wasser die Calciumaluminathydrate CAH.

Ist das Verhältnis zwischen C_3A und SO_3 nicht ausgewogen, d.h. ist der Sulfatgehalt zu hoch oder zu niedrig, entsteht vorzeitiges Ansteifen oder Erstarren. Bei zu niedrigem Sulfatgehalt entsteht neben dem nadelförmigen Ettringit auf der Oberfläche des Zementkorns auch tafelförmiges Monosulfat und/oder CAH-Phasen, was zu einem raschen Erstarren führt. Bei zu hohem Sulfatgehalt besteht die Gefahr der Sekundärgipsbildung, die ebenfalls zu einem schnellen Erstarren führen würde.

In der folgenden Bildreihe (13) aus [19] ist der Einfluss der C_3A und des Calcium-sulfates auf die Gefügeentwicklung und das Erstarren von Zementleim bis zu einem Alter von 3 Stunden dargestellt.

Es wird deutlich, dass die Erstarrungszeiten durch SO_3 beeinflussbar sind, aber nicht gezielt steuerbar, dies bedeutet, dass bei Herausnahme von SO_3 (= 0 % SO_3-Zugabe) trotzdem kein gezieltes Erstarren möglich ist, weil auch die Bildung der CAH-Phasen unregelmäßig ablaufen. Das Erstarrungsverhalten von Portlandzement in Abhängigkeit vom SO_3-Gehalt kann qualitativ wie folgt skizziert werden (Bild 13.14).

Hingegen ist der Einfluss des SO_3-Gehaltes auf die Frühfestigkeitsentwicklung (bis ca. 36 h) sehr deutlich, d.h. mit zunehmendem SO_3-Gehalt erhöht sich das Niveau der Festigkeitsentwicklung solange, bis der kritische SO_3-Gehalt erreicht ist. Der kritische SO_3-Gehalt ist eine variable Größe und ist u.a. von der Feinheit, dem Alkalien- und C_3A-Gehalt abhängig, d.h. er muss bei jedem einzelnen Klinker- oder Bindemittelmehl ermittelt werden. Wird der kritische SO_3-Gehalt überschritten, liegt eine normale Festigkeitsentwicklung (Normenzement) vor. Der Einfluss des SO_3-Gehalts auf dem Erhärtungsverlauf lässt sich qualitativ wie folgt darstellen (Bild 13.15):

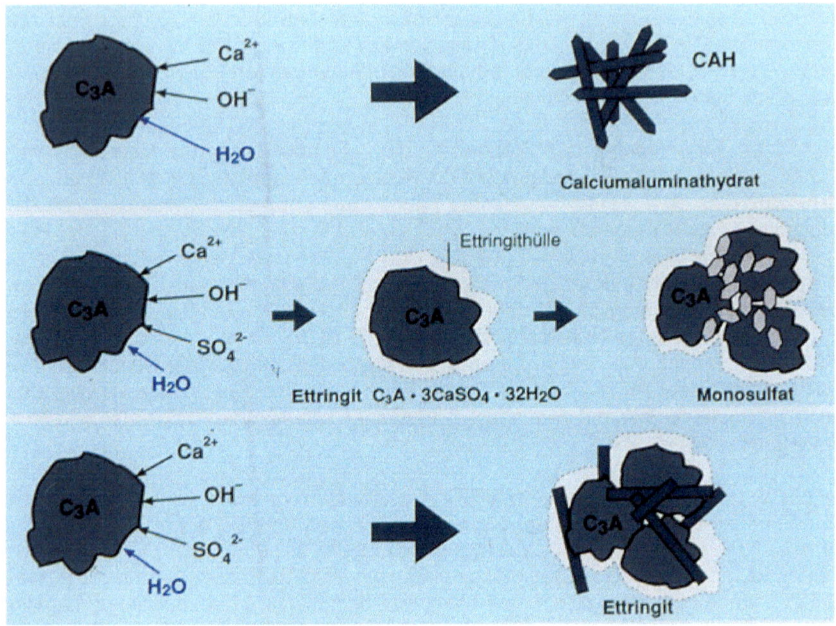

Bild 13.13: Erstarrungsverhalten und Gefügeentwicklung in Abhängigkeit des Verhältnisses von C_3A/ SO_3 [19]

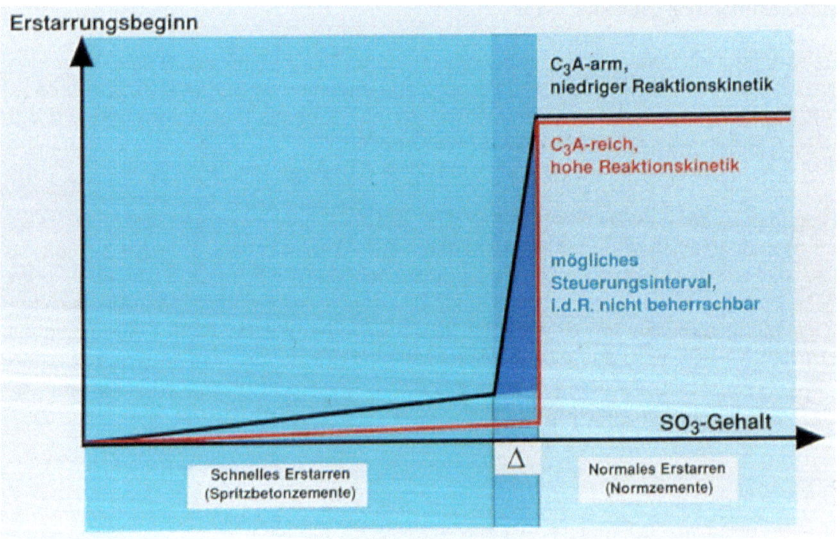

Bild 13.14: Erstarrungsverhalten von Portlandzement in Abhängigkeit des SO_3-Gehaltes (qualitativ)

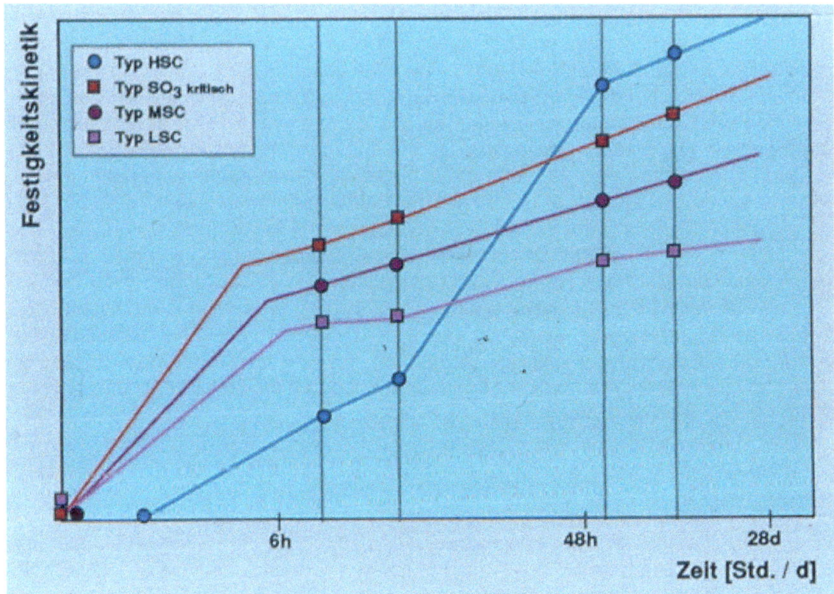

Bild 13.15: Erhärtungsverhalten von Portlandzement in Abhängigkeit des SO_3-Gehaltes (qualitativ)

13.3.2.1.6 Alkalien im Zementklinker

Ein schnelles Erstarren und Erhärten hängt nicht nur vom C_3A-Gehalt ab, sondern auch von der Klinkerkinetik, die maßgeblich durch Alkalien bestimmt wird. Alkalien können als K_2O und Na_2O im Kristallgitter des Tricalciumaluminates bzw. der Calciumsilikate gebunden und/oder als Alkalisulfat (K_2SO_4) vorliegen. Ihre Mengenangabe erfolgt i.d.R. als Na_2O-Äquivalent; dieses ist wie folgt definiert:

$$NaO_2\text{-Äquivalent} = 0{,}66 \cdot K_2O + Na_2O$$

Liegt eine entsprechende Menge Alkalisulfat im Klinker vor, löst sich dieses zu Beginn der Hydratation relativ schnell im Anmachwasser; dabei wird der Sulfatanteil als Ettringit ausgefüllt und der Alkalianteil bildet Alkalihydroxid, das anschließend dissoziiert. Dadurch steigt die OH^--Konzentration im Anmachwasser und bewirkt eine pH-Wert Erhöhung, weshalb zu Beginn der Hydratation verstärkt Monosulfat und CAH gebildet wird und ein schnelles Erstarren zur Folge hat.

Werden die Alkalien in das Kristallgitter des C_3A eingebaut, wird dessen Struktur und Reaktionsfähigkeit verändert. Durch den Einbau der Alkalien wird die orthorhombische Modifikation des Tricalciumaluminates stabilisiert und die Reaktionsfähigkeit erhöht. Dabei hydratisiert z.B. die Phase NCA (C_3A und Na_2O) sehr schnell, wobei das Na_2O vollständig an das Anmachwasser abgegeben wird [8].

In gleicher Weise wird durch den Einbau von Alkalien in das Kristallgitter der Silikatphasen die Hydratation dergleichen beeinflusst; insbesondere im Hydratationsverlauf zwischen 6 Stunden und 24 Stunden nimmt die Reaktionsfähigkeit von C_3S mit steigendem K_2O-Gehalt zu, während die weitere Erhärtung gebremst wird und die Endfestigkeit sinkt [19]. Die Abgabe der Alkalien an das Anmachwasser erfolgt langsam, entsprechend dem Hydratationsfortschritt. Der Einfluss der Alkalien auf das Erstarrungsverhalten von Zement wird ebenfalls durch Sulfat gesteuert; dabei wurde festgestellt, dass erst bei einem K_2O-Anteil größer 1,0 der Sulfatisierungsgrad sich auf das Erstarren auswirkt [19]. Durch die Zugabe von zusätzlichen Alkalien (z.B. alkalihaltige Beschleuniger → vgl. auch Spritzbetonzemente u.a.) werden nach [25] die Alkali-Ionen (Na-, Ka-) anstelle von Ca-Ionen in das Kristallgitter des Ettringits eingebaut und bewirken ein ausgeprägtes Längenwachstum der Ettringit- bzw. Monosulfatkristalle. Da beide Alkali-Ionen einwertig sind – im Vergleich zu Calcium, das zweiwertig ist – wird beim Einbau in das Kristallgitter die Gitterstruktur nachhaltig gestört; das Kristall versucht nun das entstandene elektronegative Defizit durch weitere Einbindungen (Kristallwachstum) auszugleichen.

13.3.2.2 Portlandzement und Beschleuniger

Neben dem Sulfatgehalt, dem Tricalciumaluminatanteil und dem Alkaligehalt üben die Mahlfeinheit, die Temperatur, der Wassergehalt u.a. weiteren Einfluss auf das Erstarren und Erhärten von Portlandzement aus.

Beschleuniger sollen ein rasches Erstarren des Spritzbetons bewirken, aber auch zu einer beschleunigten Festigkeitsentwicklung in den ersten Stunden führen, was durchaus nicht parallel laufen muss. Infolgedessen müssen neben den Aluminatphasen auch die Silicatphasen beschleunigt werden.

Um die Hydratationskinetik deutlich zu beschleunigen, muss die Löslichkeit der Verbindungen, die an der Ettringit-, der CAH- und CSH-Bildung beteiligt sind, beeinflusst werden; d.h. es muss Einfluss genommen werden auf die Löslichkeit von Calciumhydroxid, von Calciumsulfat und von Calciumaluminat sowie ggf. von einzel vorhandenen Alkaliverbindungen und/oder das Angebot von Ca^{2+}, Al^{3+}, OH^- und SO_4^{2-} erhöht werden.

Somit lassen sich die Beschleuniger in die in Tabelle 13.1 aufgeführten Wirkstoffgruppen und die in Tabelle 13.2 dargestellte Kennzeichnung unterteilen [19].

Gruppe	Wirkungsweise	Wirkstoffbasen	Beispiele
1	Erhöhung der OH^--Ionenkonzentration	Alkalicarbonat Alkalihydroxid	Na_2CO_3, K_2CO_3 NaOH, KOH
2	Zusätzliche Bildung von Calciumsilikaten	Alkalisilikat	$Na_2SiO_3 \cdot H_2O$ $K_2SiO_3 . H_2O$
3	Bildung von Calciumsulfat und -aluminaten	Alkalisulfat, Aluminiumsulfat Aluminiumhydroxid Alkalialuminat	Na_2SO_4, $Fe_2(SO_4)_3$, $Al_2(SO_4)_3$ $Al(OH)_3$ $NaAlO_2$, $KaAlO_2$
4	Erhöhung der Calciumionenkonzentration	Chlorid u.a.	$CaCl_2$, NaCl

Tabelle 13.1: Wirkstoffgruppen von Beschleunigern

Wirkstoffbasis	Na_2O-Äquivalent (M%)	pH-Wert	Kennzeichnung
Kalium Aluminat	20.00 - 22.00	13.0 - 14.0	
Kalium-Natrium Aluminat	17.00 - 19.00	13.0 - 14.0	ätzend
Natrium Aluminat	ca. 15.00	13.0 - 14.0	
Wasserglas (Na-, Ka-)	ca. 12.00	11.0 - 12.0	reizend/ätzend
Polymervergütete Silicate	ca. 8.00	10.0 - 11.0	reizend
Aluminiumoxid/-hydroxid			
Aluminiumsulfat	< 1.00	3.0 - 6.0	i.d.R. keine Kennzeichnung
Aluminiumformiat			

Tabelle 13.2: Kennzeichnung von Beschleunigern

Von den als Erstarrungsbeschleuniger geeigneten Wirkstoffbasen werden überwiegend Alkalialuminate allein oder in Verbindung mit Alkalicarbonaten und Alkalihydroxiden eingesetzt; neuerdings finden alkaliarme bzw. alkalifreie Wirkstoffbasen wie Aluminiumsulfat ($Al_2(SO_4)_3$) und Aluminiumhydroxid ($Al(OH)_3$) Anwendung.

Es zeigt sich jedoch, dass jede Produktkombination im Zusammenwirken mit einem Zement ein Optimum (vgl. Bild 13.16) besitzt; d.h. eine weitere Erhöhung der Zugabemenge führt zu einem Umschlagen. Dies zeigt sich bei Labormessungen und bei Praxistests; steht zuviel Beschleuniger zur Reaktion zur Verfügung, dann entstehen bereits während dem Mischvorgang erstarrungsbildende Reaktionsprodukte, die fortwährend wieder zerstört werden und in der Folge einen weiteren Wasserzutritt erschweren und somit die weitere Reaktion verlangsamen. In der Praxis wirkt der Spritzvorgang wie das Mischen im Labor, d.h. solange auf eine Stelle gespritzt wird und das Erstarren schon abläuft, wird das sich aufbauende Kristallgefüge immer wieder zerschlagen und es entsteht der Eindruck, dass der Spritzbeton langsamer erstarrt. Somit ist die Wirkung eines Beschleunigers in Abhängigkeit eines Zementes nur in einem kleinen Dosierbereich optimal.

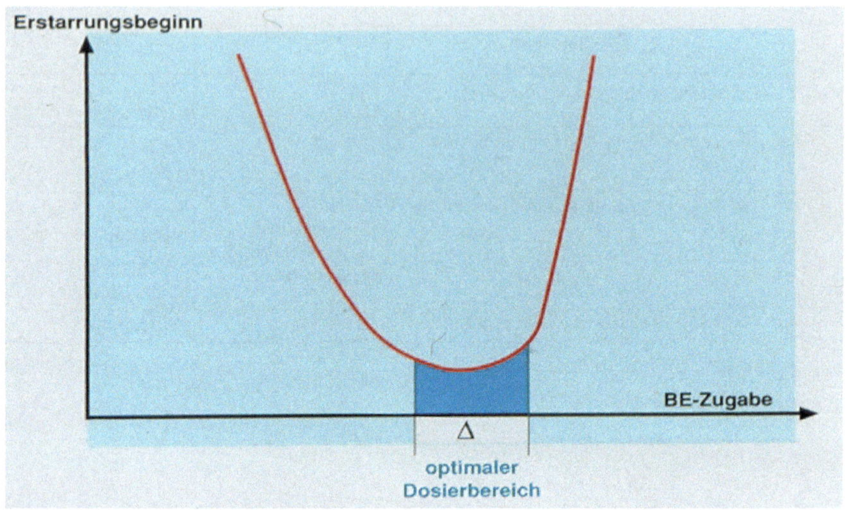

Bild 13.16: Einfluss der Beschleunigerdosierung auf das Erstarrungsverhalten [20]

Die Erstarrungsbeschleunigung sollte ohnehin nur soweit erfolgen, als für den jeweiligen Anwendungsfall erforderlich; jede Beschleunigung der Frühfestigkeitsentwicklung führt insbesondere bei den alkalihaltigen Produkten zu einer Verminderung der Endfestigkeit (vgl. Bild 13.17).

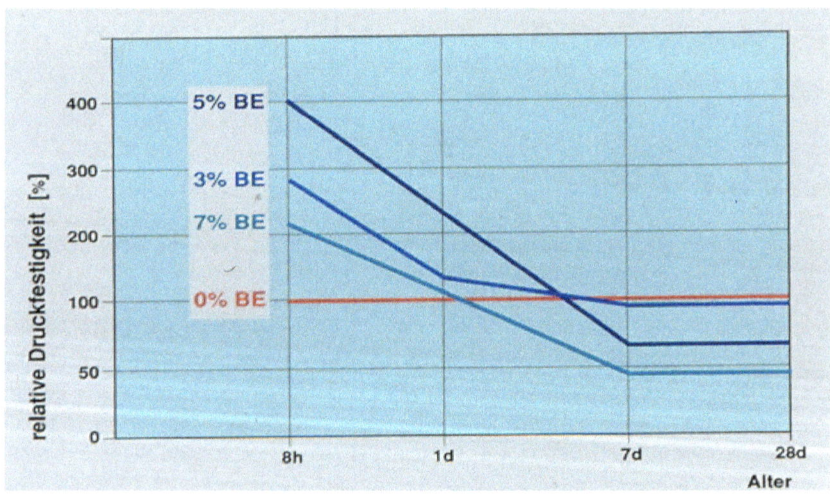

Bild 13.17: Einfluss der Beschleunigerdosierung (BEAH) auf die Druckfestigkeit [21]

Diese Feststellung wird dadurch erklärt, dass durch die Beschleunigung weniger langfaseriges und mehr kurzfaseriges CSH gebildet wird, wodurch ein weniger dichtes Zementsteingefüge entsteht [21].

13.3.2.2.1 Alkalicarbonat/Alkalihydroxid

Diesen beiden Wirkstoffbasen ist es gemein, dass ihre Wirkung zunächst auf einer starken Erhöhung der OH^--Ionenkonzentration beruht. Die Alkalicarbonate reagieren dabei mit dem Calciumhydroxid zu Calciumcarbonat (fällt aus) und Alkalihydroxid, welches dissoziiert und die Erhöhung der OH^--Ionenkonzentration bewirkt; hieraus resultiert eine pH-Werterhöhung des Anmachwassers.

Normalerweise liegt im frischen Zementleim durch die entstehende Calciumhydroxidlösung ein pH-Wert zwischen 12 und 13 vor; in diesem Bereich laufen die unter Punkt 13.3.2.1.4 beschriebenen Vorgänge (topochemische Vorgänge an der Oberfläche von C_3A). Steigt der pH-Wert auf Werte deutlich über 13, dann nimmt mit zunehmendem pH-Wert Erhöhung die Ettringitbildung ab, d.h. es bildet sich direkt Monosulfat.

Beispiel: Kaliumkarbonat

$$K_2CO_3 + Ca(OH)_2 \rightarrow CaCO_3 + 2\ KOH \qquad (K^+, OH^-)$$

Die Erhöhung des pH-Wertes durch die Bildung der Alkalihydroxide hat also zur Folge, dass weniger Ettringit aber mehr langkristallines Monosulfat (weniger fest und weniger dicht) und CAH gebildet wird, was sich in einem schnellen Erstarren äußert. Zusätzlich wird die Hydratation der Silicatphasen beschleunigt, in dem im Zementleim gelöste Ca^{2+}-Ionen ausgefällt werden, was einer Übersättigung der Lösung entgegenwirkt und gleichzeitig Kristallisationskeime für die Hydratationsprodukte schafft [20]. Die Wirkungsweise der reinen Alkalihydroxide verläuft analog.

13.3.2.2.2 Alkalisilikate/Polymervergütete Silikate

Die Alkalisilikate werden traditionell durch ihre sogenannten Grädigkeiten (Baumé) und ihre Alkalioxid/Siliciumdioxid-Verhältnisse definiert; daneben spielt die Viskosität als Funktion der Temperatur eine bedeutende Rolle. Die bekanntesten Alkalisilikate sind das Natron- und das Kaliwasserglas. Ihre basische Reaktion beruht auf der Hydrolyse; neben den bekannten Reaktionen durch die Alkalien bildet Wasserglas zusätzlich Calciumsilikat $CaSiO_3$ und möglicherweise entsprechende Hydrathasen.

Beispiel: Kaliwasserglas

$$K_2SiO_3 + Ca(OH)_2 \rightarrow CaSiO_3 + 2\ KOH$$

Ein in seinen technischen Eigenschaften verbessertes Wasserglas sind die polymervergüteten Silikate, bei denen durch Zugabe von u.a. Dispergiermittel die Viskosität deutlich herabgesetzt wird (vgl. Tabelle 13.3). Im Handling und in der praktischen Anwendung bedeutet dies, dass das polymervergütete Silikat in seiner Wirkungsart dem von konventionellen Wasserglas nahezu entspricht, die gewünschten Eigenschaften allerdings bei deutlich geringeren Dosiermengen aufgrund der geringeren Viskosität und der damit besseren Benetzungswirkung erzielt werden.

Produkt	Temperatur							
	-2	-1	0	1	3	5	10	20
Konventionelles Silikat	fest	480	370	330	290	250	180	110
Polymervergütetes Silikat	fest	220	210	195	170	140	100	60

Tabelle 13.3: Viskosität nach Brookfield RV [mPas], Beispiel

13.3.2.2.3 Alkalialuminate

Die Alkalialuminate (Na, Ka) bilden mit Calciumoxid Tricalciumaluminat, das mit dem vorhandenen Sulfat sofort zu Ettringit ausfällt und ein schnelles Erstarren bewirkt; gleichzeitig wird Alkalihydroxid gebildet [22].

Beispiel: Natriumaluminat

$$2\ (NaAl(OH)_4) + 3\ CaO = 3\ CaO \cdot Al_2O_3 + 2\ Na(OH) + 3\ H_2O$$

13.3.2.2.4 Aluminiumhydroxid

Die Reaktionsmechanismen sind noch nicht erforscht; es wird angenommen, dass das $Al(OH)_3$ zunächst mit dem Calciumhydroxid und den Alkalien (KOH bzw. NaOH) aus dem Zement reagiert und dann in Wechselwirkung mit dem Sulfat tritt.

Nach [22] wird das im neutralen pH-Wertebereich wasserunlösliche Aluminiumhydroxid (auch Aluminiumtrihydrat ($Al(OH)_3 \cdot 6\ H_2O$) genannt) durch das freiwerdende Calciumhydroxid, bedingt durch die pH-Werterhöhung, wasserlöslich. Da dieser Vorgang nicht schnell genug abläuft, muss nach [22] diesem Beschleunigertyp noch etwas Aluminiumsulfat ($Al(SO_4)_3$) zugesetzt werden, damit eine rasche Frühfestigkeitsentwicklung eintritt. Das aufgelöste Aluminiumhydroxid reagiert dann mit Calciumhydroxid und Sulfat zu Ettringit. Derartige Beschleunigertypen setzen die Endfestigkeit des Betons nicht herab.

Verschiedentlich wurde bei der Anwendung von Beschleunigern auf der Basis von Aluminiumhydroxid festgestellt, dass ihre Wirkung stark vom eingesetzten Zement abhängt. Eine Interpretation dieser Erfahrung fehlt zur Zeit noch. Nach [23] könnte für die Wirkung dieser Beschleuniger der Sulfatgehalt und insbesondere die Art des Sulfatträgers eine wesentliche Rolle spielen. Steht in der ersten Phase der Hydratation eine große Sulfatmenge in der Porenlösung zur Verfügung wird sich ein wesentlicher Teil des Aluminiumhydroxids zu Ettringit umwandeln. Dieses Ettringit wird sich, zumindest teilweise, auf den Kornoberflächen der Klinkerphasen ablagern und den beschleunigenden Effekt des Zusatzmittels beeinträchtigen. Mit einer geringeren Wirkung des Beschleunigers ist also dann zu rechnen, wenn der Sulfatgehalt insgesamt hoch ist und/oder der Sulfatträger überwiegend aus Halbhydrat besteht. Bei geringerem Sulfatangebot und/oder bei einem Sulfatträger mit geringerer Löslichkeit, also überwiegend Anhydrit, bilden sich aus dem Aluminiumhydroxid vorrangig die bereits besprochenen CAH-Phasen, die zu einer Beschleunigung des Erstarrungsprozesses führen.

Charakteristisch für diese Rohstoffbasis ist eine hohe Frühfestigkeitsentwicklung bis zu einem Alter von ca. 0,5 Stunden; der weitere deutliche Festigkeitsanstieg erfolgt im Allgemeinen erst nach ca. 2 – 3 Stunden.

13.3.2.2.5 Aluminiumsulfat

Die Wirkung des Aluminiumsulfates ist erfahrungsgemäß weniger zementabhängig als die des Aluminiumhydroxides. Allerdings ist für eine befriedigende Beschleunigung auch eine wesentlich höhere Dosierung notwendig.

Der Unterschied der beiden aluminiumhaltigen Beschleuniger besteht offensichtlich darin, dass beim Aluminiumsulfat das Sulfat durch den Beschleuniger selbst ins System gebracht wird und die Art und Menge des Abbindereglers im Zement nur von sekundärer Bedeutung ist. Es wird vermutet, dass der beschleunigende Effekt beim Aluminiumsulfat auf der Bildung von großen Ettringitmengen beruht, die nicht nur die Kornoberfläche der Klinkerkörner bedecken, sondern auch die Zwischenräume zwischen den Körnern ausfüllen. Hierfür sind entsprechende Mengen an Aluminiumsulfat notwendig, was der Grund für die Notwendigkeit einer höheren Dosierung sein könnte. Inwieweit die relativ großen Mengen an eingebrachtem Sulfat sich auf die Dauerhaftigkeit auswirken, ist im Moment noch nicht ausreichend untersucht, weshalb bei kritischen Einsätzen entsprechende Sorgfalt und Sachverstand geboten sind.

Charakteristisch ist für diese Rohstoffbasis eine kontinuierliche Festigkeitsentwicklung, insbesondere ist das typische „Plateauverhalten“ nach ca. 0,5 Stunden bis ca. 3 Stunden weniger stark ausgeprägt. Das Festigkeitsniveau liegt i.d.R. unter dem eines Aluminiumoxid/-hydroxids.

13.3.2.2.6 Zusatzstoffe

Um das Erstarrungs- und Erhärtungsverhalten von Spritzbeton günstig zu beeinflussen, kann hoch reaktives Silciumdioxid (SiO_2 – amorph) in Form von Mikrosilika oder Nanosilika zugesetzt werden; dadurch wird insbesondere die CSH-Bildung beschleunigt. In der Reaktion mit Calciumhydroxid wird festigkeitsbildendes Calciumsilikat-Hydrat gebildet.

$$3\ Ca(OH)_2 + 2\ SiO_2 \rightarrow 3\ CaO \cdot 2\ SiO_2 \cdot 3\ H_2O$$

13.3.2.3 Portlandzement und Verzögerer

Im Zuge der Optimierung des Nassspritzbetons wurde eine Produktreihe entwickelt, durch deren Einsatz Restbetonmengen und Verlustmengen durch Reinigung der Pumpleitungen bei Vortriebstillständen der Vergangenheit angehören.

Bislang kamen nur Verzögerungssysteme auf Basis Saccharose, Gluconat oder Phosphat und in besonderen Fällen Fruchtsäure (vgl. Schnellzemente) zum Einsatz. Ihre Wirkmechanismen sind noch nicht eindeutig bekannt, doch wahrscheinlich sind Adsorptionsvorgänge am C_3A sowie Präzipations- und Nukleationsvorgänge während der

C_3S-Hydratation in Korrelation zum in Lösung gehenden Kalkhydrat ($CaOH_2$) vorrangig [19]. Allen gemein ist, dass unabhängig von den Wirkstoffbasen alle ausschließlich aufs Zementkorn wirken und dabei den Wasserzutritt zum Zementkorn mehr oder weniger verhindern.

Für Spritzbetone sind derartige Verzögerungssysteme allerdings ungeeignet, weil der Frischbeton innerhalb der Verzögerungszeit nur durch große Mengen Beschleuniger unwirtschaftlich und wahrscheinlich unter deutlichem Qualitätsverlust beschleunigt werden kann und nach Ablauf der Verzögerungszeit ein derartiger Frischbeton in Abhängigkeit der verwendeten Wirkstoffbasis schlagartig Festigkeit entwickelt; dabei ist die Verzögerungszeit stark temperaturabhängig (vergl. auch Umschlagen).

Das neue Verzögerungssystern (Delvocrete-System) für Frischbeton beim Spritzbeton wurde auf Basis Carboxyl/Phosphorsäure entwickelt und wirkt nicht nur auf den Zement, sondern tixotropiert u.a. das Wasser, d.h. das Gemisch aus Anmachwasser und Fließmittel wird derart tixotropiert, dass es so „unbeweglich" wird und dadurch nur noch geringfügig das Zementkorn benetzen kann. Der andere Teil des Wirkstoffes haftet am Zementkorn. Wird anschließend in dieses System kinetische Energie eingebracht (Mischen oder Pumpen), wird der Frischbeton – nebst dem Wasser – wieder beweglich und der beim Spritzvorgang zugeführte Beschleuniger kann ohne nennenswerten Mehrverbrauch die Schutzschicht um die Zementkörner aufbrechen und das System beschleunigen. Das Prinzip bzw. der Verfahrensablauf ist in Bild 13.18 dargestellt [39].

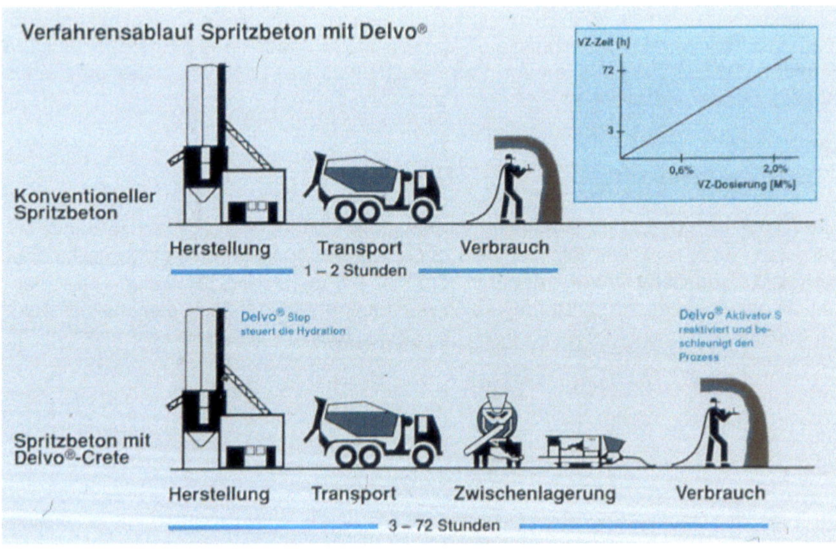

Bild 13.18: Verfahrensablauf Delvocrete-System [39]

Das Delvocrete-System besteht zum einen aus dem Delvocrete-Stabilisator und dem Delvocrete-Aktivator. Dabei kann der Delvocrete-Stabilisator (VZ) für das Verhindern der Zementhydratation für einen Zeitraum von bis zu 72 Stunden verwendet werden. Er steuert hauptsächlich die Hydratation von C_3S, kann aber auch den Beginn der C_3A

Reaktion mit Sulfat und Wasser verzögern, wenn er zuvor dem Zugabewasser beigemischt wird.

Das anschließende Abbinden und Erhärten des Betons kann auf zwei Arten erfolgen; entweder man wartet, bis die Wirkung des Delvocrete-Stabilisators nachlässt oder man gibt entsprechend der Anforderung einen der Delvocrete-Aktivatoren zu, die wie bereits erwähnt die Schutzschicht um die Zementpartikel aufbrechen und den Zement wie gewohnt mit Wasser reagieren lassen.

Zusammenfassend kann festgestellt werden, dass die bautechnischen Eigenschaften von Spritzbetonen, die mit dem Delvocrete-System gesteuert wurden, denen von nicht gesteuerten entsprechen [39].

13.3.2.4 Spritzbetonzemente

Spritzbetonzemente sind i.d.R. Portlandzemente mit einem für den Anwendungsfall Spritzbeton im Trockenspritzverfahren optimierten Sulfatgehalt, deren Vorteil im gänzlichen Verzicht von Spritzbetonbeschleunigern liegt. Diese Zemente erfüllen i.d.R. alle geforderten Eigenschaften der DIN 1164 mit Ausnahme der Erstarrungszeiten, die gewollt bzw. gezielt geändert wurden; aus diesem Grund haben diese Zemente vom IfBT eine Einzelzulassung.

Da, wie bereits erwähnt, die Steuerung der Erstarrungs- und Erhärtungskinetik alleine über den SO_3-Gehalt nicht möglich ist, werden zusätzlich Optimierungskomponenten benötigt. Diese können Alkalien, Aluminiumoxid/-hydroxid, Feinstzement, hochreaktive Kieselsäure u.a. sein; als Korrekturstoffe stehen z.B. Flugaschen, HS-Klinkermehl sowie weitere chemische Grundsubstanzen zur Verfügung. Aus diesem Grund spricht man im benachbarten Ausland u.a. vom Spritzbindemittel und nicht vom Spritzzement.

Die Verwendung von Additiven für gleichbleibende Spritzbetonzementeigenschaften ist deshalb notwendig, weil das Naturprodukt Zementklinker mineralogischen Schwankungen unterliegt und deren Auswirkungen besonders das Erstarrungs- und Erhärtungsverhalten in der Frühstphase betreffen, d.h. Schwankungen im Zehntel vom Na_2O-Äquivalent (K_2O, Na_2O), vom C_3A-Gehalt und Al_2O_3-Gehalt verändern das Frühfestigkeitsverhalten im Stundenbereich nachhaltig, wobei in dieser Komplexität auch noch die Löslichkeit des Sulfatträgers nebst seiner Dosierhöhe eine Rolle spielen.

13.4 Verfahrenstechnik

Die Spritzbetonbauweise bietet mehr Möglichkeiten zur Mechanisierung als viele andere Bauverfahren. Die Maschinenpalette der Baumaschinenindustrie reicht von der Spritzmaschine mit manueller Beschickung und Düsenführung bis zum Spritzautomaten und Spritzroboter; durch variable Leistungspakete können Förder- und Spritzleistung den jeweiligen Baustellen Verhältnissen wirtschaftlich angepasst werden.

Man unterscheidet Spritzmaschinen nach dem Trocken- und Nassspritzverfahren sowie der Dünn- oder Dichtstromförderung. Beim Trockenspritzverfahren wird ein Bereitstellungsgemisch (Trockenbeton oder Trockenmörtel) durch eine Spritzmaschine der Förderleitung zugeführt und im Dünnstrom mit Druckluft zur Spritzdüse gefördert, in der die notwendige Wassermenge und ggf. flüssige Additive zugegeben werden. Beim Nassspritzverfahren wird Frischbeton oder Frischmörtel im Allgemeinen im Dichtstrom mit einer Pumpe zur Spritzdüse gefördert, in der ggf. flüssige Additive zugegeben werden und durch Einleitung von Druckluft die notwendige Materialbeschleunigung erreicht wird.

13.4.1 Trockenspritzverfahren

13.4.1.1 Historie

Spritzbeton wurde als ein Verfahren zur pneumatischen Förderung von Mörtel in den USA erfunden. Am 13. September 1909 wurde das erste Gerät „Cementgun" (vgl. Bild 13.19) von Akely zum Patent angemeldet; die Patentanmeldung erfolgte unter der Nummer 991 814 am 9. Mai 1911. Die Förderung des trockenen Zement-/ Zuschlag-Gemisches erfolgte im Druckluftstrom des Förderschlauches und das erforderliche Anmachwasser wurde kurz vor dem Applizieren in der Düse zugegeben; dies war die Geburtsstunde des Trockenspritzverfahrens. Dieses Verfahren wurde von der Firma Shotcrete (USA) vermarktet [41].

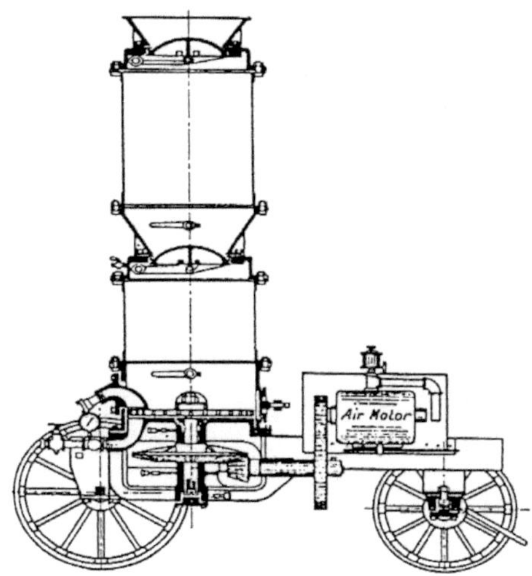

Bild 13.19: Schnitt der ersten Cementgun [41]

In Deutschland wurde das Spritzverfahren erstmals um das Jahr 1920 angewendet; dabei kamen die noch heute bekannten Zweikammermaschinen (vgl. Bild 13.20) von Weber zum Einsatz. Weber hatte für die weiterentwickelte „Cementgun" am 2. Dezember 1919 das US-Patent 1 323 663 erhalten, die Anmeldung erfolgte am 29. Oktober 1917.

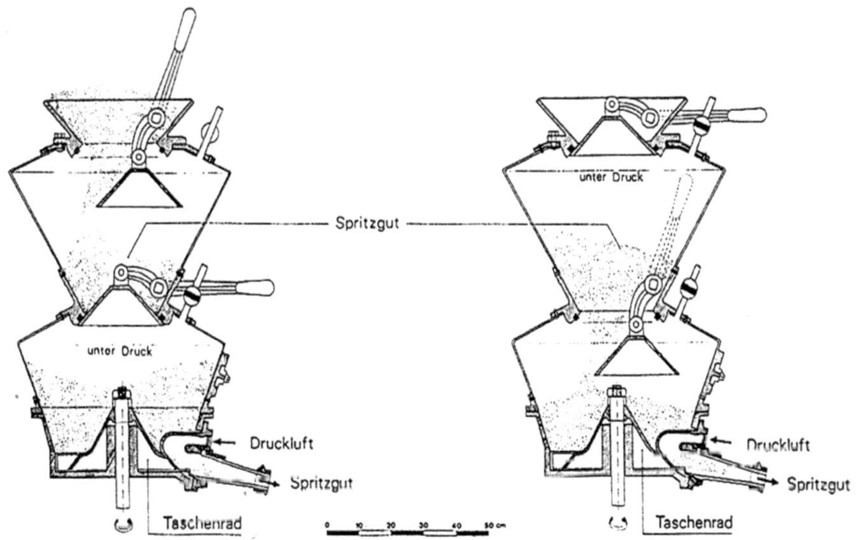

Bild 13.20: Funktionsweise der Zweikammermaschine [41]

Für diesen Maschinentyp mit der Bezeichnung „Tector“ erhielt Weber im Jahr 1918 auch das deutsche Gebrauchsmuster 677 143. Diese Gerätetypen nebst Verfahren wurden von der Firma Torkret in den Markt eingeführt und verbreitet.

Die Entwicklung von Spritzbeton im Trockenspritzverfahren spiegelt sich auch in den Bezeichnungen des Verfahrens wieder. In den englischsprachigen Ländern, aber auch in Frankreich und der Schweiz bürgerte sich zunächst der von „Cementgun“ abgeleitete Begriff „Gunite“ ein, der später durch „Shotcrete“ ersetzt wurde; im deutschsprachigen Raum und in Osteuropa hingegen der Begriff „Torkret-Verfahren“ (torkretieren) [42]. Heute sprechen wir von „sprayed- oder sprayable“ Concrete und vom Spritzbeton-Verfahren.

13.4.1.2 Maschinentechnik

Man unterscheidet folgende drei Typen

- Druckkammermaschinen
- Schneckenmaschinen
- Rotormaschinen

Die Druckkammermaschinen gelten als das älteste Spritzmaschinensystem. Sie bestehen aus zwei übereinander angeordneten Kammern, die durch ein Glockenventil voneinander getrennt sind. Die obere Kammer dient als Vorratskammer, die untere als Arbeitskammer. Das Material wird dabei mit Hilfe eines Taschenrades abgezogen und verblasen (vgl. Bild 13.21, Torkret).

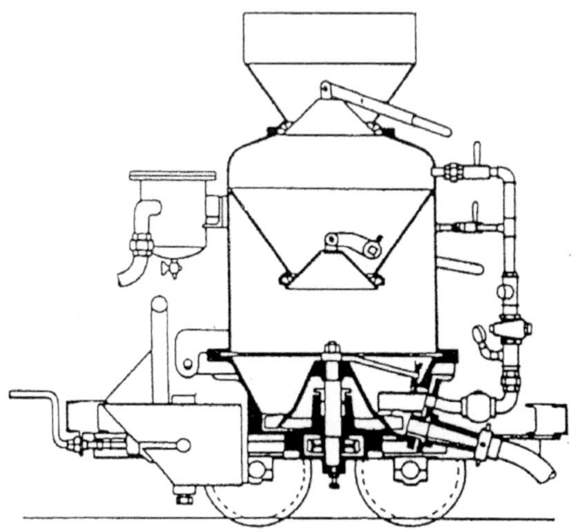

Bild 13.21: Druckkammermaschine [43]

Kernstück einer Schneckenmaschine ist die archimedische Schnecke, die die kontinuierliche Materialförderung in den Luftstrom sichert und somit eine gleichbleibende Trockengutförderung zur Spritzdüse ergibt. Nachteil ist der hohe Verschleiß der Schnecke (vgl. Bild 13.22, Senn).

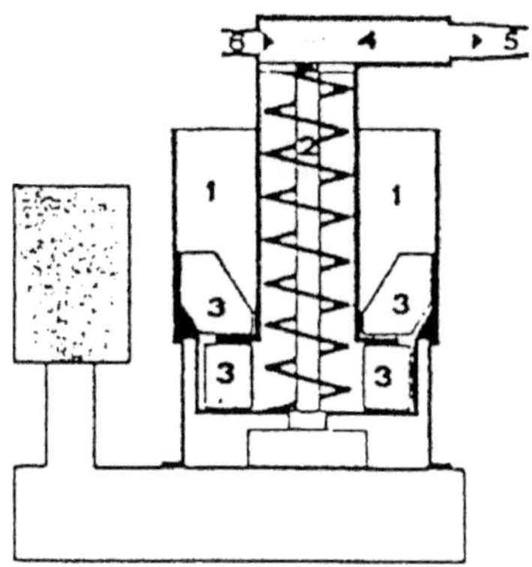

Bild 13.22: Schneckenmaschine (Prinzipskizze)

Heutiger Standard sind die Rotormaschinen (vgl. Bild 13.23). Sie bestehen aus flachen Stahlzylindern mit verschiedenen, parallel zur Achse angeordneten Öffnungen. Auf diesem waagrecht angeordneten „Revolvertrommel" sitzt ein Vorratstrichter. Das bevorratete Material füllt die Öffnungen des Zylinders und fällt bei Drehung des Rotors in den darunter befindlichen Ausblasestutzen. Durch die zugegebene Druckluft wird das Material in den Schlauch geblasen (Aliva, Meyco).

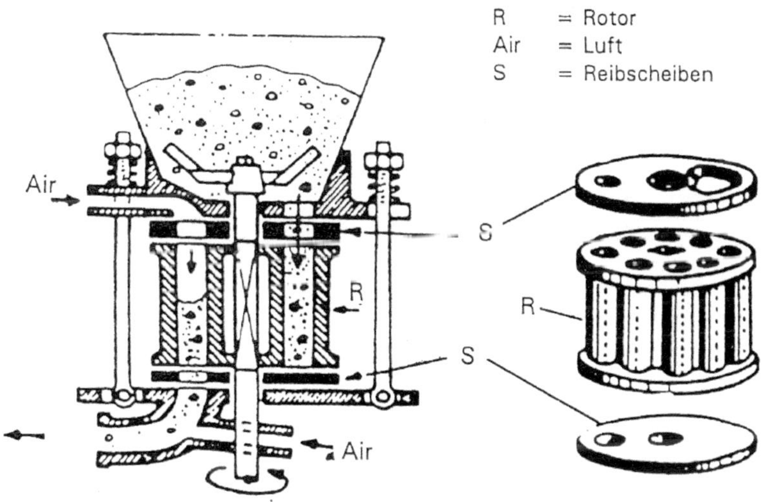

Bild 13.23: Rotormaschine im Schnitt [Firmenprospekt]

Eine Weiterentwicklung der klassischen Zweikammermaschine ist der Spritzautomat (vgl. Bild 13.24). Dieser Gerätetyp hat nur noch eine unter Druck stehende Arbeitskammer, aus der das Material über ein Taschenrad abgezogen wird. Die kontinuierliche Füllung der Kammer erfolgt durch einen waagerecht unter einem Einfülltrichter angeordneten, rotierenden Konus. Diese Entwicklung kombiniert das Zweikammerverfahren und das Rotorverfahren. Der Vorteil liegt im geringeren Luftbedarf (im Vergleich zum Zweikammerverfahren) und im geringeren Verschleiß (im Vergleich zum Rotor verfahren) bei kontinuierlicher Förderung.

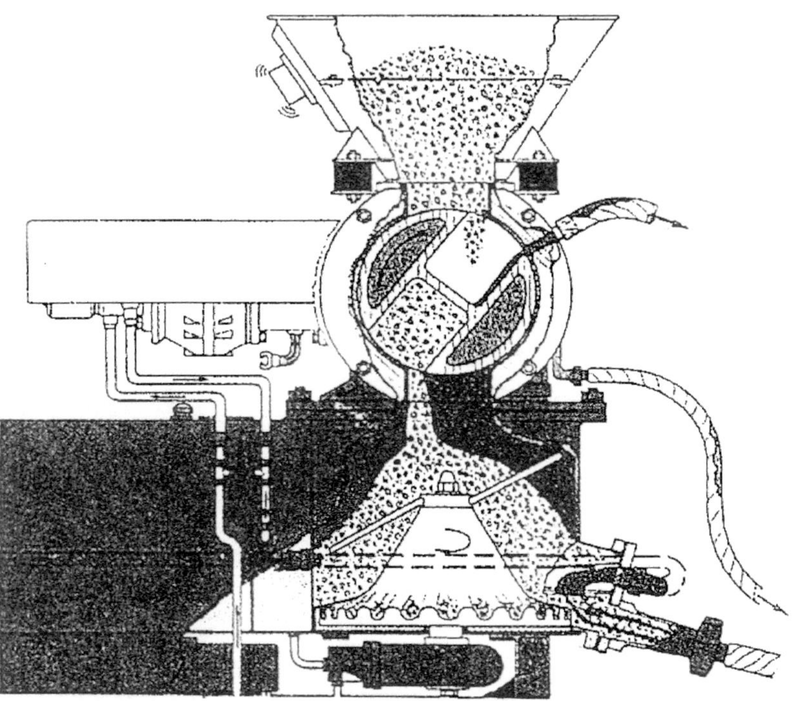

Bild 13.24: Spritzautomat SBS [Firmenprospekt]

Im Zuge der Entwicklung von Spritzbetonzementen war eine neue Herstellungs- und Verarbeitungstechnik von Bereitstellungsgemischen notwendig; insbesondere bei Verwendung von feuchten Zuschlägen.

Zunächst wurde die Druckbehältertechnik (vgl. Bild 13.25) aus dem Bergbau für Trockenbetone wiederentdeckt und auf die Bedürfnisse der Vortriebssicherung im Tunnelbau entsprechend umgearbeitet. Als Wiederentdecker ist die Fa. Rombold zu nennen. Bei diesem Verfahren werden Druckbehälter mit Trockenbeton gefüllt und zum Einsatzort transportiert. Durch die Druckbeaufschlagung (max. 5,0 bar) wird ein kontinuierlicher Materialzulauf zur Dosierblasschnecke erreicht; die Förderleistung des Materialstroms zur Düse wird über die Drehzahl der hohlen Dosierblasschnecke gesteuert (stufenlos von 2 – 14 m³/h), durch die gleichzeitig die erforderliche Druckluft zum Materialtransport im Schlauch zugeführt wird.

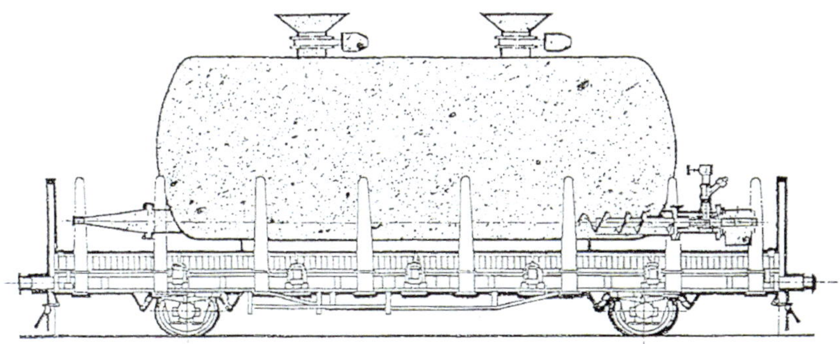

Bild 13.25: Druckbehältertechnik (Bergbau) [Firmenprospekt]

In Kombination mit der Pneuma-Düse, einer Vorbenetzungsdüse, bei der ca. 5 – 8 m vor der eigentlichen Düse dem Materialstrom ein Luft/Wasser-Gemisch als Vorbenetzung zugeführt wird, ist das Rombold-Spritzsystem (vgl. Bild 13.26) entstanden. Zwischenzeitlich wird diese Technik mit geringfügigen Veränderungen auch von anderen Herstellern angeboten und eingesetzt. Beim Lainbergtunnel wurde diese Technik erstmals unter Verwendung des Tunnelausbruchs verwendet; dabei wurde an der Baustelle das Ausbruchmaterial aufbereitet, getrocknet und durch Zugabe von Bindemittel zu einem fertigen Trockenbeton gemischt [26].

Bild 13.26: Rombold-Spritzsystem [Firmenprospekt]

Eine Verarbeitung von Spritzbetonzement mit naturfeuchten Zuschlägen (bis max. 4 M% Eigenfeuchte) ist mit der herkömmlichen Verfahrenstechnik durch die spezielle Erstarrungskinetik der Spritzbetonbindemittel nicht möglich. In der Patentanmeldung „Verfahren zum Herstellen von Spritzbeton“ [27] wird der Verfahrensschritt „Herstellen des Bereitstellungsgemisches bei Verwendung von Spritzbetonzement mit naturfeuchten Zuschlägen" vorgestellt.

Dabei werden die Ausgangsstoffe (Spezialbindemittel, feuchter Zuschlag) getrennt bevorratet; durch geeignete Dosiervorrichtungen werden in zuvor festgelegten Mengenverhältnissen die beiden Materialströme einer durchlaufenden Mischzone zugeführt und sofort anschließend mittels klassischer Maschinentechnik gefördert und appliziert. Die ersten praktischen Anwendungen der neuen Spritzbetontechnologie wurde durch die Entwicklung des „Mobilcrete-Spritzbetonsystems" (vgl. Bild 13.27) ermöglicht. Das System ist eine mobile Kompakteinheit, bestehend aus Zuschlagbevorratung, Bindemittelsilo, zwei Spritzautomaten und in der jüngsten Ausführung mit zwei Spritzmanipulatoren nebst kompletter Elektronik.

Bild 13.27: Mobilcrete-Spritzbetonsystem [Firmenprospekt]

Die Beschickung der Anlage erfolgt bei den Zuschlägen diskontinuierlich durch LKW oder Radlader, in dem das Material in einen aufkippbaren Zuschlagbehälter aufgegeben wird und beim Bindemittel kontinuierlich durch Druckluft von einem Bindemittelsilo aus. Von diesen Vorratssilos werden pro Spritzlinie die Zuschläge mittels Förderband, das Bindemittel mit einer Förderschnecke in die Kleinsilos über der elektronisch überwachten Dosier- und Mischeinheit transportiert. Über je eine Zellenraddosierung der Fa. Tepe (Dosiergenauigkeit von ± 2 M%) werden Zuschlagstoffe und Bindemittel in einen Rohrschneckenmischer abgegeben und dort homogenisiert. Das stufenlos verstellbare Dosiergetriebe ermöglicht dabei jedes beliebige Mischungsverhältnis. Anschließend gelangt das gemischte Material in den Vorratstrichter des Spritzautomaten SBS Typ C1 mit einer maximalen Leistung von 12 m³ verdichteten Beton pro Stunde. Die Benetzung des Fördergutes erfolgt mit einer Hochdruckwirbelmischdüse der Firma Schürenberg. Somit verfügt das Mobilcrete – Spritzbetonsystern über eine installierte Leistung von ca. 24 m³ verdichteten Spritzbetons.

Die Technik, naturfeuchte Zuschläge und Zement erst bei Bedarf frisch zu mischen und danach zu verarbeiten, ist allerdings nicht neu. In Schweden wurde von der Firma Stabilator ein solches mobiles Spritzsystem (vgl. Bild 13.28) unter dem Namen Trixer (Truckmixer) bereits Mitte der Siebziger Jahre vorgestellt [28].

Bild 13.28: The Trixer [28]

Bild 13.29: Trimaster [Firmenprospekt]

In Deutschland wurde von der Firma P.F.T. zur Verarbeitung von Spritzbetonzement mit naturfeuchtem Zuschlag der Gerätetyp Trimaster (vgl. Bild 13.29) entwickelt. Der Trimaster ist von seiner Konzeption her eine modifizierte klassische Spritzmaschine (Typ Meyco), ein Baustein und kein komplettes Spritzsystem.

Oberhalb der Rotortaschenöffnung, aber innerhalb des Zuschlagvorrattrichters wird über eine stufenlos regelbare Dosierschnecke, die ihrerseits nach oben geschlossen ist, Bindemittel in den laufenden Befüllungsvorgang der Rotortaschen gefördert. Eine Materialhomogenisierung findet im Schlauch statt. Der Bindemittelvorratsbehälter ist mit einer Filterhaube ausgestattet und kann vollautomatisch über eine pneumatische Förderung von einem Vorratssilo aus befüllt werden. Die Zuschlagdosierung kann ebenfalls am Gerät durch Füllstandsanzeiger im Vorratstrichter des Trimasters vollautomatisch überwacht werden, ohne dass die Materialzufuhr zum Gerät in einem „Lösungspaket" vorgesehen ist. Ein komplettes Spritzsystem ist infolgedessen möglich, wird vorn Hersteller jedoch nicht angeboten.

Untersuchungen am Lehrstuhl für Baustofflehre und Materialprüfung der Universität Innsbruck und Praxiseinsätze im Tunnelvortrieb haben gezeigt, dass bei volumetrischer Dosierung von Spritzbetonzementen und naturfeuchten Zuschlägen Spritzbetone hoher Güte hergestellt werden können. Die Schwankungsbreite der Zusammensetzung des Bereitstellungsgemisches wird der durch Rückprall veränderten Betonzusammensetzung gleichgesetzt [29].

13.4.1.3 Düsentechnik

Das zum Erhärten des Betons erforderliche Anmachwasser wird beim Trockenspritzverfahren in der Spritzdüse zugegeben. Um eine möglichst gute Durchmischung des mit hoher Geschwindigkeit durch die Düse strömenden Materials zu erreichen, wird mittels eines Wasserringes in der Düse ein Wassernebel erzeugt, durch den das Spritzmaterial hindurchfliegt und dabei benetzt wird. Die Benetzungsqualität ist bei erdfeuchtem Material im Vergleich zu trockenem bzw. ofentrockenem Material (Trockengemisch) bei Standarddüsen i.d.R. besser; dies zeigt sich in einem günstigeren Rückprallverhalten und einer geringeren Staubentwicklung. Gerade diese Problematik erkannten auch die Pioniere des Trockenspritzverfahrens [42].

Die einfachste Düse besteht aus einem zumeist konisch zulaufenden Kunststoffrohr, dem ein Wasserring vorgeschaltet ist (vgl. Bild 13.30). Über den Wasserring wird das Anmachwasser und i.d.R. der flüssige Betonbeschleuniger dem Materialstrom zugeführt.

Eine Verbesserung der Durchmischung zwischen Trockengemisch und dem Zugabewasser nebst Beschleuniger wird durch einen zusätzlichen Wasserring im Abstand von ca. 2 m zum Düsenende erreicht. Hierbei spricht man von einer Vorbenetzungsdüse. Eine Variante davon ist die Rombold-Pneuma-Düse, die im darauffolgenden. Bild 13.31 gezeigt wird. Dabei wird ca. 5 – 8 m vor dem Düsenende ein Luft-/ Wassergemisch dem Trockenförderstrom des Druckbehältersystems zugeführt.

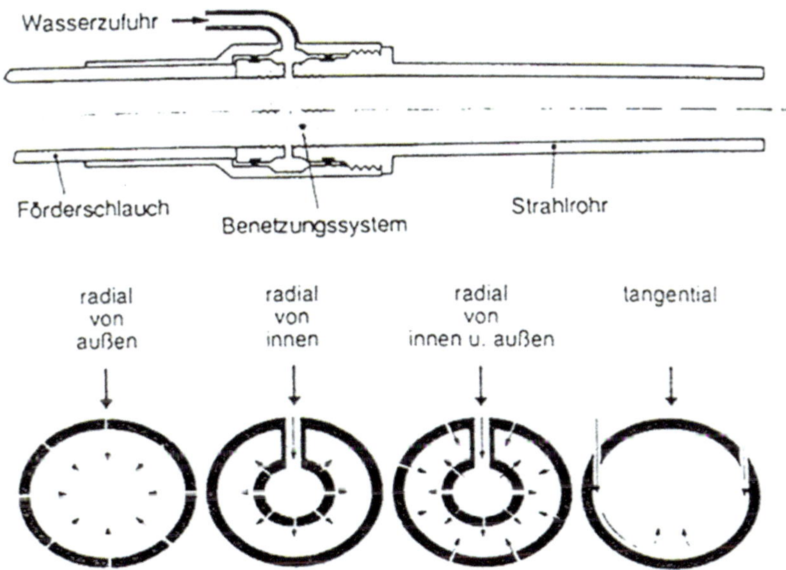

Bild 13.30: Benetzungssysteme [Firmenprospekt]

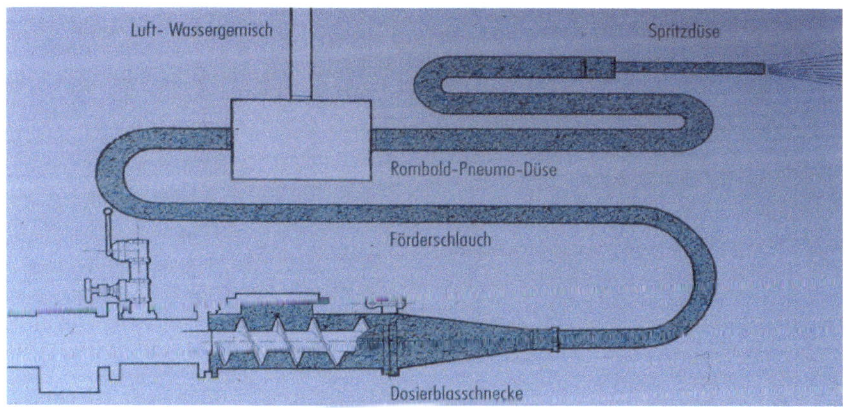

Bild 13.31: Pneumadüse [Firmenprospekt]

Durch Erhöhung des Wasserdruckes (ca. 100 bar) für das Zugabewasser wird bei der sogenannten Hochdruckdüse eine bessere Durchmischung zwischen Trockengemisch und Zugabewasser erreicht. Der Mischkörper befindet sich bei dieser Düsenart direkt an der Düse; dabei erzeugen drei hintereinander angeordnete Verteilerringe ein Wassergitter (vgl. Bild 13.32), durch welches das Trockengemisch durchgeblasen wird (SBS).

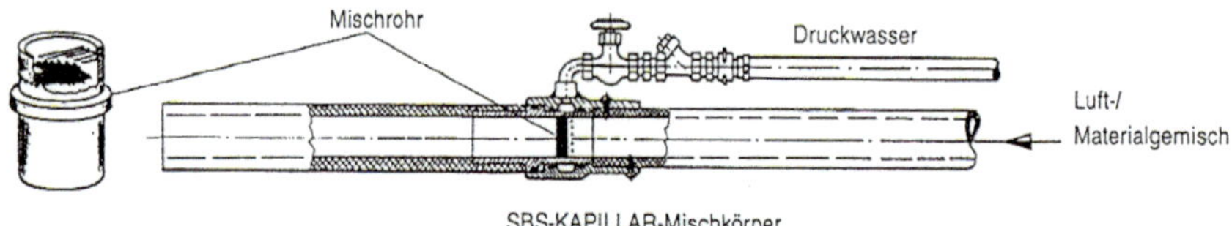

Bild 13.32: Hochdruckdüse SBS [Firmenprospekt]

Eine Weiterentwicklung ist die Ringraumdüse (DMT); das Besondere dieser Düse liegt im Inneren, wo ein Anströmkörper eingebaut ist und dadurch den Massenstrom von einem Kreisquerschnitt in einen Ringquerschnitt überführt. Die Ringquerschnittsfläche entspricht dem des Kreisquerschnittes, so dass die Kontinuität des Massenstroms gewährleistet ist. Damit erreicht man ein günstigeres Oberflächen-Querschnitt-Verhältnis, das für die Benetzung von größter Wichtigkeit ist (vgl. Bild 13.33).

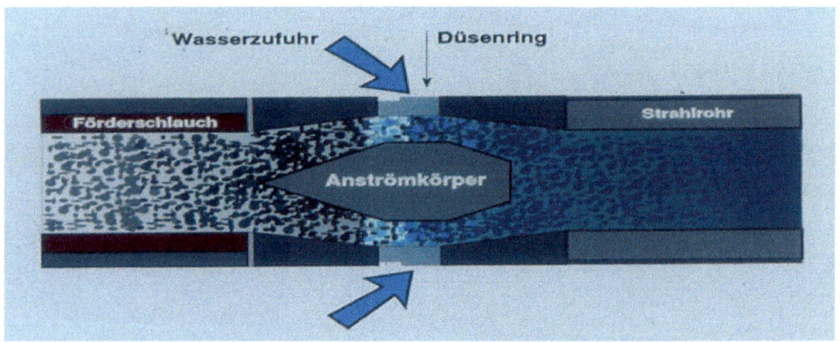

Bild 13.33: Schnitt durch die Ringraumdüse [Firmenprospekt]

Die jüngsten Generationen der Düsentechnologie beim Trockenspritzverfahren sind die Keramik-Zwangsmischdüse (vgl. Bild 13.34) der Firma O & M (Opitz & Matuschak) bzw. die Schuller Spritzbetondüse mit Nachmischkammer (vgl. Bild 13.35 a+b). Im Falle der Keramik-Zwangsmischdüse wird das benetzte Trockenspritzgemisch durch spezielle Ablenkwinkel gezwungen sich nochmals im Keramik-Mischrohr quasi „nach zu mischen“ bzw. zu homogenisieren um sich anschließend im konischen Austragsstück wieder zu vergleichmäßigen.

Dadurch kann bei normalem Wasserdruck (5 bis max.10 bar) Spritzbeton im Trockenspritzverfahren mit geringem Rückprall, geringer Staubentwicklung und hoher Spritzbetongüte/-qualität appliziert werden.

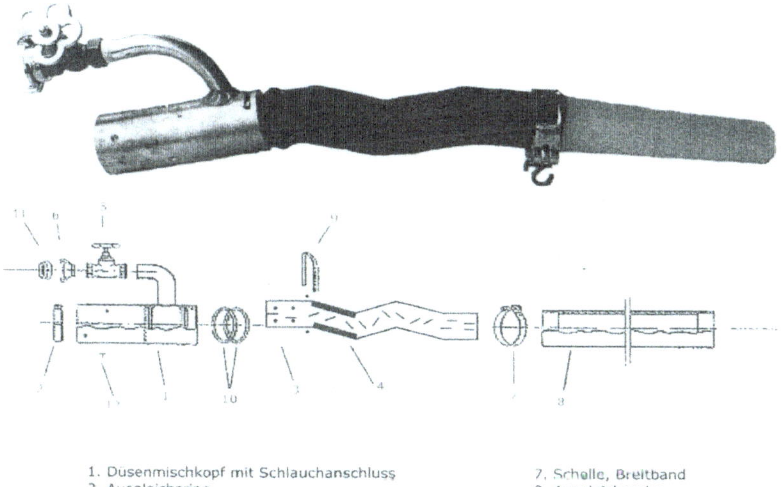

Bild 13.34: Schnitt durch die Keramik-Zwangsmischdüse [Firmenprospekt]

Ähnlich ist das Funktionsprinzip der Spritzbetondüse mit Nachmischkammer. Bei der Nachmischkammer wurden die Aufprallflächen (hochverschleißfeste feine Stahllamellen anstelle Keramik) so optimiert bzw. angeordnet, dass eine intensive Benetzung/Durchmischung mit Wasser erreicht und beim Austrag (Kunststoffrohr mit konstantem Querschnitt) eine ebenfalls deutliche, nahezu staubfreie Applikation erzielt werden kann.

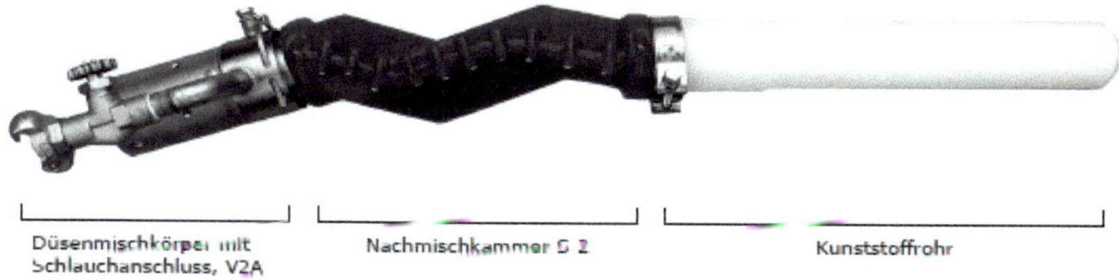

Bild 13.35 a: System Spritzbetondüse mit Nachmischkammer [Firmenprospekt]

Aufgrund der Geometrie der Nachmischkammer benötigt diese Art Spritzbetondüse zur Förderung des Trockenspritzgemisches einen deutlich geringeren Luftdruck; für eine optimale Funktionsweise muss der Wasserdruck idealerweise ca. 2 bar über dem Förderluftdruck des Trockenspritzgemisches liegen.

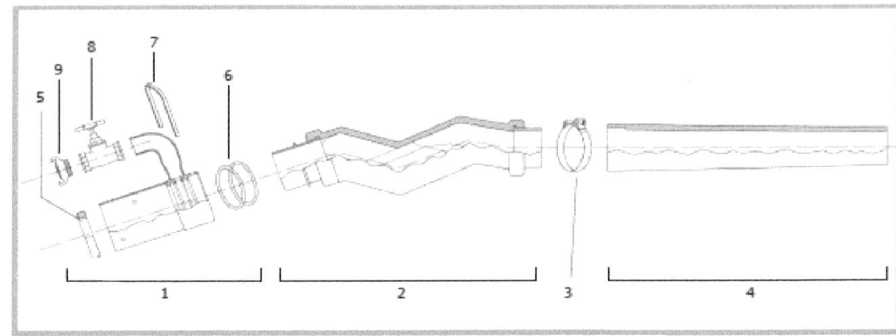

1 Düsenmischkörper mit Schlauchanschluss, Edelstahl
2 Nachmischkammer mit Mischrohr u. Austragshülse
3 Edelstahlschelle
4 Kunststoffrohr
5 Ausgleichsring/Verschleißring
6 O-Ringe
7 Klammer, Edelstahl
8 Regulierventil 1/2" 16 bar
9 GK Schnellkupplung 1/2" AG

Ausführung Saint Gobain:
zwischen Regulierventil und Schnellkupplung ist zusätzlich ein Kugelhahn 1/2" montiert.

Bild 13.35 b: Schnitt durch die Spritzbetondüse mit Nachmischkammer [Firmenprospekt]

Beide Systeme ermöglichen eine gute Benetzung/Durchmischung/Homogenisierung des Trockenspritzgemisches mit Wasser, bei der Applikation folglich einen deutlich reduzierten Rückprall, eine erheblich verbesserte und damit höhere Spritzbetonqualität sowie eine deutlich geringere Staubentwicklung. Welche der beiden Düsen sich letztlich durchsetzt wird der Anwender entscheiden.

13.4.2 Nassspritzverfahren

Beim Nassspritzverfahren wird üblicherweise Frischbeton oder Frischmörtel (i.d.R. in einem Mischwerk hergestellt) im allgemeinen im Dichtstrom mit einer Pumpe zur Spritzdüse gefördert, in der ggf. flüssige Additive (Erstarrungs- und/oder Erhärtungsbeschleuniger) zugegeben werden und durch Einleitung von Druckluft die notwendige physikalische Materialbeschleunigung erreicht wird.

Neu, und damit eine Besonderheit ist die Entwicklung einer speziellen Fahrzeug-Systemtechnik (Fa. Rombold), bestehend aus einem Transportbetonfahrzeug und einer angehängten/angeflanschten Mischtechnik (Rohr- oder Durchlaufmischer plus Steuerung), mit der aus einem Trockenspritzbetongemisch vorort am Einsatzort je nach Bedarf und somit quasi auf Druckknopf ein Nassspritzbeton (s. 13.4.2.1 Fahrzeugtechnik) hergestellt werden kann [47].

13.4.2.1 Fahrzeugtechnik

Aus einem Trockenspritzbetongemisch via einer Fahrzeugmischung einen Nassspritzbeton herzustellen ist nicht neu und wurde u.a. beim Wienerwaldtunnel in Wien partiell so angewendet. Für ein derartiges Verfahren eignet sich besonders die GSM-Trommel (Gegenstrom-Trommel) der Fa. Stetter, bei der eine Wellenserie das Material wieder nach innen zieht, quasi gegen den Strom (Austrag) und die somit in ihrer Mischwirkung einem Zwangsmischvorgang ähnelt bzw. einen solchen simuliert (vgl. Bild 13.36). Dadurch lässt sich eine relativ gleichmäßige Frischbetonqualität (Homogenität, Konsistenz – mit und ohne Fließmittel u.a.) erzielen. Nachteil dieser Technik ist die Chargenproduktion, d.h. es muss auf einen Rutsch der gesamte Trommelinhalt angemischt werden.

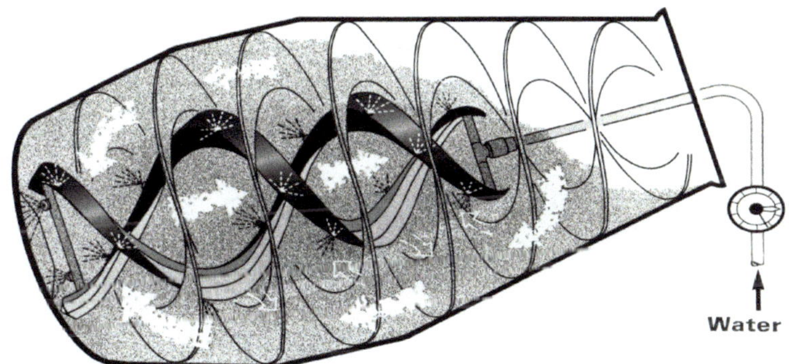

Bild 13.36: Schnitt durch eine GSM-Trommel [Firmenprospekt]

Dieser Nachteil wird durch das neuentwickelte System Rombold (vgl. Bild 13.37) aufgehoben, weil diese Systemtechnologie ein partielles Anmischen durch das Durchlaufmischerprinzip (Rohrmischer) ermöglicht. Somit können die Vorteile des Nassspritzbetons mit der Flexibilität eines Trockenspritzbetons genutzt werden.

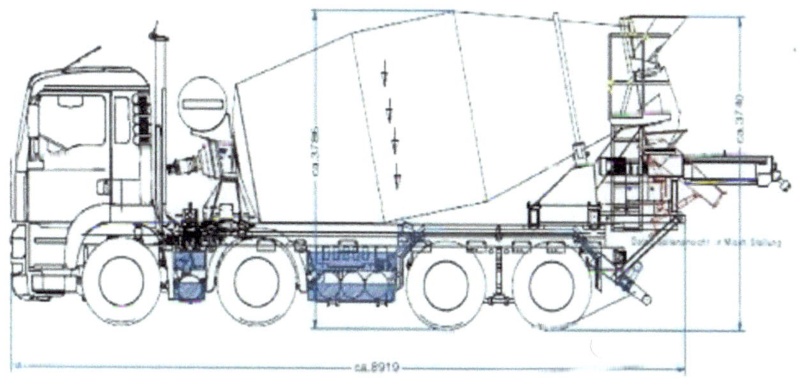

Bild 13.37: Schnitt durch das Transportfahrzeug [Firmenprospekt]

Die gesamte Einheit (vgl. Bildserie 13.38) umfasst Puffersilos (bis 100m^3), Steuerungstechnik, Chargenprotokoll incl. W/Z-Wert sowie Fahrmischer mit integrierter Mischeinheit am Trommelaustrag. Variable Leistungspakete von 12 – 21 m^3/h bzw. bis zu 400 to/d ermöglichen vielseitige Einsatzmöglichkeiten.

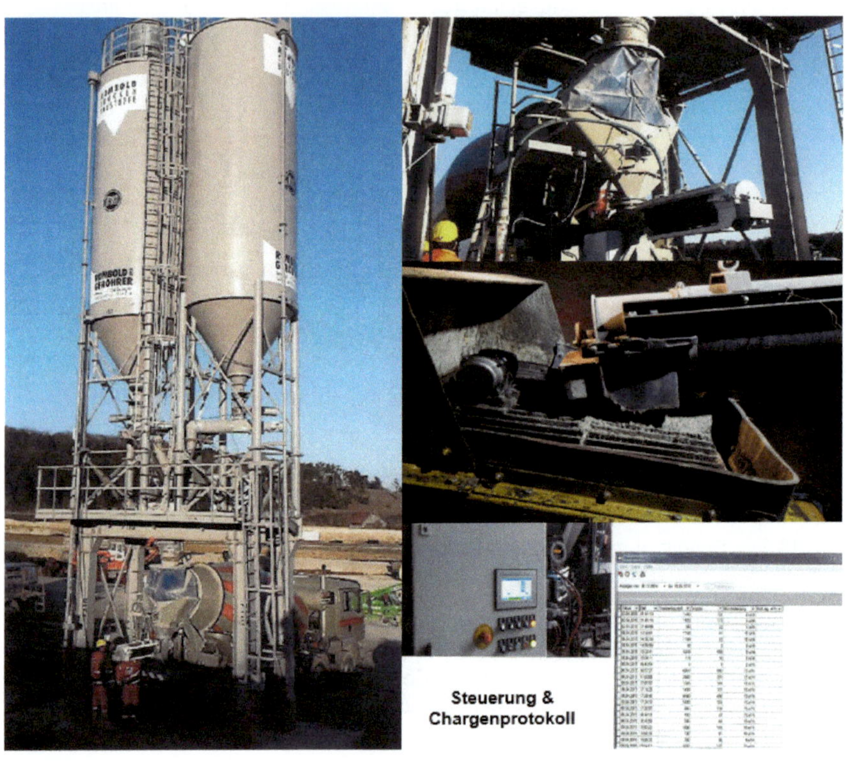

Bildserie 13.38: System Rombold [Bilder Rombold]

13.4.2.2 Maschinentechnik

Zwar ist beim Nassspritzverfahren eine Dünnstromförderung technisch denkbar und möglich, doch inzwischen am Markt ohne Bedeutung. Üblich ist beim Nassspritzverfahren die Dichtstromförderung. Hier sind klassische Kolbenpumpen oder Pumpen mit Schneckenförderung im Einsatz. Die Betonpumpen mit Schneckenförderung weisen ein absolut kontinuierliches und pulsationsfreies Förderverhalten auf (PM-Betojet). Bei den Kolbenpumpen handelt es sich um Doppelkolbenpumpen, die im Vergleich zu herkömmlichen Kolbenpumpen geringere Umschaltphasen der Rohrweichen haben und somit einen fast kontinuierlichen Förderstrom haben (Schwing, Putzmeister). Eine Optimierung stellt dabei die Meyco Suprema (Bild 13.39) dar, deren Pulsation des Fördergutes elektronisch durch das hydraulische Push-Over System gesteuert und mit dem gleichzeitig die gleichbleibende Beschleunigermenge garantiert wird.

Bild 13.39: Meyco-Suprema [39]

13.4.2.3 Düsentechnik

Beim Nassspritzverfahren im Dichtstrom wird durch bzw. an der Düse durch Druckluft das Material vom Dichtstrom in den Dünnstrom überführt und gleichzeitig der flüssige Beschleuniger zugesetzt. Konstruktive Unterschiede bei den Nassspritzdüsen ergeben sich bei der Einbringung der Druckluft und des Beschleunigers.

Die Zugabe der Druckluft erfolgt entweder in der Düse in den dichten Betonstrom (Turboinjektordüse Top Shot, Schwing) oder aber am Umfang der Düse (Betojet-Düse, PM). Bei der Beschleunigerzugabe sind gute Erfahrungen mit auf den Düsenkörper aufgesetzten Verlängerungsschläuchen von bis zu 6 m gemacht worden. Dem Betondichtstrom wird im Düsenkörper das Druckluft-Beschleuniger-Gemisch zugegeben, der Frischbetonstrom wird dabei aufgerissen und im Dünnstrom durch den Verlängerungsschlauch gefördert. Das Bild 13.40 zeigt eine neuere Meyco Nassspritzdüse

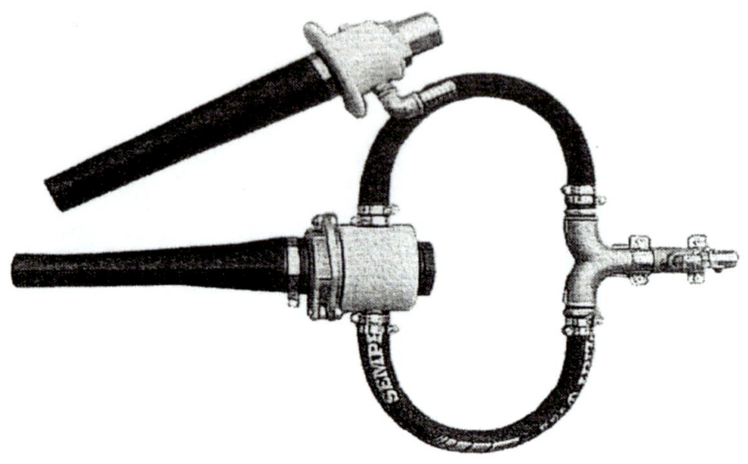

Bild 13.40: Meyco-Nassspritzdüse [39]

13.4.3 Spritzroboter / Spritzmobile

Spritzroboter/-manipulatoren oder Spritzmobile eignen sich dort, wo große Volumen von Spritzbeton eingebaut werden, d.h. vornehmlich im Stollen- und Tunnelbau sowie für Hang- und Baugrubensicherung (je nach Größe und Kubatur). Aufgrund mechanisierter und automatisierter Ausrüstung können auch große Mengen von Spritzbeton -nass oder trocken- unter stets optimalen Bedingungen ohne Ermüdung des Düsenführers aufgebracht werden. Gleichzeitig werden die Arbeitsbedingungen verbessert und die Sicherheitsstandards erhöht.

Bild 13.41: Meyco-Robojet [39]

Ein solches automatisch arbeitendes Gerät (z.B. Meyco-Robojet, Bild 13.41) besteht aus:

- Spritzlanze mit Düse
- Trägerarm
- Fernbedienung
- Antriebseinheit
- Drehturm bzw. Anbaukonsolen (für unterschiedliche Aufbaufahrzeuge)

Die Spritzlanze lässt alle für den Spritzbetrieb möglichen und notwendigen Düsenbewegungen zu; sie ist auf dem Trägerarm befestigt, der in alle Richtungen bewegt und durch eine eingebaute Extension verlängert werden kann. Die Steuerung erfolgt über eine tragbare Fernbedienung. Das zuvor abgebildete Gerät kann z. B. 16 individuelle Bewegungen ausführen. Eine Weiterentwicklung ist die Meyco-Logica, ein computergesteuerter Spritzroboter mit acht verschiedenen Freiheitsgraden. Alle diese modularen Bausteine können auch auf ein straßentaugliches Fahrzeug installiert werden (z.B Meyco-Roadrunner, siehe Bild 13.42), was dann über ein hohes Maß an Flexibilität bzw. Mobilität den Einsatzort, die Verfügbarkeit und die Wirtschaftlichkeit betreffend, aufweist.

Bild 13.42: Meyco-Roadrunner [39]

13.4.4 Perforex-Verfahren

Das Perforex-Verfahren wurde vor ca. 35 Jahren in Frankreich entwickelt und kommt beim Auffahren von unterirdischen Hohlräumen und Tunneln im Lockergestein bis mittelfesten Gesteinsformationen zum Einsatz. Kernstück dieses Verfahrens ist die Vortriebstechnologie (Bild 13.43), d. h. bei diesem Verfahren werden entsprechend einem

Lamellenraster – dem erforderlichen Querschnittsprofil entsprechend angepasst – partiell Lamellen bis zu ca. 5 m Länge und bis zu ca. 50 cm Breite und in der erforderlichen Dicke aus dem anstehenden Bodenmaterial herausgefräst/-gesägt (Fräs- oder Sägeschwert, Bild 13.44). Die anschließende Sicherung der Lamelle erfolgt mit einem frühhochfesten Spritzbeton, der von seinen Eigenschaften mehr einem frühhochfesten Konstruktionsbeton entspricht.

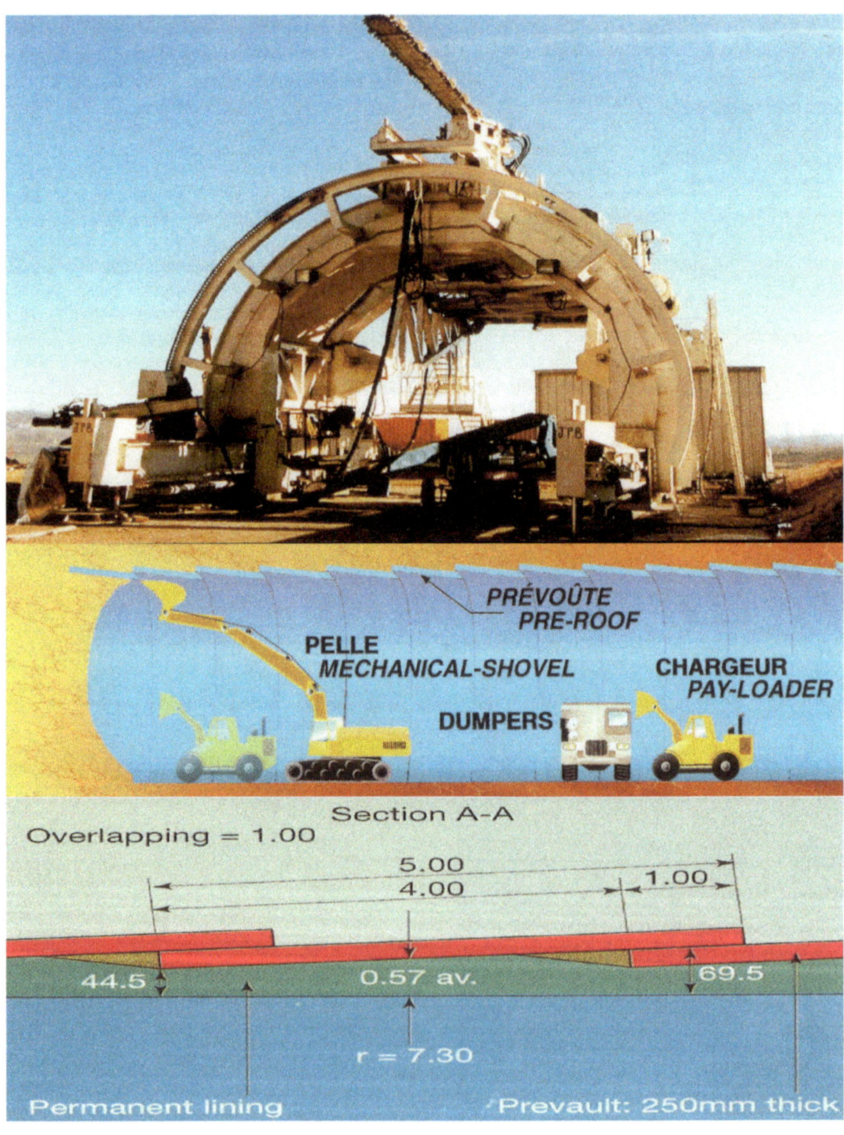

Bild 13.43: Perforex-Verfahrenstechnologie

Bild 13.44: Fräs-/Sägeschwert

Durch das alternierende Fräsen der Lamellen (ähnlich einer überschnittenen Bohrpfahlwand) ergibt sich eine nur geringe Störung/Deformierung des anstehenden Materials, wobei die Abfolge der Lamellen entsprechend der vorhandenen Geologie zuvor festgelegt wird und man am Ende ein komplettes Ausbruchgewölbe (Gewölbering) erhält. Im Schutze dieses Tragringes erfolgt dann der eigentliche Ausbruch der Querschnittsfläche. Das weitere Auffahren erfolgt dann analog einer sogenannten „Regenschirmabdichtung durch Injektionssäulen", d.h. die weiteren Abschläge verlaufen überlappend (vgl. Bild 13.43).

Beim frühhochfesten Spritzbeton handelt es sich nicht um einen mit Beschleunigern aktivierten Beton, sondern um einen auf Calciumaluminatzement (CFL – Fondu Lafarge) rezeptierten Beton (z.B. ca. 250 kg/m^3 CAC, ca. 150 kg/m^3 Hochofenschlacke, Zuschlag 0/12mm oder 0/16mm, W/Z ca. 0,45), der übliche Verarbeitungszeiten (Erstarrungszeiten) aufweist und nach dem Spritzvorgang im Alter von ca. 1h mit einer dann starken/heftigen Festigkeitsentwicklung beginnt. Derartige Betone weisen nach ca. 4 Stunden – je nach Rezeptierung – mindestens 20 N/mm^2, nach 6 Stunden mindestens 35 N/mm^2 und nach 24 Stunden ca. 50 N/mm^2 auf. Die 28d Festigkeit liegt bei ca. 60 N/mm^2. Entsprechend den Gebirgsverhältnissen kann das Erstarrungsverhalten durch die minimale Zugabe von Portlandzement (Calciumsilikatzement) entsprechend verkürzt bzw. beschleunigt werden.

Im Vergleich zum typischen Spritzbeton (erstarrungsbeschleunigter Beton) als Sicherungselement beim Auffahren von Hohlräumen gemäß NÖT handelt es sich beim Perforex-Verfahren um einen erhärtungsbeschleunigten Beton durch Einsatz und Verwendung von Calciumaluminatzement.

13.5 Spritzbetoneigenschaften

13.5.1 Bautechnische Eigenschaften

Spritzbetoneigenschaften im Tunnelbau – obgleich meistens nur von temporärer Bedeutung – werden bzgl. der bautechnischen Anforderungen i.a. nur durch den Nachweis der Druckfestigkeit bewertet; dabei wird für die Frühdruckfestigkeit das Anforderungsprofil aus [30], für die statische Endfestigkeit (Bemessung der Tunnelschale) der Nachweis der 28d-Druckfestigkeit einer Betongüte (i.d.R. C 25/30) nach DIN 1045 gefordert.

Für den Nachweis der Frühfestigkeiten haben sich das Penetrationsnadelverfahren, das Meyco-Kaindl-Ausziehverfahren und das Hilti-Schussbolzenverfahren bewährt. Der weitere Festigkeitsverlauf wird an Bohrkernen nach DIN 1048 ermittelt. Neben der Festigkeit bzw. Festigkeitsentwicklung sind Kriechen, Schwinden, E-Modul und Dichtigkeit (Rohdichte, WU-Prüfung, Porosität) von Bedeutung. Für die Festigkeitsentwicklung eines Spritzbetons sind grundsätzlich Eignungsprüfungen unter Baustellenbedingungen nötig.

Waren die Anforderungen J3 an den jungen Spritzbeton in der Vergangenheit nur dem Trockenspritzverfahren vorbehalten, so gibt es mittlerweile baupraktische Erfahrungen von Nassspritzbeton bzgl. der Anforderung J3.

13.5.1.1 Performances von Trockenspritzbeton

Bei den durchgeführten Untersuchungen wurde bzgl. den bautechnischen Anforderungen dem Festigkeitsverhalten (Frühfestigkeit, Endfestigkeit) die größte Aufmerksamkeit gewidmet. In der Mehrzahl der Fälle wurde Trockenbeton aus Kalksteinsplitt 0/8 mit 350 kg/m³ Zement [44] verwendet. Als Beschleuniger kam ein handelsüblicher Natriumaluminatbeschleuniger (flüssig, Dosiermenge 5 M%) zum Einsatz; aus der Produktreihe synthetischer Kieselsäuren wurde zunächst das pulverförmige Sypernat 22S [45] und im späteren Verlauf der Untersuchungen das flüssige ST 65 (Kieselsol) verwendet.

Da die Produkteigenschaften des flüssigen ST 65 – im Vergleich zum Sypernat 22S – sich von Vorteil erwiesen haben, wird im Folgenden von Ergebnissen berichtet, bei denen ST 65 mit einer Dosierung von 2 M% verwendet wurde.

In den Bildern 13.45 – 13.49 bedeuten:

45 F	–	Normenzement PZ45F
45F/S	–	Normenzement PZ45F mit einem speziellen Sulfatträger
45S	–	Spritzzement
BE	–	flüssiger Natriumaluminatbeschleuniger (5 M%)
SI	–	Woermann ST 65 (2 M%)

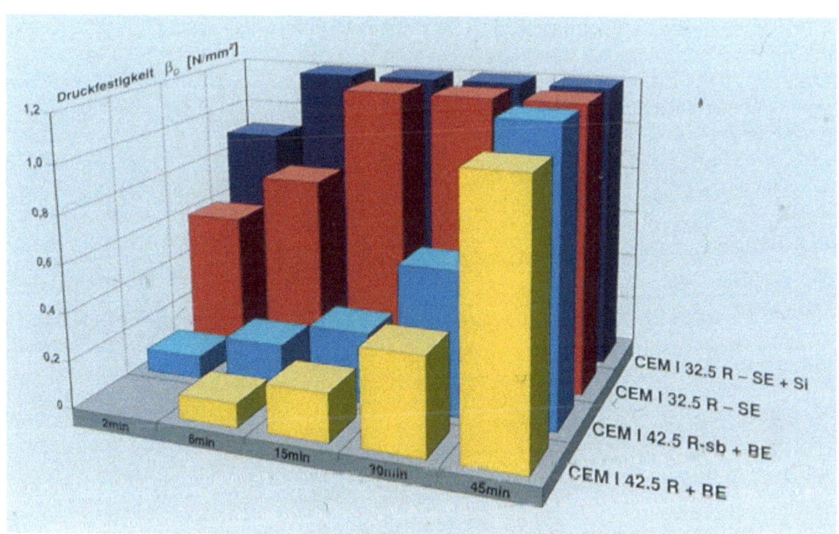

Bild 13.45: Frühdruckfestigkeit mittels Penetrationsnadel

Im Bild 13.45 wird deutlich, dass im Frühfestigkeitsverhalten im Zeitraum von 2 – 45 Minuten das Festigkeitsniveau eines Spritzbetons mit Spritzzement im Vergleich zum gleichen Spritzbeton mit Normenzement plus Beschleuniger deutlich erhöht liegt.

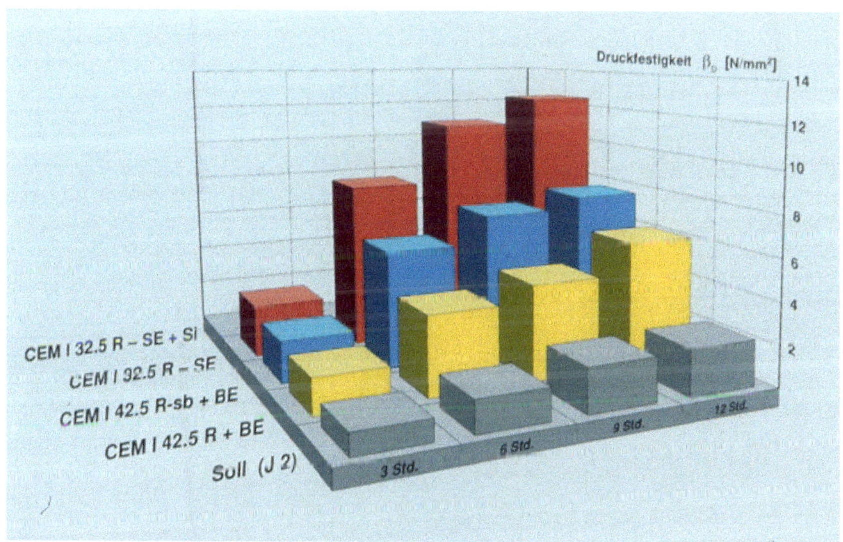

Bild 13.46: Frühdruckfestigkeit mittels Kaindl-Meyco-Verfahren

Eine weitere Steigerung, wenn auch nicht mehr so deutlich, ist durch den Einsatz des ST 65 möglich. Dieser Trend setzt sich im weiteren Festigkeitsverlauf (vgl. Bild 13.46) fort. Insbesondere liegt bei ansonsten gleichen Bedingungen und Rezepturen der 28 d-Wert eines mit Spritzzement plus ST 65 hergestellten Spritzbetons um eine Festbetonfestigkeitsklasse höher als der vergleichbare Spritzbeton mit PZ45F plus Beschleuniger (Bild 13.47).

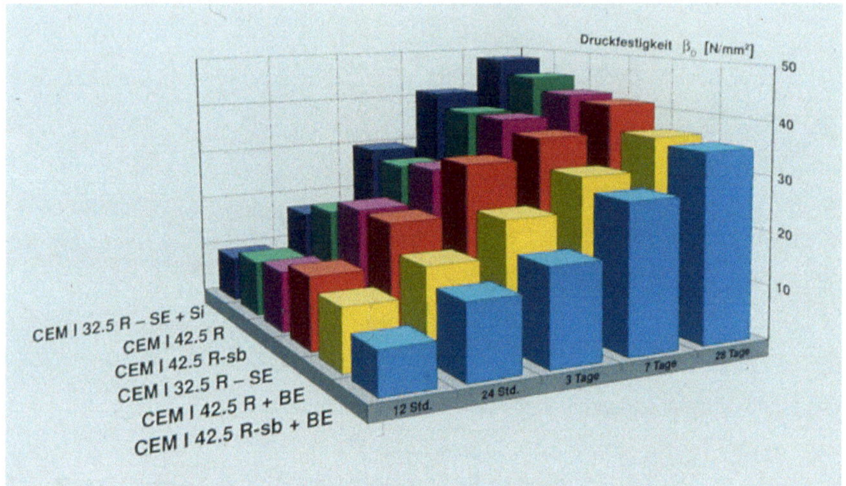

Bild 13.47: Druckfestigkeit mittels Bohrkernen nach DIN 1045

Der statische E-Modul des Spritzbetons mit Spritzzement liegt bei ca. 27.000 N/mm², der mit ST 65 etwas darüber. Bewertende Aussagen können diesbezüglich, genauso was das Kriechen und Schwinden betrifft, mangels ausreichender Prüfergebnisse, nicht vorgenommen werden.

Bild 13.48 zeigt deutlich, dass Spritzbeton unter Verwendung von Normenzementen plus Beschleuniger und Spritzbeton unter Verwendung von Spritzzement größere Wassereindringtiefen aufweisen wie die gleichen Spritzbetone ohne Beschleuniger. Der Grund liegt im früheren und schnelleren Hydratationsverlauf und der damit verbundenen gröberen Zementsteinstruktur. Eine deutliche Verbesserung bringt die Verwendung von Spritzzement plus ST 65.

Im Bild 13.49 wird die Erkenntnis aus Bild 13.48 bestätigt. Insbesondere verschiebt sich die mittlere Festbetonrohdichte eines Spritzbetons mit Spritzzement von 2.31/2.32 kg/dm³ auf 2.36 kg/dm³ bei dem gleichen Spritzbeton unter zusätzlichem Einsatz von ST 65.

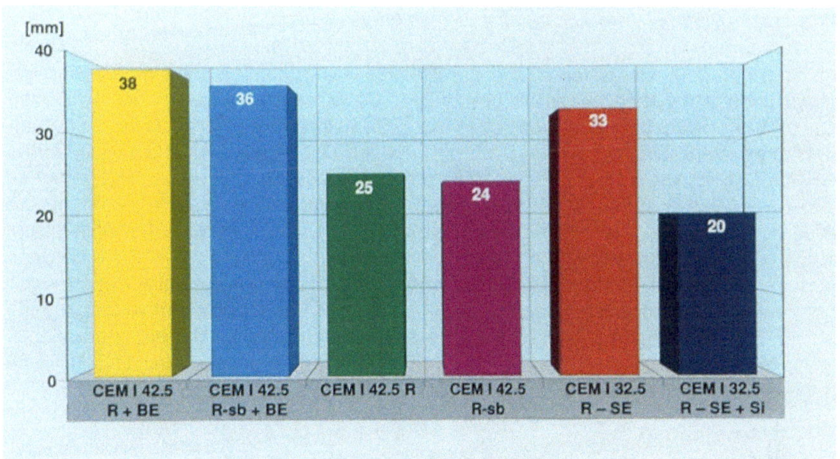

Bild 13.48: Wassereindringtiefe an Bohrkernen nach DIN 1048

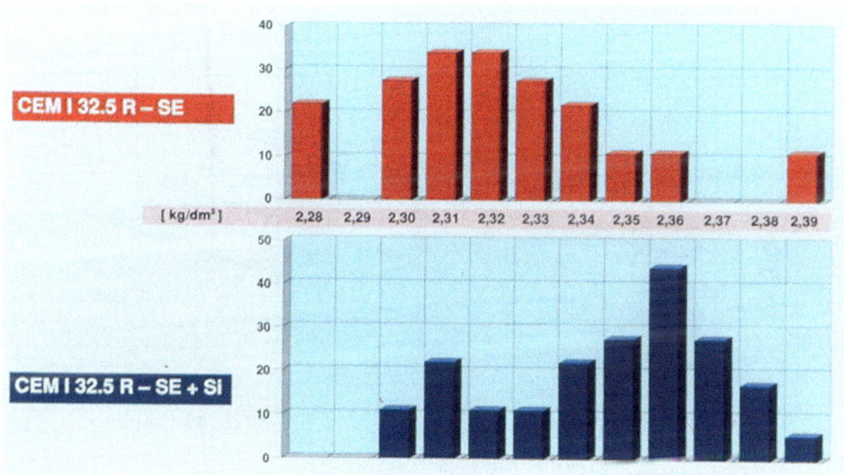

Bild 13.49: Relative Häufigkeit der Festbetonrohdichte

13.5.1.2 Performances von Nassspritzbeton

Im Rahmen von Laborstudien/Spritzstand für einen Erkundungsstollen – der ca. 2,5 km lange Tunnel erfordert J3 Eigenschaften vom zum Einsatz kommenden Nassspritzbeton – wurden u.a. der Einfluss unterschiedlicher Zemente und -zugabemengen, der Einfluss des W/Z-Wertes nebst Fließmittel/-zugabemenge sowie der Einfluss des Zuschlages bei Verwendung eines alkalifreien Beschleunigers auf die Frühfestigkeitsentwicklung des jungen Nassspritzbetons untersucht [46].

13.5.1.2.1 Einfluss unterschiedlichen Zuschlags

Im Zuge der Versuchsreihen wurde der Einfluss des Zuschlages auf die Festigkeitsentwicklung von Nassspritzbeton untersucht. Dabei wurde versucht, den W/Z-Wert (ca. 0,45) konstant zu halten und über die Fließmittelzugabemenge (PCE) eine vergleichbare Verarbeitungseigenschaft einzustellen. Ebenfalls wurde die Zementart (CEM I 52,5 R), die Zementmenge (500 kg/m³) und die Beschleunigerzugabemenge (BEAF, ca. 9,3%) konstant gehalten. Verwendet wurde eine Zuschlagskörnung 0/8 klassifiziert rund (A), klassifiziert gemischt körnig (B) und nicht klassifiziert gemischt körnig (C). Der Wasseranspruch nahm in der Reihenfolge A→C zu, was sich dann beim gewählten konstanten W/Z – Wert im Verbrauch der notwendigen Zusatzmittelmenge zum Erzielen eines vergleichbaren Ausbreitmaßes (ca. 62 cm) widerspiegelte (bis ca. 50% Mehrbedarf, 0,8 – 1,2%). Es zeigte sich, dass nur mit den Varianten A und B zielführende Eigenschaften erzielbar sind. Die Ergebnisse sind in Bild 13.50 dargestellt.

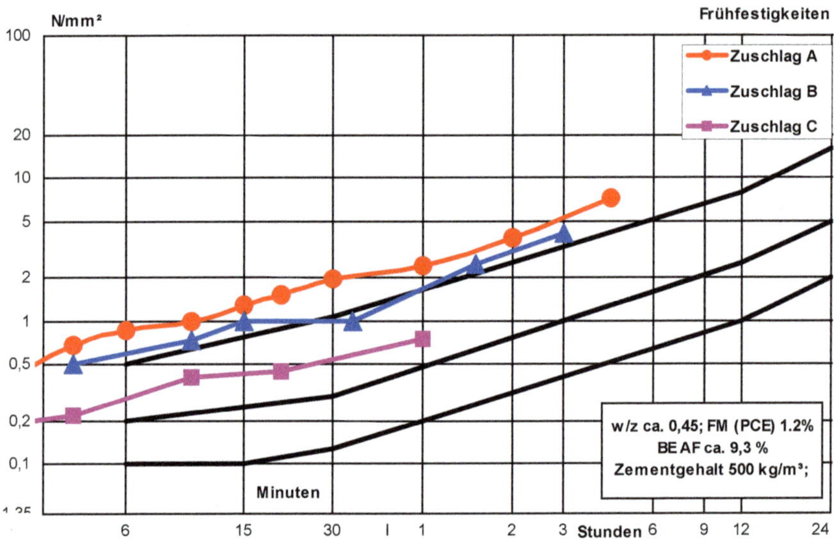

Bild 13.50: Einfluss unterschiedlichen Zuschlags auf die Frühfestigkeitsentwicklung [46]

13.5.1.2.2 Einfluss des Zementes und des Fließmittels

Im Hinblick der unterschiedlichsten Objektstandorte wurde auch der Einfluss des Zementes (unterschiedliche Liefer- und Produktionsstandorte (A/B)) untersucht. Gleichzeitig fanden bei dieser Prüfserie auch zwei unterschiedliche Fließmittel (unterschiedliche Hersteller (A/B), gleiche Rohstoffbasis (PCE)) Berücksichtigung. Der W/Z-Wert (0,45), der Zementgehalt (500 kg/m³) und die Beschleunigerzugabemenge (BEAF, ca. 9,3%) wurden konstant gehalten; bei der Verflüssigung wurde ein Ausbreitmaß von ca. 58 cm angestrebt. Die Versuche ergaben, dass der Zement aus dem Werk A sich grundsätzlich im Vergleich zum Zement aus dem Werk B besser verflüssigen lässt, das Ergebnis aber auch vom verwendeten Fließmittel beeinflusst wird. Die Kurvenverläufe sind der Bild 13.51 zu entnehmen.

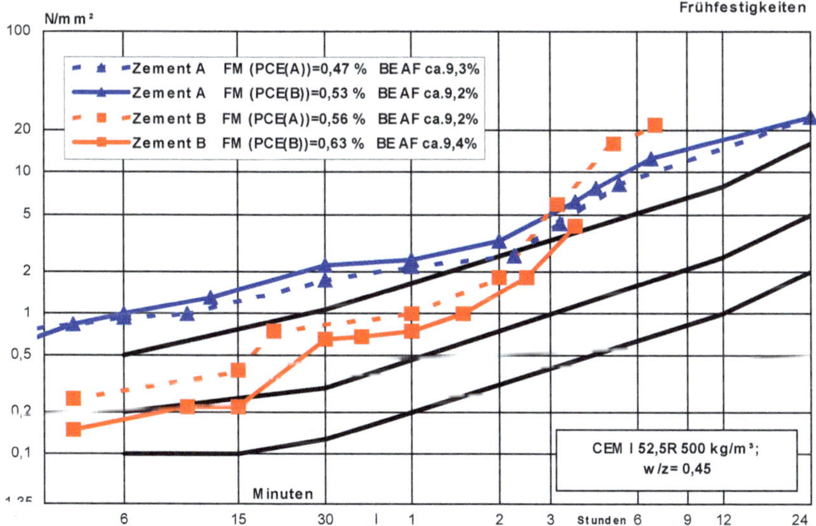

Bild 13.51: Einfluss des Zementes und des Fließmittels auf die Frühfestigkeitsentwicklung [46]

13.5.1.2.3 Einfluss der Zusammensetzung des Zementes bei konstantem Zementgehalt

In einer weiteren Versuchsserie wurde versucht, durch geeignete Zementvarianten die Frischbetonkosten zu optimieren. Bei einer konstanten Zementmenge (500 kg/m³) und einem W/Z-Wert zwischen 0,45 und 0,48 (bedingt durch den doch sehr unterschiedlichen Wasseranspruch der Bindemittelvarianten) waren bereits deutliche Unterschiede im Bedarf der erforderlichen Fließmittelmengen zur Herstellung eines vergleichbaren Ausbreitmaßes von ca. 58 cm feststellbar. Obgleich die notwendigen Fließmittelmengen gegenläufig den zuvor erforderlichen Wasserbedarfsmengen waren, zeigte sich beim Frühfestigkeitsverhalten bei einer konstanten Beschleunigerzugabemenge (BEAF, ca. 9,3%) eine klare Abhängigkeit zwischen Zementfestigkeitsklasse, dem Abmischungsverhältnis und den eigentlichen Frühfestigkeitswerten. Wie die Kurvenverläufe in Bild 13.52 zeigen, ist es durchaus möglich – in Abhängigkeit der entsprechenden Zementperformance – eine Abmischung mit einer einer geringeren Zementfestigkeitsklasse anzustreben.

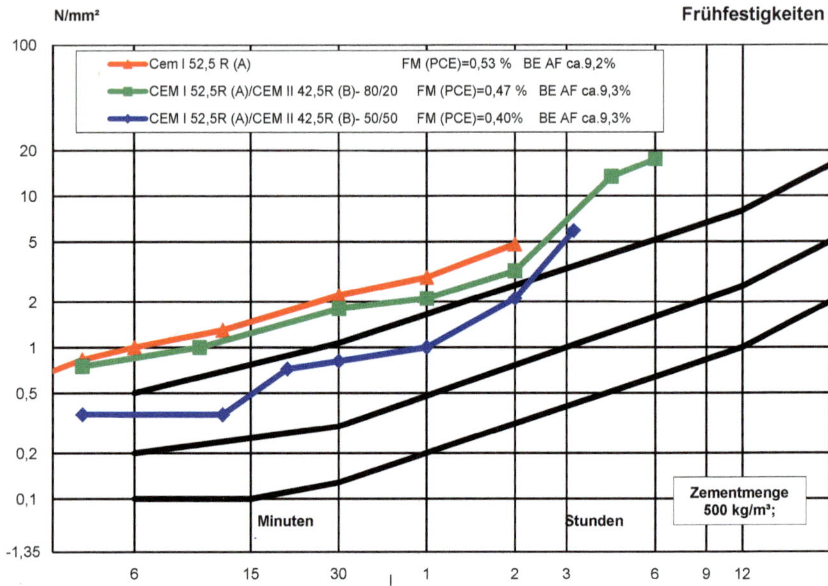

Bild 13.52: Einfluss der Zusammensetzung des Zementes bei konstantem Zementgehalt auf die Frühfestigkeitsentwicklung [46]

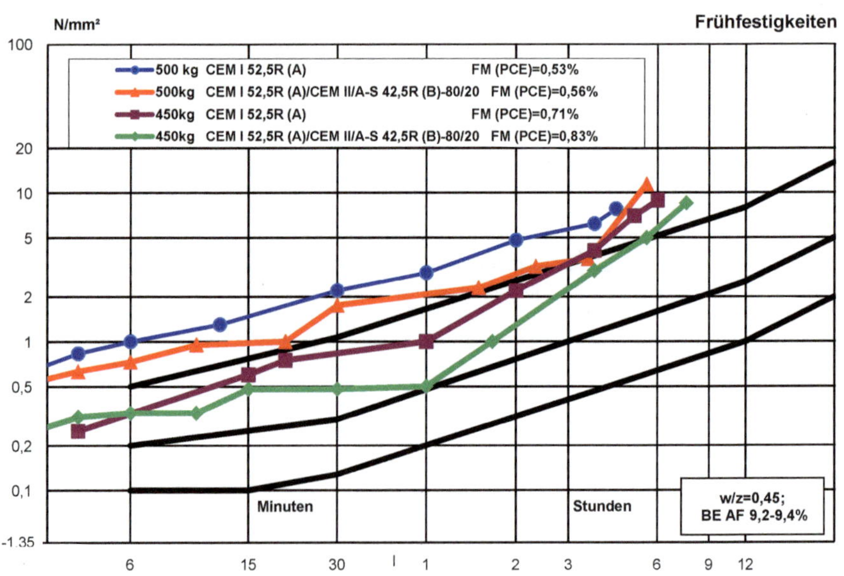

Bild 13.53: Einfluss des Zementgehaltes auf die Frühfestigkeitsentwicklung [46]

13.5.1.2.4 Einfluss des Zementgehaltes

Schließlich wurde unter Beibehaltung der zuvor bereits beschriebenen Parametern (W/Z-Wert 0,45, BEAF ca. 9,3%) versucht, eine Abhängigkeit zwischen Gesamtzementmenge und Frühfestigkeitsentwicklung aufzuzeigen. Wie die Kurvenverläufe der Bild 13.53 zeigen, erfüllen die beiden Varianten mit einem Zementgehalt von 500 kg/m^3 die Anforderungen J3, während eine Frischbetonrezeptur mit einem Zementgehalt von 450 kg/m^3 insbesondere die Frühstfestigkeiten von J3 nicht erreichen.

Abschließend ist festzuhalten, dass die Anforderungen J3 an den Jungen Spritzbeton im Nassspritzverfahren technisch und wirtschaftlich (im Rahmen einer gesamtwirtschaftlichen Betrachtung eines jeden Objektes) möglich sind. Voraussetzung aber ist, dass die Bindemitteltechnologie, der Zuschlag und die zum Einsatz kommende Verfahrenstechnik (mixed in plant oder mixed in car (vgl. Bild 13.54) sowie die Förder- und Dosiertechnik) aufeinander abgestimmt werden. Insbesondere bei der mobilen Frischbetonaufbereitung (mixed in car) bietet die Gegenstrommischtrommel ein erhebliches Verbesserungspotential was eine gleichbleibende Frischbetonkonsistenz bei der Übergabe betrifft.

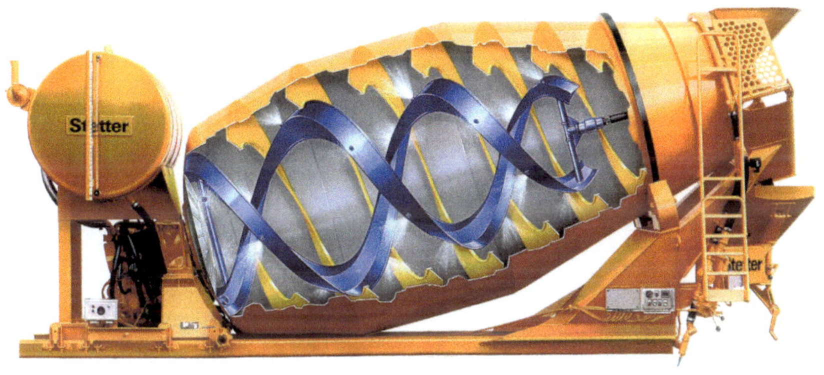

Bild 13.54: Das „GSM-Prinzip“ für das „mixed in car“-Verfahren [Firmenprospekt]

13.5.2 Umweltrelevante Anforderungen

Primär sind als umweltrelevante Anforderungen beim Spritzbeton der Rückprall, die Staubentwicklung und das Eluationsverhalten zu sehen. Kommt dem Rückprall (hierüber wird in [31] ausführlich berichtet) noch eine wirtschaftliche Bedeutung zu, so ist die Staubentwicklung unter arbeitshygienischen- und gesundheitsgefährdenden Gesichtspunkten zu betrachten. Dem Eluationsverhalten kommt aus zwei Gründen eine Bedeutung zu; zum einen, weil durch Auslaugungen und Ausfällungen z.B. Drainagerohre funktionsunfähig werden und zum anderen, weil herausgelöste chemische Elemente aus dem Spritzbeton die Qualität des Grundwassers beeinträchtigen können.
Für die Beurteilung des Eluationsverhaltens von Spritzbeton im Tunnelbau stehen drei nicht genormte und ein genormtes Verfahren zur Auswahl

Durchflusszelle	Verfahren TU München (Bild 13.55; Tab. 5)
Umströmungsplatte	System Holzmann (Bild 13.56; Tab. 4)
Trogverfahren	ÖNORM S 2072 (Bild 13.57; Tab. 6)
Umströmungsanlage	Ruhr Universität Bochum (Bild 13.58)

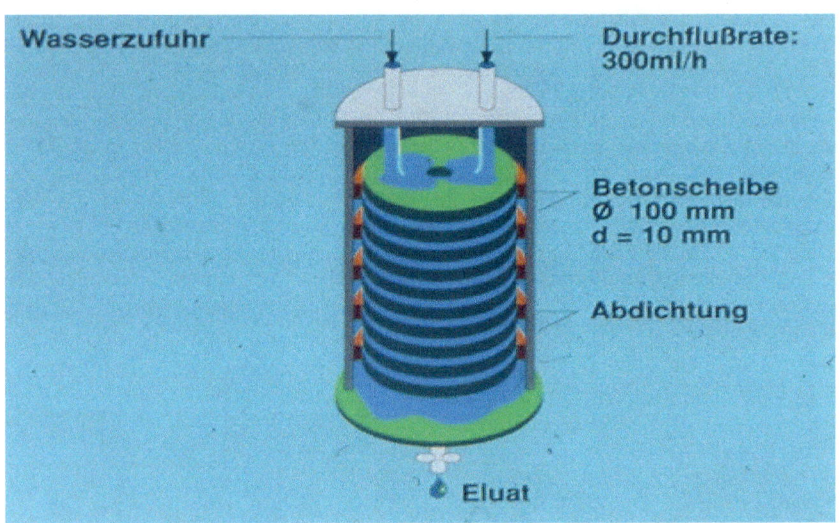

Bild 13.55: Auslaugprüfverfahren für Festbeton – Durchströmungszelle [TU München]

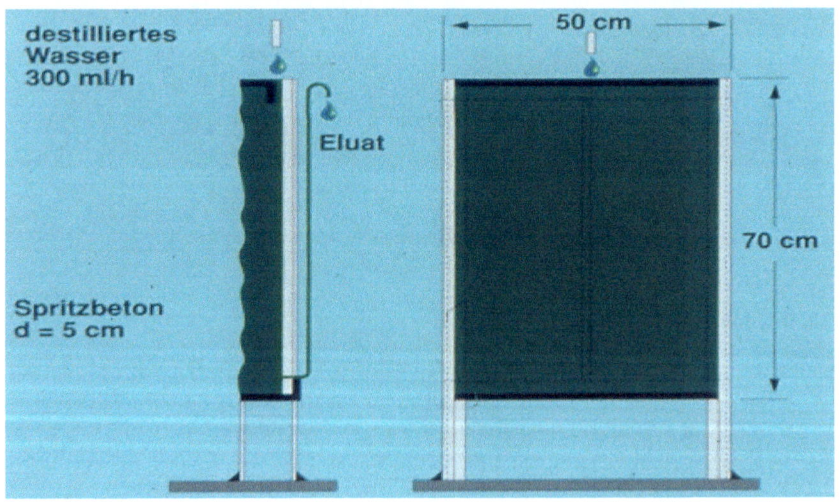

Bild 13.56: Auslaugprüfverfahren für Frisch- und Festbeton [System Holzman]

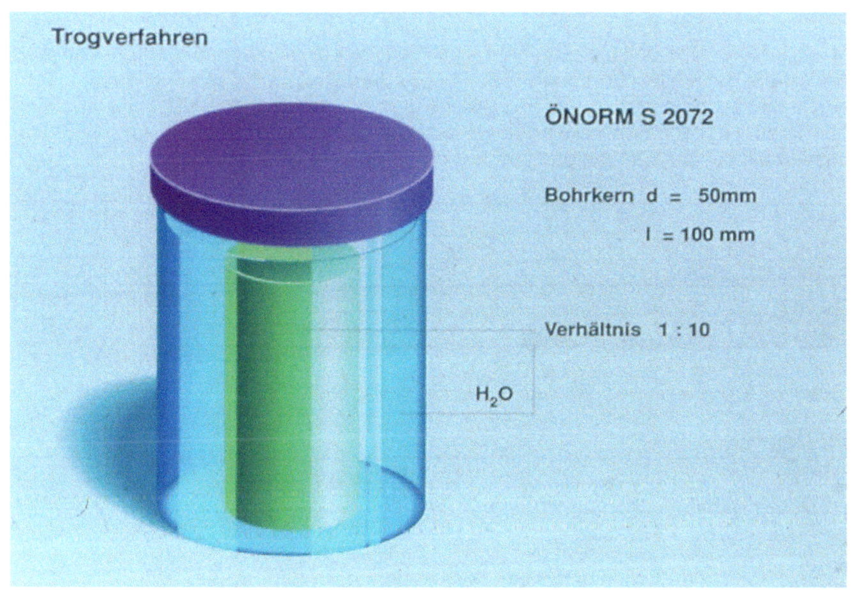

Bild 13.57: Trogverfahren nach ÖNORM S 2072

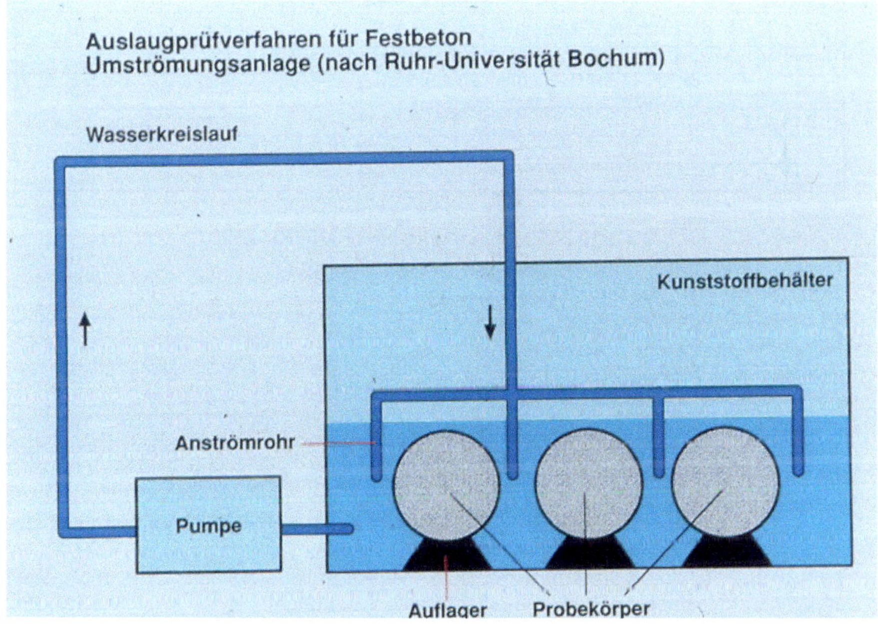

Bild 13.58: Auslaugprüfverfahren für Festbeton – Umströmungsanlage [System Ruhr-Universität Bochum]

Im Folgenden wird das Ca-Eluat von verschiedenen Spritzbetonen, geprüft nach den drei zuerst genannten Verfahren (Tab. 4 – 6), dargestellt. Da Calciumhydroxid bis zu einem Massenanteil von ca. 25 % in vollständig hydratisiertem Zementstein vorhanden sein kann – je nach Zementart – ist verständlich, dass bei der Beurteilung des Eluationsverhaltens von Spritzbeton das Ca-Eluat besonders betrachtet wird.

Alter	1h	6h	24h	7d	28d
CEM I 42,5 R + BEAH	0,3	5,2	25,8	113,4	186,6
CEM I 32,5 R-SE	0,2	3,1	13,9	64,6	137,1
CEM I 32,5 R-SE + Puzzolan	0,1	2	13,3	77,8	134,4
CEM I 32,5 R-SE + Puzzolan + SiO_2	0,2	2,8	10,9	34,4	75,7

Tabelle 13.4: Ca-Eluat in g/m^2 nach dem System Holzman

Alter	1h	6h	24h	7d	28d
CEM I 32,5 R-SE	0,13	1	2,9	-	34,2
CEM I 42,5 R-sb + BEAH	0,3	3,1	8,7	25,8	76,5

Tabelle 13.5: Ca-Eluat in g/m^2 nach dem System der TU München

Element	Ca	Al	Na
CEM I 32,5 R-SE + Puzzolan + SiO_2	97	5,8	27,2
CEM I 32,5 R-SE + Puzzolan	116	6,3	22,5
CEM I 32,5 R-SE + SiO_2	124	4,7	19,8
CEM I 32,5 R-SE	173	2,8	9,9
CEM I 42,5 R-sb + BEAH	277	15,9	87,2
CEM I 42,5 R-sb	204	8,1	12,4

Tabelle 13.6: Ca-, Na- und Al-Eluat in mg/kg nach ÖNORM S 2072

Es zeigt sich, unabhängig vom gewählten Verfahren, dass das Auslaugverhalten eines Spritzbetones in Abhängigkeit der Modifikation des Bindemittels respective des Spritzbetons sehr unterschiedlich sein kann und dass insbesondere die alkalihaltigen Beschleuniger zumindest teilweise eluiert werden können.

13.5.2.1 Anforderungen und Eigenschaften von Spritzbeton im Blickfeld der Umwelt

Moderne Spritzbetontechnologie, d.h. Bindemitteltechnologie und Verfahrenstechnik lassen sich im Moment wie folgt darstellen (vgl. Tabelle 13.7). Um hieraus spezifische Kenngrößen für das Anforderungsprofil der neuen Spritzbetontechnologie im Zusammenwirken mit unserer Umwelt besser ableiten zu können, muss zunächst der umweltgerechte, umweltneutrale oder umweltfreundliche Spritzbeton definiert werden.

Definition:

Umweltgerechter Spritzbeton beinhaltet die verbesserten, umweltneutralen Eigenschaften von Spritzbeton bzgl. den Arbeitsbedingungen und des Umweltbelastungspotentials beim Bau und Betrieb von Spritzbetonbauteilen, insbesondere von Spritzbetonschalen im Tunnelbau. Parameter sind die Alkalität der Werkstoffe, die Staub und Aerosolentwicklung, das Rückprall- und Auslaugverhalten und die Verwertung von Ausbruchgestein zum Erhalt natürlicher Ressourcen und zur Schonung von kostbarem Deponieraum; dabei müssen Eigenschaften und Werte in der Größenordnung von Normalbeton erreicht werden, dessen Umweltneutralität allgemein anerkannt ist (z.B. Trinkwasserbehälter aus Beton).

Verfahren	Trockenspritzverfahren			Naßspritzverfahren
Zuschlag	Trocken		(Natur-) Feucht	Naß
Bindemittel Beschleuniger	Typ HSC keinen BEAF pulverförmig BEAH pulverförmig	Typ LSC/Typ MSC nicht erforderlich	Typ LSC/Typ MSC nicht erforderlich	Typ HSC keinen
Mischungsort	Trockenbetonwerk		Vorort: Typ PFT Typ Mobilcrete Typ Stabilator Typ Hohrdorf	Frischbetonwerk
Mischungsart	Zwangsmischer		Durchlaufmischer Schlauchmischung	Zwangsmischer
Bereitstellungsgemisch	Trockenbeton		Erdfeuchter Beton	Frischbeton
Förderart	Dünnstrom		Dünnstrom	Dichtstrom
Fördermaschine	Rotormaschine Spritzautomat Druckbehälter	Meyco, Aliva SBS Rombold	Rotormaschine Spritzautomat	Kolbenpumpe–Top Shot (Schwing) Kolbenpumpe–PushOverSystem (Meyco) Schneckenpumpe–Betojet (PM)
Benetzungstechnik Beschleunigungstechnik	Normaldüse Ringraumdüse Hochdruckdüse Vorbenetzungsdüse	Meyco, Aliva DMT SBS Rombold, Kusterle	Normaldüse Ringraumdüse Hochdruckdüse Vorbenetzungsdüse	Turboinjektordüse Meyco Robotdüse Betojetdüse
Zugabe in der Düse	Wasser Wasser + BE flüssig (AF, AA, AH)	Wasser	Wasser	Luft + BE flüssig (AF, AA, AH)

Tabelle 13.7: Spritzbetontechnologie in der Übersicht

In dem nächsten Bild (59) sind die einzelnen Phasen des Spritzvorgangs dargestellt.

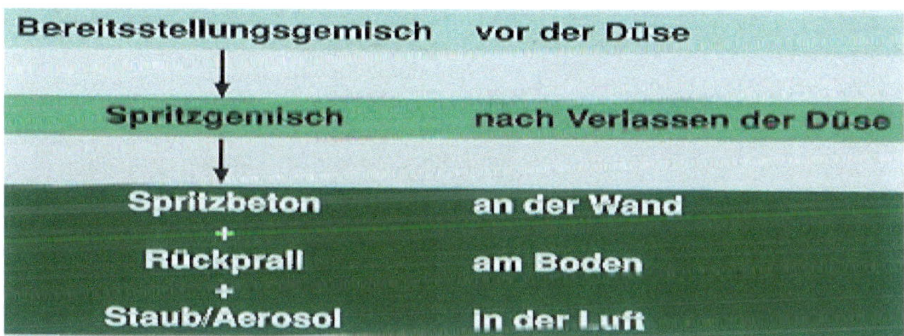

Bild 13.59: Phasen des Spritzvorgangs

Aus den einzelnen Phasen ergibt sich nun das Anforderungsprofil für den modernen, umweltgerechten Spritzbeton. Da die bautechnischen Anforderungen uneingeschränkt weiter ihre Gültigkeit haben gilt den umweltrelevanten Anforderungen die Aufmerksamkeit.

Für das Bereitstellungsgemisch ergibt sich die Anforderung – unabhängig vom Spritzverfahren – so wenig wie möglich an auslaugbaren Alkalien einzubringen. Die Beurteilung könnte nur anhand chemischer Analysen vom Bindemittel und vom u.U. zugegebenen pulverförmigen Beschleuniger erfolgen. Anforderungen, die man zur Zeit aus aktuellen Leistungsbeschreibungen entnehmen kann (vgl. Tabelle 13.8) sind dabei wenig geeignet, um das Auslaugpotential von Spritzbeton zu begrenzen, weil lediglich die Produkte am Gehalt an Alkalien begrenzt sind und nicht die Gesamtmenge, die eingebracht wird.

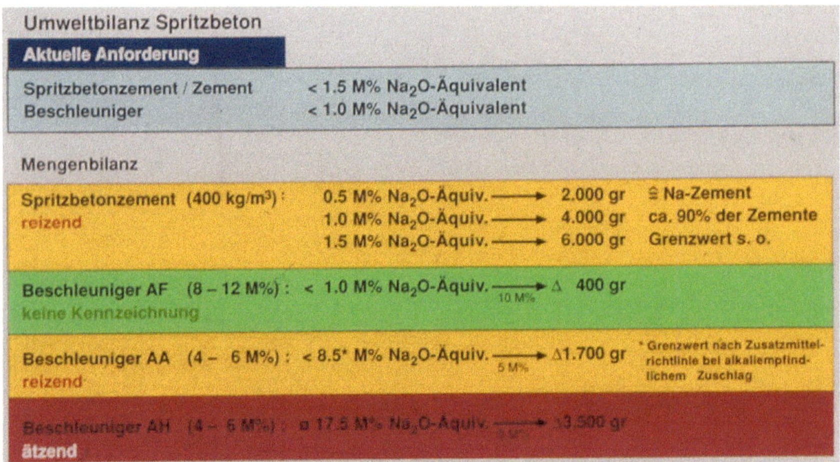

Umweltbilanz Spritzbeton

Aktuelle Anforderung

Spritzbetonzement / Zement	< 1.5 M% Na_2O-Äquivalent
Beschleuniger	< 1.0 M% Na_2O-Äquivalent

Mengenbilanz

Spritzbetonzement (400 kg/m³): reizend		0.5 M% Na_2O-Äquiv. →	2.000 gr	≙ Na-Zement
		1.0 M% Na_2O-Äquiv. →	4.000 gr	ca. 90% der Zemente
		1.5 M% Na_2O-Äquiv. →	6.000 gr	Grenzwert s. o.
Beschleuniger AF keine Kennzeichnung	(8 – 12 M%):	< 1.0 M% Na_2O-Äquiv. →(10 M%)	Δ 400 gr	
Beschleuniger AA reizend	(4 – 6 M%):	< 8.5* M% Na_2O-Äquiv. →(5 M%)	Δ1.700 gr	* Grenzwert nach Zusatzmittelrichtlinie bei alkaliempfindlichem Zuschlag
Beschleuniger AH ätzend	(4 – 6 M%):	≅ 17.5 M% Na_2O-Äquiv. →(5 M%)	Δ3.500 gr	

Tabelle 13.8: Umweltbilanz Spritzbeton

Wenn man schon versucht, die Gesamtalkalien nicht zu begrenzen – was bei Spritzbeton sinnvoll wäre – dann sollte das Anforderungsprofil an dem umweltgerechten Spritzbeton entsprechend den vorhandenen bzw. zu erwartenden Umweltbedingungen geknüpft sein. Hierzu folgender Vorschlag (vgl. Tabelle 13.9).

Im weiteren Phasenverlauf muss für das Spritzgemisch gelten, die durch das Bereitstellungsgemisch eingebrachte Alkalienmenge durch Zugabe eines Beschleunigers nicht oder nur unwesentlich zu erhöhen; die Beurteilung kann auch hier nur durch eine chemische Analyse des dann zugegebenen Beschleunigers erfolgen. Der Spritzbeton selbst wird letztlich, was sein Auslaugungspotential betrifft – neben den chemischen Analysen der Ausgangsstoffe – am besten anhand einer der vier zuvor genannten Auslaugverfahren beurteilt. Nachzuweisen bzw. festzulegen ist jedoch eine Korrelation zwischen gewähltem Prüfverfahren nebst Prüfgutkubatur und der realen Spritzbetonschale (vgl. [31]). Der Rückprall hingegen unterliegt den Anforderungen Rückprallminimierung und auslaugarm; letzteres kann durch das DEV-S4 Verfahren [32] beurteilt werden.

Umweltgerechter Spritzbeton

Umweltbedingung	Sinnvolle Forderung Na_2O-Äquivalent [M%]		Arbeitsschutz	Kenn-zeichnung	Bezeichnung
Berg wasserführend Grundwasser	Zement BE	< 1.5 < 1.0	gering	reizend keine	Alkalifreier Spritzbeton
Berg geringfügig wasserführend, ansonsten trocken	Zement BE	< 1.5 < 8.5	gering	reizend reizend	Alkaliarmer Spritzbeton
Berg trocken	Zement BE	< 1.5 < 8.5	gering	reizend reizend	Alkaliarmer Spritzbeton
	Zement BE	< 1.5 > 8.5	hoch	reizend ätzend	Alkalihaltiger Spritzbeton *

aus umweltrelevanten Eigenschaften möglich, aus arbeitshygienischen Eigenschaften abzulehnen *

Tabelle 13.9: Umweltgerechter Spritzbeton

Beim Trockenspritzverfahren konnte in Sachen Rückprallminimierung nachgewiesen werden, dass durch geeignete Rückprallminderer, Rezepturen mit 400 kg/m³ Zement (analog dem Nassspritzbeton) und w/z-Werten entsprechend dem Nassspritzbeton bei Verwendung von naturfeuchten Zuschlägen und Spritzbetonzement Rückprallwerte erreicht werden, die dem Nassspritzverfahren nahezu gleichwertig sind. Dabei korrelieren Rückprall und Frühfestigkeitskinetik (vgl. Bild 13.60), d.h. je geringer die Frühfestigkeit desto geringer der Rückprall.

Ein spezielles System von Rückprallminimierung beruht in der Erkenntnis, dass bestimmte chemische Substanzen in einem alkalischen Milieu ausfällen und damit eine Art Tixotropierung bewirken, d.h. eine weiche Spritzkonsistenz erlauben, damit eine gute Einbettung des Größtkorns ermöglichen und ohne dabei vom Spritzgrund abzulaufen. Als Beispiele sind hier zu nennen Mikrosilika-Slurry und das noch wirksamere, aber teuere Kieselsol. Speziell für das Nassspritzverfahren wurde mit der gleichen Überlegung, aber anderem Wirkmechanismus ein vergleichbares System entwickelt, dessen Bausteine aus einem speziellen Fließmittel (Polymer) und einem darauf abgestimmten Stabilisierer bestehen. In der praktischen Anwendung wird der Stabilisierer dem Frischbeton zugegeben, während das polymervergütete Silikat mit der Druckluft an der Düse zugeführt wird und an der zu einem Ansteifen des Spritzbetons führt.

In Sachen Staub und Aerosol ist festzustellen, dass beim Trockenspritzverfahren durch den Einsatz von feuchten Zuschlägen (< 4.0 M% EF) ein merklicher Beitrag zur Reduzierung im Vergleich zu Bereitstellungsgemischen aus trockenem Material erreicht wurde, während beim Nassspritzverfahren ohnehin geringere Werte erzielt werden. Abschließend ist festzustellen, dass die Forschungen zur Staub- und Aerosolentwicklung noch nicht abgeschlossen sind.

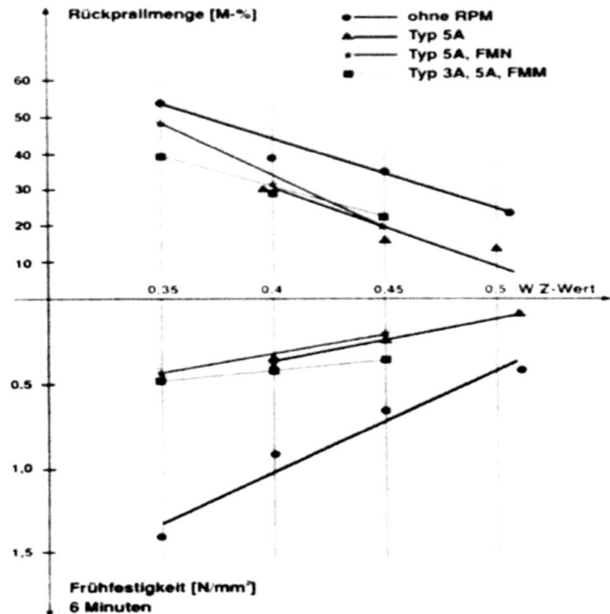

Bild 13.60: Charakteristische Rückprallkurven (Vergleich Rückprallverhalten – Frühfestigkeit) [31]

13.5.2.2 Spritzbetonrückprall

13.5.2.2.1 Rückprallverhalten beim Trockenspritzverfahren

Inhalt von weiterführenden Untersuchungen war der Spritzbetonrückprall beim Trockenspritzverfahren. Dabei wurde u. a. der betontechnologische Nachweis der Rückführung von Rückprall (Rückprallrecycling) in den Verfahrensablauf des Spritzens erbracht; schwerpunktmäßig wurden ein Spritzbetonzement des Typs LSC und feuchte Zuschläge verwendet. Weiteres Interesse galt den Untersuchungen von betontechnologischen und verfahrenstechnischen Einflüssen auf die Reduzierung des Rückpralls beim Trockenspritzverfahren. Neben dem wissenschaftlichen Aspekt wurden anwendungstechnische Möglichkeiten in praktischer Anwendung untersucht.

Versuchskonzept

Im rauen Betrieb des Tunnelvortriebes ist die Durchführung von Spritzversuchen nur in geringem Umfang möglich; daneben fehlt es i. d. R. an definierten Randbedingungen, die vergleichende und reproduzierbare Aussagen zulassen. Aus diesen Gründen können Parameterstudien und Mischungsvarianten nur auf Versuchsanlagen unter definierten Bedingungen durchgeführt werden. Am Institut für Baustofflehre und Materialprüfung der Universität Innsbruck wurde deshalb eine Laborspritzanlage (Bild 13.61) installiert, die das Verarbeiten von Bereitstellungsgemischen unter definierten Bedingungen erlaubt.

Bei der Spritzmaschine handelt es sich um eine Rotorspritzmaschine mit Regelgetriebe, die ein Verarbeiten – je nach Rotorgröße – von 4 bis 10 kg Bereitstellungsgemisch pro Minute ermöglicht. Die Förderleitung besteht aus 40 m Schlauch und einem Nennquerschnitt von 32 mm; bei der Düse handelt es sich um eine Vulcolandüse mit konischer Verjüngung von 32 auf 18 mm.

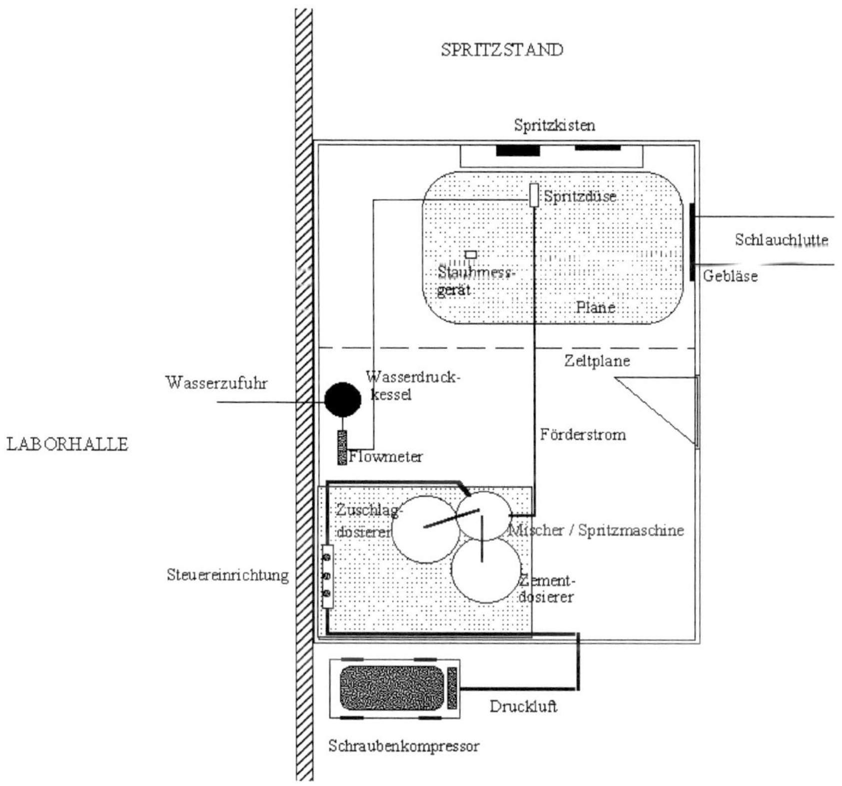

Bild 13.61: Laborspritzstand

Die Wasserzugabe erfolgt über einen Druckkessel mit einem Überdruck von 7 bar, die Messung der zugegebenen Wassermenge erfolgt mittels Flowmeter mit einem Messbereich von 0 bis 160 l/h. Die Regulierung der Wassermenge erfolgt an der Düse durch den Düsenführer oder bei einem vorgegebenen Wert mittels Durchflussregler.

Gemäß der Verfahrenstechnik aus [27] wurde eine entsprechende Dosiertechnik konzipiert. Für feuchte bzw. wenig rieselfähige Stoffe steht ein Vibrationsschneckendosiergerät mit einer Leistung von 1,5 bis 15 kg/min bei trockenem und einer Leistung von 1,2 – 11,5 kg/min bei feuchtem Material (3 M% EF) zur Verfügung. Für leicht rieselfähiges Material wie Zement oder andere Pulverprodukte ist ein Modularschneckendosiergerät vorhanden. Die Förderleistung reicht bis ca. 2,8 kg/min. Die Leistung der Dosiergeräte wird über Potentiometer geregelt, wobei die Förderleistung von der Schüttdichte der zu dosierenden Medien abhängt.

Die Homogenisierung des Bereitstellungsgemisches erfolgt durch einen sogenannten Rohrmischer; dieser besteht aus einem Kunststoffrohr mit 100 mm Durchmesser und ist 500 mm lang. Im Rohr befindet sich ein Flügelrad, das durch einen Motor mit 800 U/min angetrieben wird. Diese Art der Durchmischung ist für die geringen Materialmengen ausreichend, setzt aber einen mindestens 40 m langen Förderschlauch zur weiteren Homogenisierung des Materials voraus. Das Bereitstellungsgemisch wurde für jeden Versuch gemäß zuvor beschriebene Dosier- und Mischtechnik unmittelbar hergestellt. Pro Versuch wurden 12 kg Bindemittel und im Verhältnis 1 : 4,83 Zuschlag 0/4 (Dolomit) verspritzt; dies entspricht einem Bindemittelgehalt von ca. 380 kg/m³ im Bereitstellungsgemisch. Beim Zuschlag handelte es sich um ein Werktrockengemisch der Körnung 0/4 mm; die Einstellung der Eigenfeuchten des Zuschlags (i. d. R. 3 M%) wurden durch Wasserzugabe und Mischen im Zwangsmischer erreicht.

Als Hauptbindemittel wurde ein Spritzbetonzement CEM I 32.5R-SE des Typs LSC verwendet; für Vergleichszwecke wurde ein CEM I 42.5R-sb sowie zwei Betonbeschleuniger auf Basis Kalium-Aluminat und Aluminiumoxid/-hydroxid mitgeprüft. Der pulverförmige alkalifreie Beschleuniger (BEAF) wurde mit dem CEM I 42.5R-sb vorgemischt und danach der entsprechenden Dosiertechnik zugeführt; der flüssige alkalihaltige Beschleuniger wurde gemeinsam mit dem Wasser über den Druckkessel dosiert. Anhand der Versuchsserien von [33] zeigte sich, dass i. d. R. ein W/Z-Wert von 0,4 eine ideale Wassermenge für eine gute Verarbeitbarkeit des Spritzgemisches bei den zuvor genannten Materialeigenschaften und Mengenverhältnissen darstellte; aus diesem Grund stellt bei einigen der durchgeführten Versuche der W/Z-Wert von 0,4 eine gewisse Bezugsgröße dar.

Rückpralleigenschaften

Wenn Rückprall einem Recyclingprozess zugeführt werden soll, müssen die Rückpralleigenschaften weitestgehend bekannt sein; dazu gehören u. a. der Kornaufbau, der Zementgehalt, der Feuchtegehalt und das Auslaugverhalten.

Dolomitzuschlag 0/4 (ofentrocken)	1850 kg/m³
Spritzbetonzement Typ LSC	ca. 380 kg/m³
EF-Zuschlag	3 M-%
Anteil <0,063 mm aus Zuschlag:	6,6 M-% · 1850 kg/m³ = 122 kg/m³
Anteil < 0,063 mm:	Zement 380/380+122 = 75,7 M-%
	Zuschlag 122/380+122 = 24,3 M-%
Anteil Zement im Bereitstellungsgemisch:	380/1850+380 = 17 M-%

Um hierüber Aussagen machen zu können, wurde zunächst Rückprall in Abhängigkeit vom W/Z-Wert hergestellt; Ziel war es, in Abhängigkeit des W/Z-Wertes respective der Rückprallmenge funktionale Zusammenhänge aufzuzeigen. Bei den Versuchen wurde obige Mischungszusammensetzung verwendet.

Die Sieblinie des Zuschlags und des trockenen Bereitstellungsgemisches kann der Tabelle 13.10 entnommen werden, ebenso die Sieblinien des Rückpralls.

Betrachtet man die ausgewaschenen Rückprallsieblinien 1 bis 4, so fällt auf, dass mit zunehmender Rückprallmenge (von 1 nach 4) die Sieblinien gröber werden. Da die Rückprallmenge u. a. direkt vom W/Z-Wert abhängt, ist verständlich, dass mit kleiner werdendem W/Z-Wert die Rückprallmenge zunimmt und dabei insbesondere die größeren Zuschlagkörner auf eine immer „steifere" Mörtelschicht auftreffen und somit

Durchgang	0,06	0,13	0,25	0,5	1	2	4
0/4	6,6	8,8	12,2	26,2	46,3	74,3	9,5
0/4 + Z	22,5	24,3	27,1	38,8	55,6	78,9	99,9
$Rp_{ausgew.}$ 1	7,1	8,2	10,7	21,5	46,9	71,7	99,3
2	5,8	6,7	9,2	20,2	46	70,5	99,1
3	5,5	6,3	8,7	19,1	43,5	67,3	99,2
4	3,4	4,3	7,2	18	40,1	63,2	99
RP_{fest}	0,7	0,9	1,8	9,9	35,8	65,3	99,5

Tabelle 13.10: Ergebnisse der Siebanalysen

zu einer gröberen Sieblinie des Rückprallgutes führen. Darüber hinaus kann festgestellt werden, dass die Sieblinien 1 bis 4 eine ähnliche Sieblliniencharakteristik zur Ausgangssieblinie des Zuschlages aufweisen.

Belässt man den Rückprall in seinem anfallenden Zustand, so zeigt sich in der Absiebung bis zum Bereich <0,25 mm nahezu kein Materialvorkommen der entsprechenden Kornfraktionen, der Rückprall stellt quasi eine Körnung von 0,5 bis 4,00 mm dar. Die Feinstteile, d. h. der Feinstsand und der Zement haften an der Oberfläche der gröberen Körner; die entstehende dünne Schicht weist dabei eine so hohe Festigkeit auf, dass sie während des Siebvorgangs nicht abgerieben wird. Der entstehende Rückprall bildet bei seinem Anfall – unabhängig vom Alter – kein zusammenhängendes Gefüge, sondern ein loses Kornhaufwerk, das leicht aufnehmbar, gut rieselfähig und deshalb einfach dosierbar ist. Der Zementgehalt des Rückpralls wurde näherungsweise durch das Auswaschverfahren [31] ermittelt. Dabei stellte sich im Betrachtungsbereich zwischen 20 M% und 60 M% Rückprall folgender funktionaler Zusammenhang (vgl. Bild 13.82) ein.

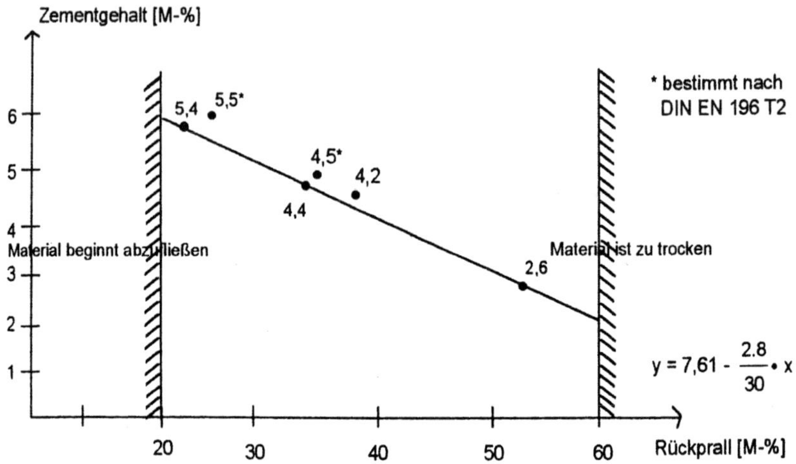

Bild 13.62: Funktionaler Zusammenhang von Zementgehalt und Rückprallmenge bei Spritzbeton mit Spritzbetonzement Typ LSC im Trockenspritzverfahren

Wie vorigem Diagramm zu entnehmen ist, nimmt mit zunehmender Rückprallmenge der prozentuale Zementanteil ab, d. h. mit zunehmender Rückprallmenge wird das Rückprallgut zementärmer. Der Wassergehalt wurde nach der CM-Methode ermittelt; bei den durchgeführten Versuchen wurde folgender funktionaler Zusammenhang gefunden (vgl. Bild 13.63).

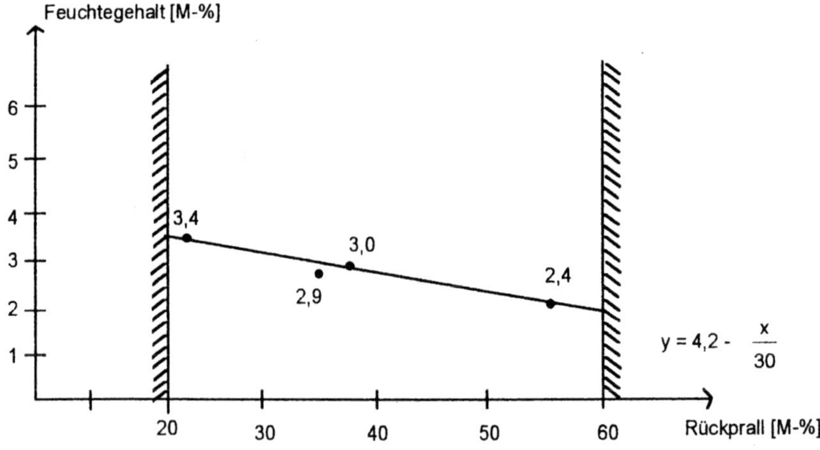

Bild 13.63: Funktionaler Zusammenhang von Feuchtegehalt und Rückprallmenge bei Spritzbeton mit Spritzbetonzement Typ LSC im Trockenspritzverfahren

Vergleichbar dem Zementgehalt nimmt auch der prozentuale Feuchtegehalt mit zunehmender Rückprallmenge ab, d. h. der Rückprall wird trockener.

Das Auslaugverhalten des Rückpralls wurde gemäß DEV-S4 [32] Verfahren untersucht. Zur Ausführung kamen 4 verschiedene Spritzbetone mit unterschiedlicher Festigkeitskinetik; verwendet wurde ein unbeschleunigter Spritzbeton, ein Spritzbeton mit Spritzbetonzement Typ LSC sowie 2 beschleunigte Spritzbetone (BEAF, BEAH). Folgende Werte wurden erzielt (vgl. Tabelle 13.11).

Mischung	pH-Wert	elektr. LF mS/cm	Ca mg/l	K mg/l	Na mg/l	Al mg/l
unbeschleunigt	12,60	5,12	640	53	4,9	0,52
Spritzbetonzement	12,62	5,5,4	610	59	5	0,56
BEAH (4M-%)	12,65	4,97	530	134	5,6	1,6
BEAF (5M-%)	12,74	5,32	590	65	4,8	0,65
Trinkwasser	6,5 - 8,5	-	20 - 200	10	-	-

Tabelle 13.11: Auslaugverhalten von Spritzbetonrückprall (7d)

Vergleicht man die gefundenen Werte mit den Grenzwerten für Trinkwasser, so ist klar, dass aufgrund der hohen spezifischen Oberfläche des Rückpralls die Grenzwerte nicht eingehalten werden können. Unterzieht man den Rückprall zusammen mit dem Tunnelausbruch einer Gesamtbetrachtung, dann ist das Belastungspotential aufgrund der relativ kleinen Rückprallmenge im Vergleich zur Ausbruchmenge, vernachlässigbar klein.

Aus dem Eluat wird deutlich, dass die bislang verwendeten alkalihältigen Beschleuniger zumindest teilweise wieder eluiert werden; des Weiteren erkennt man am Eluat die Wirkstoffbasis, in obigem Fall handelt es sich um einen Kalium-Aluminat-Beschleuniger.

Rückprallrecycling

Im Rahmen der durchgeführten Versuche [31] sollte nachgewiesen werden, dass der beim Trockenspritzverfahren anfallende Spritzbetonrückprall dem Bereitstellungsgemisch wieder zugeführt werden kann, ohne dass negative Auswirkungen auf die Festigkeitskinetik und das Auslaugverhalten entstehen. Versuchsparameter waren die Eigenfeuchte des Zuschlags, das Rückprallalter und die Rückprallmenge. Es konnte nachgewiesen werden, dass die Zugabe von 20 M% Rückprall zum Zuschlag spritztechnisch und festigkeitskinetisch ein Optimum darstellt. Trotz der Reduzierung des Zementanteils im Bereitstellungsgemisch um ca. 2 M.%, bedingt durch die Zugabe von 20 M% Rückprall zum Zuschlag, wurden nur geringfügige Veränderungen in der gesamten Festigkeitskinetik festgestellt. Die Frühfestigkeiten im Bereich von 2 Minuten bis 90 Minuten erreichen ca. 80 % der Frühfestigkeiten der Nullserie; der weitere Festigkeitsverlauf liegt ca. 10 % und die Endfestigkeit ca. 5 % unter der Nullserie.

Höhere Rückprallzugabemengen führen zur weiteren Verringerung des Zementanteils im Bereitstellungsgemisch und zu einem höheren Wasseranspruch (W/Z-Wert), was sich in deutlich niedrigeren Festigkeitsverläufen nebst Endfestigkeiten niederschlägt. So werden z. B. bei 50 % Rückprallzugabe zum Zuschlag nur ca. 50 % der Frühfestigkeiten der Nullserie erreicht und die Endfestigkeit reduziert sich um 20 %.

Die Variante, den Rückprall zum Zuschlag dazuzugeben erfolgte unter dem praktischen Gesichtspunkt, bei Rückpralldosierproblemen wie z. B. Rückprallmindermengen oder Unterbrechung der Rückprallzufuhr, an der Rezeptur des Bereitstellungsgemisches nichts ändern zu müssen.

Nahezu die gleichen Festigkeitseigenschaften wie die der Nullserie werden erreicht, wenn anstelle von 20 M% Rückprall zum Zuschlag 20 M% Rückprall anstelle des Zuschlags eingesetzt werden (vgl. Bild 13.64).

In diesem Fall werden die Mischungen geringfügig zementreicher bei nahezu gleichem W/Z-Wert. Der bereits hydratisierte Zementanteil des Rückpralls wirkt sich dabei zunächst ungünstig auf die Festigkeitsentwicklung im frühen Stadium aus, weil er in Form einer Zementsteinhülle um das Rückprallkorn vorliegt, stark saugend ist und somit zu diesem Zeitpunkt nicht aktiv bei der Festigkeitsbildung beteiligt ist; die Frühfestigkeitsentwicklungen sind im Vergleich zur Nullserie geringfügig reduziert.

Im weiteren Festigkeitsverlauf wird durch die „feuchte" Zementsteinhülle eine gute Erhärtung der Kontaktzone ermöglicht und in gleicher Weise führt die rauhe Oberfläche des Rückprallkorns – bedingt durch die Zementsteinhülle – zu einer guten Verzahnung von Korn und Zementsteinmatrix. Aus diesem Grund liegen die Endfestigkeiten auf gleichem Niveau wie die der Nullserie, tendenziell sogar etwas darüber.

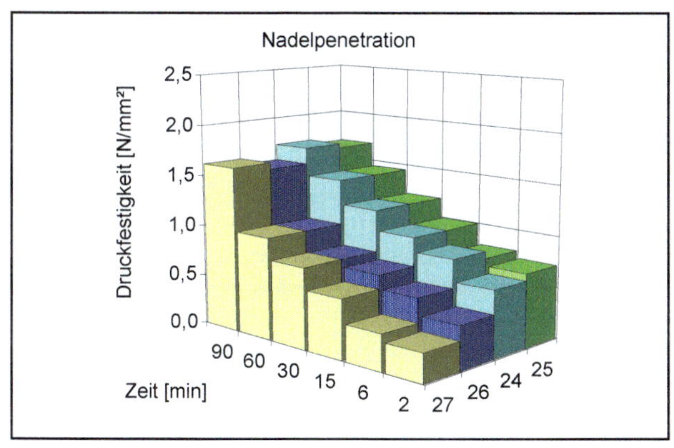

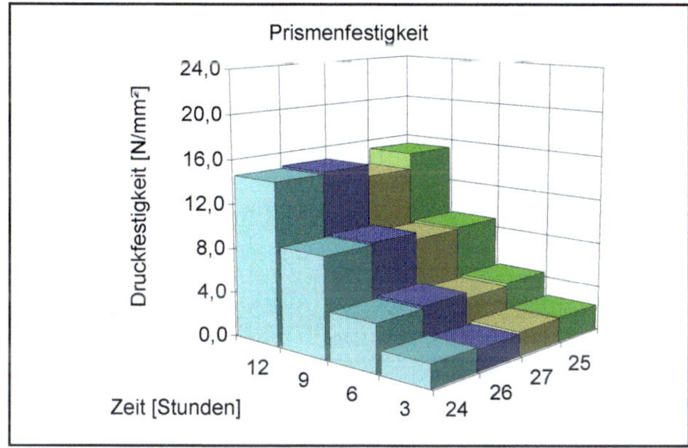

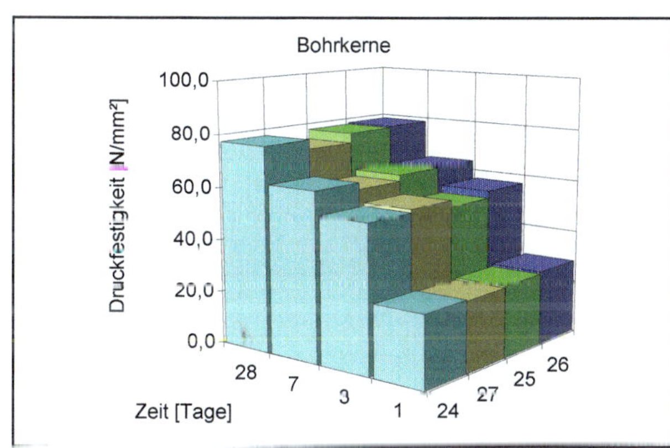

24 = 00 M%
25 = 20 M%
26 = 30 M%
27 = 50 M%

Bild 13.64: Festigkeitskinetik von Spritzbeton bei Zugabe von unterschiedlicher Rückprallmenge zum Zuschlag

In einer weiteren Versuchsreihe wurde festgestellt, dass sich insbesondere Bereitstellungsgemische mit einer Zuschlagfeuchte von 3 M% zur Zugabe von 20 M% Rückprall zum Zuschlag bzw. anstelle von Zuschlag eignen; trockene bzw. höhere Eigenfeuchten von Zuschlägen verändern bei Zugabe von Rückprall die Festigkeitskinetik ungünstig, d. h. sie verlaufen auf einem deutlich niedrigerem Niveau. So liegen die Endfestigkeiten zwischen 10 % und 20 % unter jener der Nullserie.

Die Versuche zeigten auch, dass die untersuchten Altersstufen des Rückpralls – zwischen sofort und 7 Tagen – scheinbar keinen großen Einfluss auf die Festigkeitskinetik haben, d. h. unabhängig vom Rückprallalter weisen alle Versuchsreihen mit 20 M% Rückprallzugabe zum Zuschlag ein annähernd gleiches Festigkeitsverhalten auf, das insgesamt auf einem geringfügig niedrigerem Niveau im Vergleich zur Nullserie verläuft und in der Endfestigkeit zwischen 5 % und 10 % geringer ausfällt.

Letztlich wurde an verschiedenen Spritzbetonen nachgewiesen, dass die Zugabe von Rückprall keinen Einfluss auf das Auslaugverhalten von Spritzbeton ausübt. Die Untersuchungen erfolgten an unbeschleunigten, an beschleunigten (BEAH, BEAF) und mit Spritzbetonzement hergestellten Spritzbetonen bei jeweils 20 M% Rückprallzugabe zum Zuschlag (vgl. Tabelle 13.12 und Tabelle 13.13). Die Bohrkerne wurden aus den Spritzkisten gewonnen und im Alter von 28 Tagen eluiert. Die in Tabelle 13.8.12 dargestellten Ergebnisse wurden dabei erzielt.

Versuchnr.	Bindemittel	Zusatzmittel	Rückprallzugabe	Zementgehalt	W/Z-Wert
1	CEM I 42.5 R-sb	-	-	17,04 M-%	0,35
7	CEM I 42.5 R-sb	-	20 M-%	15,14 M-%	0,37
2	CEM I 42.5 R-sb	4 M-% BEAH	-	17,04 M-%	0,43
8	CEM I 42.5 R-sb	4 M-% BEAH	20 M-%	15,14 M-%	0,4
3	CEM I 42.5 R-sb	5 M-% BEAF	-	17,04 M-%	0,37
6	CEM I 42.5 R-sb	5 M-% BEAF	20 M-%	15,14 M-%	0,37
4	CEM I 32.5 R-SE	-	-	17,04 M-%	0,37
5	CEM I 32.5 R-SE	-	20 M-%	15,14 M-%	0,35

Tabelle 13.12: Zusammenstellung der Versuche

Nr.	pH-Wert	elektr. LF mS/cm	Ca mg/l	K mg/l	Na mg/l	Al mg/l
1	11,13	0,29	28	13,1	0,4	0,36
7	11,05	0,30	25	10,8	0,5	0,36
2	11,30	0,54	26	43,8	0,7	0,82
8	11,37	0,53	22	45,1	0,6	0,88
3	10,81	0,32	26	11,9	0,3	0,5
6	10,85	0,33	26	11,6	0,5	0,48
4	10,89	0,31	24	13,6	0,3	0,38
5	11,00	0,36	26	12,1	0,3	0,36

Tabelle 13.13: Auslaugverhalten verschiedener Spritzbetone

Die Ergebnisse der Untersuchungen bestätigen, dass es aus betontechnologischer Sicht grundsätzlich möglich ist, den beim Trockenspritzverfahren anfallenden Rückprall wiederzuverwerten; vorausgesetzt er kann in Praxi als solcher bei seiner Entstehung gewonnen werden und er ist frei von Verunreinigungen.

Rückprallreduzierung bei Spritzbeton mit hoher Frühfestigkeit

Im Rahmen der betontechnologischen Einflüsse wurde zunächst das Rückprallverhalten bei einem Spritzbeton mit Spritzbetonzement Typ LSC in Abhängigkeit der Eigenfeuchte des Zuschlags und in Abhängigkeit des W/Z-Wertes untersucht; im weiteren Versuchsablauf wurden pulverförmige und flüssige Rückprallminderer getestet. Dabei wurden die Pulverprodukte vorab mit dem Bindemittel vermischt und anschließend über den Bindemitteldosierer dem Zuschlag zur Herstellung des Bereitstellungsgemisches zugeführt während die Flüssigprodukte zusammen mit dem Wasser an der Spritzdüse dosiert wurden.

Die Auswahl der unterschiedlichsten Produkte erfolgte durch rheologische Vorstudien; eine zweite Auswahl erfolgte bei einem konstanten W/Z-Wert, das bedeutet, dass zur weiteren Untersuchung nur noch solche Produkte verwendet wurden, die bei obigem W/Z-Wert eine tendenzielle Verbesserung gezeigt haben. In der dritten Phase wurden die Dosiermengen und der W/Z-Wert variiert und gegenübergestellt.

Darüber hinaus konnten erste Erfahrungen von Neuentwicklungen im Bereich der Düsen- und Benetzungstechnik gesammelt werden; da die Entwicklungen und Verbesserungen noch nicht abgeschlossen sind, können hier nur tendenzielle Testergebnisse präsentiert werden.

Verfahrenstechnische Einflüsse

Ein wesentlicher Unterschied zwischen dem Trocken- und dem Nassspritzverfahren besteht darin, dass beim Nassspritzverfahren ein homogener und optimal benetzter Frischbeton die Düse verlässt, während beim Trockenspritzverfahren nicht immer ein homogen benetztes Spritzgemisch beim Verlassen der Düse vorliegt. Hierin begründen sich auch wesentliche Unterschiede im Rückprallverhalten beider Verfahren; dies bedeutet, dass das Rückprallverhalten beim Trockenspritzverfahren ganz wesentlich vom erreichten Benetzungsgrad des Spritzgemisches abhängt. Aus diesem Grund wurden verschiedene Benetzungssysteme unter dem Gesichtspunkt der Rückprallreduzierung (Bild 13.65) untersucht [34].

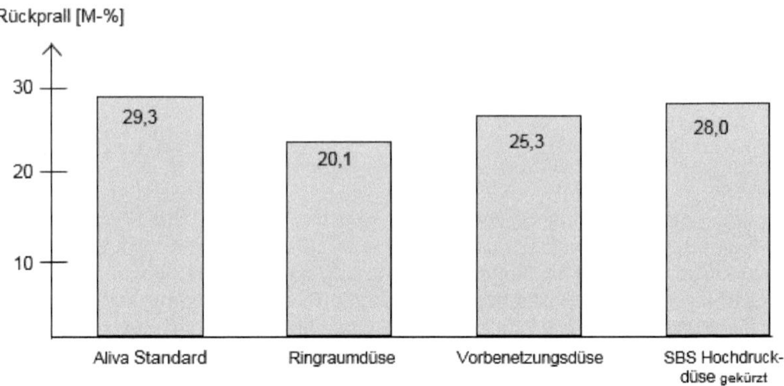

Bild 13.65: Rückprallverhalten verschiedener Benetzungssysteme

Als Vergleichsdüse wurde die Aliva Standarddüse verwendet; sie besteht aus einem Spritzdüsengehäuse und einem Strahlrohr, das in das Spritzdüsengehäuse eingeschraubt wird. Das Strahlrohr hat eine Mischlänge (Wasserkammer → Strahlrohrende) von 47 cm und verläuft konisch von 50 mm auf 43 mm zusammen. Zwischen dem Spritzdüsengehäuse und dem eingeschraubten Strahlrohr befindet sich die ringförmige Wasserkammer, in die das Zugabewasser eingeleitet wird. Über diese Kammer gelangt das Benetzungswasser radial in die, über den Umfang des Strahlrohres gleichmäßig verteilten, 8 Wasseraustrittsöffnungen mit einem Durchmesser von 2,5 mm. Die Dosierung der Zugabewassermenge erfolgt über ein am Spritzdüsengehäuse angebrachtes Ventil.

Eine Neuentwicklung ist die Ringraumdüse der DMT; sie besteht ebenfalls aus einem Spritzdüsengehäuse mit einem Strahlrohr und der dazwischen liegenden Wasserkammer. Das Strahlrohr entspricht dem der Alivadüse und das Benetzungswasser wird ebenfalls über die Wasserkammer radial in den Massenstrom eingebracht. Das Besondere dieser Düse liegt im Inneren, wo ein Anströmkörper eingebaut ist und dadurch den Massenstrom von einem Kreisquerschnitt in einen Ringquerschnitt überführt. Die Ringquerschnittsfläche entspricht dem des Kreisquerschnittes, so das die Kontinuität des Massenstroms gewährleistet ist. Damit erreicht man ein günstigeres Oberflächen-Querschnitt-Verhältnis, das für die Benetzung von größter Wichtigkeit ist. Die Oberfläche in der Ringraumdüse wurde um 30 % vergrößert und erforderte eine Erhöhung der Wasseraustrittsöffnungen auf 20 bei einem Durchmesser von 1,7 mm. Das stumpf abgeschnittene Endstück des Anströmkörpers löst Verwirbelungen im Strahlrohr aus und bewirkt dadurch ein intensiveres Durchmischen. Ein Schnitt durch die Ringraumdüse ist in Bild 13.33 zu sehen.

Das Vorbenetzungssystem von Kusterle wurde ebenfalls neu entwickelt. Dieses Benetzungssystem besteht aus einer Vorbenetzungsdüse und einer Standarddüse mit kleineren Bohrungen. Die Vorbenetzungsdüse, die eigentliche Neuentwicklung, ist eine Hochdruckdüse und besteht aus einem Gehäuse, in das verschiedene Wasserringe eingebaut werden können. Da Kusterle eine Vorbenetzung von 50 % bis 95 % der Gesamtbenetzungswassermenge empfiehlt, weist der Wasserring 38 Bohrlöcher auf, 35 Bohrungen haben einen Durchmesser von 1,0 mm und die restlichen 3 Bohrungen besitzen einen Durchmesser von 1,5 mm. Die Bohrungen verlaufen teils radial und teils in Gegenstromrichtung. Dadurch wird versucht, die maximal mögliche Relativgeschwindigkeit zwischen Baustoffteilchen und Wassertröpfchen zu erreichen. Aus Vorversuchen wurde eine Vorbenetzungslänge von ca. 4,5 m ermittelt.

Als letztes Benetzungssystem innerhalb der Versuchsreihe wurde der SBS-Kapillar-Mischkörper berücksichtigt. Das Panda-Pumpaggregat erhöht den Netzwasserdruck auf ungefähr 100 bar bei einem maximalen Durchfluss von 1200 l/h. Da mit Hochdruck benetzt wird, müssen die Austrittsöffnungen auf den Massenstrom und den erwünschten Benetzungshochdruck eingestellt werden. Aus diesem Grund werden verschiedene Wasserringe benötigt. Des Weiteren sind die Austrittsöffnungen in dem speziellen Mischkörper so angeordnet, dass sich ein Wassergitter in drei Ebenen ergibt. Die richtige Wassermenge wird über das Nadelventil reguliert. In den Versuchen hatte der Wasserring 28 Austrittsöffnungen mit einem Durchmesser von 0,45 mm. Die Mischlänge wurde mit 47 cm den anderen angepasst, obwohl der Hersteller 70 cm vorgibt.

Die Aliva Standarddüse diente als Vergleichsdüse; der absolute Rückprall betrug 29,3 M%. Durch Verwendung einer SBS-Hochdruckdüse konnte der Rückprall um nur knapp 5 M% verbessert werden; einschränkend muss erwähnt werden, dass ein das Spritzsystem betreffend, verkürztes Mischrohr verwendet wurde. Eine weitere Verbesserung um insgesamt ca. 14 M% konnte mit der Vorbenetzungsdüse erreicht werden. Die besten Ergebnisse lieferte die Ringraumdüse mit einer Rückprallreduzierung um 32,5 M%. Die Ringraumdüse hatte einen homogenen Spritzstrahl und ein gleichmäßiges Spritzbild. Da bei diesem System keine zusätzlichen Geräte erforderlich sind, kann die Einfachheit des Trockenspritzverfahrens erhalten werden. Die Zukunft wird zeigen, ob dieses System durch den eingebauten Anströmkörper von Stopfern verschont bleibt und wie hoch die Verschleißkosten sind.

Betontechnologische Einflüsse

In dieser Versuchsreihe wurde das Rückprallverhalten von Spritzbeton mit Spritzbetonzement Typ LSC in Abhängigkeit der Zuschlagfeuchte untersucht. Von besonderem Interesse war, wie sich die Abhängigkeit im Vergleich zu der aus der Literatur bekannten Abhängigkeit von unbeschleunigtem Spritzbeton darstellt. Über die Versuche am Laborspritzstand hinaus konnten auf einem Firmenspritzstand Testversuche im Maßstab 1:1 gemacht und den zuvor erzielten Ergebnissen gegenübergestellt werden. Folgende Versuche wurden durchgeführt (vgl. Tabelle 13.14):

Versuchnr.	Bindemittel	Bindemittelanteil	EF-Zuschlag	W/Z-Wert
36	CEM I 32.5 R-SE	17,04 M-%	0 M-%	0,43
37	CEM I 32.5 R-SE	17,04 M-%	1,5 M-%	0,43
38	CEM I 32.5 R-SE	17,04 M-%	3 M-%	0,43
39	CEM I 32.5 R-SE	17,04 M-%	5 M-%	0,43

Tabelle 13.14: Zusammenstellung der Versuche

Die erzielten Ergebnisse sind im Bild 13.66 graphisch dargestellt (Kurve 1). Bereits beim Spritzen fiel auf, dass beim Applizieren des Spritzgemisches aus trockenen Zuschlägen Materialkomponenten beim Verlasen der Düse nicht optimal benetzt waren und auch in der Spritzkiste kein homogenes „Feuchtebild" ergaben. Die Rückprallmenge wurde mit 56 M% ermittelt.

Bereits ein Feuchtegehalt des Zuschlags von 1,5 M% bringt bei der verwendeten Verfahrenstechnik optisch eine merkliche Verbesserung beim Spritzen; korrespondierend hierzu geht die Rückprallmenge deutlich zurück und beträgt noch 41 M%, was eine Reduzierung um 27 % bedeutet. Ein Optimum, was Verarbeitung, Spritzbild, Rückprall und Festigkeitskinetik betrifft, wird bei einer Eigenfeuchte des Zuschlages von 3 M% erreicht. Der Absolutwert der Rückprallmenge beträgt nur noch 34 M%, im Vergleich zum trockenen Zuschlag eine Reduzierung um knapp 40 %. Erhöht man den Feuchtegehalt des Zuschlages auf 5 M% und mehr, dann kann der Rückprall geringfügig weiter reduziert werden, doch muss bei einem Feuchtegehalt über 5 M% mit einsetzender Erstarrung des Spritzbetonzementes gerechnet werden; dies bedeutet ein Ansteigen des Rückpralls oder eine erhöhte Wasserzugabe durch den Düsenführer mit einer ungünstigen bzw. nicht ausreichenden Festigkeitskinetik des Spritzbetons.

Das Rückprallverhalten in Abhängigkeit der Eigenfeuchte des Zuschlags zeigt einen sehr moderaten Kurvenverlauf; man erkennt, dass die Kurve bei ca. 5 M% Eigenfeuchte des Zuschlags bereits fast horizontal verläuft, d. h. höhere Eigenfeuchten des Zuschlags führen zu einem Ansteigen der Rückprallmenge aufgrund zuvor geschilderter Zusammenhänge. Vergleicht man den Kurvenverlauf mit der Kurve 3 aus der Literatur, so gibt es mehrere Unterschiede. Bei der Kurve 3 handelt es sich um einen unbeschleunigten Spritzbeton mit einem höheren prozentualen Zementgehalt (24 M%) und mit einem höheren W/Z-Wert (0,51); dies erklärt den Kurvenverlauf auf einem deutlich niedrigeren Niveau. Überraschend bleibt, dass der Kurvenverlauf des unbeschleunigten Spritzbetons steiler verläuft, obwohl der Spritzbeton im frühen Stadium keine Festigkeitsentwicklung erfährt und somit günstige Voraussetzungen bezüglich der Rückprallentstehung vorliegen. Der steilere Kurvenverlauf bedeutet, dass das Rückprallverhalten stärker von einer Veränderung der Eigenfeuchte des Zuschlages abhängt.

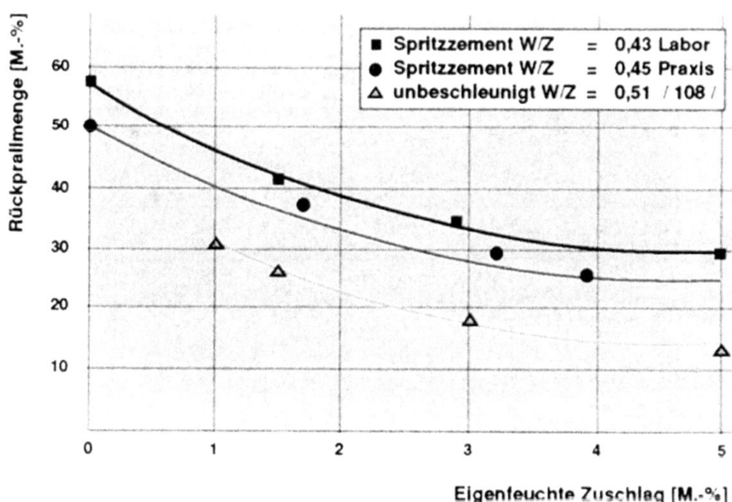

Bild 13.66: Rückprallverhalten von Spritzbeton mit Spritzbetonzement in Abhängigkeit der Eigenfeuchte des Zuschlages

Im Rahmen einer Testreihe in einem Firmenspritzstand wurde mit der Verfahrenstechnik P.F.T. eine Versuchsreihe mit unterschiedlichen Eigenfeuchten des Zuschlags untersucht. Verwendet wurde getrocknetes Zuschlagmaterial 0/8 (Rundkorn) im Silo; über ein Flowmeter wurde die Wasserzufuhr des Durchlaufmischers, der als Zuschlagaustrag am Silo angeflanscht war, entsprechend gesteuert und somit war sichergestellt, dass der Zuschlag immer eine definierte Feuchte hatte. Der Durchlaufmischer förderte direkt in den Aufnahmetrichter des P.F.T. Trimaster. Folgende Versuche wurden durchgeführt (vgl. Tabelle 13.15)

Pro Versuch wurde 1 m³ Bereitstellungsgemisch verspritzt; die erzielten Ergebnisse (Kurve 2) sind im Bild 13.66 dargestellt. Vergleicht man die Werte mit denen des Laborspritzstandes, so ist ein ähnliches Rückprallverhalten erkennbar; es muss allerdings angemerkt werden, dass es sich um eine Testreihe handelte und die Reproduzierbarkeit der Ergebnisse nicht nachgewiesen wurde.

Nr.	Bindemittel	Bindemittelant.	EF-Zuschl.	W/Z
A	CEM I 32.5 R-SE	17,5 M-%	0 M-%	0,45
B	CEM I 32.5 R-SE	17,5 M-%	1,7 M-%	0,45
C	CEM I 32.5 R SE	17,5 M-%	3,2 M-%	0,45
D	CEM I 32.5 R-SE	17,5 M-%	3,9 M-%	0,45

Tabelle 13.15: Zusammenstellung der Versuche

Einfluss des W/Z-Wertes

Ziel der Versuchsreihe war das Rückprallverhalten von Spritzbeton mit Spritzbetonzement Typ LSC in Abhängigkeit des W/Z-Wertes bei einer Zuschlagfeuchte von 3 M%. Die Versuche wurden bei zwei verschiedenen Temperaturen (5 °C, 16 °C) durchgeführt; des Weiteren erfolgte eine Testreihe auf einem großen Spritzstand. Die Versuche sind in Tabelle 13.16 zusammengefasst:

Nr.	Bindemittel	Bindemittel	Temperatur	W/Z-Wert
60	CEM I 32.5 R-SE	17,04 M-%	16° C	0,35
40/2	CEM I 32.5 R-SE	17,04 M-%	16° C	0,40
61	CEM I 32.5 R-SE	17,04 M-%	16° C	0,45
62	CEM I 32.5 R-SE	17,04 M-%	16° C	0,50
80	CEM I 32.5 R-SE	17,04 M-%	5° C	0,35
81	CEM I 32.5 R-SE	17,04 M-%	5° C	0,40
82	CEM I 32.5 R-SE	17,04 M-%	5° C	0,45
83	CEM I 32.5 R-SE	17,04 M-%	5° C	0,50

Tabelle 13.16: Zusammenstellung der Versuche

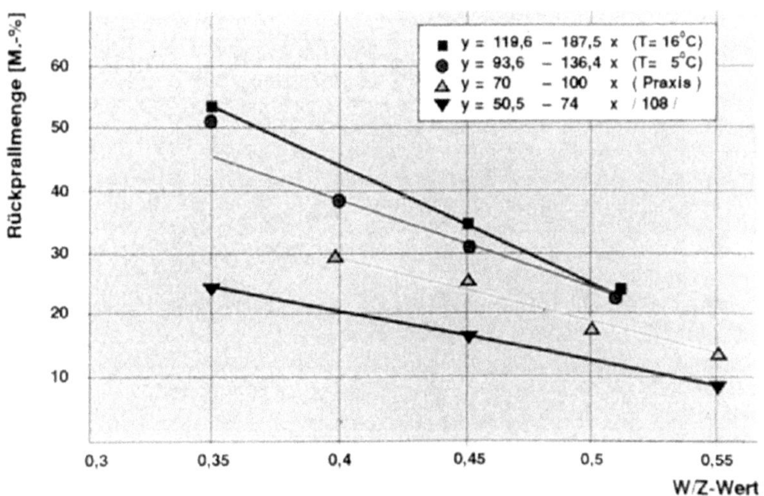

Bild 13.67: Funktionaler Zusammenhang zwischen Rückprallverhalten und W/Z-Wert

Die erzielten Ergebnisse sind im Bild 13.67 graphisch dargestellt. Das Rückprallverhalten in Abhängigkeit des W/Z-Wertes folgt einem linearen Zusammenhang, dies gilt für die Laborversuche wie für den Praxistest.

Den Kurvenläufen ist zu entnehmen, dass mit zunehmendem W/Z-Wert die Rückprallmenge abnimmt; ursächlich hierfür ist der Benetzungsgrad des Bindemittels. Unter dem Benetzungsgrad des Bindemittels ist der Anteil des Bindemittels zu verstehen, der durch den Benetzungsvorgang ausreichend Wasser erhält, um seine Eigenschaften entwickeln zu können, insbesondere die Klebeeigenschaften in der Auftreffphase. Da mit zunehmendem Wassergehalt die Wahrscheinlichkeit zunimmt, dass nahezu alle Zementpartikel mindestens mit der erforderlichen Wassermenge benetzt werden, nimmt infolgedessen der Rückprall ab. Hierbei bleibt unberücksichtigt, dass mit höher werdendem W/Z-Wert die Festigkeitskinetik verlangsamt wird und weitere betontechnologische Nachteile, wie Dichtigkeit u. a. die Folge sind.

Die verarbeitungstechnische Obergrenze ergibt sich aus dem gerade noch haften bzw. aus dem Beginn des Abfließens. Andererseits wird die Untergrenze durch die Rückprallmenge selbst geregelt, denn je geringer der W/Z-Wert, umso ungleichmäßiger ist die Benetzungsqualität des Zementkorns, umso geringer sind die Klebeeigenschaften des Zementes bzw. Bindemittels respective des Spritzgemisches und umso höher ist die Rückprallmenge. Somit ergibt sich für ein günstiges Rückprallverhalten die Forderung – in Abhängigkeit der betontechnologischen Parameter – so weich wie möglich zu spritzen; dies erfordert zur Einhaltung günstiger W/Z-Werte i. a. höhere Zementgehalte als üblich verwendet werden.

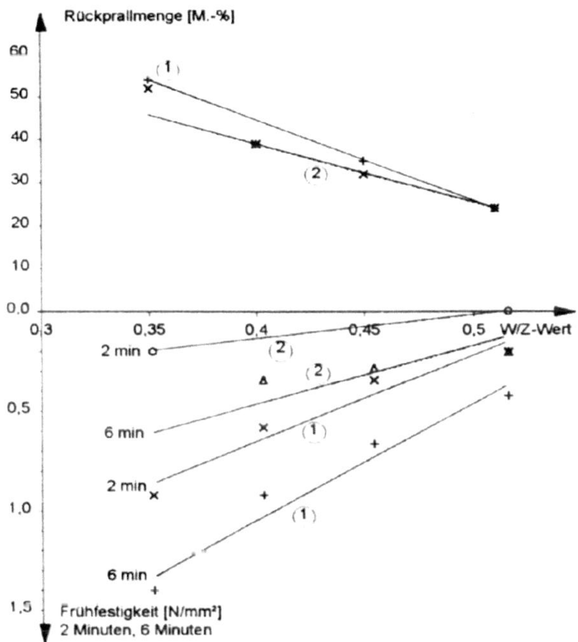

Bild 13.68: Zusammenhang zwischen Frühfestigkeit, W/Z-Wert und Rückprallverhalten

Kurve 1 ist dadurch gekennzeichnet, dass sie die größte Steigung aufweist; Kurve 2 – das gleiche Bereitstellungsgemisch bei einer niedrigeren Ausgangs- und Umgebungstemperatur verarbeitet – verläuft flacher. Die Begründung liegt weniger in der Temperaturdifferenz als vielmehr in der daraus resultierenden Änderung der Frühfestigkeitskinetik (vgl. Bild 13.68), d. h. mit zunehmender Frühfestigkeitskinetik (2 min, 6 min) verläuft die Rückprallkurve steiler und auf einem höheren Niveau. Aus diesem Grund weist die aus der Literatur bekannte Kurve 4 die kleinste Steigung beim niedrigsten Niveau auf, weil es sich um einen unbeschleunigten Spritzbeton mit einem hohen Zementgehalt (24 M%) handelt. Der Praxistest ergab einen mittleren Verlauf ohne Nachweis der Reproduzierbarkeit; dabei war der Feuchtegehalt mit 3,9 M% und der prozentuale Zementgehalt mit 17,5 M% etwas höher als bei den Kurven 1 und 2.

Einfluss von Rückprallminderern

Nachdem der Einfluss des W/Z-Wertes auf das Rückprallverhalten untersucht war, galt das weitere Interesse möglichen Additiven, die das Rückprallverhalten günstig beeinflussen ohne die Festigkeitskinetik ungünstig zu verändern. Bezüglich den Eigenschaften war die Anforderung eine äußerst geringe Aktivierungszeit (vom Zeitpunkt der Benetzung bis zum Zeitpunkt des Auftreffens auf der Wand) für die Entwicklung von Klebeeigenschaften.

Um aus der riesigen Auswahl von Produkten wenige für tiefere Untersuchungen herauszufinden, wurde die Vorauswahl durch rheologische Untersuchungen getroffen und vorgenommen. Folgende in Tabelle 13.17 aufgeführten Produktvarianten waren in der Vorprüfung.

Gruppe A	Methylcellulosen und Vergleichbare	Typ 1 - Typ 10
Gruppe B	Dispersionspulver	Typ 1 - Typ 5
Gruppe C	Kunststoffdispersion und Andere	Typ 1 - Typ 11
Gruppe D	Hydraulisch reagierende Feinststoffe	Typ 1 - Typ 5
Gruppe E	Inerte Feinststoffe	Typ 1 - Typ 5

Tabelle 13.17: Gruppeneinteilung von Rückprallminderern

Durch die rheologischen Versuche an Feinstmörteln sollte das „Inlösunggehen" der verschiedenen Rückprallminderer in Abhängigkeit der Zeit festgestellt werden. Das „Inlösunggehen" der Additive bewirkt eine Viskositätsänderung, die durch eine Drehmomentaufnahme M (t) als Funktion der Zeit wiedergegeben werden kann. Im Rahmen des angestrebten Untersuchungsziels wurde eine Viskositätserhöhung als Funktion des Ansteifens und der Klebrigkeit erwartet, d. h. zunehmende Klebrigkeit und/oder Ansteifen führen zu einer Viskositätserhöhung; allerdings ist dieser Vorgang nicht eindeutig umkehrbar. Aus diesem Grund wurde zusätzlich eine qualitative Klebeprüfung durchgeführt, in dem ein Stempel mit einer Kreisfläche von Ø 25 mm auf den Feinstmörtel aufgelegt, anschließend langsam wieder abgehoben und dabei beurteilt wurde, ob Klebeeigenschaften vorhanden sind (vgl. Bild 13.69). Durchgeführt wurden die rheologischen Versuche mit einem Universalviskometer (Viskomat PC [36]); dabei stellen sich Kurven qualitativ des folgenden Typs ein (Bild 13.70).

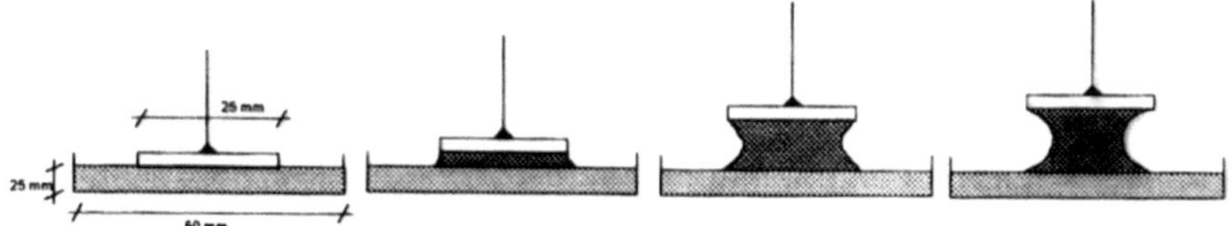

Bild 13.69: Darstellung der qualitativen Prüfung von Klebeeigenschaften

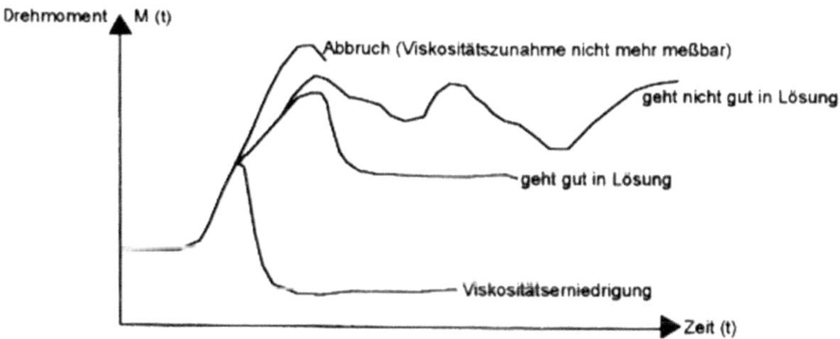

Bild 13.70: Typische Drehmomentenverläufe der durchgeführten Versuche

Als Versuchsmischung diente ein Feinstmörtel** folgender Zusammensetzung:

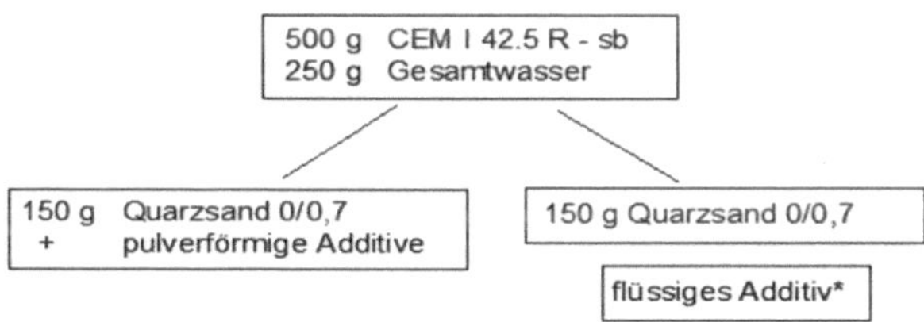

* Der Wassergehalt des Flüssigproduktes wurde vom Anmachwasser abgezogen, sodaß bei allen Versuchen ein konstanter W/Z-Wert von 0,5 gegeben war.

** Ein Feinstmörtel wurde gewählt, damit durch die Rieselfähigkeit des Quarzsandes die pulverförmigen Additive gleichmäßiger dosiert werden konnten.

Zunächst wurde der Zementleim in einem Mischer gemäß DIN 1164 hergestellt und anschließend in den Messtopf eingefüllt und mit der Messung bei vorgegebener Rührgeschwindigkeit (120 U/min) begonnen. Nach 90 sec wurde entweder der Quarzsand zusammen mit einem pulverförmigen Rückprallminderer kontinuierlich und zügig „eingerieselt" oder nur Quarzsand und direkt danach das flüssige Produkt zugegeben. Die Viskositätsänderung wurde über die Dauer von 10 Minuten aufgezeichnet; dabei entstanden für bestimmte Produktreihen typische Kurvenverläufe. Nach Beendigung der rheologischen Versuche wurden die Feinstmörtel einer qualitativen Klebrigkeitsprüfung unterzogen; die Beurteilung erfolgte nach gut, mittel, schlecht oder keine, wobei die Entscheidung von der Höhe der Wegstrecke zwischen hochgezogenem Stempel und Feinstmörteloberfläche bis zum Materialabriss und von der qualitativ erfassten Feinstmörtelmenge am Prüfstempel abhängig gemacht wurde. Die wesentlichen Ergebnisse sind in Tabelle 13.18 zusammengefasst:

Produktgruppe		A					B	C		D		E
Typ		1	2	3	4	5	1	1	2	1	2	1
Viskositätserhöhung	gut	x	x	x	x	x					x	x
	mittel								x	x		
	schlecht						x	x				
Klebeeigenschaft	gut	x	x	x		x						
	mittel				x				x	x	x	
	schlecht						x	x				
	keine											x
weitere Versuche	ja	x	x	x	x	x			x			
	nein						x	x		x	x	x

Tabelle 13.18: Zusammenstellung der wesentlichen Ergebnisse der Viskositäts- und Klebeeigenschaften

Die zweite Phase der Untersuchungen sah Rückprallversuche von Spritzbeton mit Spritzbetonzement und verschiedenen Rückprallminderer bei konstantem W/Z-Wert vor. Die Eigenfeuchte des Zuschlags betrug 3 M% und der W/Z-Wert 0,40. Die Dosiermengen wurden entsprechend den Herstellerempfehlungen gewählt. Bereits beim Spritzen zeigte sich, dass die Rückprallminderer einen unterschiedlichen Wasseranspruch haben; durch einen hohen Wasseranspruch eines Produktes wird diesem – bei ansonsten gleichen Voraussetzungen – die Möglichkeit genommen, seine Eigenschaften zu entwickeln.

Kurve	Versuchnr.	Bindemittel	Bindemittelanteil	RM-Typ	RM-Anteil	W/Z-Werte
1	40/2, 60-62	CEM I 32.5 R-SE	17,04 M-%	-	-	0,35 - 0,51
2	63 - 65	CEM I 32.5 R-SE	17,04 M-%	Typ 2 C	5 M-%	0,40 - 0,51
3	66 - 68	CEM I 32.5 R-SE	17,04 M-%	Typ 5 A	0,3 M-%	0,40 - 0,51
4	69 - 71	CEM I 32.5 R-SE	17,04 M-%	Typ 5 A, FM N	0,3 M-%, 0,1 M-%	0,29 - 0,40
5	84 - 86	CEM I 32.5 R-SE	17,04 M-%	Typ 5 A, FM N	0,3 M-%, 0,01 M-%	0,35 - 0,45
6	87 - 89	CEM I 32.5 R-SE	17,04 M-%	Typ 5 A, FM N	0,2 M-%, 0,01 M-%	0,35 - 0,45
7	72 - 74	CEM I 32.5 R-SE	17,04 M-%	Typ 3 A	0,1 M-%	0,40 - 0,51
8	75 - 77	CEM I 32.5 R-SE	17,04 M-%	Typ 3 A, FM M	0,1 M-%, 0,05 M-%	0,35 - 0,45
9	90 - 92	CEM I 32.5 R-SE	17,04 M-%	Typ 3 A, 5 A, FM M	0,1 M-%, 0,2 M-%, 0,01 M-%	0,35 - 0,45
10	80 - 83	CEM I 32.5 R-SE	17,04 M-%	-	-	0,35 - 0,51

Tabelle 13.19: Zusammenstellung der Versuche

Die erzielten Ergebnisse zeigten, dass eine produktspezifische Bewertung in Sachen Rückprallminderung nur möglich ist, wenn ein charakteristischer W/Z-Wertbereich (z. B. 0,35 – 0,51) durchfahren wird, weil nur dann der Wasseranspruch des Produktes und die Entwicklung seiner Eigenschaften erfasst werden können.

In der Folge wurden die in Tabelle 13.19 aufgeführten Versuche durchgeführt. Die Untersuchungen mit den verschiedenen Rückprallminderern haben gezeigt, dass alle ausgewählten Produkte bzw. Produktvarianten im Vergleich zum Nullspritzbeton eine signifikante Rückprallreduzierung bewirken. Die Versuche zeigten aber auch, dass die verschiedenen Produkte einen ganz unterschiedlichen Wasseranspruch aufweisen und ihre Wirksamkeit u. a. vom W/Z-Wert abhängen. Vergleicht man die Rückprallkurven (vgl. Tabelle 13.19) in Abhängigkeit des W/Z-Wertes mit der Rückprallkurve des Nullspritzbetons, so fällt auf, dass sämtliche Rückprallkurven eine höhere Steigung als die des Nullspritzbetons aufweisen und alle auf einem niedrigeren Niveau verlaufen; d. h. die Wirksamkeit der Rückprallminderer nimmt mit größer werdendem W/Z-Wert überproportional zu (vgl. Bild 13.71 – Bild 13.74). Den Diagrammen ist ferner zu entnehmen, dass die Reduzierung der Rückprallmengen durch Verwendung von Rückprallminderern zu einer ebenfalls deutlichen Reduzierung des Frühfestigkeitsniveaus führen, wobei je steiler der Verlauf der Rückprallkurve, desto flacher die Frühfestigkeitskurve und desto geringer das Frühfestigkeitsniveau.

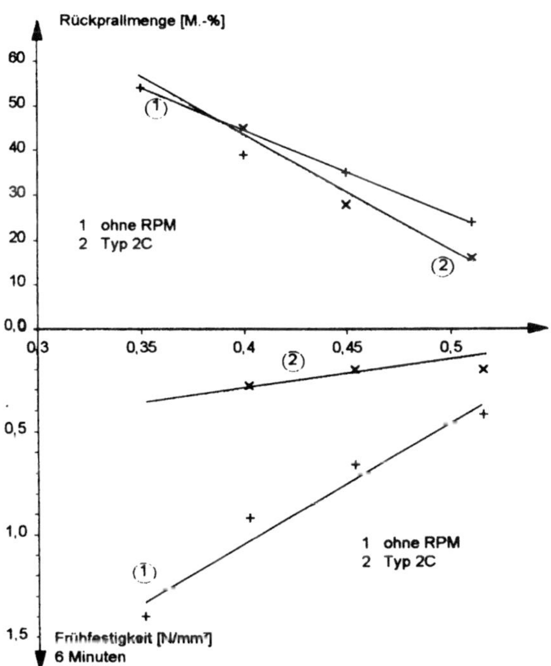

Bild 13.71: Zusammenhang zwischen Rückprallminderer (Typ 2 C), Frühfestigkeit, W/Z-Wert und Rückprallverhalten

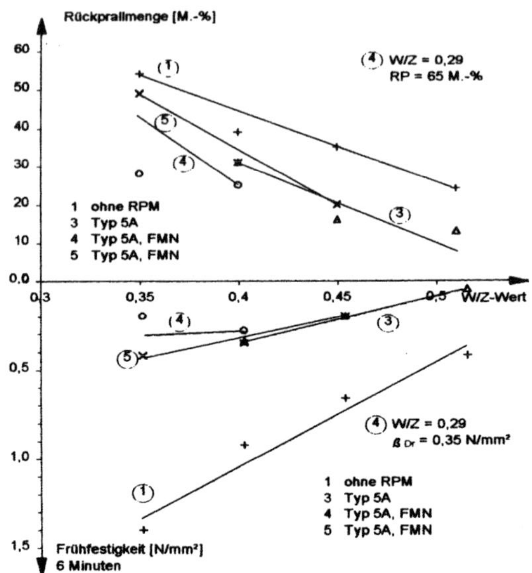

Bild 13.72: Zusammenhang zwischen Rückprallminderer (Typ 5 A), Frühfestigkeit, W/Z-Wert und Rückprallverhalten

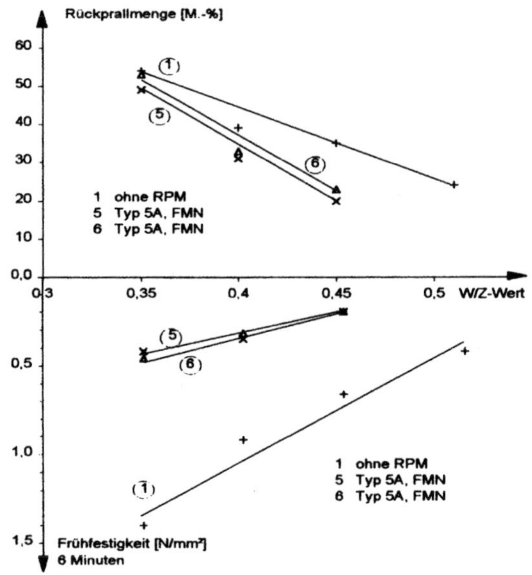

Bild 13.73: Zusammenhang zwischen Rückprallminderer (Typ 5 A), Frühfestigkeit, W/Z-Wert und Rückprallverhalten

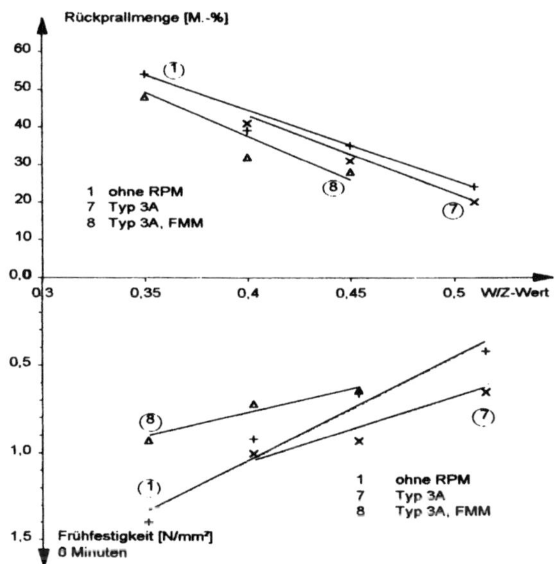

Bild 13.74: Zusammenhang zwischen Rückprallminderer (Typ 3 A), Frühfestigkeit, W/Z-Wert und Rückprallverhalten

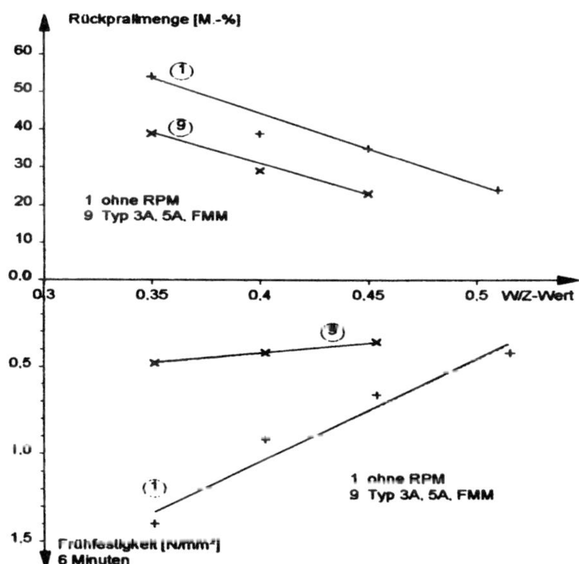

Bild 13.75: Zusammenhang zwischen Rückprallmindererkombination, Frühfestigkeit, W/Z-Wert und Rückprallverhalten

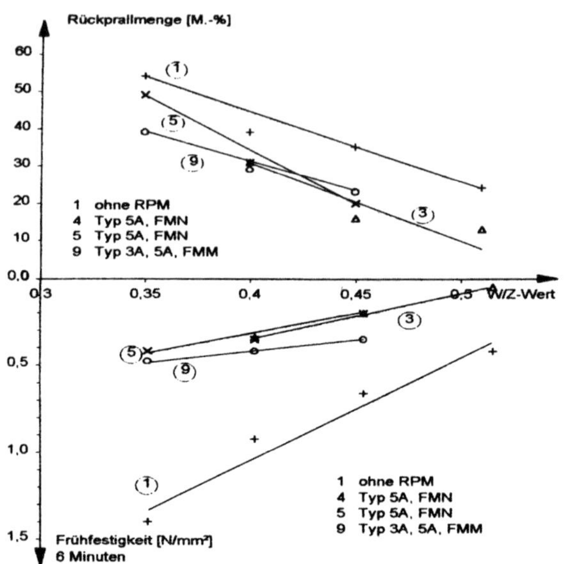

Bild 13.76: Zusammenstellung der charakteristischen Rückprallkurven (Vergleich Rückprallverhalten – Frühfestigkeit)

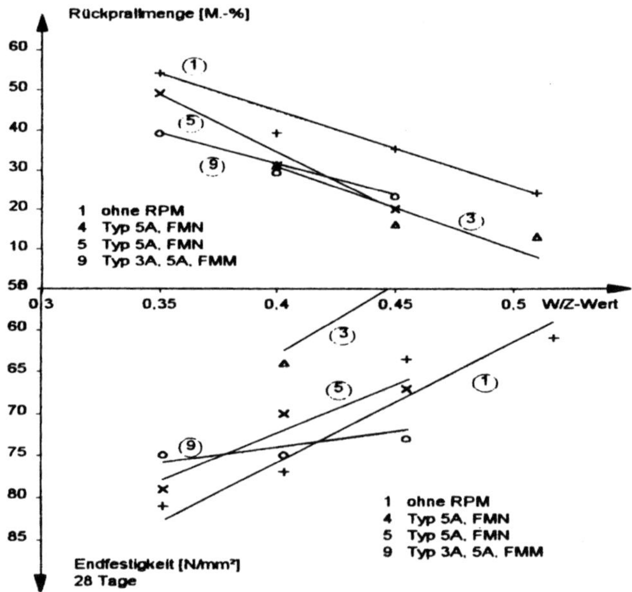

Bild 13.77: Zusammenstellung der charakteristischen Rückprallkurven (Vergleich Rückprallverhalten – Endfestigkeit)

Ein nahezu paralleles Rückprallverhalten auf deutlich niedrigerem Niveau ergab die Verwendung einer Rückprallmindererkombination, der zur Reduzierung des Wasseranspruches und der Entspannung des Wassers und damit zur besseren Benetzung des Bindemittels eine geringe Menge Fließmittel zugegeben wurde; dies bedeutet, dass im Betrachtungsbereich die Rückprallmindererkombination eine nahezu konstante Rückprallreduzierung bewirkt. Die korrespondierende Frühfestigkeit weist dabei einen extrem flachen Verlauf auf (vgl. Bild 13.75).

In den Bildern 13.76 und 13.77 sind die charakteristischen Rückprallverläufe der Versuche nebst Festigkeitskinetik zusammengefasst dargestellt. Vergleicht man die Kurven untereinander, so stellt die Rückprallmindererkombination (Kurve 9) einen guten Kompromiss zwischen Rückprallreduzierung und guter Frühfestigkeitskinetik respective Endfestigkeit dar. Rückprallreduzierung – bis auf Absolutwerte um die 10 M% – ist mit dem Rückprallminderer Typ 5 A bei einem W/Z-Wert von 0,51 möglich, wobei die Frühfestigkeit und die Endfestigkeit deutlich zurückgehen.

Vergleicht man die charakteristischen Kurvenverläufe mit dem Rückprallverhalten des Nassspritzbetons aus der Literatur [35], in der bei einem W/Z-Wert von 0,51 Rückprallwerte zwischen 6 M% und 11 M% angegeben werden, so liegt die Rückprallkurve 3 ebenfalls in dieser Größenordnung; die korrespondierende Frühfestigkeitskinetik des Nassspritzbetons verläuft bekanntlich deutlich unter der des Trockenspritzverfahrens, sie ist aber vergleichbar der Kinetik mit Rückprallmindererzugabe. Somit kann gefolgert werden, dass das oft angeführte günstigere Rückprallverhalten des Nassspritzverfahrens im Vergleich zum Trockenspritzverfahren weniger im Verfahren begründet, sondern vielmehr eine Frage der Spritzkonsistenz (W/Z-Wert), korrespondierend mit unterschiedlicher Frühfestigkeitskinetik und des im ersten Teil dieses Kapitels beschriebenen Benetzungsgrades ist.

Schließlich kann festgestellt werden, dass die Frühfestigkeitskinetik eines Spritzbetons das Rückprallverhalten desgleichen direkt beeinflusst, d. h. je höher die Frühfestigkeit in den ersten Minuten, desto höher der Rückprall. Als mögliche Steuerungselemente haben sich der W/Z-Wert (Spritzkonsistenz) und die Zugabe von Rückprallminderer ergeben; dabei zeigte sich, dass das gewünschte niedrige Festigkeitsniveau über die ersten Minuten hinaus weiterbesteht und nur allmählich eine deutliche Festigkeitsentwicklung einsetzt. Hieraus leitet sich das Ziel weiterer Produktentwicklungen ab, d. h. es wird ein Additiv gesucht, das den Rückprall bei kleinen W/Z-Werten deutlich reduziert und nach 15 bis 30 Minuten annähernd so deutliche Festigkeitssteigerungen – im Vergleich zum entsprechenden Nullspritzbeton – erlaubt.

13.5.2.2.2 Rückprallverhalten beim Nassspritzverfahren

Der Rückprallverlust beim Nassspritzverfahren wird allgemein zwischen 5M% und 10M% angegeben und liegt damit deutlich unter den Werten beim Trockenspritzverfahren, die zwischen 20M% und 25M% angegeben werden. Des Weiteren hat sich in Feldversuchen in Europa und Asien gezeigt, dass die Rückprallmengen des Nassspritzbetons um nochmals bis zu 50M% reduziert werden können, wenn so genannte hydratationsgesteuerte Spritzmaterialien (vgl. Delvocrete-System) zur Anwendung kommen. Dies hängt wahrscheinlich damit zusammen, dass keine Vorhydratation des Zementes stattgefunden hat und somit unabhängig vom Zeitraum zwischen Herstellung und Einbau stets „frischer Beton" gespritzt wird [39].

13.5.2.3 Staubentwicklung

Staubmessungen unter identischen Bedingungen und im selben Tunnel sind selten möglich, weshalb vergleichende Aussagen schwer möglich sind. Allerdings wurden im Rahmen einer Studien-/Forschungsarbeit im Tunnel Irlahüll (D) die Staubentwicklung folgender drei Verfahrenstechniken gemessen:

1. Trockenspritzverfahren mit ofengetrockneten Zuschlagstoffen und Schwenk Spritzbetonzement CEM I 32,5 R/SE, eingebaut mit Rombold Spritzmobil

2. Trockenspritzverfahren mit erdfeuchten Zuschlagstoffen und Heidelberger Chronolith S, eingebaut mit einem Heidelberger Trixer und einer SBS Spritzmaschine vom Typ B1

3. Nassspritzverfahren mit Karlstadt Zement CEM I 42,5 R und dem Flüssigbeschleuniger Meyco SA 140 (AF), eingebaut mit einem Meyco Roadrunner Spritzmobil

Die Messungen ergaben die folgenden Werte (Tab. 20):

Einbausystem	Rel. Staubgehalt	Spritzleistung	Düsen
1. trocken/trocken	12,6	13,5 m^3/h	2
2. trocken/erdfeucht	6,6	6,8 m^3/h	1
3. nass	3,3	15,4 m^3/h	1

Tabelle 13.20: Relativer Staubgehalt in Abhängigkeit des Einbauverfahrens [39]

Unter dem rel. Staubgehalt wird der Quotient aus aktueller Staubkonzentration zu dem allgemein vorhandenen Staubgehalt verstanden. Wie die Ergebnisse im Vergleich belegen wird beim Spritzverfahren durch Verwendung erdfeuchter Zuschläge oder gar eines Frischbetons (Nassspritzverfahren) die Staubentwicklung signifikant verbessert. Letztlich wird durch die Entscheidung für das Nassspritzverfahren sowie die Verwendung von nicht ätzenden und alkalifreien Beschleunigern anstelle ätzender und alkalihältiger Beschleuniger ein großer Beitrag/Fortschritt bzgl. der Arbeitshygiene und Arbeitssicherheit geleistet [39].

13.6 Zusammenfassung

Wie die Ausführungen belegen, können Spritzbetonarbeiten durchaus umwelt- und damit naturgerecht ausgeführt werden. Im Interesse der Volkswirtschaft und der angespannten Finanzlage sollten Bauaufgaben so ausgeschrieben werden, dass sie der Sache (bautechnische - und umweltrelevante Anforderungen inbegriffen) gerecht und nicht Grenzwerte manifestiert werden, die im Einzelfall zwar richtig sein können, aber einem Gesamtanspruch im Allgemeinen nicht genügen. Auch gilt es, Baumaßnahmen nicht nur im lokalen, sondern auch im regionalen und partiell globalen Umfeld zu sehen und zu bewerten.

Des Weiteren eröffnen die neuen Bindemitteltechnologien - d.h. unabhängig vom Spritzverfahren können sowohl im Trocken- wie im Nassspritzverfahren die Anforderungen J3 im Vortrieb als Sicherungselement erfüllt werden - insbesondere durch zielsicher erreichbare Spritzbeton-Endfestigkeiten (28d Festigkeiten von C 40/50 sind zielsicher möglich) neue Denkansätze für die einschalige Herstellung von Tunnelquerschnitten (möglicherweise unter Einbeziehung der Vortriebsschale in die Bemessung der Innenschale).

Wenn man bedenkt, dass bei der Bemessung eines Tunnelquerschnittes die Spritzbetonschale völlig unberücksichtigt bleibt (obgleich diese während des Vortriebes den alleinigen Schutz bietet) und Messungen an Tunnelobjekten, in die Druckmessdosen zwischen Spritzbetonschale und Tunnelinnenschale eingebaut wurden, zeigen, dass in der Mehrzahl dieser Tunnel die Innenschale keine Kräfte aufnimmt und somit die gesamte Gebirgslast nach wie vor durch die Spritzbetonschale umgelagert wird, dann wird deutlich, welches wirtschaftliche und ingenieurmäßige Potential in den erzielbaren verbesserten Spritzbetonqualitäten liegt.

13.7 Literaturverzeichnis

[1] Lukas, W.: Rückprall- und Staubminimierung bei modifiziertem Trockenspritzverfahren; Spritzbeton-Technologie, BMI 1996

[2] Maidl, B.: Handbuch für Spritzbeton; Verlag Ernst und Sohn, 1992

[3] Locher, FM.: Chemie des Zements und der Hydratationsprodukte; Zementtaschenbuch 1979/80

[4] Czernin, W.: Zementchemie für Bauingenieure; Bauverlag 1/77

[5] Wischers, G.: Ansteifen und Erstarren von Zement; Betontechnische Berichte 1980/81

[6] Taylor, H.F.: The Calcium Silicates Hydrates; V. Int. Symposium on the chemistry of Cement, Tokio 1968

[7] Copeland, L.E.; Kantro, D.L.: Hydratation of Portland Cement; V. Int. Symposium on the Chemistry of Cement, Tokio 1968

[8] Henning, 0. und weitere: Technologie der Bindebaustoffe, Band 1; VEB Verlag, Berlin 1989

[9] Schwiete, H.E.; Ludwig U.; Jäger, P.: Einflussnahme verschiedener Sulfate auf das Erstarren und Erhärten von Zementen; ZKG 2/68

[10] Dosch, W.; zur Strassen, H.: Die verschiedenen Hydratstufen von Tetracalciumaluminathydraten; ZKG 5/65

[11] Taylor, H.F.; Roy, D.M.: Structure and Composition of Hydrates; VII. Int. Congress on the chemistry of Cement, Paris 1980

[12] Powers, T.C.: Physical Properties of Cement Paste; Procc. IV. International Symposium on the Chemistry of Cement, Washington 1960

[13] Schwiete, H.E.; Niel, E.: Die Bestimmung der verschiedenen Sulfate in Zement während des Erstarrens; ZKG 1965

[14] Copeland, L.E.; Schulz, E.G.: Discussion of Microstructure of Hardened Paste; IV. Int. Symposium on the Chemistry of Cement, Washington 1960

[15] Eckart, A.; Ludwig, H.-M.; Stark, J.: Zur Hydratation der vier Hauptklinkerphasen des Portlandzementes; ZKG 8/95

[16] Locher, F.W.- Wichers, G.: Aufbau und Eigenschaften des Zementsteins; Zementtaschenbuch 1979/80

[17] Richartz, W.: Gefüge und Festigkeitsentwicklung des Zementsteins; Betontechnische Berichte 1969

[18] Knoblauch, H.; Scheider, U.: Bauchemie; Werner Verlag

[19] Reul, H.: Handbuch Bauchemie; Verlag für chemische Industrie, Augsburg

[20] Müller, L.: Einfluss der Ausgangsstoffe und Zusatzmittel auf die Eigenschaften von Spritzbeton; TWM 85/6 Ruhr Universität Bochum

[21] Löschnig, P.: Erstarrungsbeschleuniger für Spritzbeton; TFB 1992

[22] Werthmann, E.: Die zwei Wege zur Abbindebeschleunigung von Spritzbeton; Tunnel 3/95

[23] Ludwig, H.M.: Erstarrungsverhalten von Portlandzement und alkalifreien Beschleunigern; Persönliche Mitteilungen

[24] Bürge, T.: Erstarrungsbeschleuniger für Spritzbeton; Sika-Information

[25] Berger, T.: Einsatz von Erstarrungsbeschleunigern im Trockenspritzverfahren und ihr Einfluss auf die Spritzbetoneigenschaften; TWM 94/8, Ruhr Universität Bochum

[26] Keil, J.; Röck, R.: Erfahrungen mit neuen Spritzbindemitteln; Spritzbeton-Technologie, BMI 1996

[27] Lukas, W.: Verfahren zum Herstellen von Spritzbeton; Patentanmeldung vom 12.11.199 1, Österreich

[28] Alberts, C.; Kramers, M.: Swedish shotcrete equipment and developments in fibrons shotcrete; Shotcrete for Ground Support, 1976, ACJ Publication SP 54

[29] Kusterle, W.; Lukas, W.; Pichler, W.: Volumetrische Dosierung beim Trockenspritzverfahren; Beton 11/95

[30] Österreichischer Betonverein: Richtlinie Spritzbeton, Ausgabe 7/04

[31] Eichler, K.: Rückprallrecycling und Rückprallreduzierung von Spritzbeton beim Trockenspritzverfahren; Dissertation, BMI 1996

[32] DIN 38414, T4: Bestimmung der Eluierbarkeit mit Wasser (S4), Ausgabe 10/84

[33] Pichler, W.: Umweltneutraler Spritzbeton im Trockenspritzverfahren; Dissertation, BMI 1995

[34] Pichler, K.: Die Auswirkung verschiedener Benetzungssysteme beim TSV auf die technologischen Werte des Spritzbetons; Diplomarbeit, BMI 1995

[35] von Diecken, U.: Möglichkeiten zur Reduzierung des Rückpralls von Spritzbeton aus verfahrenstechnischer und betontechnologischer Sicht; Ruhr Universität Bochum, TWM 2/89

[36] N.N.: Viskomat PC Fa. Schleibinger, Schwindegg

[37] Hauck,H.G.; Qvaeschning,D: Wirkungsweisen der neuen Fließmittelgeneration; ibausil 00, Weimar 2000

[38] Heidelberger Bauchemie, Marke Addiment: Wirkung von Fließmitteln; Firmenprospekt 7/00

[39] Melbye,T.: Spritzbeton für die Felssicherung; MBT-Zürich, Eigenverlag 12/01

[40] DIN 18551: Spritzbeton, Ausgabe 2004

[41] Teichert, P.: Die Geschichte des Spritzbetons; Schweizer Ingenieur und Architekt, Sonderdruck aus 47/79

[42] Ruffert, G.: Spritzbeton; Betonverlag 1991

[43] Brux, G.; Ruffert, G.; Badzong, H.J.: Spritzbeton; expert Verlag 1995

[44] Rombold GmbH: Spritzbetoneignungsprüfungen; Prüfstelle E+W, Leiter W. Balbach

[45] Degussa: Sypernat 22S als Betonzusatzstoff nach DIN 1045; Prüfbescheid PA VII – 21/501

[46] Eichler, K.: Erfahrungen mit Nassspritzbeton J 3; Zement & Beton 2/05

[47] Rombold, A.: Transportfahrzeug – Technologie zur Herstellung von Nassspritzbeton aus einem Trockenspritzbetongemisch; EP 3 075 507 vom 24.01.2018

14 Bentonitsuspensionen als Stütz- und Fördermedium beim Tunnelbau

Dietrich Koch

14.1 Einleitung

Das natürliche Tonmineralgestein Bentonit findet aufgrund seiner besonderen physikalischen Eigenschaften in verschiedenen technisch/industriellen Bereichen Verwendung [1].

Die weltweit wichtigsten Einsatzbereiche sind:

- Gießereiindustrie
- Eisenerzpelletisierung
- Papierindustrie
- Chemische Industrie
- Wasser-/Abwasserreinigung
- Tierstreu
- Bau- und Bohrindustrie.

Erste für das Bauwesen bedeutende Anwendungen von Bentonit gab es Ende des 19. Jahrhunderts bei vertikalen Bohrungen.

Bentonit wurde in Form einer wässrigen Aufschlämmung zur Stabilisierung des Bohrlochs und Förderung des Bohrkleins eingesetzt.

Der Boom der Ölbohrindustrie in den USA in der ersten Hälfte des 20. Jahrhunderts förderte das Know-how zur Nutzung von Bentonit als Stützflüssigkeit in der Bohrtechnik ganz erheblich. Seit 1929 werden Bentonitsuspensionen zur Stützung von tiefen Bohrungen ohne Verrohrungen (Rotary-Bohr-Verfahren) verwendet.

Die Spülungstechnik wurde weiterentwickelt. Zur Erhöhung der Suspensionsdichte wurden mit Schwerspat (Baryt) beschwerte Suspensionen eingesetzt. Organische Additive, z.B. Stärke oder Polymere wurden der Bentonitsuspension zur Steuerung der rheologischen Eigenschaften sowie als Schutzkolloide gegen Störstoffe zugegeben.

Nach der Entwicklung der Schlitzwandtechnik durch den österreichischen Prof. Christian Veder, bei der Bentonitsuspensionen zur Stützung beim Aushub von vertikalen Erdschlitzen verwendet werden, kehrte sich die Einsatzrichtung mit der Einführung von Stützflüssigkeiten im Tunnelbau von der vertikalen in die horizontale Richtung um.

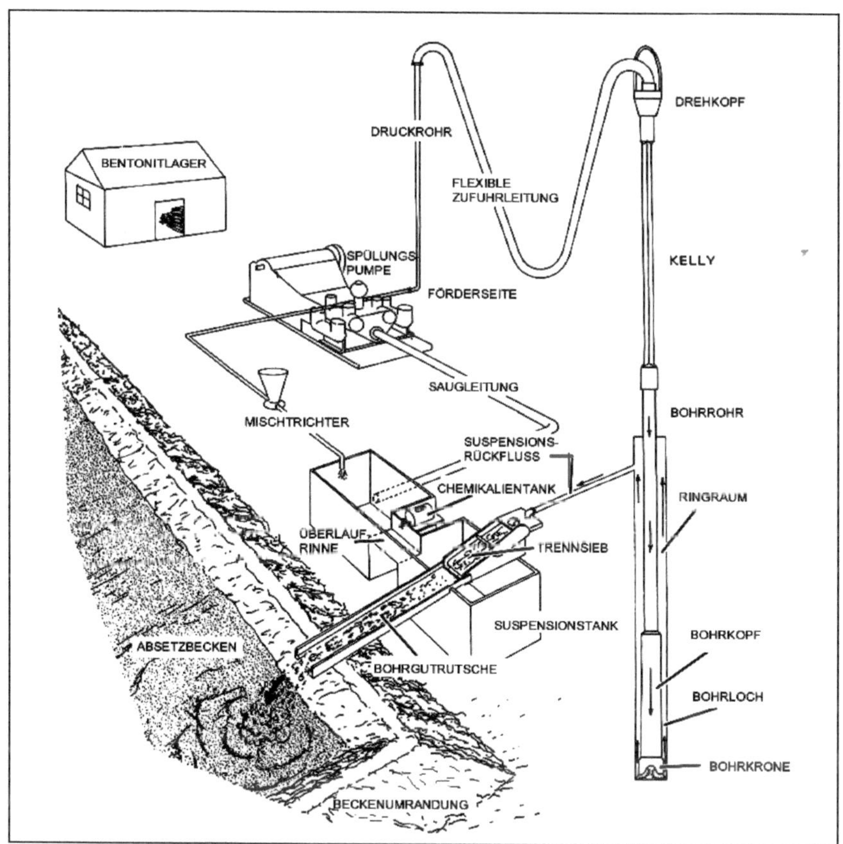

Bild 14.1: Schemaskizze einer Anlage zur Durchführung bentonitgestützter Bohrarbeiten [2]

In den 60er Jahren des letzten Jahrhunderts begann in Japan die Entwicklung von Tunnelbohrmaschinen, die mit Suspensionsstützung arbeiten. 1967 konzipierte die Fa. Mitsubishi den Prototyp einer Schildvortriebsmaschine mit Flüssigkeitsstützung.

Kurz darauf setzten in Europa ähnliche Entwicklungen ein. 1971 setzte die englische Fa. E. Nutall Sons Co. Ltd. ein bentonitgestütztes Schildsystem auf einer Versuchsstrecke ein.

Für das Objekt Sammler Hamburg-Wilhelmsburg entwickelte die Fa. Wayss und Freytag im Jahr 1972 einen Hydroschild mit einem Durchmesser von 4,48 m und führte die Arbeiten zur Errichtung eines neuen Abwasser-Sammelsystems mit dieser neuartigen Technik erfolgreich durch (B. Maidl et al. 1995).

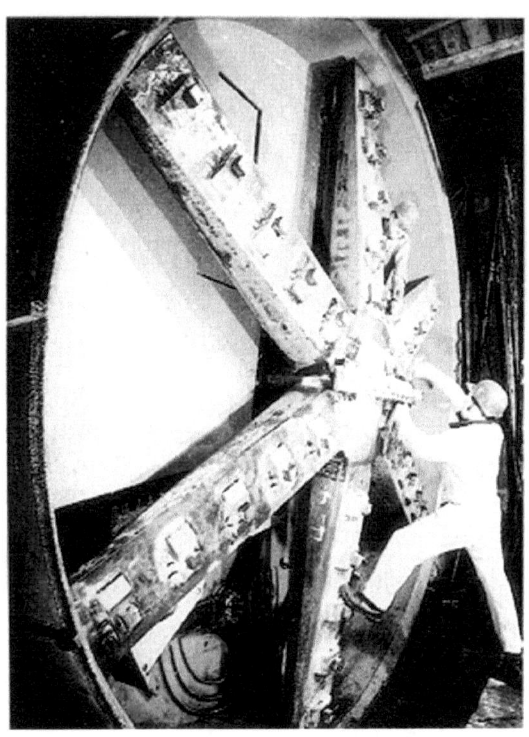

Bild 14.2: Schneidrad des Hydroschildes Sammler Hamburg-Wilhelmsburg [3]

14.2 Empfehlungen zur Herstellung und Stabilisierung von Bentonitsuspensionen [4]

Sowohl in der Bohrindustrie als auch im Spezialtiefbau und im Tunnelbau werden Stützflüssigkeiten aus Wasser und Bentonit, ggf mit weiteren Zusätzen verwendet. Sie haben folgende Aufgaben zu erfüllen:

- Stützung des Aushubzustands bzw. der Ortsbrust gegen Nachfall von Einzelkörnern des Bodens und gegen Abgleiten und Nachrutschen ganzer Bodenschichten und Böschungspartien
- Erzeugung eines Gegendrucks zum hydrostatischen Druck des Grundwassers durch Aufbau eines „Filterkuchens“ (als druckluftübertragende Dichtungsmenbran zur Inspektion der Ortsbrust, Bild 14.3)
- Trägermedium für die Abförderung des gelösten Bodens
- Gute Fließ- und Pumpfähigkeit, günstiges Ausreinigungsverhalten für die Separierung.

Bild 14.3: Inspektion der Ortsbrust

14.2.1 Aufbereitung der Bentonitsuspensionen

Um diese Aufgaben optimal erfüllen zu können, sind bei der Aufbereitung der Bentonitsuspension zwei wesentliche Vorgänge zu beachten:

14.2.1.1 Dispergierung

Unter Dispergierung versteht man die Umwandlung des pulverförmigen Bentonits in eine feindisperse wässrige Aufschlämmung unter Einsatz geeigneter Mischwerkzeuge.

Die Eigenschaften der Bentonitsuspension hängen in starkem Maße von der hierbei angewandten Technik und Sorgfalt ab. Auch ein qualitativ hochwertiger Bentonit kann seine Eigenschaften nur dann optimal entwickeln, wenn er gut dispergiert wird. Es genügt dabei nicht, das Bentonitpulver einigermaßen klümpchenfrei in Wasser zu verteilen. Ziel ist vielmehr eine weitgehende mechanische Aufteilung der als Schichtpakete vorliegenden Montmorillonitteilchen durch Einsatz intensiver Scherkräfte.

Bei Verwendung der üblichen sogenannten Grundmischer (Behälter, deren Inhalt durch eine Kreiselpumpe umgewälzt wird) sollte auf möglichst lange Mischzeiten geachtet werden. Dabei ist zu beachten, dass die verwendete Kreiselpumpe möglichst hochtourig arbeitet. Besonders zu beachten ist, dass der Bentonit gleichmäßig in das vorgelegte Wasser eingestreut wird.

Bei zu rascher oder ungleichmäßiger Zugabe können sich, bedingt durch das Quellvermögen des Materials, große Klumpen bilden, die sich dann nur schwer im Wasser verteilen lassen und damit zu Effektivitätsverlusten oder evtl. zu Verstopfungen im Fördersystem führen.

Die Beurteilung der Mischerleistung erfolgt heute meist anhand der Umfangsgeschwindigkeit des Mischwerkzeugs (vorzugsweise 10 bis 22 m/s) oder durch die auf die Suspension einwirkende Beschleunigungskraft (g).

Tab. 14.1: Übersicht Mischertypen

Mischertyp mit Umdrehungszahl	**Übliche Praxisbauart**
Niedrigtourig bis ca. 200 UpM	Rührwerke mit Bottich, Chargenmischer kleinerer Bauart, Injektionsmischer mit Wirbler
Mitteltourig bis ca. 1400 UpM	Chargenmischer mit leistungsfähiger Umwälzpumpe, Durchlaufmischer
Hochtourig mit > 1500 UpM und speziellem Dispergierwerkzeug	Supraton oder Cavitronanlagen, Ultra-Turrax-Geräte

14.2.1.2 Quellung

Auch nach einer intensiven mechanischen Dispergierung sollte man die Bentonitsuspension vor Gebrauch noch einige Stunden ruhen lassen. Während dieser sogenannten Quellzeit nimmt der Bentonit Wasser auf und verändert dabei seine Struktur. Bei diesem als „Hydratation“ bezeichnetem Vorgang werden Wassermoleküle sowohl an die Zwischenschichtkationen als auch an die Tonmineraloberflächen angelagert. Es kommt zu einer Vergrößerung des Zwischenschichtabstands und damit zu einer Volumenveränderung des dispergierten Feststoffs (Bild 14.4).

Erst nach Abschluss dieses Quellvorgangs (max. 16 Std.) haben die in die Baupraxis üblicherweise eingesetzten Aktiv-Bentonite ihre optimalen rheologischen Eigenschaften erreicht.

Eine Nichtbeachtung dieser Hinweise, beispielsweise durch Einsatz ungeeigneter oder veralterter Mischanlagen oder zu geringer Quellzeiten kann in der Baustellenpraxis zu einem erheblichen Mehrverbrauch an Bentonit führen, der bis zu 50 % betragen kann.

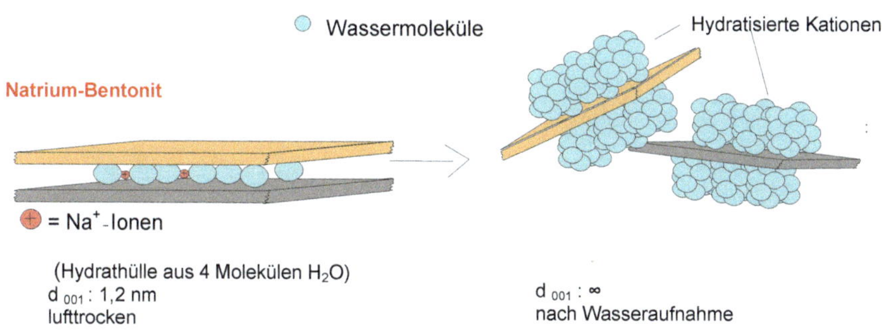

Bild 14.4: Veränderung des Zwischenschichtabstands nach Hydratation

14.2.1.3 Prüfkriterien zur Beurteilung der Suspensionseigenschaften für die Bohr- und Bauindustrie

Tab. 14.2: Übersicht Prüfkriterien

Norm	Geltungsbereich	Messgröße	Einheit
DIN 4126/4127	D	Fließgrenze	N/m²
		Filtratwasser	ml
DIN V 4126-100	EU	Fließgrenze	N/m²
		Filtratwasser	ml
		Marshviskosität	s
API SPEC 13 A	Internat.	Marshviscosity	s
		Filtration	ml
		Apparent viscosity	Pa s
		Plastic viscosity	Pa s
		Bingham yield	Pa

14.2.2 Externe Einflussfaktoren auf die rheologischen Eigenschaften

14.2.2.1 Temperatur

Baumaßnahmen unter Verwendung von Bentonitsuspensionen werden zu allen Jahreszeiten und damit bei unterschiedlichen Temperaturen durchgeführt.

Erfahrungsgemäß werden die Suspensionseigenschaften durch die Temperatur beeinflusst.

Während sich die Filtratwasserabgabe innerhalb des in der Baustellenpraxis normalen Temperaturbereichs kaum verändert, muss sowohl bei der Viskosität als auch der Fließgrenze mit einem Absinken der rheologischen Werte bei fallenden Temperaturen gerechnet werden.

So kann sich die Marsh-Auslaufzeit bei einer Temperaturdifferenz von 20 °C um 1 bis 2 s verändern.

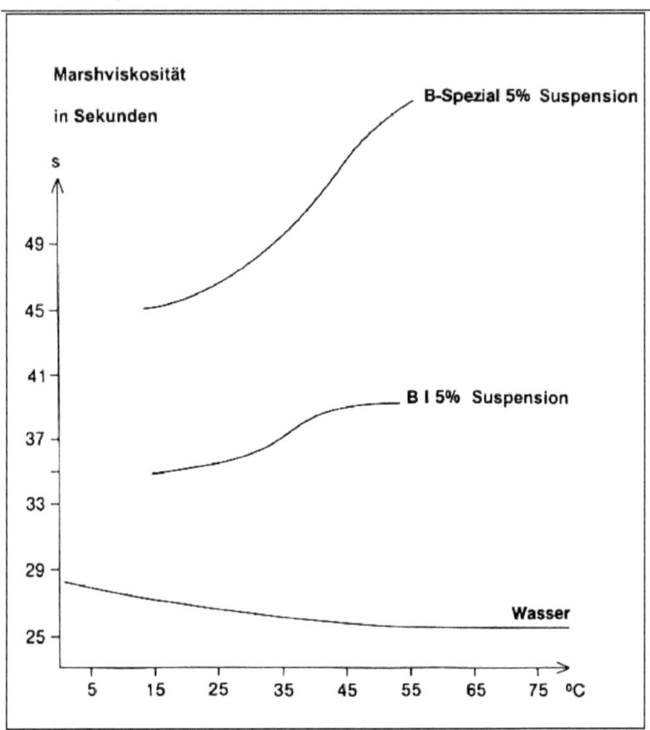

Bild 14.5: Abhängigkeit der Auslaufzeit im Marshtrichter (s) von der Temperatur (°C)

Bei Temperaturen < 0 °C können Bentonitsuspensionen gefrieren. Nach dem Auftauen sind sie zunächst gebrochen und mit wassergefüllten Rissen durchzogen. Sie können jedoch durch einfaches Aufrühren wieder in einen gebrauchsfähigen Zustand versetzt werden. Eine Beeinträchtigung der Suspensionsqualität ist hierdurch nicht zu befürchten.

14.2.2.2 Elektrolyte, Wasserhärte

Sowohl die Qualität des Anmachwassers (Wasserhärte) als auch im Grundwasser und Boden enthaltene Elektrolyte (Salze) beeinflussen die rheologischen Eigenschaften einer Bentonitsuspension. So fällt die Viskosität einer Suspension mit definierter Konzentration, z.B. 5 %ig, deutlich ab, wenn statt entionisiertem Wasser ein extrem hartes Wasser, z.B. mit einer Leitfähigkeit von 1400 µS/cm verwendet wird.

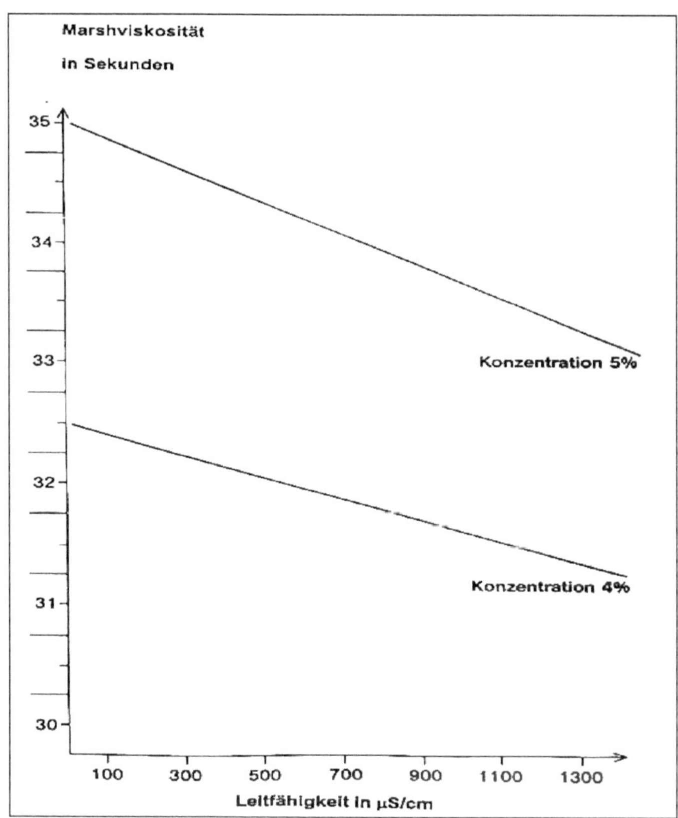

Bild 14.6: Abhängigkeit der Marshzeit (s/l) von der Wasserqualität (µS/cm)

Besonders auffällig ist die Abhängigkeit der Suspensionseigenschaften von der Wasserqualität bei der aus der Marshviskosität errechneten Ergiebigkeit. Darunter versteht man die pro m³ Suspension benötigte Menge Bentonit, um eine bestimmte Viskosität zu erreichen.

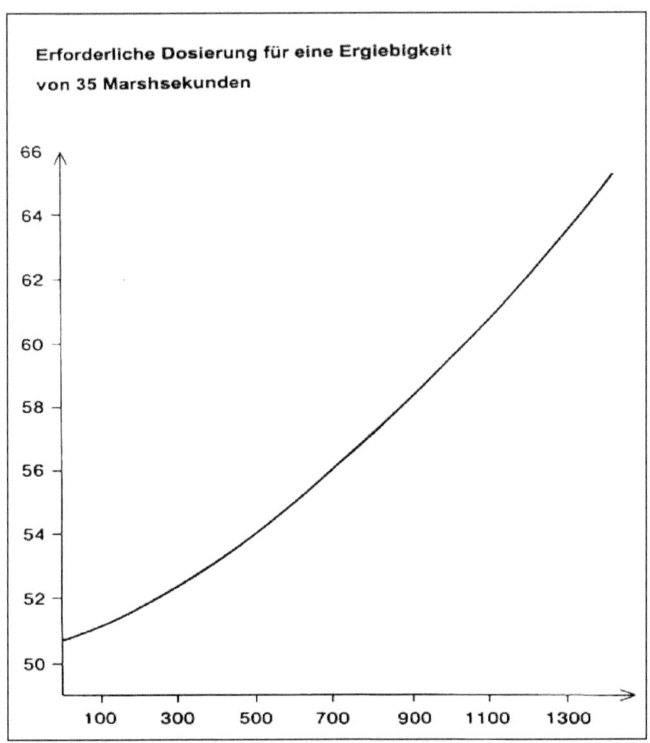

Bild 14.7: Abhängigkeit der Marshergiebigkeit (für 35 s/l) (kg/m³) von der Wasserqualität (µS/cm)

Beträgt z.B. bei Leitfähigkeiten < 100 µS/cm der Bentonitbedarf 50 - 52 kg/m³, so steigt er bei ca. 1400 µS/cm auf 65 - 68 kg/m³ an. Für die Baupraxis bedeutet dies, dass bei Verwendung von elektrolythaltigem Wasser um so mehr Bentonit zur Erreichung bestimmter Suspensionseigenschaften (z.B. Marshviskosität von 40 s) verwendet werden muss, je höher die Elektrolytfracht der verwendeten Anmachwassers ist.

Zur Herstellung von Bentonitsuspensionen sollte daher möglichst Leitungswasser verwendet werden, das in Mitteleuropa normalerweise nie so viel Elektroloyte enthält, dass eine Schädigung der Suspension zu befürchten ist. Bei der geplanten Verwendung von Grundwasser oder Flusswasser ist vorab eine Testreihe mit dem vorgesehenen Bentonit zu empfehlen.

Beim Durchbohren des Untergrunds mit der Schildmaschine werden im Grundwasser oder Boden enthaltene Störstoffe in den Suspensionskreislauf eingetragen.

In einem umfangreichen Messprogramm wurde exemplarisch die Wirkung häufig anzutreffender Störstoffe auf Kennwerte und Stützwirkung von Bentonitsuspensionen geprüft.

In den beiden nachfolgenden Tabellen sind die Ergebnisse für eine Suspension aus Aktiv-Bentonit und für eine Bentonit-Polymersuspension als grundsätzliche Orientierung für die Ausführungspraxis zusammengefasst.

Tab. 14.3: Relative Veränderung der Qualität einer Suspension mit Aktivbentonit bei Störstoffeintrag

Art des verwendeten Anmachwassers und Charakterisierung der enthaltenen Störstoffe				Einfluß auf den Kennwert der Bentonitsuspension		
Bezeichnung	**Technische Angaben**	**Leitfähigkeit in µS/cm**	**pH (-)**	**Fließgrenze DIN 4126/27**	**Marshviskosität API RP 13B**	**Filtratwasser DIN 4126/27**
Aqua dest.	-	13	-	- Referenzmessung-		
Weiches Wasser	10 ° dH	460	6,6	↓	↓	↑
Mittelhartes Wasser	20 ° dH	780	7,2	↓	↓↓	↑
Sehr hartes Wasser	40 ° dH	1.750	7,1	↓↓	↓↓	↑↑
Fe-belastetes Wasser	Konz. 1 mmol/l	980	2,4	↓↓	↓↓	↑
Stark Fe-belast. W.	Konz. 5 mmol/l	3.350	1,9	↓↓↓	↓↓↓	↑↑↑
W. mit Huminsäuren	-	340	4,5	↓↓↓	↓↓↓	↓
Synth. Meerwasser	3,5 %ig	55.000	10,6	↓↓↓↓	↓↓↓↓	↑↑↑↑

Veränderung des betrachteten Kennwertes:

↑	geringe Erhöhung	↓	geringe Herabsetzung
↑↑	mäßige Erhöhung	↓↓	mäßige Herabsetzung
↑↑↑	beträchtl. Erhöhung	↓↓↓	beträchtl. Herabsetzung
↑↑↑↑	extreme Erhöhung	↓↓↓↓	extreme Herabsetzung

Tab. 14.4: Relative Veränderung der Qualität einer Bentonit-Polymer-Suspension bei Störstoffeintrag

Art des verwendeten Anmachwassers und Charakterisierung der enthaltenen Störstoffe				Einfluß auf den Kennwert der Bentonitsuspension		
Bezeichnung	**Technische Angaben**	**Leitfähigkeit in µS/cm**	**pH (-)**	**Fließgrenze DIN 4126/27**	**Marshviskosität API RP 13B**	**Filtratwasser DIN 4126/27**
Aqua dest.	-	13	-	- Referenzmessung-		
Weiches Wasser	10 ° dH	460	6,6	o	o	o
Mittelhartes Wasser	20 ° dH	780	7,2	o	↓	↑
sehr hartes Wasser	40 ° dH	1.750	7,1	↓	↓	↑↑
Fe-belast. Wasser	Konz. 1 mmol/l	000	2,4	o	o	o
Stark Fe-belast. W.	Konz. 5 mmol/l	3.350	1,9	↓↓↓	↓↓↓	↑↑
W. mit Huminsäuren	-	340	4,5	↓↓↓	↓↓	↓
Synth. Meerwasser	3,5 %ig	55.000	10,6	↓↓↓↓	↓↓↓↓	↑↑↑↑

Veränderung des betrachteten Kennwertes:

↑	geringe Erhöhung	o	wie aqua dest./keine Veränderung
↑↑	mäßige Erhöhung	↓	geringe Herabsetzung
↑↑↑	beträchtl. Erhöhung	↓↓	mäßige Herabsetzung
↑↑↑↑	extreme Erhöhung	↓↓↓	beträchtl. Herabsetzung
		↓↓↓↓	extreme Herabsetzung

14.2.2.3 Maßnahmen zur Stabilisierung der Suspensionsqualität

Bei Hydroschildarbeiten im Binnen- als auch im Küsten- oder Off-Shore Bereich kann die Eigenschaft der Stützsuspension wie oben gezeigt beeinflusst werden. Bei geringem Störstoffeintrag kann als Maßnahme zur Beibehaltung der erforderlichen Suspensionskennwerte eine Höherdosierung von Bentonit ausreichend sein. Als weitergehende Maßnahmen sind bei Beeinträchtigung durch die nachfolgend genannten Störstoffe zu nennen:

Wasserhärte:	Zugabe von Soda
Eisenhärte:	Zugabe von Soda oder Natriumhydroxid
Huminsäuren:	wie Eisenhärte
Meerwasser:	Zugabe von ausgewähltem Polymer.

Durch Zusatz von organischen Polymeren als „Schutzkolloide" können die negativen Einflüsse von Störstoffen verringert werden. Bei zu erwartenden oder bereits aufgetretenen Problemfällen ist die Stabilisierungsmaßnahme durch Labortests festzulegen und eine Bestätigung der Wirksamkeit des Zugabestoffs auf der Baustelle zu überprüfen.

14.2.3 Beurteilungs- und Steuerwerte für Bentonitsuspensionen im Förderkreislauf

Für jede Schildvortriebsbaustelle ist es sinnvoll, unter Berücksichtigung der Ansätze der Grundbaustatik (erforderliches τ_F, tatsächlicher d_{10}, Reibungswinkel φ), den Herstellervorgaben für das Pumpensystem und die Separieranlage sowie andere projektbezogene Festlegungen, eine Übersichtsblatt nach untenstehendem Schema zu erstellen.

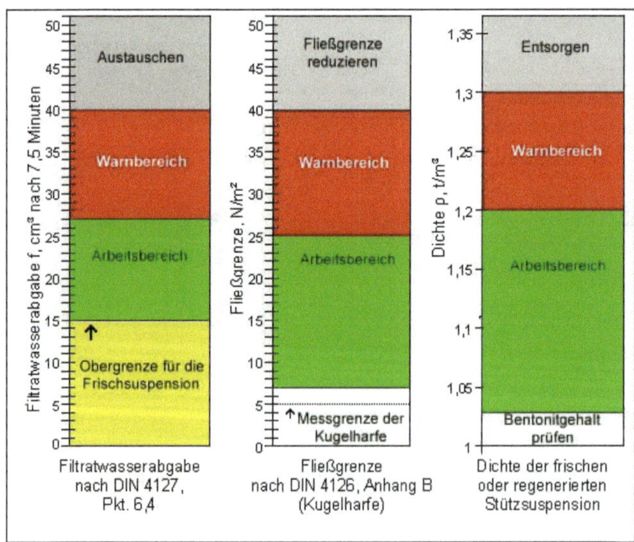

Bild 14.8: Beispiel für Übersichtsblatt mit Beurteilungs- und Steuerwerten

14.3 Untersuchungen zum Eindringverhalten einer Stützflüssigkeit und zur Ausbildung einer drucklufthaltenden Membran

14.3.1 Hydroschildarbeiten in porenreichen Zonen

Die Durchlässigkeit von Lockergesteinen ist in DIN 18130 wie folgt klassifiziert:

stark durchlässig $> 10^{-4}$ m/s
durchlässig 10^{-4} m/s bis 10^{-6} m/s
gering durchlässig 10^{-6} m/s bis 10^{-8} m/s
sehr gering durchlässig $< 10^{-8}$ m/s

Zur Vermeidung von Suspensionsverlusten ist das Erkennen von porenreichen Bodenzonen, Schichten mit geringem Feinkorngehalt oder geringer Lagerungsdichte wichtig.

Zur Verhinderung von lokalen Instabilitäten und Verringerung von Suspensionsverlusten können hohlraumreiche Zonen vorbehandelt werden.

Als Maßnahmen sind in der Praxis anzutreffen:

Tab. 14.5: Maßnahmen zur Vermeidung/Verminderung von Suspensionsverlusten

Vorherige Verfüllung des Hohlraumes	Angepasste Veränderung der Suspensionsrheologie	Verdämmung der Bodenporen im Zuge des Bohrfortschritts
Vorinjektion von oben Einpressen über Ortsbrustkammer Höherer Suspensionsdruck zur vorauslaufenden Sättigung der Bereiche	Höhere Bentonitdosierung Zugabe von organ. Viskositätserhöhern/Polymeren Punktuelle Anreicherung mit Zement	Eintrag von Leichtbaustoffen (Vermiculit, Perlit, Blähton, Blähschiefer) über die Suspension Zugabe von Sägemehl (fein oder grob) Zugabe von Bentonitgranulat

14.3.2 Modellversuche zur Ausbildung eines Filterkuchens

Zum Erreichen und Erhalt von stabilen Verhältnissen an der Ortsbrust spielt die Eindringtiefe der Bentonitsuspension und die Wirksamkeit der Filterkuchenschicht als druckübertragende Membran bei Druckluftbetrieb eine wichtige Rolle.

In Abhängigkeit von der Porengröße des anstehenden Erdreichs und der Fließgrenze der Bentonitsuspension dringt die Stützflüssigkeit mehr oder weniger tief in den Boden ein.

Durch den auf der Suspension lastenden hydrostatischen Druck kommt es an der Grenzfläche zum Erdreich zu Filtrationsvergängen. Hierbei werden die dispergierten Bentonitteilchen zu einer Membran verdichtet und Filtratwasser an den Boden abgegeben.

Bei feinkörnigen Böden bildet sich eine wenige Millimeter dicke Bentonitschicht (primärer Filterkuchen) aus.

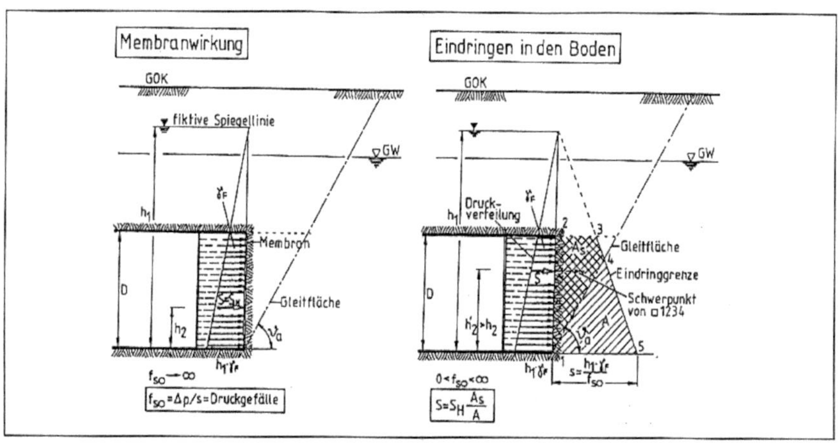

Bild 14.9: Stützwirkung der Ortsbrust bei Ausbildung einer Membrane
und beim Eindringen der Stützsuspension [5]

Bei grobkörnigen Böden dringt die Suspension mehr oder weniger tief ein, ehe sie auf Grund ihrer Fließeigenschaften (Fließgrenze, Thixotropie) zum Stillstand kommt und quasi zu einem Festkörper erstarrt. Die Thixotropie führt zu einer reversiblen Sol-Gel-Umwandlung. Dabei bildet sich ein sogenannter „sekundärer Filterkuchen“ aus.

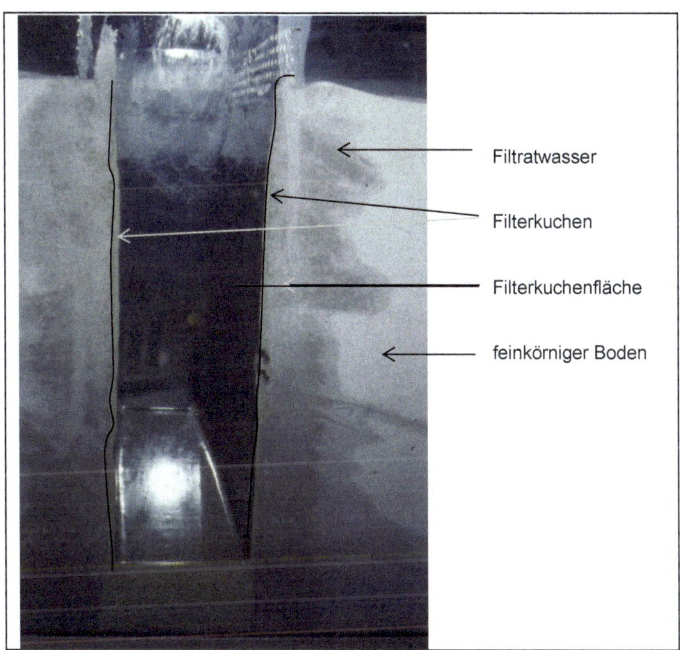

Bild: 14.10: Modellversuch zur Ausbildung des Filterkuchens an der Grenzfläche zu einem feinkörnigen Boden

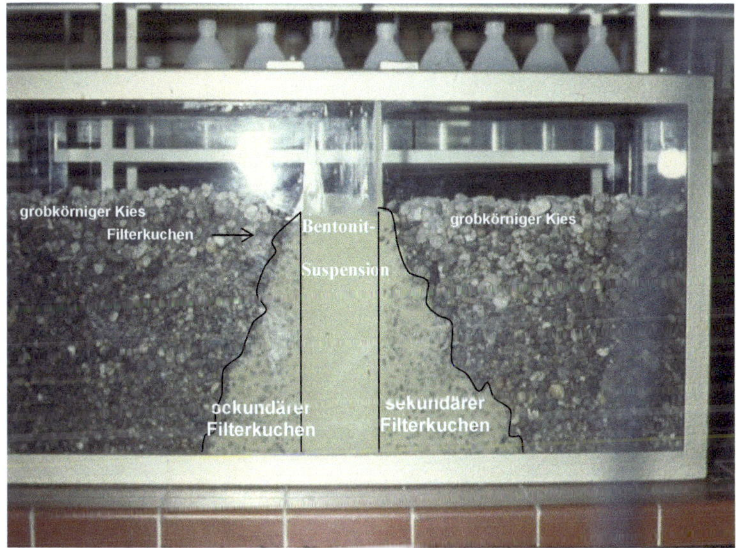

Bild 14.11: Modellversuch zur Ausbildung des „sekundären" Filterkuchens an der Grenzfläche zu einem grobkörnigen Kiesboden

14.3.3 Modellversuche zum Eindringverhalten einer Stützflüssigkeit [6]

Die in Pkt. 2 genannten Aufgaben einer Stützflüssigkeit beim Hydroschildvortrieb, nämlich die Stützung der Ortsbrust sowohl beim kontinuierlichen Vortrieb als auch bei einem Stillstand des Schneidrads, z.B. bei Wartungsarbeiten, wurden am Beispiel eines gleichförmigen Mittelsandes (Berliner Sand; Diplomarbeit ZIEROLD 1999) näher untersucht.

Für eine optimale Stützwirkung muss die Suspension die Eigenschaften einer geringen Eindringtiefe unter gleichzeitig schneller Ausbildung einer möglichst luftundurchlässigen Filterkuchenschicht aufweisen.

Neben der Eindringtiefe ist für den Schildvortrieb der zeitliche Verlauf des Eindringvorgangs von Bedeutung, da der Filterkuchen durch den fortschreitenden Ausbruch immer wieder zerstört wird und anschließend sehr schnell wieder aufgebaut werden muss.

Je nach Durchmesser des Schneidrads liegen die Drehgeschwindigkeiten bei 0,5 bis 3 Umdrehungen pro Minute. Somit sind für den Eindringvorgang die ersten Minuten von besonderem Interesse.

Im Rahmen der o.g. Diplomarbeit (ZIEROLD 1999) wurde in einem Versuchsmessstand eine mit unterschiedlicher Lagerungsdichte eingebaute Bodenprobe (S1 Sand) mit Bentonitsuspensionen verschiedener Feststoffgehalte (40kg/m³, 50 kg/m³, 60 kg/m³) zur Untersuchung des Eindringverhaltens in Kontakt gebracht.

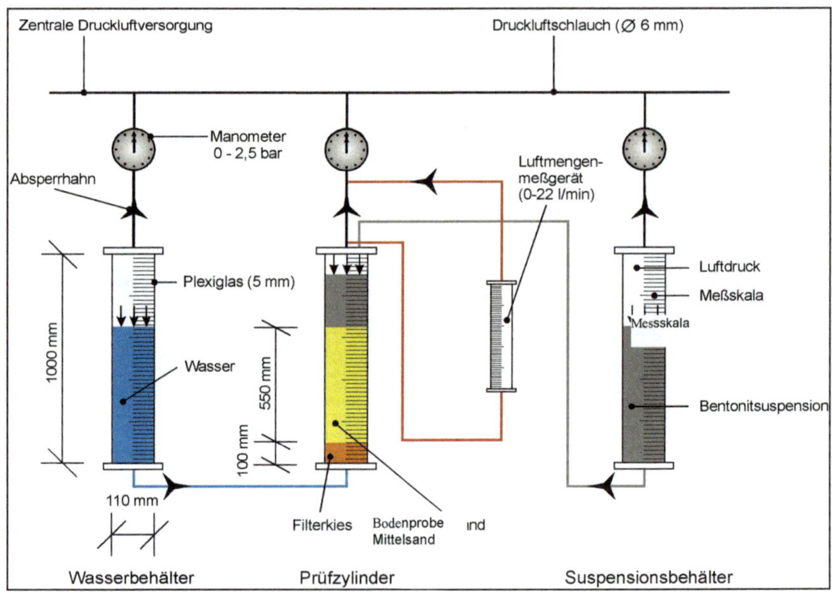

Bild 14.12: Prinzipieller Aufbau der Versuchseinrichtung

Bild 14.13: Betriebsbereite Versuchseinrichtung im Labor

Nach Einbau des Bodens und Einfüllen der ausgequollenen Suspension wurde die Versuchseinrichtung mit Druckluft beaufschlagt. Zur Simulation unterschiedlicher Grundwasserstände wurden verschiedene Differenzdrücke gewählt.

Tab. 14.6: Angaben zum Messprogramm, Eindringverhalten und Luftdurchlässigkeit

			Anzahl	
Bentonit-Konzentration [kg/m^3]	Lagerungsdichte des Sandes	Differenzdruck [kN/m^2]	Eindring-versuch	Luftdurchlässig-keitstest
40	locker	40	2	1
		60	2	1
		100	2	1
	mitteldicht	40	2	1
		60	2	1
		100	2	1
50	locker	40	5	3
		60	5	3
		100	5	2
	mitteldicht	40	3	1
		60	3	1
		100	3	1
60	locker	40	2	1
		60	2	1
		100	2	1
	mitteldicht	40	2	1
		60	2	1
		100	2	1
Σ			48	23

Das Eindringverhalten der Suspension wurde jeweils über einen Zeitraum von 6o Minuten beobachtet.

Es zeigen sich deutliche Abhängigkeiten der Eindringtiefe von der Bentonitkonzentration, der Lagerungsdichte des Bodens und dem Differenzdruck. Die Unterschiede sind um so ausgeprägter, je geringer die Bentonitkonzentration ist.

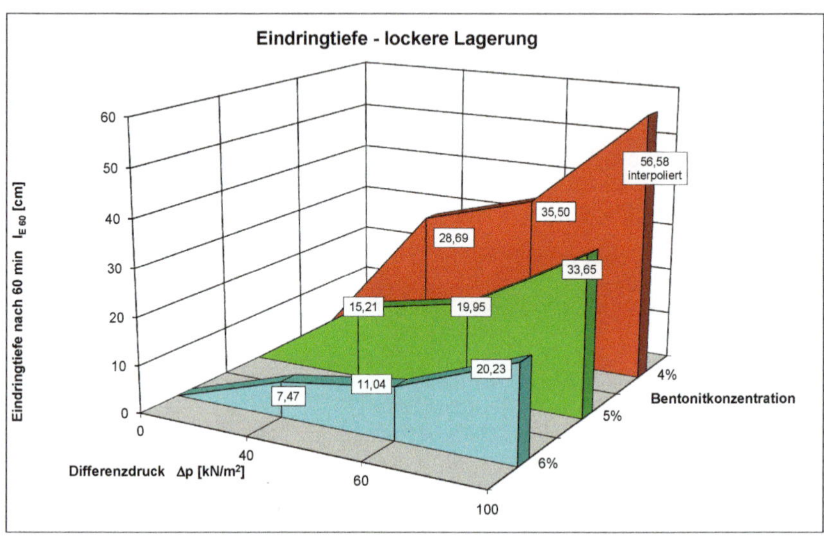

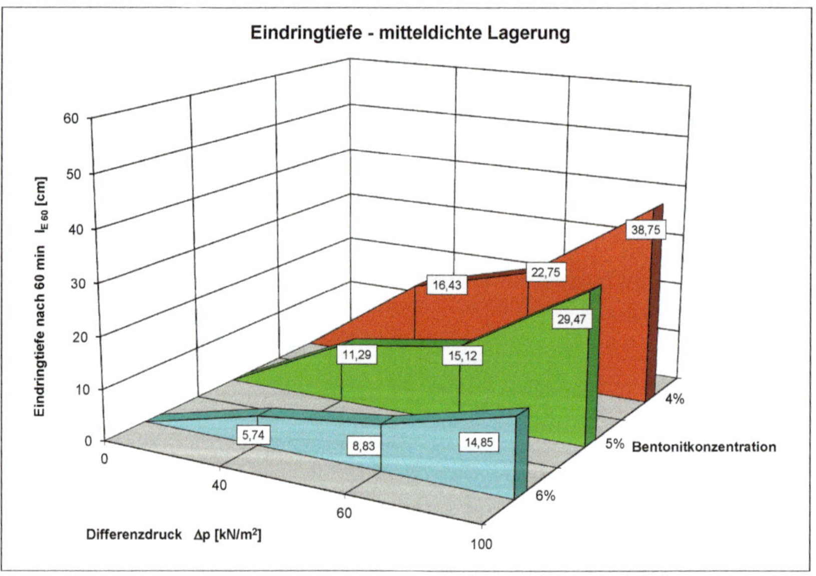

Bild 14.14: Eindringtiefe der verschiedenen Bentonitsuspensionen bei locker (oben) und mitteldicht gelagertem Sand (unten)

Danach wurde die überstehende Suspension entfernt und der verbleibende Filterkuchen weitere 120 Minuten mit einem Luftdruck bis zu 100 kN/m² beaufschlagt. Hierbei wurde die durch den Filterkuchen strömende Luftmenge gemessen.

Bild 14.15: Bentonitmembran nach Luftdurchströmung

Sehr viel deutlicher waren die Unterschiede bei der Prüfung der Filterkuchenmembrane auf Luftdurchlässigkeit. Das Durchbruchskriterium von $Q_{L,\ 120}$ > 22l/min wurde bei 40 kg/m³ bei lockerer Lagerung bei einem Differenzdruck von 100 kN/m² überschritten und bei der mitteldichten Lagerung und Differenzdruck von100 kN/m² erreicht.

Eine Konzentration von 60 kg Bentonit pro m³ Suspension bringt dagegen eine über 21 Stunden standhafte, gering durchlässige Druckluftmembran.

Die Folgerung für die Praxis ist daher, bei Böden mit geringer Lagerungsdichte bzw. bei geplanten Stillständen die Suspensionkonzentration zu erhöhen, um einen qualitativ hochwertigen Filterkuchen aufzubauen.

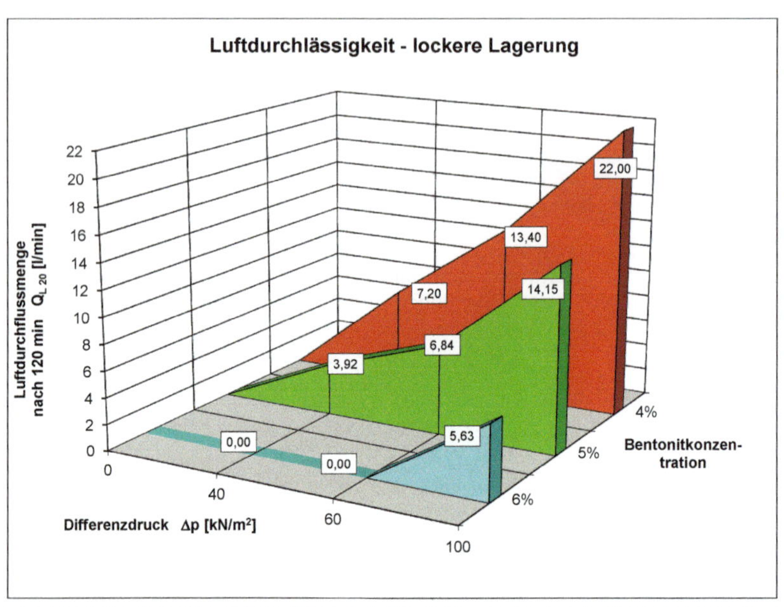

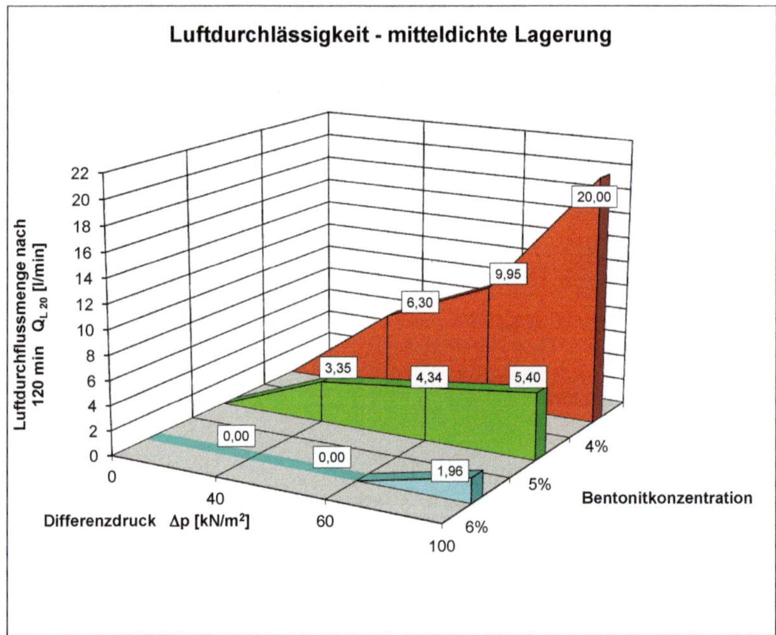

Bild 14.16: Luftdurchlässigkeit bei locker (oben) und mitteldicht (unten) gelagertem Sandfür verschiedene Bentonitkonzentrationen und Differenzdrücke (bis 120 min. Prüfdauer)

Um ein Austrocknen des Filterkuchens und damit einen rapiden Anstieg der Luftdurchlässigkeit zu vermeiden, sollten Stillstandszeiten gewisse Fristen nicht überschreiten.

14.4 Herstellung von Start- und Zielschächten mit Hilfe der Schlitzwandtechnik

Ehe mit dem Einsatz einer Hydroschildmaschine begonnen werden kann, muss zunächst ein Startschacht bis zur geplanten Tunneltiefe errichtet werden.
Weitere Schächte werden für das Tunnelende und eventuelle Zwischenstationen benötigt.

Die Herstellung von Start- und Zielschächten erfolgt häufig mit Hilfe der Schlitzwandtechnik [7], mitunter auch als Senkkasten.

Auch hierbei kommt Bentonit zum Einsatz. In der Schlitzwandtechnik werden Bentonitsuspensionen ebenfalls als Stützflüssigkeiten für die Standsicherheit des Schlitzes während des Aushubs verwendet. Die anwendungstechnischen Anforderungen an die Bentonitqualitäten sind denen beim Hydroschildvortrieb vergleichbar, d.h. in der Baupraxis werden die gleichen Bentonite für die Herstellung der Schlitzwände wie auch für den Hydroschild verwendet.

Bei der Senkkasten-Technik dient der Bentonit als Schmiermittel zur Verringerung der Mantelreibung beim Absenkungsvorgang. Die Dichte der hierbei verwendeten Bentonitsuspensionen wird zumeist noch durch Beschwerungsmittel (Schwerspat) erhöht, um einen stabilen Schmierfilm zu erzeugen.

14.5 Regenerierung der Umlaufspülung beim flüssigkeitsgestützen Schildvortrieb

Wie in Kap. 2 bereits ausgeführt, dient die Bentonitsuspension neben der Hauptfunktion der Stützung der Ortsbrust durch Übertragung des hydrostatischen Drucks auf das Erdreich noch als Trägermedium für die Abförderung des gelösten Bodens. Schließlich soll sie noch eine gute Pump- und Fließfähigkeit sowie ein günstiges Ausreinigungsverhalten für die nachgeschaltete Separierung haben.

Um die Bentonitspülungen wiederholt nutzen zu können, müssen sie durch geeignete Trennaggregate vom Bodenaushub separiert werden. Eine durchschnittlich beladene Spülung enthält bis zu 250 g/l Sand der verschiedenen Körnungen. Die Suspensionsdichte steigt durch die Anreicherung mit Aushub von ca. 1,03 auf 1,15 bis 1,25 g/cm³ an.

Allgemein gilt, je gröber das abzutrennende Bohrklein ist, wie z.B. in kiesigen, grobsandigen Böden (> 2 mm - 100 mm), desto einfacher kann die Trennung durch Absiebung erfolgen.

Ist die Spülung aber mit Sanden (bis ca. 0,1 mm) oder gar schluffigen Bestandteilen (bis ca. 0,02 mm) verunreinigt, muss die Trennung in ein- oder mehrstufigen Hydrozyklonanlagen erfolgen.

Während des fortschreitenden Vortriebs kann bei wechselnden Bodenverhältnissen die Umlaufspülung sehr unterschiedlich hinsichtlich Feststoffgehalt und Kornzusammensetzung beladen sein.

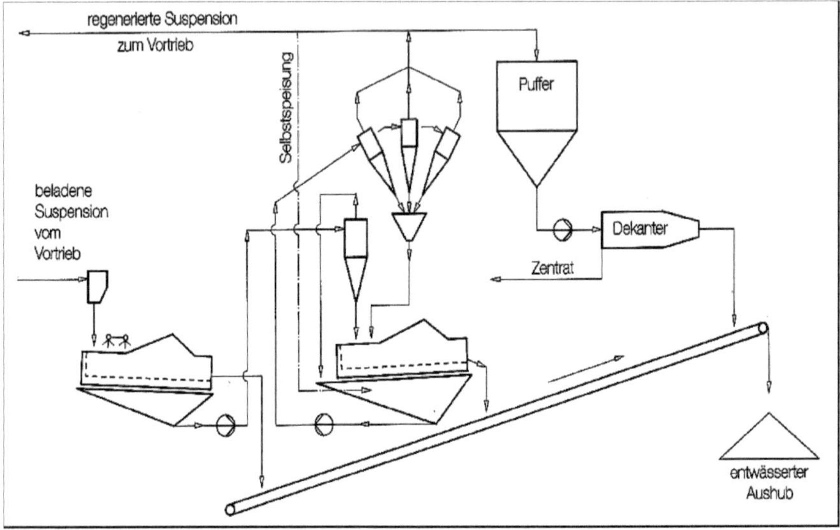

Bild 14.17: Prinzip der Bentonitsuspensions-Regenerierung

Die regenierte Suspension wird mit soviel Frischsuspension versetzt, bis die rheologischen Eigenschaften wieder im „grünen Bereich“ (s. Bild 8) liegen.

Neben der Wiederverwertung der Umlaufspülung wird häufig auch eine Weiterverwertung des abgetrennten Aushubs, z.B. als Baumaterial, angestrebt. Dieser sollte dann weitgehend frei von Bentonit bzw. schluffigen Bestandteilen sein.
Damit steigen die Anforderungen an den Wirkungsgrad der Separieranlage. Dieser kann durch folgende Einflussnahmen gesteuert werden:

a) Hydrozyklone:	Wechseln der Unterlauf-/Überlaufdüse
	Veränderung des Aufgabedruckes
b) Schwingentwässerer	Wasserbedüsung des Siebdecks
	Installation von Überlaufwehren zur Umwälzung des Sandes
	Schwingfrequenz/Fördergeschwindigkeit

14.6 Zusammenfassung

Nach einem kurzen Überblick über die historische Entwicklung des Einsatzes von Bentonitsuspensionen in der Bohrtechnik und im Tunnelbau werden Empfehlungen zur Herstellung und Stabilisierung der als Stützflüssigkeiten verwendeten Suspensionen gegeben.

Um anwendungstechnisch optimale Suspensionen zu erhalten sind die bei der Dispergierung und Quellung ablaufende Vorgänge ebenso zu beachten wie die Aufbereitungstechnik und die Einflussfaktoren Temperatur und Wasserqualität.

Es werden Hinweise auf die Möglichkeit einer Veränderung der rheologischen Eigenschaften durch Störstoffe aus Grundwasser und Boden gegeben und Maßnahmen zur Stabilisierung der Suspensionsqualität empfohlen.

Des weiteren werden Ergebnisse der Untersuchung des Eindringverhaltens einer Stützflüssigkeit und zur Ausbildung einer drucklufthaltenden Membran („Filterkuchen") vorgestellt.

Diese sind für die Schlitzwandtechnik, die häufig zur Erstellung der Start- und Zielschächte eingesetzt wird, als auch für die Hydroschildtechnik von Bedeutung.

Abschließend werden die Vorgänge bei der Regenerierung der Umlaufspülung beim flüssigkeitsgestützen Schildvortrieb angesprochen und Empfehlungen zur Optimierung des Wirkungsgrads der Separieranlage ausgesprochen.

14.7 Literatur

[1] *Bentonit im Tiefbau* (und dort zitierte Literatur), Hrsg. IBECO Bentonit-Technologie GmbH, 2000

[2] PETEX (1982): *Circulation Systems, Unit 1, Lesson 8,* edited by J. Leecraft, published by Petroleum Extension Service, S. 18

[3] Maidl, Bernd et al. (1995), *Mechanised Shield Tunneling, S. 246,* Ernst und Sohn, Berlin

[4] *Bentonit für Tunnelbau und unterirdische Bauverfahren* (und dort zitierte Literatur) Hrsg. IBECO Bentonit-Technologie GmbH, 2000

[5] Balthaus, H. (1988), *Standsicherheit der flüssigkeitsgestützten Ortsbrust bei schildvorgetriebenen Tunneln,* Festschrift H. Duddeck, Institut für Statik der TU Braunschweig, S. 477 - 492

[6] *Untersuchungen zur Eindringtiefe von Stützsuspensionen beim Hydroschild vortrieb innerhalb der S1-Sande im Zentralen Bereich Berlins* Diplomarbeit Uwe Zierold, TU Berlin, 1999

[7] Veder, C. (1975), *Die Schlitzwandentwicklung, Gegenwart und Zukunft,* Österreichische Ingenieur Zeitschrift, Heft 8

Stichwortverzeichnis

A

B

C

D

E

F

G

H

I

K

L

M

N

O

P

Q

R

S

T

U

V

Autorenverzeichnis

Dr. techn. Klaus Eichler
Baustoff Consulting
Jettingen

Dipl.-Ing. Frank Berndt
Arcelor Mittal Commercial RPS D GmbH
Wildau

Dipl.-Ing. Steffan Binde
Keller Grundbau GmbH
Renchen

Dipl.-Ing. Gebhard Dausch
Bauer Spezialtiefbau GmbH
Schrobenhausen

Dipl.-Ing. Ulrich Höhne
HeidelbergCement AG – Geotechnik
Ennigerloh

Prof. Dipl.-Ing. Jens Hölterhoff
Ingenieur Consulting
Berlin

Dr. rer. nat. Dietrich Koch
Geisenheim

Dipl.-Ing. Michael Kollnberger
BIBK GmbH
Aresing

GF Dipl.-Ing. Peter Müller
BHG Brechtel GmbH
Ludwigshafen

Dipl.-Geol. Klaus Smettan
Ingenieurbüro Gebauer
Traunstein

Dipl.-Ing. Jörg Uhlendahl
Keller Grundbau GmbH
Renchen